大学计算机基础

主　编　杨贵茂　饶拱维
副主编　巫满秀　伍春晴　温凯峰
　　　　房宜汕　吴华光

北京航空航天大学出版社

内容简介

本书是根据教育部计算机基础课程教学指导分委员会提出的《大学计算机基础》课程教学大纲并结合中学信息技术教育的现状编写而成。全书分教学篇和实验篇两部分内容。教学篇共有 7 章，主要内容包括计算机基础知识、中文 Windows 7 操作系统、Word 2010 文字处理、Excel 2010 电子表格处理、PowerPoint 2010 演示文稿制作、多媒体技术基础、计算机网络基础和 Internet 应用基础。实验篇包含与教学篇配套的 14 个实验。本书在注重基础知识、基础原理和基础方法的同时，采用案例教学的方式培养学生的计算机应用能力，各章后面配有经过精心挑选和设计的习题和上机实验内容，以便在教学中达到理论和实践的紧密结合。

本书可作为高等学校计算机公共课程教材，也可以供其他读者学习使用。

图书在版编目(CIP)数据

大学计算机基础 / 杨贵茂，饶拱维主编. --北京 ：北京航空航天大学出版社,2013.11
ISBN 978－7－5124－1254－5

Ⅰ.①大… Ⅱ.①杨… ②饶… Ⅲ.①电子计算机—高等学校—教材 Ⅳ.①TP3

中国版本图书馆 CIP 数据核字(2013)第 214068 号

版权所有，侵权必究。

大学计算机基础

主　编　杨贵茂　饶拱维
副主编　巫满秀　伍春晴　温凯峰
　　　　房宜汕　吴华光

责任编辑　刘　晨　刘朝霞

＊

北京航空航天大学出版社出版发行

北京市海淀区学院路 37 号(邮编 100191)　http://www.buaapress.com.cn
发行部电话：(010)82317024　传真：(010)82328026
读者信箱：emsbook@gmail.com　邮购电话：(010)82316524
北京泽宇印刷有限公司印装　各地书店经销

＊

开本：710×1 000　1/16　印张：27.25　字数：581 千字
2013 年 11 月第 1 版　2016 年 8 月第 5 次印刷　印数：17 001～18 500 册
ISBN 978－7－5124－1254－5　　定价：49.80 元

若本书有倒页、脱页、缺页等印装质量问题，请与本社发行部联系调换。联系电话：(010)82317024

序

自20世纪80年代以来，高等学校计算机教育发展迅速，计算机教育的内容不断扩展、程度不断加深。特别是近十年来，计算机向高度集成化、网络化和多媒体化发展的速度一日千里；社会信息化不断向纵深发展，各行各业的信息化进程不断加速；计算机应用技术与其他专业的教学、科研工作的结合更加紧密；各学科与计算机技术为核心的信息技术的融合，促进了计算机科学的发展，各行业对学生的计算机应用能力也有更高和更具体的要求。

基于近年来计算机科学的发展，以及国家教育部关于计算机基础教学改革的指导思路，我们确立了这一套"21世纪高等学校计算机科学与技术规划教材"的编写思想与编写计划。教材是教学过程中的"一剧之本"，是高校计算机教学的首要问题。该套系列教材编写计划的制定凝聚了编委会和作者的心血，是大家多年来在计算机学科教学和研究中的成果体现，并得到了陈火旺院士的亲自指导与充分的肯定。

这套系列教材经过了我们精心的策划和组织，同时在编写过程中，充分考虑了计算机学科的发展与《计算机学科教学计划》中内容和模块的调整，使得整套教材更具科学性和实用性。整套系列教材体系结构按课程设置进行划分。每册教材均涵盖了相应课程教学大纲所要求的内容，既具备科学设置的合理性，又符合计算机学科发展的需要。从结构上遵循教学认知规律，基本上能够满足不同层次院校、不同教学计划的要求。

各册教材的作者均为多年来从事教学、研究的专家和学者，他们有丰富的教学实践经验，所编写的教材结构严谨、内容充实、层次清晰、概念准确、理论联系实际、深入浅出、通俗易懂。

教材建设是一项长期艰巨的系统工程，尤其是计算机科学技术发展迅速、内容更新快，为使教材更新能跟上科学技术的发展，我们将密切关注计算机科学的发展新动向，以使我们的教材编写在内容上不断推陈出新、体系上不断发展完善，以适应高校计算机教学的需要。

21世纪高等学校计算机科学与技术规划教材编委会

前　言

进入21世纪以来,中小学信息技术教育越来越普及,大学新生计算机知识的起点随之逐年提高,大学计算机基础教学的改革近年在全国高校轰轰烈烈地展开。自1997年11月教育部高教司颁发了"加强非计算机专业计算机基础教学工作的几点意见"以来,全国高校的计算机基础教育逐步走上了规范化的发展道路。进入21世纪以后,计算机基础教学所面临的形势发生了很大变化,计算机应用能力已成为了衡量大学生素质与能力的突出标志之一。在这种形势下,2004年10月,教育部非计算机专业计算机基础课程教学指导分委员会提出了《进一步加强高校计算机基础教学的几点意见》(简称白皮书),高校的计算机基础教育将从带有普及性质的初级阶段,开始步入更加科学、更加合理、更加符合21世纪高校人才培养目标且更具大学教育特征和专业特征的新阶段。这对大学计算机基础教育的教学内容提出了更新、更高、更具体的要求,同时也把计算机基础教学推入了新一轮的改革浪潮之中。

本书根据教育部计算机基础课程教学指导分委员会对计算机基础教学的目标与定位、组成与分工,以及计算机基础教学的基本要求和计算机基础知识的结构所提出的"大学计算机基础"课程教学大纲并结合中学信息技术教育的现状编写而成的。

全书分为7章,分教学篇和实验篇两部分。第1章由吴志坚、杨贵茂编写。第2章由巫满秀、钟秀玉编写。第3章由伍春晴、温凯峰编写。第4章由饶拱维、何文全编写。第5章由房宜汕编写。第6章由吴华光编写。第7章由温凯峰编写。实验篇为与教材配套的实验,内容有中文Windows7操作系统、Word2010文字处理、Excel2010电子表格处理、PowerPoint2010演示文稿制作及Internet应用等5个部分,共14个实验。相应的实验内容由编写各章教材的老师完成。全书由杨贵茂组织和审稿。

为便于教师使用本教材教学和学生学习,本书配有与教材配套的实验,实验中要用到的所有文档,有配套的电子教案、考试系统、教学素材等。如有需要,可发E-mail到ygm@jyu.edu.cn索取。

最后,本书在编写过程中得到有关专家和老师指导与支持,特在此表示衷心的感谢。由于计算机技术发展很快,我们的水平有很,书中难免存在缺点和错误,殷切希望同行专家和读者批评指正。

作者

2013.11

目 录

上篇 教学篇

第1章 计算机基础知识 ………………………………………………………… 2
1.1 计算机的诞生与发展 …………………………………………………… 2
1.1.1 计算机的诞生 ……………………………………………………… 2
1.1.2 计算机的发展 ……………………………………………………… 3
1.1.3 微型计算机的发展 ………………………………………………… 4
1.1.4 计算机的发展趋向 ………………………………………………… 6
1.2 计算机的分类和应用 …………………………………………………… 7
1.2.1 计算机的分类 ……………………………………………………… 7
1.2.2 计算机的特点 ……………………………………………………… 8
1.2.3 计算机的应用 ……………………………………………………… 9
1.3 计算机中的数据及编码 ………………………………………………… 10
1.3.1 计算机中的信息单位 ……………………………………………… 10
1.3.2 进位计数制及它们之间的转换 …………………………………… 11
1.3.3 字符编码 …………………………………………………………… 15
1.3.4 汉字编码 …………………………………………………………… 16
1.4 计算机系统的基本组成及工作原理 …………………………………… 18
1.4.1 计算机系统的基本组成 …………………………………………… 18
1.4.2 计算机系统的工作原理 …………………………………………… 18
1.5 计算机硬件系统的基本组成 …………………………………………… 20
1.5.1 CPU系统 …………………………………………………………… 21
1.5.2 主板系统 …………………………………………………………… 25
1.5.3 存储器系统 ………………………………………………………… 26
1.5.4 总线和接口 ………………………………………………………… 31
1.5.5 输入/输出设备 …………………………………………………… 34
1.5.6 微机的主要技术指标 ……………………………………………… 37
1.6 计算机软件系统 ………………………………………………………… 38
1.6.1 系统软件 …………………………………………………………… 39
1.6.2 应用软件 …………………………………………………………… 41
习题一 …………………………………………………………………………… 42

目 录

第2章 中文 Windows 7 操作系统 ……………………………………… 44
2.1 操作系统的发展史 ………………………………………………… 44
2.1.1 MS-DOS ………………………………………………… 44
2.1.2 Windows ………………………………………………… 44
2.1.3 UNIX …………………………………………………… 47
2.1.4 Linux …………………………………………………… 47
2.2 Windows 7 的启动与退出 ……………………………………… 47
2.2.1 Windows 7 的启动 ……………………………………… 47
2.2.2 Windows 7 的退出 ……………………………………… 48
2.3 Windows 7 的基本概念 ………………………………………… 50
2.3.1 桌面图标、"开始"按钮、回收站与任务栏 …………… 50
2.3.2 窗口与对话框 …………………………………………… 55
2.3.3 磁盘 ……………………………………………………… 59
2.3.4 剪贴板 …………………………………………………… 61
2.3.5 Windows 7 的帮助系统 ………………………………… 62
2.4 Windows 7 的基本操作 ………………………………………… 63
2.4.1 键盘及鼠标的使用 ……………………………………… 63
2.4.2 菜单及其使用 …………………………………………… 64
2.4.3 启动、切换和退出程序 ………………………………… 66
2.4.4 窗口的操作方法 ………………………………………… 68
2.5 Windows 7 的文件管理 ………………………………………… 69
2.5.1 文件与文件目录 ………………………………………… 69
2.5.2 "资源管理器"窗口 …………………………………… 71
2.5.3 创建新文件夹和新的空文件 …………………………… 73
2.5.4 选定文件或文件夹 ……………………………………… 74
2.5.5 重命名文件或文件夹 …………………………………… 75
2.5.6 复制和移动文件或文件夹 ……………………………… 75
2.5.7 删除和恢复被删除的文件或文件夹 …………………… 77
2.5.8 搜索文件或文件夹 ……………………………………… 79
2.5.9 更改文件或文件夹的属性 ……………………………… 82
2.5.10 创建文件的快捷方式 ………………………………… 82
2.5.11 压缩、解压缩文件或文件夹 ………………………… 83
2.6 Windows 7 的系统设置和管理 ………………………………… 85
2.6.1 Windows 7 控制面板 …………………………………… 85
2.6.2 外观和个性化设置 ……………………………………… 85
2.6.3 时钟、语言和区域设置 ………………………………… 92

2.6.4　用户账户设置 …………………………………………… 98
　　2.6.5　硬件管理 …………………………………………………… 101
　　2.6.6　磁盘管理 …………………………………………………… 102
　　2.6.7　查看系统信息 ……………………………………………… 105
　　2.6.8　备份和还原 ………………………………………………… 106
　　2.6.9　系统安全 …………………………………………………… 113
2.7　常用附件 ………………………………………………………… 116
　　2.7.1　记事本 ……………………………………………………… 117
　　2.7.2　写字板 ……………………………………………………… 117
　　2.7.3　画　图 ……………………………………………………… 118
　　2.7.4　截图工具 …………………………………………………… 119
　　2.7.5　计算器 ……………………………………………………… 121
　　2.7.6　照片查看器 ………………………………………………… 123
习题二 …………………………………………………………………… 124

第3章　Word 2010 文字处理 …………………………………………… 129
3.1　Word 2010 的基本知识 ………………………………………… 129
　　3.1.1　Word 2010 的功能概述 …………………………………… 129
　　3.1.2　Word 2010 的启动与退出 ………………………………… 130
　　3.1.3　Word 2010 的工作环境 …………………………………… 130
　　3.1.4　Word 2010 命令的使用 …………………………………… 137
3.2　Word 2010 的基本操作 ………………………………………… 138
　　3.2.1　创建新文档 ………………………………………………… 139
　　3.2.2　输入正文的步骤 …………………………………………… 139
　　3.2.3　保存和保护文档 …………………………………………… 144
　　3.2.4　打开文档 …………………………………………………… 146
3.3　文本的编辑 ……………………………………………………… 147
　　3.3.1　选定文本 …………………………………………………… 147
　　3.3.2　对选定文本块编辑 ………………………………………… 148
　　3.3.3　文本的查找与替换 ………………………………………… 150
　　3.3.4　批注和修订操作 …………………………………………… 154
　　3.3.5　检查拼写和语法 …………………………………………… 156
3.4　文档排版 ………………………………………………………… 156
　　3.4.1　字符排版 …………………………………………………… 157
　　3.4.2　段落排版 …………………………………………………… 161
　　3.4.3　页面排版 …………………………………………………… 175
　　3.4.4　样　式 ……………………………………………………… 182

目录

- 3.5 制作表格 ……………………………………………………………… 186
  - 3.5.1 创建表格 ……………………………………………………… 187
  - 3.5.2 输入表格内容 ………………………………………………… 188
  - 3.5.3 编辑表格 ……………………………………………………… 190
  - 3.5.4 表格格式化 …………………………………………………… 197
- 3.6 文档插入操作 …………………………………………………………… 200
  - 3.6.1 图片的插入 …………………………………………………… 201
  - 3.6.2 图形对象的插入 ……………………………………………… 206
- 3.7 其他有关功能 …………………………………………………………… 214
  - 3.7.1 自动生成目录 ………………………………………………… 214
  - 3.7.2 邮件合并 ……………………………………………………… 216
- 3.8 打印文档 ………………………………………………………………… 218
  - 3.8.1 打印预览 ……………………………………………………… 218
  - 3.8.2 打 印 ………………………………………………………… 219
- 习题三 …………………………………………………………………………… 221

第 4 章 Excel 2010 电子表格处理 …………………………………………… 224
- 4.1 Excel 2010 的基本知识 ………………………………………………… 224
  - 4.1.1 Excel 2010 的功能概述 ……………………………………… 224
  - 4.1.2 Excel 2010 的启动与退出 …………………………………… 225
  - 4.1.3 Excel 2010 工作环境 ………………………………………… 225
- 4.2 Excel 2010 的基本操作 ………………………………………………… 227
  - 4.2.1 工作簿的建立、打开和保存 ………………………………… 227
  - 4.2.2 在工作表中输入数据 ………………………………………… 228
  - 4.2.3 编辑工作表 …………………………………………………… 233
  - 4.2.4 格式化工作表 ………………………………………………… 238
- 4.3 公式与函数 ……………………………………………………………… 245
  - 4.3.1 公式的使用 …………………………………………………… 245
  - 4.3.2 函数的使用 …………………………………………………… 248
- 4.4 制作图表 ………………………………………………………………… 259
  - 4.4.1 图表的基本知识 ……………………………………………… 259
  - 4.4.2 创建图表 ……………………………………………………… 261
  - 4.4.3 编辑图表 ……………………………………………………… 262
  - 4.4.4 格式化图表 …………………………………………………… 264
- 4.5 数据管理和分析 ………………………………………………………… 265
  - 4.5.1 建立数据清单 ………………………………………………… 265
  - 4.5.2 数据排序 ……………………………………………………… 266

  4.5.3 数据筛选 …………………………………………………… 268
  4.5.4 数据库函数的应用 ………………………………………… 271
  4.5.5 分类汇总 …………………………………………………… 271
  4.5.6 数据透视表 ………………………………………………… 274
 4.6 页面设置和打印工作表 ………………………………………… 276
  4.6.1 页面设置 …………………………………………………… 276
  4.6.2 设置打印区域和分页控制 ………………………………… 277
  4.6.3 打印预览和打印 …………………………………………… 278
 习题四 ……………………………………………………………………… 278

第 5 章 PowerPoint 2010 演示文稿制作 ……………………………… 281
 5.1 演示文稿软件的基本功能 ……………………………………… 281
 5.2 PowerPoint 2010 的工作环境与基本概念 …………………… 282
  5.2.1 PowerPoint 2010 工作环境 …………………………… 282
  5.2.2 PowerPoint 2010 基本概念 …………………………… 283
 5.3 制作一个多媒体演示文稿 ……………………………………… 284
  5.3.1 新建演示文稿 ……………………………………………… 284
  5.3.2 编辑演示文稿 ……………………………………………… 285
 5.4 设置演示文稿的视觉效果 ……………………………………… 288
  5.4.1 幻灯片版式 ………………………………………………… 289
  5.4.2 背 景 …………………………………………………… 289
  5.4.3 母 版 …………………………………………………… 290
  5.4.4 主 题 …………………………………………………… 292
 5.5 设置演示文稿的动画效果 ……………………………………… 293
  5.5.1 设计幻灯片中对象的动画效果 …………………………… 293
  5.5.2 设计幻灯片间切换的动画效果 …………………………… 294
 5.6 设置演示文稿的播放效果 ……………………………………… 295
  5.6.1 设置放映方式 ……………………………………………… 295
  5.6.2 演示文稿的打包 …………………………………………… 296
  5.6.3 排练计时 …………………………………………………… 296
  5.6.4 隐藏幻灯片 ………………………………………………… 297
 5.7 演示文稿的其他有关功能 ……………………………………… 297
  5.7.1 演示文稿的压缩 …………………………………………… 297
  5.7.2 演示文稿的打印 …………………………………………… 298
 习题五 ……………………………………………………………………… 299

第 6 章 多媒体技术基础知识 ……………………………………………… 301
 6.1 多媒体技术的基本概念 ………………………………………… 301

目录

- 6.1.1 什么是多媒体 ························· 301
- 6.1.2 多媒体技术的主要特征 ··············· 302
- 6.1.3 多媒体技术的发展趋势 ··············· 303
- 6.1.4 多媒体的应用领域 ···················· 303
- 6.1.5 常见的多媒体元素 ···················· 304
- 6.2 多媒体计算机平台标准 ····················· 306
  - 6.2.1 什么是多媒体计算机 ················ 306
  - 6.2.2 多媒体计算机的硬件设备 ··········· 307
  - 6.2.3 多媒体计算的软件环境 ············· 311
- 6.3 多媒体文件存储格式 ······················· 312
  - 6.3.1 信息的编码 ··························· 312
  - 6.3.2 字符信息的编码 ····················· 313
  - 6.3.3 多媒体文件的存储格式 ············· 313
  - 6.3.4 流媒体文件 ··························· 314
  - 6.3.5 多媒体信息的数据量 ················ 314
  - 6.3.6 常见的多媒体数据压缩和编码技术标准 ··· 315
- 6.4 音频处理技术 ································ 316
  - 6.4.1 声音的基本特性 ····················· 316
  - 6.4.2 音频文件格式 ························ 318
- 6.5 图像处理技术 ································ 320
  - 6.5.1 图像的基础知识 ····················· 320
  - 6.5.2 图像的类型 ··························· 322
  - 6.5.3 图像的数字化 ························ 323
  - 6.5.4 图像和图形文件格式 ················ 324
- 6.6 动画制作技术 ································ 327
  - 6.6.1 动画的类型 ··························· 327
  - 6.6.2 三维动画基本知识 ··················· 328
  - 6.6.3 动画文件的文件格式 ················ 328
- 6.7 视频处理技术 ································ 330
  - 6.7.1 模拟视频标准 ························ 330
  - 6.7.2 模拟视频信号的数字化 ············· 330
- 6.8 常用的多媒体软件使用介绍 ··············· 331
  - 6.8.1 Photoshop 图像处理 ················ 331
  - 6.8.2 Flash 动画制作软件 ················· 334
  - 6.8.3 GoldWave 音频处理软件 ··········· 336
- 习题六 ·· 339

第 7 章　计算机网络基础和 Internet …… 341
7.1　计算机网络概述 …… 341
7.1.1　计算机网络的定义和组成 …… 341
7.1.2　计算机网络的产生与发展 …… 345
7.1.3　计算机网络系统的功能 …… 346
7.1.4　计算机网络的分类 …… 347
7.1.5　计算机网络体系结构 …… 351
7.1.6　局域网 …… 354
7.2　Internet 基本知识和应用 …… 356
7.2.1　Internet 的起源和发展 …… 356
7.2.2　Internet 的接入方式 …… 360
7.2.3　IP 地址与域名系统 …… 361
7.2.4　Internet 提供的服务 …… 364
7.3　信息系统安全 …… 373
7.3.1　信息系统存在的安全问题 …… 374
7.3.2　计算机病毒及防治 …… 375
7.3.3　黑客攻击的防治 …… 380
7.3.4　防火墙技术 …… 381
习题七 …… 384

下篇　实验篇

实验 1　PC 认识及上机基本操作 …… 390
实验 2　Windows 的基本操作 …… 393
实验 3　Word 基本操作(一) …… 395
实验 4　Word 基本操作(二) …… 397
实验 5　表格与图文混排 …… 399
实验 6　Word 的高级操作 …… 401
实验 7　Excel 操作基础 …… 403
实验 8　公式、序列及函数的使用 …… 407
实验 9　图表的制作 …… 410
实验 10　数据库操作 …… 414
实验 11　简单演示文稿的制作 …… 417
实验 12　制作一个自我介绍的演示文稿 …… 419
实验 13　浏览器的使用 …… 421
实验 14　收发电子邮件 …… 423

上篇　教学篇

第 1 章　计算机基础知识
第 2 章　中文 Windows 7 操作系统
第 3 章　Word 2010 文字处理
第 4 章　Excel 2010 电子表格处理
第 5 章　PowerPoint 2010 演示文稿制作
第 6 章　多媒体技术基础知识
第 7 章　计算机网络基础和 Internet

第1章 计算机基础知识

　　电子计算机是一种能按预先存储的程序,高速、自动地完成信息处理和存储的电子装置,简称计算机(Computer)。计算机是20世纪人类最伟大的科学技术发明之一,它的出现和发展,大大促进了科学技术和社会生产力的迅猛发展。一方面,计算机技术已渗透到科学技术的各个领域,从原来的科学研究和工程设计的有效工具变成了许多高新技术中的关键技术和核心技术,并融合在相应的技术中,起到了决定性作用。另一方面,计算机技术作为信息技术的基础,已广泛应用于人类生产和生活的各个领域,并影响着人类的生产方式和生活方式,推动着人类文明的进步。可以说,计算机是通向信息时代的大门,掌握了计算机技术就如同有了一把开启信息时代大门的金钥匙。为此,近年来国内外逐渐提出了"计算机文化(Computer Literacy)"的概念,一方面说明计算机技术对人类社会发展所带来的广泛、深刻的影响,形成了区别于传统的人类文化的一种新的文化,另一方面也说明,计算机基础知识已成为现代人文化素质不可缺少的重要组成部分。

　　本章主要介绍计算机系统的基本知识,包括计算机的发展与应用、计算机系统的组成等内容。

1.1 计算机的诞生与发展

1.1.1 计算机的诞生

　　1946年2月,世界上第一台数字电子计算机ENIAC(Electronic Numerical Integrator And Calculator,电子数字积分计算机)在美国宾夕法尼亚大学诞生。它是由John Mauchly和J.P.Eckert领导的研制小组为精确计算复杂的弹道特性和火力射程表而研制的。这台计算机采用了18 000多个电子管、1500多个继电器、70 000多个电阻和10 000多个电容,耗电达150 kW,运算速度为每秒5 000次,重达30t,占地170m^2,可谓"庞然大物"。

　　1945年,美籍匈牙利科学家冯·诺依曼(Von Neumann)领导的设计小组发表了一个全新的"存储程序式通用电子计算机"设计方案;1946年6月,他们又发表了更为完善的设计报告"电子计算机装置逻辑结构初探"。他指出,计算机编码中的开关状态调节和转插线连接,实质上相当于二进制形式的0、1控制信息,这些控制信息(指令)如同数据一样,以二进制的形式预先存储于计算机中,计算时计算机自动控制并依次运行。这就是所谓的"存储程序和程序控制"的冯·诺依曼原理。

1.1.2 计算机的发展

自第一台计算机 ENIAC 诞生以来,随着计算机所采用的电子元器件的演变,计算机的发展已经历了 4 个阶段,并向人们期望的新一代(智能计算机)迈进。

第一代:电子管计算机

电子管计算机的基本逻辑元器件是电子管(Electronic Tube),内存储器采用水银延迟线或磁鼓,外存储器采用磁带等。其特点是:速度慢,可靠性差,体积庞大,功耗高,价格昂贵。这一代的产品包括 ENIAC(图 1-1)、EDVAC、EDSAC、UNIVAC-I,以及 IBM 公司(International Business Machine Corperation,美国国际商业机器公司)研制的用于科学计算的 IBM701、IBM705(IBM700 系列)等。编程语言主要采用机器语言,稍后有了汇编语言,编程调试工作十分繁琐,其用途局限于军事研究的科学计算中。

图 1-1 通用数字电子计算机 ENIAC(1946 年)

第二代:晶体管计算机

晶体管计算机的基本逻辑元器件由电子管改为晶体管(Transistor),内存储器大量使用了磁性材料制成磁芯,外存储器采用磁盘和磁带。运算速度从每秒几万次提高到几十万次至几百万次。

与此同时,计算机软件技术也有了较大发展,提出了操作系统的概念,编程语言除了汇编语言外,还开发了 FORTRAN、COBOL 等高级程序设计语言,使计算机的工作效率大大提高。

IBM7000 系列机是第二代计算机的典型代表。与第一代电子管计算机相比,晶体管计算机体积小,重量轻,速度快,逻辑运算功能强,可靠性大大提高,其应用从军事及尖端技术扩展到数据处理和工业控制方面。

第三代:集成电路计算机

随着半导体技术的发展,当时的集成电路(Integated Circuit,IC)工艺已可在几平方毫米的硅片上集成相当于数十个甚至于数百个电子元器件。用这个小规模集成电路(Small Scale Integration, SSI)和中规模集成电路(Medium Scale Integration, MSI)作为基本逻辑元器件, 半导体存储器淘汰了磁芯, 用作内存储器, 而外存储器大量使用高速磁盘, 从而使计算机的体积、功耗进一步减小, 可靠性、运行速度进一步提高, 内存储器容量大大增加, 价格也大幅度降低, 其应用范围已扩大到各个领域。软件方面, 操作系统进一步普及和发展, 出现了对话式高级语言 BASIC, 提出了结构化、模块化的程序设计思想, 出现了结构化的程序设计语言 PASCAL。代表产品有 IBM-360(图1-2)和 PDP-11 等。

图1-2 IBM 360 计算机(1964年)

第四代:大规模或超大规模集成电路计算机

第4代计算机采用大规模集成电路(LSI)和超大规模集成电路(VLSI)作为主要功能部件, 主存储器使用了集成度更高的半导体存储器, 计算机运算速度高达每秒几亿次甚至数千万亿次。AMD 公司采用 45 nm 工艺制造的 Athlon II X2 250 双核 CPU, 它的核心面积为 117.5 mm², 晶体管数量达 2.34 亿个; 而 Intel 公司最新的 22 nm 工艺制造的四核心 CPU, 平均每平方毫米的晶体管数量达到 920 多万个。

在这个时期, 计算机体系结构有了较大发展, 并行处理、多机系统、计算机网络等都已进入实用阶段。软件方面, 发展了数据库系统、网络操作系统、分布式操作系统以及面向对象技术等等, 并逐渐形成软件产业。

1.1.3 微型计算机的发展

1971年 Intel 公司成功地在一块芯片上实现了中央处理器(包括控制器和运算器)的功能, 制成了世界上第一片微处理器(MPU)Intel 4004, 并将它组成了第一台微型机 MCS-4, 从此揭开了微型机发展的帷幕。随后, 许多公司竞相研制微处理器, 相继推出了8位、16位、32位和64位微处理器。随着芯片的主频和集成度的不断提高, 由它们构成的微型机在功能上也不断完善。

1981年8月12日, IBM公司推出了第一台16位个人计算机 IBM PC 5150, 如图1-3所示。这台微机采用 Intel 公司的 8088 作为 CPU, 工作频率为 4.77 MHz,

内存为 16 KB，一个 160 KB、5.25 英寸的软盘驱动器，一个 11.5 英寸的单色显示器，没有硬盘，操作系统为 Microsoft 公司的 DOS 1.0。IBM 公司将这台计算机命名为 PC(Personal Computer，个人计算机)，现在 PC 已经成为微机的代名词。

1983 年 3 月，IBM 公司发布了改进机型 IBM PC/XT，它采用 Intel 公司的 8086 CPU，在主板上预装了 256 KB 的 DRAM(可扩展至 640 KB)和 40 KB 的 ROM，总线扩展插槽从 5 个增加为 8 个。它还带有一个容量为 10 MB 的 5 英寸硬盘，这是硬盘第一次成为 PC 微机的标准配置。XT 微机预装了 DOS 2.0 操作系统，DOS 2.0 支持"文件"的概念，并以"目录树"结构存储文件。

图 1-3　IBM PC 5150 微机(1981 年)

1984 年 8 月，IBM 公司推出了 IBM PC/AT 微机，它支持多任务、多用户。系统采用 Intel 公司的 80286 CPU，工作频率为 6 MHz，操作系统采用 Microsoft 公司的 DOS 3.0，并增加了网络连接功能。在软件上第一次采用了与以前 CPU 兼容的设计思想。

1985 年 6 月，长城 0520 微机研制成功，这是中国大陆第一台自行研制的 PC 兼容微机。

在微机发展的各个时期，为了满足市场的需求，都会推出一些相应的微机主流应用技术。早期的微机主要用于 BASIC 等简单语言的编程，解决了计算机的普及化问题。以后又推出了 2D(二维)图形技术，解决了微机只能处理字符的问题。386 微机时代，随着音频处理技术的发展，又推出了多媒体技术，主要解决音频和视频播放问题。到 486 微机时代，推出了 Windows 技术，实现了图形化操作界面，使普通用户也可以很简单地使用微机。近年来，主要是不断加强 3D 图形处理技术。随着微机性能的增强，不同开发商推出了越来越多的微机设备和接口卡，为了简化对这些设备安装和配置，即插即用技术得到了很好的应用。微机各个时期应用技术的发展如图 1-4 所示。

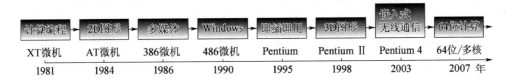

图 1-4　微机应用技术的发展

微机经过 30 多年的发展，性能得到了极大的提高，功能也越来越强大，应用涉及到各个领域。毫不夸张地说，微机已经成为我们工作和生活中重要的组成部分之一。据国家统计局统计，2012 年我国微型计算机累计产量达 3.54 亿台，在目前计算机市场上,微机占有比例达到了90%以上。

1.1.4 计算机的发展趋向

半导体技术的飞速发展造就了计算机产业。Intel公司创始人之一的戈登·摩尔(Gordon Moore)于1965年在总结存储器芯片的增长规律时指出"微芯片上集成的晶体管数目每18个月翻一番",这就是著名的摩尔定律。摩尔定律没有经过论证,只是一种现象的归纳,但是在半导体领域飞速发展、变化莫测的几十年内却很好地验证了这一说法,使其享有了"摩尔定律"的荣誉。

目前计算机的发展有5个重要的方向,即微型化、巨型化、网络化、智能化和多媒体化。

1. 微型化

目前微型机已经成为人们使用的计算机的主流,今后计算机的发展将会继续向着微型化的趋势发展。从笔记本电脑到掌上电脑,再到嵌入到各种家电中的计算机控制芯片,而嵌入到人体内部的微电脑不久也将会成为现实。

2. 巨型化

为了适应尖端科学技术和大量信息技术处理的需要,将会发展出一批速度、大容量的巨型计算机。微型计算机的发展和普及代表了一个国家应用计算机程度,而巨型计算机的制造和应用则集中反映了一个国家科学技术水平。

2012年,IBM公司最新研制的超级计算机"红杉"(Sequoia),以每秒16 324万亿次的运算速度成为全球最快的超级计算机。我国于2000年初研制出1100亿次、内存容量达50GB的超级服务器曙光2000-Ⅱ,2001年初研制出有280个处理器、运算速度达4000亿次的曙光3000超级服务器,2004年研制出超级计算机曙光4000A,它的运算速度为每秒11万亿次;2009年10月,我国首台千万亿次超级计算机"天河一号"诞生,它由6144个CPU和5120个GPU(图形处理器)装在103个机柜组成,内存总容量为98TB,点点通信带宽40Gbit/s,共享磁盘总容量为2PB(2万亿字节),峰值速度达到每秒1206万亿次,是继美国之后世界上第二个能够研制千万亿次超级计算机的国家;2010年,经升级后的"天河一号"二期系统(天河-1A)由2048个我国自主研发的飞腾FT-1000八核心处理器和14 336个Intel公司的六核心处理器组成,内存总容量为224TB,它以峰值速度4700万亿次、持续速度2566万亿次每秒浮点运算的优异性能成为当年全球最快的超级计算机,如图1-5所示。

3. 网络化

从单机走向联网,是计算机发展的必然结果。近十年来,计算机网络技术发展极其迅速,从计算机联网到网络互联,到今天的信息高速公路,它正在改变人类的生活和工作方式。毫无疑问,计算机网络在信息社会中将大显身手。

图 1-5 "天河-1A"超级计算机(2010年)

4. 智能化

智能化就是使计算机具有模拟人的感觉和思维的能力,第五代计算机要实现的目标就是"智能"计算机。第五代计算机的研制激发了人工智能研究热潮,不少国家已将人工智能和新一代计算机的研究、开发和应用列入国家发展战略的议事日程,成为科技发展规划的重要组成部分。

5. 多媒体化

多媒体技术是 20 世纪 80 年代中后期兴起的一门跨学科的新技术。采用这种技术,可以使计算机具有处理图、文、声、像等多种媒体的能力(即成为多媒体计算机),从而更完善计算机的功能和提高计算机的应用能力。当前全世界已掀起一股开发应用多媒体技术热潮。

1.2 计算机的分类和应用

1.2.1 计算机的分类

自 1946 年第一台计算机诞生到今天,计算机的种类繁多,分类可按不同的标准来划分。

1. 按计算机中信息的表示形式分类

按计算机中信息的表示形式,计算机可分为三类:

(1) 电子数字计算机。它是以数字化的信息为处理对象,并采用数字电路对数字信息进行数字处理。通常所说的计算机及我们常用的计算机就是指电子数字计算机。

(2) 电子模拟计算机。它是以模拟量(连续物理量,如点流量、电压)为处理对象,处理方式也采用模拟方式。

(3) 数模混合计算机。它是数字和模拟有机结合的计算机。

2. 按应用范围分类

按计算机的应用范围划分,可分为专用机和通用机。专用机是指为解决特定问题,实现特定功能而设计的计算机,如军事应用中控制导弹的计算机,医院里CT采用的专用计算机等。通用机就是我们通常所说的计算机,可以应用于不同领域的各种应用中。

3. 按计算机规模分类

按照国际标准分类,计算机的规模可分为如下几类:

(1) 巨型计算机(Supercomputer)。通常把速度最快(每秒达数千亿次浮点运算)、体积最大、功能最强的计算机成为巨型计算机。

(2) 大型计算机(Mainframe)。大型计算机国外习惯上称为主机。其速度快,体积庞大,大型计算机主要用于企业和政府的大量数据存储、管理和处理中。

(3) 小型计算机(Minicomputer)。小型计算机是为了满足部门、小企业使用的计算机,其体积比微机稍大,可以在系统终端上为多个用户执行任务。

(4) 工作站(Workstation)。工作站的性能介于小型计算机和微机之间,并以优良的网络化功能和图像、图形处理功能而著称。主要用于科学研究、工程技术及商业中,解决复杂独立的数据及图形、图像处理等事务。

(5) 个人计算机(Personal Computer,PC)。个人计算机,简称PC,也称微机。自1981年IBM公司推出16位IBM PC至今,PC的性能越来越大,应用的领域也越来越广泛,可谓处处可见,人人皆知。

1.2.2 计算机的特点

自从1946年第一台计算机诞生至今,计算机随着微电子技术的演变而不断更新换代,性能不断增强,应用越来越广泛,是因为计算机具有如下独到的特点。

1. 运算速度快

目前巨型机的运算速度已达到了每秒万亿次,即便是PC,其速度也达到了每秒数亿次。

2. 运算精度高

计算机内部采用二进制计数,其运算精度随字长位数的增加而提高,目前PC的字长已达到64位,再结合软件处理算法,整个计算机的运算精度可以达到预期的精度。

3. 存储量大

从首台计算机诞生至今,作为计算机功能之一的存储(记忆)功能,得到了很大发展,一套大型辞海、百科全书,甚至整个图书馆的所有书籍,均可以存储在计算机中,并按需要实现各种类型的查询和检索。

4. 程序控制自动工作

从复杂的教学演算到宇宙飞船控制，人们只需要先编好程序，并将程序存储于计算机中，一旦开始执行，计算机便自动工作，直到完成任务。

5. 具有逻辑判断能力

计算机可以对所要处理的信息进行各种逻辑判断，并根据判断的结果自动决定后续要执行的命令，还可以进行逻辑推理和定理证明。

1.2.3 计算机的应用

随着计算机技术的迅猛发展，尤其是随着 PC 的普及，计算机几乎已渗透到了各个领域，无所不在，无所不有，概括来讲，计算机主要应用在如下几个方面。

1. 科学计算

科学计算是指科学研究和工程技术中所遇到的数学问题的求解，又称数值计算。研制计算机的最初目的，就是为了使人们从大量烦琐而枯燥的计算工作中解脱出来，用计算机解决一些复杂或实时过程的高速性而靠人工难以解决或不可能解决的计算问题。比如：人造卫星轨道计算、水坝应力的求解、生物医学中的人工合成蛋白质技术、天文学中的形体演变研究、中远期天气预报等。科学计算目前仍是计算机的主要应用领域之一。

2. 信息处理

信息处理又称数据处理，是计算机最广泛的应用领域。其目的是对大批数据进行分析、加工、处理，并以更适合人们阅读、理解的形式输出结果，如全球信息检索系统、办公自动化系统、管理信息系统、金融自动化系统、卫星及遥感图像分析系统、医院 CT 及核磁共振的三维图像重建等都是计算机用于信息处理的直接领域。

3. 实时控制

实时控制就是用计算机实时采集系统图信息，据此对系统的运行过程自动控制，因此实时控制又称计算机控制或过程控制。

4. 计算机辅助系统

利用计算机辅助系统，人们可以完成设计、制造、教学等任务。目前主要涉及如下几个方面：

（1）计算机辅助设计。

（2）计算机辅助制造。

（3）计算机辅助教学。

5. 人工智能

目前计算机的人工智能的应用主要表现以下三方面：

（1）机器人。主要分为"工业机器人"和"智能机器人"两类，前者用于完成重复性的规定操作,通常用于代替人进行某些作业(如海底、井下、高空作业等),后者具有某些智能,具有感知和识别能力,能说话和回答问题。

(2)专家系统。使计算机具有某方面专家的专门知识,使用这些知识来处理这方面的问题。例如,医疗专家系统能模拟医生分析病情、开出药方和病假条。

(3)模式识别。重点研究图形识别和语音识别。例如,机器人的视觉器官和听觉器官、公安机关的指纹分析器、识别手写邮政编码的自动分信机等,都是模式识别的应用实例。

6. 计算机网络通信

利用计算机网络,使不同地区的计算机之间实现软、硬件资源共享,可以大大促进和发展地区间、国际间的通信和各种数据的传输和处理。现代计算机的应用已离不开计算机网络。例如,银行服务系统、交通(航空、车、船)订票系统、电子商务、公用信息通信网、大型企业管理信息系统等都建立在计算机网络的基础上。人们可以通过因特网(Internet)接收和发送电子邮件(E-mail)、查阅网上信息等。

1.3 计算机中的数据及编码

自然界的信息是丰富多彩的,有数值、文字、声音、图形、图像、视频等,但是计算机本质上只能处理二进制的"0"和"1",因此必须将各种信息转换成为计算机能够接受和处理的二进制数据,这种转换往往由外围设备和计算机自动进行。进入计算机中的各种数据都要转换成二进制数存储,计算机才能进行运算和处理;同样,从计算机中输出的数据也要进行逆向转换,转换过程如图1-6所示。

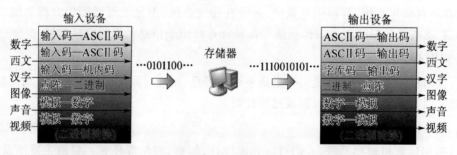

图1-6 各类数据在计算机中的转换过程

1.3.1 计算机中的信息单位

信息的单位常采用"位"、"字节"、"字"几种量纲。

1. 位(bit)

表示一位二进制数字,位是计算机数据的最小单位。

2. 字节(Byte)

存储八位二进制数的存储空间,是表示存储空间大小的最基本的容量单位。一个字节表示为 1 B(1 B=8bit)。

计算机的存储器(包括内存和外存)通常都是以字节作为容量单位,其他容量单位还有 KB、MB、GB、TB。

存储容量的换算:

1B = 8bit

1KB = 1024B = 2^{10} B

1MB = 1024KB = 2^{20} B

1GB = 1024MB = 2^{30} B

1TB = 1024GB = 2^{40} B

3. 字

字是计算机内处理数据或信息的基本单位——Word,是指计算机内部一次基本动作可同时处理的二进制代码,组成一个字的二进制位数叫做该字的字长。

字长是计算机硬件设计的一个指标,它代表了机器的精度。字长是指 CPU 在一次操作中能处理的最大数据单位,它体现了一条指令所能处理数据的能力。例如一个 CPU 的字长为 32 位,则每执行一条指令可以处理 32 位二进制数据。如果要处理更多位的数据,由需要几条指令才能完成。显然,字长越长,CPU 可同时处理的数据位数就越多,功能就越强,但 CPU 结构也就越复杂。

1.3.2 进位计数制及它们之间的转换

数据是计算机处理的对象。在计算机中,各种信息都必须经过数字化编码转换后才能被传送、处理和存储,在计算机内部一律都是采用二进制数。人们日常生活中使用的是十进制,但在与计算机打交道时,会接触到二进制、八进制和十六进制。因此有必要了解这些不同计数制及其相互转换。

1. 数的进制

数制即表示数的方法,按进位的原则进行计数的数制称为进位数制,简称"进制"。对于任何进位数制,有以下几个基本特点:

(1) 每一种进制都有固定数目的记数符号(数码)。在进制中允许选用基本数码的个数称为基数。例如,十进制的基数为 10,有 10 个数码 0~9;二进制的基数为 2,有 2 个数码 0~1;八进制的基数是 8,有 8 个数码 0~7;十六进制的基数为 16,有 16 个数码 0~9 及 A~F。

(2) 逢 R 进一。如十进制中逢 10 进 1,二进制中逢 2 进 1,八进制中逢 8 进 1,十六进制中逢 16 进 1。

(3) 采用位权表示法。一个数码处在不同的位置上所代表的值不同,如十进制中的数码 3,在个位数上表示 3,在十位数上表示 30,在百位数上表示 300,…,这里的个(10^0)、十(10^1)、百(10^2)…称为位权。位权的大小以基数为底,数码所在位置的序号为指数的整数次幂。一个进制数可以按位权展开一个多项式,例如

$$345.78 = 3 \times 10^2 + 4 \times 10^1 + 5 \times 10^0 + 7 \times 10^{-1} + 8 \times 10^{-2}$$

表 1-1 列出了上述几种进制间 0~16 数值的对照表。

表 1-1 进制间 0~16 数值对照表

十进制	二进制	八进制	十六进制	十进制	二进制	八进制	十六进制
0	0	0	0	9	1001	11	9
1	1	1	1	10	1010	12	A
2	10	2	2	11	1011	13	B
3	11	3	3	12	1100	14	C
4	100	4	4	13	1101	15	D
5	101	5	5	14	1110	16	E
6	110	6	6	15	1111	17	F
7	111	7	7	16	10000	20	10
8	1000	10	8				

在数的各种进制中,二进制是最简单的一种。由于它的数码只有两个:0 和 1,可以用电子元件的两种状态(如开关的接通和断开,晶体管的导通和截止)来表示,二进制的运算规则简单,容易实现,因此在计算机中数的表示采用二进制。

2. 进制之间的转换

(1)十进制与二进制数之间的转换。一个十进制数一般可分为整数和小数两个部分。通常把整数部分和小数部分分别进行转换,然后再组合起来。

① 十进制整数转换成二进制整数,可采用以下两种方法:

方法一:采用逐次"除 2 取余"法,即用 2 不断去除要转换的十进制整数,直至商为 0 为止。将所得各次余数,以最后余数为最前位,依次排列,即所得到要转换的二进制数。

例 1.1 将十进制数 117 转换为二进制数。

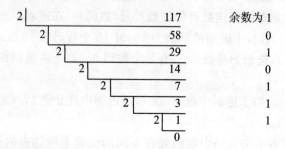

第1章 计算机基础知识

也就是说,117 转换成二进制数为 1110101,通常写成 $(117)_{10} = (1110101)_2$

方法二:将十进制数表示成 2 的整数幂的多项式形式,然后转成二进制形式表示。

例 1.2 $(81)_{10} = 64 + 16 + 1 = 2^6 + 2^4 + 2^0 = (1010001)_2$

采用方法二的关键是要熟记二进制的整数幂。为了方便记忆,下面给出一些 2 的整数幂值的对照表(表 1-2)。

表 1-2 2 的整数幂值的对照表

2 的整数幂	对应的十进制	2 的整数幂	对应的十进制
2^0	1	2^{-1}	0.5
2^1	2	2^{-2}	0.25
2^2	4	2^{-3}	0.125
2^3	8	2^{-4}	0.0625
2^4	16	2^{-5}	0.03125
2^5	32	2^{-6}	0.015325
2^6	64		
2^7	128		
2^8	256		
2^9	512		
2^{10}	1024		

② 十进制小数转换成二进制小数。采用逐次"乘 2 取整"法,即用 2 不断地乘要转换的十进制小数,直至所得的积数为 0 或小数点后的位数达到精度要求为止。把每次的整数部分,以第一个整数为最高位,依次排列,即可得到要转换的二进制小数。

例 1.3 将十进制小数点 0.6875 转换成二进制数。

```
        0.6875
    ×       2
    ─────────
        1.3750       整数部分为 1
        0.3725
    ×       2
    ─────────
        0.7500       整数部分为 0
    ×       2
    ─────────
        1.5000       整数部分为 1
        0.5000
    ×       2
    ─────────
        1.0000       整数部分为 1
```

第1章 计算机基础知识

因此,$(0.6875)_{10}=(0.1011)_2$。

应该注意的是,有些十进制小数连续乘2取整后,结果仍不为0,此时只取二进制近似值到指定位数(一般取八位),例如$(0.7625)_{10}=(0.11000011001\cdots)_2\approx(0.11000011)_2$。

③ 任意十进制数转换成二进制。对于既有整数部分又有小数部分的十进制数,可以将其整数部分和小数部分分别转换成二进制数,再把两者结合起来。

例1.4 将十进制数 117.6875 转换成二进制。

$$(117.6875)_{10} = (117)_{10}+(0.6875)_{10}$$
$$= (1110101)_2+(0.1011)_2$$
$$= (1110101.1011)_2$$

④ 二进制数转换成十进制数。将二进制数按"权"展开,然后各项相加。

例1.5 将$(10111.1011)_2$转换成十进制数。

$$(10111.1011)_2 = 2^4+2^2+2^1+2^0+2^{-1}+2^{-3}+2^{-4}$$
$$= 16+4+2+1+0.5+0.125+0.0625$$
$$= (23.6875)_{10}$$

(2) 二进制数与十六进制数之间的转换。

① 将二进制数转换成十六进制数。因为四位二进制数相当于一个十六进制数,因此二进制数转换为十六进制数可用"四位合一法",既把待转换的二进制数从小数点开始,分别向左、右两个方向每四位为一组(最后不足四位数补"0"),然后对每四位二进制数用相应的十六进制数码表示。

例1.6 将二进制数 11001011.01011 转换成十六进制数。

```
1100    1011  .  0101    1000
 ↓       ↓       ↓       ↓
 C       B   .   5       8
```

因此,$(11001011.01011)_2=(CB.58)_{16}$

② 十六进制数转换成二进制数。十六进制数转换为二进制数,其方法是上述转换的逆过程,既将每一位十六进制数码用四位二进制数码表示,也就是"一分为四"方法。

例1.7 将十六进制数 1A5.C2 转换成二进制数。

```
 1      A       5    .   C       2
 ↓      ↓       ↓        ↓       ↓
0001   1010   0101  .   1100    0010
```

因此,$(1C5.C2)_{16}=(110100101.1100001)_2$。

(3) 二进制数与八进制数之间的转换。

① 将二进制数转换成八进制数。因为三位二进制数相当于一个八进制数,因此二进制数转换为八进制数可用"三位合一法",既把待转换的二进制数从小数点开始,

分别向左、右两个方向每三位为一组(最后不足三位数补"0"),然后对每三位二进制数用相应的八进制数码表示。

例 1.8　$(11001011.01011)_2 = (313.26)_8$

② 八进制数转换成二进制数。八进制数转换为二进制数,其方法是上述转换的逆过程,既将每一位八进制数码用三位二进制数码表示,也就是"一分为三"方法。

例 1.9　$(245.36)_8 = (10100101.01111)_2$。

1.3.3　字符编码

用二进制编码来表示文字和符号,称做字符编码。

1. BCD 码

计算机内部采用的是二进制编码,而习惯上人们使用的则是十进制编码,为解决人机在计数制上的矛盾,特别设置了数字编码。用二进制代码表示十进制数,常用的表示方法是将十进制数的每位数字都用四位二进制数表示之(所以用四位二进制数是因为四位二进制数可以表示 16 种不同状态,十进制数数字有 10 个,三位不足,五位太多)。

例如:846 的 BCD 码为:　　8　　　4　　　6
　　　　　　　　　　　　　1000　0100　0110

2. ASCII 码

ASCII 码(American Standard Code for Information Interchange)是美国国家信息交换标准代码。由 7 位二进制数组成,可表示 $2^7 = 128$ 个字符,包括 52 个大小写英文字母,10 个阿拉伯数字,32 个专用符号和 34 个控制符号,而且每个二进制代码都可用与其对应的十六进制数表示。这样,使用书写和转化都很方便(表 1-3)。

表 1-3　字符 ASCII 编码(二进制表示)

$b_3b_2b_1b_0$	$b_6b_5b_4$	000	001	010	011	100	101	110	111
		0	1	2	3	4	5	6	7
⋯0000		0	NUL	DLE	SP	0	@	P	`	p
⋯0001		1	SOH	DC1	!	1	A	Q	a	q
⋯0010		2	STX	DC2	"	2	B	R	b	r
⋯0011		3	ETX	DC3	#	3	C	S	c	s
⋯0100		4	EOT	DC4	$	4	D	T	d	t
⋯0101		5	ENO	NAK	%	5	E	U	e	u
⋯0110		6	ACK	SYN	&	6	F	V	f	v

续表 1-3

b3b2b1b0 \ b6b5b4	000	001	010	011	100	101	110	111
	0	1	2	3	4	5	6	7
…0111	7	BEL	ETB	'	7	G	W	g	w
…1000	8	BS	CAN	(	8	H	X	h	x
…1001	9	HT	EM	)	9	I	Y	i	y
…1010	A	LF	SUB	*	:	J	Z	j	z
…1011	B	VT	ESC	+	;	K	[	k	{
…1100	C	FF	FS	,	<	L	\	l	|
…1101	D	CR	GS	-	=	M	}	m	]
…1110	E	SO	RS	.	>	N	^	n	~
…1111	F	SI	US	/	?	O	_	o	DEL

虽然 ASCII 码只用了 7 位二进制代码，但由于计算机的基本存储单位是一个字节（8 个二进制位），所以每个 ASCII 码也用一个字节表示，最高二进制位为 0。

1.3.4 汉字编码

在用计算机处理汉字时，必须先将汉字代码化，即对汉字进行编码。由于西文的基本符号比较少，编码比较容易，而且在一个计算机系统中，输入、内部处理、存储和输出都可以使用同一代码。汉字种类繁多，编码比西文符号困难，在一个汉字处理系统中，输入、内部处理、存储和输出对汉字代码的要求不尽相同，所以在汉字系统中存在着多种汉字代码。一般来说，在系统内部的不同地方可根据环境使用不同的汉字代码，这些代码组成一个汉字代码体系。

1. 区位码

1981 年，我国制定了"中华人民共和国国家标准信息交换汉字编码"，代号为"GB 2312—1980"。在这种标准编码的字符集中，一共收录了汉字和图形符号 7445 个，其中包括 6763 个常用汉字和 682 个图形符号。根据使用的频率程度，常用汉字又分为两个等级，一级汉字使用频率最高，包括汉字 3755 个，它覆盖了常用汉字的 99%，二级汉字有 3008 个，一、二级汉字合起来的使用覆盖率可达 99.99%，也就是说，这 6000 多个汉字能满足一般应用的需要。一级汉字按汉语拼音字母顺序排列，二级汉字按偏旁部首排列。

按照这种标准编码的规定，汉字编码表有 94 行及 94 列，其行号 01～94 称为区号，列号 01～94 称为位号。一个汉字所在的区号和位号简单的组合在一起就构成了这个汉字的区位码，其中高两位为区号，低两位为位号，都采用十进制表示。区位码可以唯一确定某一个汉字或符号。例如，汉字"啊"的区位码为 1601（该汉字处于 16

区的 01 位)。

2．国标码

国标码又称交换码,它是在不同汉字处理系统间进行汉字交换时所使用的编码。国标码采用两个字节的二进制编码,每个字节最高位置 0,其余 7 位表示汉字信息。这种编码又称为双七位编码。国标码一般采用十六进制数来表示,它与区位码的关系是(H 表示十六进制):

国标码高位字节 ＝(区号)$_{16}$＋20H

国标码低位字节 ＝(位号)$_{16}$＋20H

例如,汉字"啊"的区位码为 1601,转换成十六进制数为 10 01H(区号和位号分别转换),则国标码为 30 21H。

3．汉字内码(机内码)

汉字内码是计算机内处理汉字(存储、运算)所用的编码,也称汉字机内码或简称内码。不同的系统使用的汉字的机内码有可能不同。对于大多数计算机系统来说,一个汉字内码占两个字节,分别称为高位字节和低位字节,且这两个字节与区位码有如下关系:

汉字内码高位字节 ＝(区号)$_{16}$＋A0H

汉字内码低位字节 ＝(位号)$_{16}$＋A0H

例如,汉字"啊"的汉字内码为 B0A1H。

汉字内码中高、低位字节(如上例中的 B0H 和 A1H)的最高二进制位均为 1,利用这个最高位"1"可以区分汉字码和 ASCII 码,汉字内码采用两个字节,而 ASCII 码用一个字节。在显示和打印时,一个汉字刚好占用两个 ASCII 码字符位置。

4．汉字输入码

是计算机输入汉字的代码,也称外部码,或称外码。当今汉字输入码有拼音码、五笔字型码等。

5．汉字字形码

汉字字形码是表示汉字字形的字模数据,通常用点阵、矢量函数等方式表示。用点阵表示字形时,汉字字形码一般指确定汉字字形的点阵代码。字形码也称字模码,它是汉字的输出形式,随着汉字字形点阵和格式的不同,汉字字形码也不同。常用的字形点阵有 16×16 点阵、24×24 点阵、48×48 点阵等等。图 1-7 所示为"啊"字的 16×16 点阵的字形点阵。

字形点阵的信息量是很大的,占用存储空间也很大。以 16×16 点阵为例,每个汉字占用 32 字节(16×16÷8＝32),两级汉字大约占用 256KB。因此,字形点阵只能用来构成"字库",而不能用于机内存储。字库中存储了每个汉字的点阵代码,当显示输出时才检索字库,输出字模点阵得到字形。

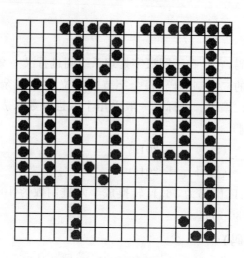

图 1-7 "啊"字的字形点阵

1.4 计算机系统的基本组成及工作原理

计算机是一种能快速存储程序和自动连续地对各种数字化信息快速进行算术、逻辑运算的工具,它主要由一些机械的、电子的器件组成,再配以适当的程序和数据。计算机的种类很多,除了微型机以外,还有巨型机、大型机、小型机和工作站;微型机方面,除了台式机之外,还有便携机(如笔记本电脑、掌上电脑等)、单片机等。尽管它们在规模、性能方面存在着很大的差别,但它们的基本结构和工作原理是相同的。以下介绍内容主要是以微型机为背景的。

1.4.1 计算机系统的基本组成

一个完整的计算机系统由硬件系统和软件系统两部分组成。硬件系统是构成计算机系统的各种物理设备的总称,它包括微机和外设两部分;软件系统是运行、管理和维护计算机的各类程序和文档的总称。通常把不安装任何软件的计算机称为"裸机"。计算机之所以能够应用到各个领域,是由于软件的丰富多彩,并且,能够出色地按照人们的意图完成各种不同的任务。一个完整的微机系统如图 1-8 所示。

1.4.2 计算机系统的工作原理

现代计算机的基本工作原理是由美籍匈牙利科学家冯·诺依曼于 1946 年首先提出来的。冯·诺依曼提出了程序存储式电子数字自动计算机的方案,并确定了计算机硬件体系结构的 5 个基本部件:输入设备、输出设备、控制器、运算器和存储器。人们把冯·诺依曼的这个理论称为冯·诺依曼体系结构,从计算机的第 1~4 代,一

第 1 章 计算机基础知识

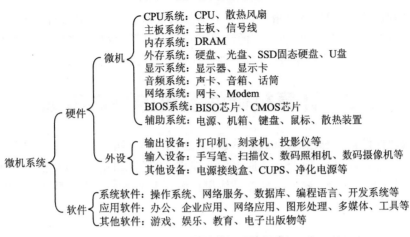

图 1-8 微型计算机系统组成

直没有突破这种冯·诺依曼的体系结构,目前绝大多数计算机都是基于冯·诺依曼计算机模型而开发的。冯·诺依曼的主要思想可概括为以下三点:

(1) 采用二进制形式表示数据和指令;

(2) 计算机主要包括输入设备、输出设备、存储器、控制器、运算器五大组成部分;

(3) 要执行的程序和被处理的数据预先存放在存储器中,并让计算机自动地执行程序。

计算机系统应按照下述模式工作:将编好的程序和原始数据,输入并存储在计算机的内存储器中(即"存储程序");计算机接到操作人员的运行命令后,按照程序逐条取出指令加以分析,并执行指令规定的操作(即"程序控制"),最后输出设备将处理结果显示或打印。这一原理称为"存储程序"原理,是现代计算机的基本工作原理,至今的计算机仍采用这一原理。

计算机的工作过程如图 1-9 所示,在控制器的作用下,用户通过输入设备将数

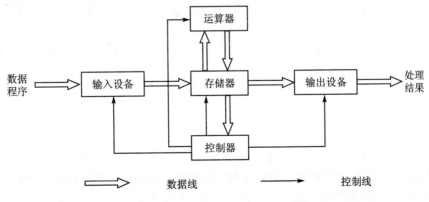

图 1-9 计算机工作原理示意图

据输送到存储器，控制器发出指令，从存储器提取数据送至运算器进行算术或逻辑运算，然后在控制器的作用下，将运算的结果返存到存储器，控制器指挥输出设备，从存储器提取相关数据转化成字符或图形/图像送显示器或打印机输出。

1.5 计算机硬件系统的基本组成

微机硬件设备一般包括主机、显示器、键盘、鼠标、音箱等设备，核心设备在主机内部。主机有立式和卧式两种，性能上没有差别，价格也相差不大，目前较为流行立式机箱，因为散热好，容易扩充，缺点是体积较大。主机是微机的主要组成部分，主机内部的基本设备如图1-10(a)所示。

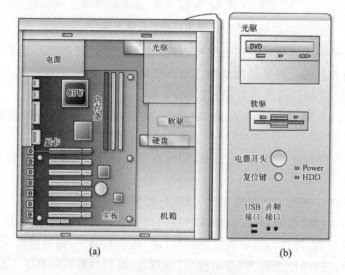

图1-10 主机的内部与外部组成

主机箱上部是符合 ATX 规范的开关电源，它的功能是将 220V 的交流市电转换成为微机工作需要的±3.3V、±5V、±12V 直流电压，电源功率为 200～350W。

主机箱中的主板上安装有 CPU、内存条、显卡等设备。CPU 在主机箱内主板上部，它上面有一个铝质散热片和散热风扇。内存条在主板右侧插座上，对 DDR (Double Data Rate SDRAM，双倍速率同步动态随机存储器)内存来说，可以插在其中任何一个内存插座上。显卡在主机箱中间位置，插在主板上的 AGP 插座或 PCI-E 插座上，有些主机箱内部可能看不到显卡，因为它们与主板北桥芯片集成在一起了。大部分主板还集成了声卡、网卡等。

主机箱右边是光驱、软驱、硬盘等设备，由于它们都是机电一体化设备，因此工作时不能振动，尤其是主机箱面板上硬盘灯(HDD)在闪烁时，不要振动主机，因为此时硬盘正在工作，特别害怕震动。

主机的外观虽然五花八门，但基本功能都是相同的。如图 1-10(b)所示，在主机箱前面有光驱、软驱、电源开关、复位按键、电源灯、硬盘灯、前置 USB 接口、前置音频接口等。

1.5.1 CPU 系统

CPU 也称为微处理器(Microprocessor)，它是计算机系统中最重要的一个部件。CPU 是整个计算机系统的控制中心，它严格按照规定的脉冲频率工作，一般来说，工作频率越高，CPU 工作速度越快，能够处理的数据量也就越大，功能也就越强。在 CPU 技术和市场上，Intel 公司一直是技术领头人，目前的主要产品是 Core(酷睿) I 系列。AMD 公司目前的 CPU 产品主要是 Phenom(羿龙)和 Athlo(速龙)系列。

1. CPU 的组成

CPU 外观看上去是一个矩形块状物，中间凸起部分是 CPU 核心部分封装的金属壳，在金属封装壳内部是一片指甲大小的、薄薄的硅晶片，我们称它为 CPU 核心(die)。在这块小小的硅片上，密布着上亿个晶体管，它们相互配合、协调工作，完成着各种复杂的运算和操作。金属封装壳周围是 CPU 基板，它将 CPU 内部的信号引接到 CPU 引脚上。基板下面有许多密密麻麻的镀金的引脚，它是 CPU 与外部电路连接的通道。大部分 CPU 底部中间有一些电容和电阻。

目前 CPU 主要采用 FC-PGA 封装、OPGA 封装和 LGA 封装等种形式。LGA 封装将 CPU 核心(die)封装在有机底板之上，如图 1-11 所示，这样可以缩短连线，并有利散热。CPU 由半导体硅芯片、转接基板、有机底板、引脚、电容、导热材料、散热金属壳等部件组成，如图 1-12 所示。

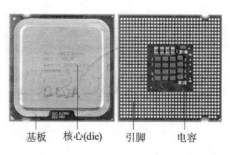

基板　核心(die)　引脚　电容

图 1-11　LGA 封装的 Pentium 4 CPU

Intel 公司生产的 Core 2 duo(酷睿 2 双核)CPU 在 143 mm^2 的硅核上拥有超过 2.91 亿个晶体管，平均每平方毫米近 200 万个晶体管；Intel 公司最新的 22 nm 工艺制造的 4 核心 8 线程 CPU，在 159.8 mm^2 的硅核上集成了 14.8 亿个晶体管。对于 CPU 来说，更小的晶体管制造工艺意味着更高的 CPU 工作频率、更高的处理性能、更低的耗电量、更低的发热量。集成电路制造工艺几乎成为了 CPU 每个时代的标志。

第1章 计算机基础知识

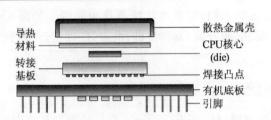

图1-12 CPU的内部结构

2. Intel CPU 的类型

由于Intel公司的CPU产品在市场中占据了主导地位,因此按照Intel产品进行分类,一般将CPU产品分为7代,如表1-4所列。

表1-4 Intel CPU 类型

CPU 分代	CPU 类型	字长/位	CPU 频率范围/MHz	首次推出日期/年
第1代	8088	16	4.77	1981
	8086	16	5~8	1983
第2代	80286	16	8~16	1984
第3代	80386	32	16~50	1985
第4代	80486	32	33~100	1989
第5代	Pentium	32	60~233	1993
第6代	Pentium Pro	32	150~200	1995
	Pentium II	32	233~450	1997
	Pentium III	32	450~1 300	1999
第7代	Pentium 4	32/64	1 300~3 800	2000
	Pentium D	32/64	2 660~3 730	2005
	Core	64	1 060~3 330	2006
	Core I	64	2 600~3 330	2008

Intel公司将Pentium 4 CPU细分为奔腾(Pentium)、赛扬(Celeron)、至强(Xeon)和迅驰(Centrino)4个系列,它们在设计技术上差异不大,在外观上也没有太大差别,主要用于不同的商业市场。

奔腾(Pentium)系列CPU是Intel公司的主流产品,性能高于赛扬CPU,低于至强CPU。

赛扬(Celeron)系列CPU是Intel公司为低端市场而专门推出的,CPU设计技术和生产工艺与奔腾CPU几乎没有太大的差别,只是将奔腾CPU内部的高速缓存减少了一部分。赛扬CPU性能虽然低于奔腾CPU,但是它价格便宜。

至强(Xeon)系列 CPU 主要面向 PC 服务器或高档图形工作站,产品性能优越,但价格较高。

迅驰(Centrino)系列 CPU 产品主要用于笔记本微机,产品性能比奔腾低,但是发热量小,功耗非常低,并且支持无线通信。

Intel 公司目前流行的 CPU 是 Core i 系列,分为 i3、i5 和 i7,历经三代的发展。第一代的 i 系列,数字就是只有 3 位,如 Core i3 530、Core i5 760、Core i7 920、Core i7 990x;第二代的 i 系列前面多了一个 2,如 Core i3 2100、Core i5 2300、Core i7 2600;第三代的 i 系列前面多了一个 3,如 Core i3 3200、Core i5 3570、Core i7 3770。

值得注意的是,与其他诸如 Pentium 4、Pentium D 等基于 NetBurst 处理器不同,从 Core(酷睿)处理器开始,不再单单注重处理器时钟频率的提升,它同时就其他处理器的特色,例如高速缓存效率、核心数量等作出优化:Core i3 530 是双核 4M 三级缓存,Core i5 2550 是 4 核 6M 三级缓存,Core i7 3930K 是 6 核 12 M 三级缓存。

3. CPU 技术性能

CPU 的技术指标相当多,如系统结构、指令系统、处理字长、工作频率、高速缓存容量、加工线路宽度、工作电压、插座类型等主要参数,其中处理字长、工作频率为主要的性能指标。

CPU 处理字长指 CPU 内部运算单元通用寄存器一次处理二进制数据的位数。各种 CPU 按其字长可分为 4 位、8 位、16 位、32 位和 64 位 CPU。目前 CPU 通用寄存器宽度有 32 位和 64 位两种类型,64 位 CPU 处理速度更高。由于 X86 系列 CPU 是向下兼容的,因此 16 位、32 位的软件可以运行在 32 位或 64 位的 CPU 中。64 位 CPU 有 Intel Core、AMD Athlon 64 等产品。

提高 CPU 工作频率可以提高 CPU 性能,现在主流的 Core i 系列 CPU 工作频率为 3.0 GHz 以上。继续大幅度提高 CPU 工作频率受到了生产工艺的限制。由于 CPU 是在半导体硅片上制造的,在硅片上的元件之间需要导线进行联接,在高频状态下要求导线越细越短越好,这样才能减小导线分布电容等杂散信号干扰,以保证 CPU 运算正确。

CPU 线宽指在硅材料上内部各元器件之间的连接线宽度,目前以 nm(纳米)为单位。线宽数值越小,生产工艺越先进,CPU 内部功耗和发热量就越小。目前 CPU 生产工艺已经达到 22 nm 的加工精度。

Cache(高速缓存)也可以极大地改善 CPU 的性能,目前 Core i 系列 CPU 的 Cache 容量为 1~10 MB,甚至更高,Cache 结构从一级发展到三级。

4. CPU 技术的新发展

CPU 是计算机的核心部件,2004 年以前,技术重点在于提升 CPU 的工作频率,但是 CPU 工作频率的提升遇到了一系列的问题,如能耗问题、发热问题、工艺问题、量子效应问题、兼容问题等。近年来 CPU 技术发展的重点转向了多核 CPU、64 位

CPU、低功耗 CPU、嵌入式 CPU 等技术。

（1）多核 CPU 技术。与传统的单核 CPU 相比，多核 CPU 带来了更强的并行处理能力，并大大减少了 CPU 的发热和功耗。在主要 CPU 厂商的产品中，双核、四核、六核甚至八核 CPU 已经占据了主要地位。2007 年 2 月，美国发布的"万亿级"计算速度的 80 核研究用 CPU 芯片，只有指甲盖大小，功耗只有 62W。1996 年同样性能的计算机大约需要 1 万个 Pentium Pro 芯片组成，能耗为 500kW。

多核 CPU 的内核拥有独立的 L1 缓存、共享 L2 缓存、内存子系统、中断子系统和外设。因此，系统设计师需要让每个内核独立访问某种资源，并确保资源不会被其他内核上的应用程序争抢。图 1-13 所示为 AMD 64 位双核 CPU。

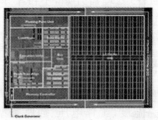

图 1-13　AMD 64 位双核 CPU 外观与内核

多核 CPU 与单核 CPU 很大的不同就是它需要软件的支持，只有在基于线程化的软件上应用多核 CPU 才能发挥出应有的效能。目前绝大多数的软件都是基于单线程的，多核处理器并不能为这些应用带来任何效率上的提高，因此多核 CPU 的最大问题就是软件问题。

（2）64 位 CPU。64 位 CPU 技术是指 CPU 通用寄存器的数据宽度为 64 位，也就是说 CPU 一次可以处理 64 位数据。

64 位计算主要有两大优点：可以进行更大范围的整数运算和可以支持更大的内存。不能简单地认为 64 位 CPU 的性能是 32 位 CPU 性能的 2 倍，实际上在 32 位操作系统和应用程序下，32 位 CPU 的性能甚至会更强。要实现真正意义上的 64 位计算，光有 64 位的 CPU 是不行的，还必须有 64 位的操作系统以及 64 位的应用软件才行，三者缺一不可，缺少其中任何一种要素都无法实现 64 位计算。

目前主流 CPU 使用 64 位技术的主要有 AMD 公司的 AMD64 位技术、Intel 公司的 EM64T 技术和 Intel 公司的 IA-64 技术。其中 IA-64 是由 Intel 独立开发，不兼容现在传统的 32 位计算机，仅用于 Itanium（安腾）计算机，一般用户极少使用。

在 64 位 CPU 方面，Intel 和 AMD 两大厂商都发布了多个系列多种规格的 64 位 CPU。而在操作系统和应用软件方面，目前的情况不容乐观，64 位的应用软件尚在开发之中，而真正适合于个人使用的 64 位操作系统现在只有 Windows XP X64 和 Windows 7 X64。Windows XP X64 本身只是一个过渡性的 64 位操作系统，且本身也不太完善,易用性不高,一个明显的例子就是各种硬件设备的驱动程序很不完善。

1.5.2 主板系统

1. 主板的功能

主板是微机中重要的部件,微机性能是否能够充分发挥,微机硬件功能是否足够,微机硬件兼容性如何等,都取决于主板的设计。主板制造质量的高低,也决定了硬件系统的稳定性。主板与CPU的关系密切,每一次CPU的重大升级,必然导致主板的换代。

主板由集成电路芯片、电子元器件、电路系统、各种总线插座和接口组成。主板的主要功能是传输各种电子信号,部分芯片也负责初步处理一些外围数据。从系统结构的观点看,主板由芯片组和各种总线构成,目前市场主板的系统结构为控制中心结构。

主板有 XT、AT、ATX、LPX、NLX、EATX 和 BTX 等类型,目前市场主流为 ATX 主板。不同类型的CPU,往往需要不同类型的主板与之匹配。主板性能的高低主要由北桥芯片决定,北桥芯片性能的好坏对主板总体技术性能产生举足轻重的影响。主板功能的多少,往往取决于南桥芯片与主板上的一些专用芯片,主板 BIOS 芯片将决定主板兼容性的好坏。芯片组决定后,主板上元件的选择和主板生产工艺将决定主板的稳定性。图 1-14 所示为一个 ATX 主板组成图。

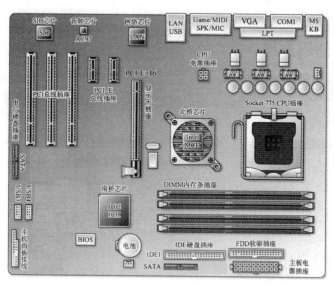

图 1-14 ATX 主板组成图

2. CPU 插座

目前 CPU 采用 Socket 插座和 Slot 插座,Socket 插座根据 CPU 引脚的多少进行编号,Slot 插座主要有 Slot1、Slot2 和 Slot A。Intel Pentium 4 系列 CPU 的插座规格主要有 Socket 423、Socket 478、Socket 775 等,AMD 系列 CPU 插座有 Socket 754、Socket 939 和 Slot A 等。Socket 775 插座为全金属制造,原因在于这种 CPU 的固定方式对插座的强度有较高的要求,并且 CPU 的功率增加很多,CPU 表面温度也提高不少,金属材质的插座比较耐得住高温。

Intel 公司采用 LGA 775 封装的 CPU 没有引脚,只有一排排整齐排列的金属圆点,因此 CPU 不能利用引脚进行固定,而需要在主板上安装扣架固定。主板上的 Socket 775 插座由于内部的触针非常柔软和纤薄,如果在安装时用力不当,就非常容易造成触针的损坏。另外引脚也容易变形,相邻的引脚很容易搭在一起,造成 CPU 内部电路短路,引起烧毁设备的可怕后果。此外,过多地拆卸 CPU 将导致触针失去弹性,进而造成硬件方面的彻底损坏,这是 Socket 775 插座的最大缺点。

3. 芯片组

由于芯片组属于计算机核心技术,与 CPU 关系密切,产品利润高,因此往往由 CPU 厂商进行设计和生产,有时 CPU 厂商也发放生产许可证给其他厂商进行改进设计和生产。生产芯片组的厂商有 Intel、AMD、VIA、SIS 等少数企业。

主板上的芯片组分南、北桥芯片组。北桥芯片主要负责管理 CPU 的类型、主频、前端总线频率、主板的系统总线频率,内存类型、容量和性能,显卡插槽规格,ECC 纠错等;整合型芯片组还集成了显卡芯片;南桥芯片主要负责管理 PCI、USB 总线、IDE 接口、SATA 接口、网卡、BIOS 以及其他周边设备的数据传输。

1.5.3 存储器系统

能够直接与 CPU 进行数据交换的存储器称为内存,与 CPU 间接交换数据的存储器称为外存。内存位于计算机系统主板上,运行速度较快,容量相对较小,所存储的数据断电即失。外存一般安装在主机箱中,通过数据线连接在主板上,它与 CPU 的数据交换必须通过内存和接口电路进行。外存的特点是存储容量大,存取速度相对内存要慢得多,但存储的数据很稳定,停机后数据不会消失。常用的外部存储器有硬盘、光盘、软盘、U 盘等。

1. 内存

内存又称为主存储器,用于存放计算机进行数据处理所必须的原始数据、中间结果、最后结果以及指示计算机工作的程序。内存是微机主要技术指标之一,其容量大小和性能直接影响程序运行情况。内存的主要技术指标如下:

(1) 内存容量。在内存中有大量的存储单元,每个存储单元可存放 1 位二进制数据,8 个存储单元称为 1 字节(byte)。内存容量是指存储单元中的字节数,通常以 KB、MB、GB、TB 作为内存容量单位。其中,1 字节=8bit,1KB=1024 字节,1MB=1024KB,1GB=1024MB,1TB=1024GB。

(2) 内存读写时间。从内存中读一个字或向内存写入一个字所需的时间为读写时间,两次独立的读写操作之间所需的最短时间称为存取周期。存取周期反映了内存的存取速度,早期内存存取周期为 100ns(纳秒),目前为 2～10ns。

(3) 内存的类型。内存均是半导体存储器,可分为随机存储器(RAM)和只读存储器(ROM)。随机存储又分为静态随机存取存储器(SRAM)和动态随机存取存储器(DRAM)。

① 静态随机存取存储器(SRAM)。SRAM 存储单元电路工作状态稳定,速度快,不需要刷新,只要不断电,数据不会丢失。SRAM 一般只应用在 CPU 内部作为高速缓存(Cache)。

② 动态随机存取存储器(DRAM)。DRAM 中存储的信息以电荷形式保存在集成电路的小电容中,由于电容的漏电,因此数据容易丢失。为了保证数据不丢失,必须对 DRAM 进行定时刷新。现在微机内存均采用 DRAM 芯片安装在专用电路板上,称为内存条,如图 1-15 所示。目前常见的内存条类型有 DDR SDRAM、DDR2 SDRAM、DDR3 SDRAM 等,内存条容量有 512MB、1GB、2GB、4GB、8GB 等规格;而同一类型的内存条也有不同的频率,如 DDR3 800、DDR3 1333、DDR3 1600、DDR3 2133,它们的频率为 800 MHz、1333 MHz、1600 MHz 和 2133 MHz。

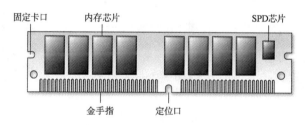

图 1-15　DDR SDRAM 内存条组成图

③ 只读存储器(ROM)。与 SRAM、DRAM 不同,ROM 中存储的数据在断电后能保持不丢失。ROM 只能一次写入数据,多次读出数据。微机主板上的 ROM 用于保存系统引导程序、自检程序等。目前在微机中常用的 ROM 存储器为 Flash Memory(闪存),这种存储器可在不加电的情况下长期保存数据,又能再对数据进行快速擦除和重写。

④ 高速缓冲存储器(Cache)。为了提高运算速度,通常在 CPU 内部增设一级、二级、三级高速静态存储器,它们称为高速缓冲存储器。Cache 大大缓解了高速 CPU 与低速内存的速度匹配问题,它可以与 CPU 运算单元同步执行。目前 CPU 内部的 Cache 一般为 1～10 MB。

2. 硬盘驱动器

硬盘驱动器也称为硬盘,由于它存储容量大,数据存取方便,价格便宜等优点,目前已经成为保存用户数据重要的外部存储设备。但是硬盘也是微机中最娇气的部件，容易受到各种故障的损坏，硬盘如果出现故障，意味着用户的数据安全受到了严重威胁。另外，硬盘的读写是一种机械运动，因此相对于 CPU、内存、显卡等设备，数据处理速度要慢得多，从"木桶效应"来看，可以说硬盘是阻碍计算机性能提高的瓶颈。硬盘如图 1-16 所示。

(1) 硬盘的工作原理。硬盘采用了"温彻斯特"(Winchester)技术，这种技术的特点是"密封、固定并高速旋转的镀磁盘片，磁头沿盘片径向移动，磁头悬浮在高速转动的盘片上方，而不与盘片直接接触"，这是现在所有硬盘的基本工作原理。

图 1-16 硬盘

硬盘利用电磁原理读写数据。根据物理学原理，当电流通过导体时，围绕导体会产生一个磁场，当电流方向改变时，磁场的极性也会改变。数据写入硬盘的操作就是根据这一原理进行的。

(2) 硬盘的磁道、柱面与扇区。硬盘盘片上有成千上万个磁道，这些磁道在盘片中呈同心圆分布，这些同心圆从外至内依次编号为 0 道、1 道、2 道……n 道，这些编号称为磁道号，如图 1-17(a)所示。

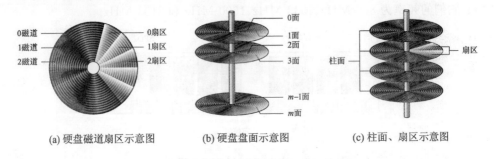

(a) 硬盘磁道扇区示意图　　(b) 硬盘盘面示意图　　(c) 柱面、扇区示意图

图 1-17 硬盘上的扇区与柱面

只有一张盘片的硬盘有两个面，分别为 0 面和 1 面。由多张盘片构成的硬盘，从上至下依次编号为 0 面、1 面、2 面……m 面，这些编号称为盘面号，如图 1-17(b)所示。

由多张盘片构成的硬盘，从 0 面到第 m 面上所有的 0 磁道构成一个柱面，所有盘片上的 1 磁道又构成一个柱面……这样所有柱面从外向内编号，依次为 0 柱面、1 柱面、2 柱面……k 柱面，这种编号称为柱面号。

为了记录数据的方便，每个磁道又分为多个小区段，每个区段称为一个扇区，如图 1-17(c)所示。每个磁道上的扇区数是不相同的，这些扇区编号依次为 0 扇区、1 扇区、2 扇区……x 扇区。一般一个扇区内可以存储 512 字节的用户数据。

(3) 硬盘的类型与接口。按照硬盘尺寸(磁盘直径)分类，硬盘有 5.25 英寸、3.5 英寸、2.5 英寸等规格。目前市场以 3.5 英寸硬盘为主流，2.5 英寸硬盘主要用于笔记本微机和移动硬盘。

第1章 计算机基础知识

按照硬盘的接口分类，有IDE接口硬盘（ATA）、串行接口硬盘（SATA）、SCSI接口硬盘、USB接口硬盘等。IDE和SATA接口硬盘主要用于台式微机，SCSI硬盘主要用于PC服务器，USB硬盘主要用作移动存储设备。表1-5所列为几种接口标准的性能对比。

表1-5 硬盘接口标准技术性能

接口标准	最大数据传输率	传输方式	接口插座/针	接口导线/线	说明
IDE	11 Mbit/s	并行	40	40	已淘汰
EIDE	16.6 Mbit/s	并行	40	40	已淘汰
ATA 33	33 Mbit/s	并行	40	40	连接光驱
ATA 66/100/133	66/100/133 Mbit/s	并行	40	80	趋于淘汰
SCSI 80/160/320	80/160/320 Mbit/s	并行	68	80	用于服务器
SATA 1.0/2.0/3.0	150/300/600Mbit/s	串行	4	4	市场主流
USB 1.1/2.0/3.0	12M/500M/5Gbit/s	串行	4	4	用于移动硬盘

（4）磁盘冗余阵列（RAID）技术。磁盘冗余阵列属于超大容量的外存子系统，它可以提高磁盘系统性能和增加数据安全性。磁盘冗余阵列由许多台硬盘按一定规则（如条带化、映像等）组合在一起构成。通过阵列控制器的控制和管理，磁盘冗余阵列系统能够将几个、几十个硬盘组合起来，使其容量高达数10TB。

（5）硬盘主要技术指标如下：

① 平均寻道时间。指磁盘磁头移动到数据所在磁道所用的时间，一般为8ms左右。

② 内部数据传输速率。指磁头读出数据，并传输至硬盘缓存芯片的最大数据传输率。目前硬盘一般为25～45MB/s。

③ 外部数据传输速率。指硬盘接口传输数据的最大速率，目前IDE接口硬盘为133MB/s，SATA1、SATA2和SATA3接口分别为150MB/s、300MB/s和600MB/s。

④ 电动机转速。指硬盘内电动机主轴转动速度，目前硬盘主流转速为7200r/min。

⑤ 高速缓存。指硬盘内部的高速缓冲存储器，目前容量一般为8～64MB。

⑥ 硬盘容量。目前主要为120GB、320GB、500GB、1TB、2TB、3TB或更高。

3. 软盘驱动器

软盘驱动器也称为软驱，软驱由于容量小，数据读写速度慢，在PC2000计算机设计规范中已经建议取消，目前市场产品也趋于淘汰。

第1章 计算机基础知识

4. 光盘和光盘驱动器

光盘驱动器(简称光驱)和光盘一起构成了光存储器,光盘用于记录数据,光驱用于读取数据。光盘的特点是记录数据密度高,存储容量大,数据保存时间长。光盘由印刷标签保护层、铝反射层、数据记录刻槽层、透明聚碳脂塑料层等组成,光盘盘片结构如图1-18所示。

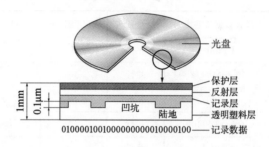

图1-18 光盘盘片结构

光盘的工作原理是利用光盘上的凹坑记录数据。在光盘中,凹坑(Pit)是被激光照射后反射弱的部分,陆地(Land)是没有受激光照射而仍然保持有高反射率的部分。光盘是用激光束照射盘片并产生反射,然后根据反射的强度来判定数据是0还是1。光盘利用凹坑的边缘来记录"1",而凹坑和陆地的平坦部分记录"0",凹坑的长度和陆地的长度都代表有多少个0。需要强调的是,凹坑和陆地本身不代表"1""0",而是凹坑端部的前沿和后沿代表"1",凹坑和陆地的长度代表"0"的个数,然后使用激光来读出这些凹坑和陆地的数据。

光盘的类型有CD-ROM、CD-R、CD-RW、DVD-ROM、DVD-R、DVD-RW等。

CD-ROM和DVD-ROM是只读型光盘,数据采用专用设备一次性写入到光盘中。以后,数据只能读出,不能再写入。CD-ROM的存储容量为650MB,DVD-ROM的存储容量为4.3~17GB。

CD-R和DVD-R是一次性刻录光盘,可以利用光刻录机将数据写入,数据写入后不能修改。

CD-RW和DVD-RW是一种可擦写光盘,可以利用光盘刻录机将数据写入光盘,这种光盘可以反复读写,但需要专用软件进行操作。

光驱由激光头、电路系统、光驱传动系统、光头寻道定位系统和控制电路等组成,如图1-19所示。激光头是光驱的关键部件,光驱利用激光头产生激光扫描光盘盘面,从而读出"0"和"1"的数据。

5. U盘

U盘又名"闪存盘",是一种采用快闪存储器(Flash Memory)为存储介质,通过USB接口与计算机交换数据的可移动存储设备。U盘具有即插即用的功能,使用者

图 1-19　光驱(DVD-ROM)

只需将它插入 USB 接口,计算机就可以自动检测到 U 盘设备。U 盘在读写、复制及删除数据等操作上非常方便。目前,U 盘的存储容量达到了 128GB 或更高,可重复擦写 100 万次以上。

由于 U 盘具有外观小巧、携带方便、抗震、容量大等优点,因此,受到微机用户的普遍欢迎。U 盘的外观如图 1-20 所示。

图 1-20　U 盘

6. 移动硬盘

移动硬盘与台式机 IDE 接口硬盘不同,它采用 USB 接口或 IEEE1394 接口。移动硬盘一般由 2.5 英寸的硬盘加上带有 USB 或 IEEE1394 接口的硬盘盒构成。移动硬盘有以下特性:

(1) 容量大,单位储存成本低。移动硬盘主流产品至少是 200GB,最大能提供几太字节的储存空间。

(2) 速度快。移动硬盘采用 USB 1.1、USB 2.0 和 USB 3.0 接口的最高数据传输速率可达 12Mbit/s、500Mbit/s 和 5Gbit/s;采用 IEEE 1394 接口的硬盘数据传输速率为 400Mbit/s。

1.5.4　总线和接口

1. 总　线

总线是微机中各种部件之间共享的一组公共数据传输线路。

总线由多条信号线路组成,每条信号线路可以传输一个二进制的 0 或 1 信号。例如,32 位的 PCI 总线就意味着有 32 根数据通信线路,可以同时传输 32 位二进制信号。任何一条系统总线都可以分为 5 个功能组:数据线、地址线、控制线、电源线和地线。

(1) 数据总线 DB(Data Bus)。数据总路线用来传送数据。数据即可从 CPU 传送到内存或其他部件,也可从内存或其他部件传送到 CPU,是双向传输的。数据总路线的宽度通常是与微机的字长一致的。

(2) 地址总线 AB(Address Bus)。地址总线专门用来传送地址信息,它们一般是单向传输的。地址总线的位数决定了可以直接寻址的内存范围,例如,16 位的地址总路线,可以构成 $2^{16}=65536$ 个地址,或者说存储空间为 64KB。

(3) 控制总线 CB(Control Bus)。控制总线用来传送控制器的各种控制信号,包括 CPU 送往内存和输入法/输出接口电路和控制信号(如读信号、写信号等),以及其他部件送到 CPU 的信号(如时钟信号、中断请求信号等),是双向传输的。

总线的性能可以通过总线宽度和总线频率来描述。总线宽度为一次并行传输的二进制位数。例如,32 位总线一次能传送 32 位数据,64 位总线一次能传送 64 位数据。微机中总线的宽度有 8 位、16 位、32 位、64 位等。总线频率则用来描述总线的速度,常见的总线频率有 33MHz、66MHz、100MHz、133MHz、266MHz、333MHz、400MHz、533MHz、800MHz、1066MHz、1333MHz、1600 MHz 等。

主板上有七大总线,它们是前端总线 FSB、内存总线 MB、Hub 总线 IHA、图形显示接口总线 PCI-E、外围设备总线 PCI、通用串行总线 USB 和少针脚总线 LPC。总线的工作频率与位宽是非常重要的技术指标。

前端总线 FSB 由主板上的线路组成,没有插座。前端总线负责 CPU 与北桥芯片之间的通信与数据传输,总线宽度为 64 位,数据传输频率为 100~1066MHz。

内存总线 MB 负责北桥芯片与内存条之间的通信与数据传输,总线宽度为 64 位,数据传输频率为 266MHz、400MHz、533MHz 或更高。主板上一般有 2 个 DDR3 DIMM 内存总线插座,它们用于安装内存条。

PCI-E 是目前微机流行的一种高速串行总线。PCI-E 总线采用点对点串行连接方式,这个和以前的并行通信总线大为不同。它允许和每个设备建立独立的数据传输通道,不用再向整个系统请求带宽,这样也就轻松地提高了总线带宽。PCI-E 总线根据接口对位宽要求不同而有所差异,分为 PCI-E X1、X2、X4、X8、X16 甚至 X32。因此 PCI-E 总线的接口长短也不同,X1 最小,往上则越长。PCI-E X16 图形总线接口包括两条通道,一条可由显卡单独到北桥芯片,而另一条则可由北桥芯片单独到显卡,每条单独的通道均将拥有 4Gbit/s 的数据传输带宽。PCI-E X16 总线插座用于安装独立显卡,有些主板将显卡集成在主板北桥芯片内部,因此不需要另外安装独立显卡。

PCI 总线插座一般有 3~5 个,主要用于安装一些功能扩展卡,如声卡、网卡、电视卡、视频卡等。PCI 总线宽度为 32 位,工作频率为 33MHz。

USB 总线是一个通用串行总线,一般在主板后部,它支持热插拔。

2. I/O 接口

接口是指计算机系统中,在两个硬件设备之间起连接作用的逻辑电路。接口的功能是在各个组成部件之间进行数据交换。主机与外部设备之间的接口称为输入/输出接口,简称为 I/O 接口。

计算机的外部设备多种多样,而系统总线上的数据都是二进制数据,而且外围设备与 CPU 的处理速度相差很大,所以需要在系统总线与 I/O 设备之间设置接口,来进行数据缓冲、速度匹配和数据转换等工作。外设与主机之间相互传送的信号有 3 类:数据信号、状态信号和控制信号。接口中有多个端口,每个端口传送一类数据。从数据传送的方式看,接口可分为串行接口(简称串口)和并行接口(简称并口)两大类。串行接口中,接口和外设之间的数据按位进行传送,而接口和主机之间则是以字节或字为单位进行多位并行传送,串行接口能够完成"串→并"和"并→串"之间的转换。微机上的 RS-232C 接口是一种常用的串口。在并行接口中,接口和外设之间的信息交换都是按字节或字进行传送,其特点是多个数据位同时传送,具有较高的数据传送速度。微机上连接打印机的 LPT 接口就是一种并口。

主板上配置的接口有 IDE 硬盘和光驱接口、SATA 串行硬盘接口、COM 串行接口、LPT 并行打印机接口、PS/2 键盘接口、PS/2 鼠标接口、音箱接口 Line Out、话筒接口 MIC、RJ-45 网络接口、1394 火线接口等。

3. 微机线路连接

微机系统的接线可以分为信号线与电源线,信号线的布置应当尽量避免干扰信号源,如电视机、音响设备,电力线应当注意安全性。所有接线都应当接触良好,便于维护。

微机设备的接线集中在主机后部,如图 1-21 所示,每个插座上都标记了不同的色彩,将插头对色入座就行。那么会不会插反呢?一般不会,因为绝大部分接口都有防反插装置。按照微机设计规范 ATX2.0 规定,微机接口的形状、位置、和色彩都有规定。

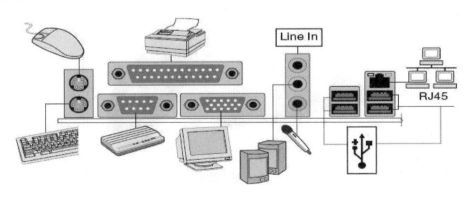

图 1-21 主机的外部接口与线路连接

微机后部最上面的是显示器电源插座,它是一个 3 孔 D 形插座,它下面的 3 芯 D 形插座是接电源线的。这两个插座一般较紧,因为太松容易导致接触不好,产生的电火花会干扰微机的正常运行。

键盘插座(PS/2 KB)为6孔圆形插座,规定为"紫色",键盘接线插头上有一个插入方向标志,将标志面朝上,对准插入既可。

鼠标插座(PS/2 MS)的形状、插入方法与键盘相同,只是插座规定为"绿色"。

目前新式微机一般都有4个A型USB通用串行接口,其中有两个在主机后部,两个在主机前面。A型USB接口为扁平4芯插座,黑色,有防反插入阻挡块。插入USB插头时,插头空心部分应当朝上。使用USB接口的设备越来越多,如数码照相机、扫描仪、打印机、移动硬盘、键盘等。因为USB接口可以互相串接,传输速度也比较高,最大的优点是可以带电拔插。

串口(COM1,通信)为"蓝色",9针、D形插座,一般用它连接上网的调制解调器(Modem)。

并行接口(LPT)为D形、"桃红"、25孔,用于连接打印机。

目前大部分主板上都集成了声卡,主机背面一般提供3个圆形音频插孔,它们从上到下是:线性音频输出接口(Line Out),一般用于接有源音箱信号线插头;线性音频输入接口(Line in),一般用于输出到家庭音响的输入插座;话筒信号输入接口(Mic),接话筒信号线插头。

最下面的显示信号插座(VGA)为D形3排15孔,插入显示器信号线后,应当拧紧插头上的固定螺钉,这样保证了信号的可靠连接。

1.5.5 输入/输出设备

1. 键盘

键盘是向计算机输入数据的主要设备,由按键、键盘架、编码器、键盘接口及相应控制程序等部分组成,如图1-22所示。微机使用的标准键盘通常为107键,每个键相当于一个开关。

图1-22 键盘及鼠标

2. 鼠标

鼠标也是一个输入设备,广泛用于图形用户界面环境。鼠标通过PS/2串口与主机连接。鼠标的工作原理是:当移动鼠标时,它把移动距离及方向的信息转换成脉冲信号送入计算机,计算机再将脉冲信号转变为光标的坐标数据,从而达到指示位置的目的。目前常用鼠标为光电式鼠标,上面一般有 2~3 个按键。对鼠标的操作有移动、单击、双击、拖曳等。

3. 扫描仪

扫描仪是一种光机电一体化的输入设备,它可以将图形和文字转换成可由计算机处理的数字数据。目前使用的是 CCD(电荷耦合)阵列组成的电子扫描仪,其主要技术指标有分辨率、扫描幅面、扫描速度。

4. 显示器

显示器用于显示输入的程序、数据或程序的运行结果。能以数字、字符、图形和图像等形式显示运行结果或信息的编辑状态。

在微机系统中,主要有两种类型的显示器,一种是传统的 CRT(阴极射线管)显示器,如图 1-23(a)所示。CRT 显示器价格低,使用寿命长,但是它外观尺寸较大,不便于移动办公,它主要用于台式机,目前已基本淘汰。

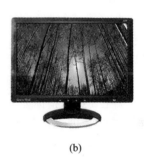

(a)　　　　　　　　　　　　　　　　(b)

图 1-23　CRT 显示器与 LCD 显示器

另外一种显示器是 LCD(液晶显示器),如图 1-23(b)所示。LCD 采用数字显示方式,显示效果比 CRT 稍差。LCD 采用 DVI(数字视频接口)显示接口,也有些 LCD 采用 VGA 显示接口,在 LCD 内部进行数/模转换。LCD 外观尺寸较小,适应于移动办公,它主要用于笔记本微机、平板微机等,它是今后微机显示器的发展方向。

显示器的主要技术参数如下:

(1) 屏幕尺寸。屏幕尺寸指显示器屏幕对角线的长度,以英寸为单位,表示显示屏幕的大小,主要有 10~24 英寸几种规格。

(2) 点距。点距是屏幕上荧光点间的距离,它决定像素的大小,以及屏幕能达到的最高显示分辨率,点距越小越好,现有的点距规格有 0.20、0.25、0.26、0.28(mm)等规格。

(3) 显示分辨率。指屏幕像素的点阵。通常写成(水平像素点)×(垂直像素点)的形式。常用的有 640×480、800×600、1024×768、1024×1024、1600×1200 等,目前 1024×768 较普及,更高的分辨率多用于大屏幕图像显示。

(4) 刷新频率。每分钟内屏幕画面更新的次数称为刷新频率。刷新频率越高,画面闪烁越小,一般为 60~140Hz。

5. 打印机

打印机是将输出结果打印在纸张上的一种输出设备,如图 1-24 所示。从打印机原理上来说,市场上常见的打印机大致分为喷墨打印机、激光打印机和针式打印机。按打印颜色来分,打印机有单色打印机和彩色打印机。按工作方式分为击打式打印机和非击打式打印机。击打式打印机常为针式打印机,这种打印机正在从商务办公领域淡出;非击打式打印机常为喷墨打印机和激光打印机。

(1) 激光打印机类型。激光打印机可以分为黑白激光打印机和彩色激光打印机两大类。尽管黑白激光打印机的价格相对喷墨打印机要高,可是从单页打印成本以及打印速度等方面来看,它具有绝对的优势,仍然是商务办公领域的首选产品。彩色激光打印机整机和耗材价格不菲,这是很多用户舍激光而求喷墨的主要原因。随着彩色激光打印机技术的发展和价格的下降,会有更多的企业用户选择彩色激光打印机。

图 1-24 打印机外观图

(2) 主要技术指标如下。

① 打印速度。打印速度是指打印机每分钟打印输出的纸张页数,通常用 ppm(页/分钟)表示。ppm 标准可分为两种类型,一种类型是指打印机可以达到的最高打印速度;另外一种类型就是打印机在持续工作时的平均输出速度。需要注意的是,若只打印一页,还需要加上首页预热时间。目前激光打印机市场上,打印速度可以达到 10~35ppm。对于黑白激光打印机来说,打印速度与打印内容的覆盖率没有关系,而且标称打印速度也是基于标准质量模式,在标称速度下的打印质量完全可以满足用户需求。对于彩色激光打印机来说,打印图像和文本时的打印速度有很大不同,所以厂商在标注产品的技术指标时会用黑白和彩色两种打印速度进行标注。

② 打印分辨率。打印机分辨率是指在打印输出时横向和纵向两个方向上每英寸最多能够打印的点数,通常以 dpi(点/英寸)表示。目前一般激光打印机的分辨率均在 600dpi×600dpi 以上。打印分辨率决定了打印机的输出质量,分辨率越高,其反映出来可显示的像素个数也就越多,可呈现出更多的信息和更好更清晰的图像。对于文本打印而言,600dpi 已经达到相当出色的线条质量;对于照片打印而言,经常需要 1200dpi 以上的分辨率才可以达到较好的效果。

③ 硒鼓寿命。硒鼓是激光打印机最关键的部件，也称为感光鼓。硒鼓寿命是指打印机硒鼓可以打印纸张的数量，它一般为 2000～20000 页。硒鼓不仅决定了打印质量的好坏，还决定了用户使用成本。硒鼓有整体式和分离式两种。整体式硒鼓在设计上把碳粉暗盒及感光鼓等装在同一装置上，当碳粉被用尽或感光鼓被损坏时整个硒鼓就得报废。这种设计加大了用户的打印成本，且对环境污染的危害很大，却给生产商带来了丰厚的利润。分离式硒鼓碳粉和感光鼓等各自在不同的装置上，其感光鼓寿命一般都很长，一般能达到打印 20000 张的寿命。当碳粉用尽时，只需换上新的碳粉，这样用户的打印成本就降低了。更换硒鼓时有 3 种选择：原装硒鼓、通用硒鼓(或称为兼容硒鼓)、重灌装的硒鼓。

④ 最大打印尺寸。一般为 A4(21 cm×29 cm)和 A3(29 cm×42 cm)两种规格。

点阵式打印机打印速度慢，噪声大，主要耗材为色带，价格便宜；激光打印机打印速度快，噪声小，主要耗材为硒鼓，价格贵但耐用；喷墨打印机噪声小，打印速度次于激光打印机，主要耗材为墨盒。

1.5.6 微机的主要技术指标

微机的主要技术指标有性能、功能、可靠性、兼容性等技术参数，技术指标的好坏由硬件和软件两方面因素决定。

1. 性能指标

微机的性能主要指微机的速度与容量。微机运行速度越快，在某一时间片内处理的数据就越多，微机的性能也就越好。存储器容量也是衡量微机性能的一个重要指标，大容量的存储器一方面是由于海量数据的需要，另一方面，为了保证微机的处理速度，需要对数据进行预取存放，这都加大了对存储器容量的要求。微机的性能往往可以通过专用的基准测试软件进行测试。微机的主要性能指标为：

(1) CPU 字长。CPU 字长是指 CPU 能够同时处理二进制数据的位数。它直接关系到计算机的运算速度、精度和性能。CPU 字长有 8 位、16 位、32 位、64 位之分，当前主流产品为 32 位和 64 位。

(2) 时钟频率。时钟频率指在单位时间内(s)发出的脉冲数，通常以兆赫兹(MHz)为单位。微机中的时钟频率主要有 CPU 时钟频率和总线时钟频率，如 Pentium 4 3.4GHz 的 CPU，其 CPU 主频为 3.4GHz。主频越高，计算机的运算速度越快。计算机的运行速度一般使用基准测试程序进行对比测试。

(3) 内存容量。计算机中内存容量越大，运行速度也越快。一些操作系统和大型应用软件常对内存容量有要求，如 Windows XP 最低内存配置为 64MB，Windows 7 最低内存配置为 512MB。

(4) 外围设备配置。微机外部设备的性能也对系统也有直接影响。如硬盘的配置、硬盘接口的类型与容量、显示器的分辨率、打印机的型号与速度等。

2. 功能指标

微机的功能指它提供服务的类型。随着微机的发展，3D图形功能、多媒体功能、网络功能、无线通信功能等，都在已经在微机中实现，语音识别、笔操作等功能也在不断探索解决之中，微机的功能将越来越多。微机硬件提供了实现这些功能的基本硬件环境，而功能的多少，实现的方法主要由软件实现。例如，网卡提供了信号传输的硬件基础，而浏览网页、收发邮件、下载文件等功能则由软件实现。微机的所有功能用户都可以通过软件或硬件的方法进行测试。

3. 可靠性指标

可靠性指微机在规定工作环境下和恶劣工作环境下稳定运行的能力。例如，微机经常性死机或重新启动，都说明微机可靠性不好。可靠性是一个很难测试的指标，往往只能通过产品的工艺质量，产品的材料质量，厂商的市场信誉来衡量。在某些情况下，也可以通过极限测试的方法进行检测。例如，不同厂商的主板，由于采用同一芯片组，它们的性能相差不大，但是，由于采用不同的工艺流程、不同的电子元件材料，不同的质量管理方法，它们产品的可靠性将有很大差异。为了提高主板的可靠性，有些厂商采用了6层印制电路板、蛇行布线、大量贴片电容、高质量的接插件、高温老化工艺等措施，大大提高了主板的可靠性。

4. 兼容性指标

"兼容"这个词在计算机行业中可以说是流行语了，但是要对"兼容"下一个准确定义，还是一件不容易的事情。"软件兼容性"指软件运行在某一个操作系统下时，可以正常运行而不发生错误。例如，某一DOS软件可以运行在Windows 98下时，我们说Windows 98与DOS软件兼容。"硬件兼容性"指不同硬件在同一操作系统下运行性能的好坏。例如，A声卡在Windows XP中工作正常，B声卡在Windows XP下可能不发声，因此我们说B声卡的兼容性不好。因此我们大致可以将"兼容"理解为：产品符合某一技术规范的特定要求，两个不同厂商的产品，如果能够在同一环境下应用，我们通常说它们是兼容的。硬件产品的兼容性不好，一般可以通过驱动程序或补丁程序解决；软件产品的不兼容，一般通过软件修正包或产品升级解决。

1.6 计算机软件系统

计算机软件包括程序与程序运行时所需的数据，以及与这些程序和数据有关的文档资料。软件系统是计算机上可运行程序的总和。计算机软件系统可以分为系统软件和应用软件，如图1-25所示，系统软件的数量相对较小，其他绝大部分软件都是应用软件。软件也可以分为商业软件与共享软件。商业软件功能强大，软件收费也高，软件售后服务较好；共享软件大部分是免费或少量收费的，一般来说不提供软件售后服务。

第 1 章　计算机基础知识

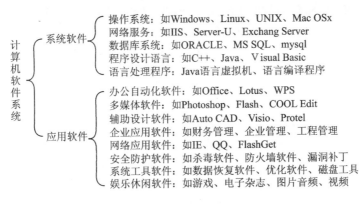

图 1-25　软件系统分类

1.6.1　系统软件

系统软件是计算机软件系统中最靠近硬件的一层。其他软件一般都通过系统软件发挥作用,系统软件用于计算机管理、监控、维护计算机和协调计算机内部更有效地工作的软件。通常包括操作系统、网络服务、数据库系统、程序设计语言等。

1. 操作系统

操作系统(Operating System)是最基本、最重要的系统软件,其他软件必须在操作系统的支持下才能运行。它负责管理、监控和维护计算机系统的全部软件资源和硬件资源,合理地组织计算机各部分协调工作。操作系统具有五大功能:处理器管理、存储管理、设备管理、文件管理和作业管理。操作系统的主要任务是:管理计算机的全部资源;担任用户与计算机之间的接口。目前常用的操作系统有 Windows 98/2000/XP/2003/Vista、Linux、DOS 等,网络操作系统有 Windows Server、Linux、UNIX 等。

2. 网络服务

操作系统本身提供了一些小型的网络服务功能,对于大型的网络服务,必须由专业软件提供。网络服务程序提供大型的网络后台服务,它主要用于网络服务提供商和企业网络管理人员。个人用户在利用网络进行工作和娱乐时,就是由这些软件提供服务。例如,提供网页服务的 Web 服务软件有 IIS、Apache、Domino 等,提供网络文件下载的服务软件有 Server-U 等,提供邮件服务的软件有 Exchang Server、Lotus Notes/Domino、Qmail 等。

3. 数据库系统

数据库系统(DBS)主要由数据库(DB)和数据库管理系统(DBMS)组成。数据库是按一定方式组织起来的相关数据的集合。数据库管理系统是是管理数据库,有效地进行数据存储、共享和处理的软件,是用户与数据库之间的接口,它提供了用户管理数据库的一套命令,包括数据库的建立、修改、检索、统计、排序等功能。数据库管理系统是建立信息管理系统(如财务管理、企业管理等)的主要软件工具,常用的数据库软件 FoxBase、Visual FoxPro、ORACLE、MS SQL Server、mysql 等。

4. 程序设计语言

程序设计语言是用来编写程序的语言,它是人与计算机交换信息的工具。程序设计语言一般分为机器语言、汇编语言、高级语言三类。

机器语言是以二进制代码表示的指令集合,是计算机唯一能直接识别和执行的语言。用机器语言编写的程序称为机器语言程序,其优点是占用内存少、执行速度快,缺点是难编写、难阅读、难修改、难移植。

汇编语言是将机器语言的二进制代码指令,用便于记忆的符号形式表示出来的一种语言,所以它又称为符号语言。采用汇编语言编制的程序称为汇编语言程序,其特点相对于机器语言程序而言易阅读、易修改。

机器语言和汇编语言都是面向机器的语言,一般称为低级语言。低级语言对机器依赖性大,所编程序通用性差,用户较难掌握。高级语言是一种比较接近于自然语言和数学表达的语言。用高级语言编写的程序便于阅读、修改及调试,而且移植性强。高级语言已成为目前普遍使用的语言,从结构化程序设计语言到广泛使用的面向对象程序设计语言,高级语言有数十种,表 1-5 所列为常用的几种高级语言及应用领域。

表 1-5 常用高级语言

语言名称	应用领域	语言特点
C	科学计算、数据处理	简单易学,但功能有限,常用于小型程序设计
C++	大型系统程序设计	功能非常强大,但过于复杂
C#	网络编程	功能强,简单易学,常用于网络脚本编程
Java	网络、通信编程	程序可以跨软件或硬件平台应用,但较为复杂
Visual Basic	面向对象程序开发	简单易学,但程序运行效率较低

5. 语言处理程序

用汇编语言和高级语言编写的程序称为"源程序",不能被计算机直接执行,必须把它们翻译成机器语言程序,机器才能识别及执行。这种翻译也是由程序实现的,不同的语言有不同的翻译程序,我们把这些翻译程序统称为语言处理程序。

通常翻译有两种方式:解释方式和编译方式。解释方式是通过相应语言解释程序将源程序逐条翻译成机器指令,每译完一句立即执行一句,直至执行完整个程序,其特点是便于查错,但效率较低,如 BASIC 语言。编译方式是用相应语言的编译程序将源程序翻译成目标程序,再用连接程序将目标程序与函数库等连接,最终生成可执行程序才可运行。

语言解释程序一般包含在开发软件或操作系统内，如 IE 浏览器就带有 ASP 脚本语言解释功能；也有些是独立的，如 Java 语言虚拟机。语言编译程序一般都附带在开发系统内，如 Visual C++开发系统就带有程序编译器。

1.6.2 应用软件

应用软件也可以分为两类，一类是针对某个应用领域的具体问题而开发的程序，它具有很强的实用性、专业性。这些软件可以由计算机专业公司开发，也可以由企业人员自行开发。正是由于这些专用软件的应用，使得计算机日益渗透到社会的各行各业。但是，这类应用软件使用范围小，导致了开发成本过高，通用性不强，软件的升级和维护有很大的依赖性。

第二类是一些大型专业软件公司开发的通用型应用软件，这些软件功能非常强大，适用性非常好，应用也非常广泛。由于软件的销售量大，因此，相对于第一类应用软件而言，价格便宜很多，由于使用人员较多，也便于相互交换文档。这类应用软件的缺点是专用性不强，对于某些有特殊要求的用户不适用。

常用的通用应用软件可分为以下几类。

1. 办公自动化软件

应用较为广泛的有 Microsoft 公司开发的 MS Office 软件，它由几个软件组成，如文字处理软件 Word、电子表格软件 Excel 等。国内优秀的办公自动化软件有 WPS 等，IBM 公司的 Lotus 也是一套非常优秀的办公自动化软件。

2. 多媒体应用软件

有图像处理软件 Photoshop、动画设计软件 Flash、音频处理软件 Audition、视频处理软件 Premiere、多媒体创作软件 Authorware 等。

3. 辅助设计软件

如机械、建筑辅助设计软件 Auto CAD、网络拓扑设计软件 Visio、电子电路辅助设计软件 Protel 等。

4. 企业应用软件

如用友财务管理软件、SPSS 统计分析软件等。

5. 网络应用软件

如网页浏览器软件 IE、即时通信软件 QQ、网络文件下载软件 FlashGet 等。

6. 安全防护软件

如瑞星杀毒软件、天网防火墙软件等。

7. 系统工具软件

如文件压缩与解压缩软件 WinRAR、数据恢复软件 EasyRecovery、系统优化软件 Windows 优化大师、磁盘克隆软件 Ghost 等。

8. 娱乐休闲软件

如各种游戏软件、电子杂志、图片、音频、视频等。

习题一

一、填空题

1. 在计算机内部,信息的存放和处理均采用_____进制数。
2. 微型计算机系统采用三总线结构对 CPU、存储器和外部设备进行连接。它们分别是地址总线、数据总线和_____。
3. 计算机软件系统通常分为_____和_____。
4. 已知 P(P>1)进制中,两位整数能表示的最大数是_____。
5. 已知某进制数运算 2×3=10,则 4×5=_____。

二、单选题

1. 美国宾夕法尼亚大学 1946 年成功研制了一台大型通用数字电子计算机( )。
    A. ENIAC   B. Z3   C. IBM PC   D. Pentium
2. 1981 年 IBM 公司推出了第一台( )位个人计算机 IBM PC 5150。
    A. 8   B. 16   C. 32   D. 64
3. 摩尔定律指出,微芯片上集成的晶体管数目每( )个月翻一番。
    A. 6   B. 12   C. 18   D. 24
4. 第 4 代计算机采用大规模和超大规模( )作为主要电子元件。
    A. 微处理器   B. 集成电路   C. 存储器   D. 晶体管
5. 计算机中最重要的核心部件是( )。
    A. CPU   B. DRAM   C. CD-ROM   D. CRT
6. 冯·诺依曼结构计算机包括输入设备、输出设备、存储器、控制器、( )五大组成部分。
    A. 处理器   B. 运算器   C. 显示器   D. 模拟器
7. 与十六进制数 AB 等值的十进制数是( )。
    A. 173   B. 171   C. 170   D. 172
8. 程序翻译有解释和( )两种方式。
    A. 英译中   B. 中译英   C. 说明   D. 编译
9. 能够直接与 CPU 进行数据交换的存储器称为( )。
    A. 外存   B. 内存   C. 缓存   D. 闪存
10. ( )是微机中各种部件之间共享的一组公共数据传输线路。
    A. 数据总线   B. 地址总线   C. 控制总线   D. 总线
11. 已知字符 B 的 ASCII 码十六进制数是 42,则 ASCII 码二进制数是 1000111

对应的字符应为( )。
A. F B. G C. H D. J

12. 在 32×32 点阵字库中,存储每个汉字的字形码用( )字节。
A. 128 B. 64 C. 32 D. 16

13. 软盘撤消写保护后,可以对它进行的操作是( )。
A. 不能读盘也不能写盘   B. 只能读盘,不能写盘
C. 既可读盘又可写盘   D. 不能读盘,只能写盘

14. 计算机断电时,信息将会消失的存储器是( )。
A. 外存储器 B. ROM C. RAM D. 内存储器

15. 在微机中,CPU 对以下几个部件访问速度最快的是( )。
A. 硬盘 B. 软盘 C. CACHE D. RAM

第 2 章　中文 Windows 7 操作系统

计算机系统由硬件(Hardware)和软件(Software)两大部分组成,操作系统(Operating System,OS)是配置在计算机硬件上的第一层软件,是对硬件系统的首次扩充。操作系统在计算机系统中占据了特别重要的地位,而其他的诸如汇编程序、编译程序和数据库管理系统等系统软件,以及大量的应用软件,都将依赖于操作系统的支持,取得它的服务。操作系统已成为现代计算机系统(大、中、小及微型机)中必须配置的软件。

本章主要内容包括操作系统的发展史、Windows 7 的启动和退出、Windows 7 的基本概念、Windows 7 的基本操作,Windows 7 的文件管理和 Windows 7 的系统设置和管理。

2.1　操作系统的发展史

Microsoft Windows 是一个为个人计算机和服务器用户设计的操作系统,有时也被称为"视窗操作系统",第一个版本由微软公司发行于 1985 年,并最终获得了世界个人计算机操作系统软件的垄断地位。本节笔者将介绍几种主要的操作系统,和大家一道回顾操作系统的发展历程。

2.1.1　MS-DOS

MS-DOS 是 Microsoft Disk Operating System 的简称,意即由美国微软公司(Microsoft)提供的磁盘操作系统。MS-DOS 是 Microsoft 在 Windows 之前制造的操作系统,在 Windows 95 以前,DOS 是 PC 兼容计算机的最基本配备,而 MS-DOS 则是最普遍使用的 PC 兼容 DOS。MS-DOS 一般使用命令行接口来接受用户的指令,不过在后期的 MS-DOS 版本中,DOS 程序也可以通过调用相应的 DOS 中断来进入图形模式,即 DOS 下的图形接口程序。

2.1.2　Windows

1. Windows x.0

Windows 1.0 于 1985 年开始发行,是微软第一次对个人计算机操作平台进行用户图形接口的尝试。1987 年 10 月,Windows 将版本号升级到了 2.0。Windows x.0 是基于 MS-DOS 操作系统。

2. Windows 3.x

Windows 3.x 家族发行于 1990—1994 年,Windows 3.x 也是基于 MS-DOS 操作系统,包含了对用户接口的重要改善也包含了对 80286 和 80386 对内存管理技术的改进。3.1 版添加了对声音输入/输出的基本多媒体的支持和一个 CD 音频播放器,以及对桌面出版很有用的 TrueType 字体。

3. Windows 95

1995 年,Microsoft 公司推出了 Windows 95,在此之前的 Windows 都是由 DOS 引导的,也就是说它们还不是一个完全独立的系统,而 Windows 95 是一个完全独立的系统,并在很多方面作了进一步的改进,还集成了网络功能和即插即用(Plug and Play)功能,是一个全新的 32 位操作系统。

4. Windows NT

1996 年 4 月发布的 Windows NT 4.0 是 NT 系列的一个里程碑,该系统面向工作站、网络服务器和大型计算机,它与通信服务紧密集成,提供文件和打印服务,能运行客户机/服务器应用程序,内置了 Internet/Intranet 功能。

5. Windows 98

1998 年,Microsoft 公司推出了 Windows 95 的改进版 Windows 98,Windows 98 的一个最大特点就是把微软的 Internet 浏览器技术整合到了 Windows 95 里面,使得访问 Internet 资源就像访问本地硬盘一样方便,从而更好地满足了人们越来越多地访问 Internet 资源的需要。Windows 98 SE(第二版)发行于 1999 年 6 月。

6. Windows 2000

Windows 2000(起初称为 Windows NT 5.0)是发行于 2000 年,中文版于 2000 年 3 月上市,是 Windows NT 系列的 32 位元窗口操作系统。Windows 2000 有 4 个版本:Professional,Server,Advanced Server 和 Datacenter Server。

7. Windows ME

Windows ME(Windows Millennium Edition)发行于 2000 年 9 月,是一个被公认为微软最为失败的操作系统,相对其他 Windows 系统,短暂的 Windows ME 只延续了 1 年,即被 Windows XP 取代。

8. Windows XP

Windows XP 是一款窗口操作系统,于 2001 年 8 月正式发布,零售版于 2001 年 10 月 25 日上市。微软最初发行了两个版本:Professional 和 Home Edition,后来又发行了 Media Center Edition 和 Tablet PC Editon 等。Windows XP 是把所有用户要求合成一个操作系统的尝试,是一个 Windows NT 系列操作系统。

9. Windows Server 2003

2003 年 4 月,微软正式发布服务器操作系统 Windows Server 2003,它增加了新

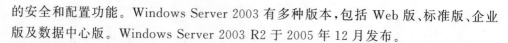

的安全和配置功能。Windows Server 2003 有多种版本，包括 Web 版、标准版、企业版及数据中心版。Windows Server 2003 R2 于 2005 年 12 月发布。

10. Windows Vista

Windows Vista 是微软公司的一款视窗操作系统，微软最初在 2005 年 7 月正式公布了这一名字，之前操作系统开发代号 Longhorn。在 2006 年 11 月，Windows Vista 开发完成并正式进入批量生产，此后的两个月仅向 MSDN 用户、计算机软硬件制造商和企业客户提供。在 2007 年 1 月，Windows Vista 正式对普通用户出售，同时也可以从微软的网站下载，此后便爆出该系统兼容性存在很大的问题，微软 CEO 史蒂芬·鲍尔默也公开承认，Vista 是一款失败的操作系统产品。而即将到来的 Windows 7，预示着 Vista 的寿命将被缩短。

11. Windows Server 2008

2008 年 2 月，微软发布新一代服务器操作系统 Windows Server 2008。Windows Server 2008 是迄今为止最灵活、最稳定的 Windows Server 操作系统，它加入了包括 Server Core、PowerShell 和 Windows Deployment Services 等新功能，并加强了网络和群集技术。Windows Server 2008 R2 版也于 2009 年 1 月份进入 Beta 测试阶段。

12. Windows 7

微软于美国当地时间 2009 年 10 月 22 日上午推出最新操作系统 Windows 7。对此，人们可能产生这样的疑问，为何是 Windows 7？微软的官方解释是，"7"代表 Windows 的第 7 个版本。根据微软的计算法则，他们从 Windows NT 4.0 算起，将 XP 和 2000 视为 Windows 的第 5 个版本，将 Vista 视为第 6 个版本。这样一路算下来，新版 Windows 自然就是"Windows 7"。Windows 7 包含 6 个版本，分别为 Windows 7 Starter（初级版）、Windows 7 Home Basic（家庭普通版）、Windows 7 Home Premium（家庭高级版）、Windows 7 Professional（专业版）、Windows 7 Enterprise（企业版）以及 Windows7 Ultimate（旗舰版）。本书将以 Windows 7 为例介绍操作系统的使用。

13. Windows 8

Windows 8 是微软于北京时间 2012 年 10 月 25 日 23 点 15 分推出的最新 Windows 系列系统。Windows 8 支持个人电脑（X86 构架）及平板电脑（X86 构架或 ARM 构架）。Windows 8 大幅改变以往的操作逻辑，提供更佳的屏幕触控支持。新系统画面与操作方式变化极大，采用全新的 Metro（新 Windows UI）风格用户界面，各种应用程序、快捷方式等能以动态方块的样式呈现在屏幕上，用户可自行将常用的浏览器、社交网络、游戏和操作界面融入。

2.1.3 UNIX

UNIX 是在操作系统发展历史上具有重要地位的一种多用户多任务操作系统。它是 20 世纪 70 年代初期由美国贝尔实验室用 C 语言开发的,首先在许多美国大学中得到推广,而后在教育科研领域中得到了广泛应用。20 世纪 80 年代以后,UNIX 作为一个成熟的多任务分时操作系统,以及非常丰富的工具软件平台,被许多计算机厂家如 Sun、SGI、Digital、IBM、HP 等所采用。这些公司推出的中档以上计算机都配备了基于 UNIX 但是换了一种名称的操作系统,如 Sun 公司的 SOLARIES、IBM 公司的 AIX 操作系统等。

2.1.4 Linux

Linux 是一个与 UNIX 完全兼容的开源操作系统,但它的内核全部重新编写,并公布所有源代码。Linux 由芬兰人 Linux Torvalds 首创,由于具有结构清晰、功能简捷等特点,许多编程高手和业余计算机专家不断地为它增加新的功能,已经成为一个稳定可靠、功能完善、性能卓越的操作系统。目前,Linux 已获得了许多计算机公司,如 IBM、HP 和 Oracle 等的支持。许多公司也相继推出 Linux 操作系统的应用软件。

2.2 Windows 7 的启动与退出

2.2.1 Windows 7 的启动

(1) 依次打开外设电源开关和主机电源开关,计算机进行开机自检。

(2) 通过自检后,进入图 2-1 所示的 Windows 7 登录界面(这是单用户登录界面,若用户设置了多个用户账户,则有多个用户选择)。

(3) 选择需要登录的用户名,然后在用户名下方的文本框中会提示输入登录密码。输入登录密码,然后按 Enter 键或者单击文本框右侧的按钮,即可开始加载个人设置,进入图 2-2 所示的 Windows 7 系统桌面。

图 2-1 Windows 7 登录界面

第 2 章 　中文 Windows 7 操作系统

图 2-2 　Windows 7 系统桌面

2.2.2 　Windows 7 的退出

计算机系统的退出和家用电器不同，为了延长计算机的寿命，用户要学会正确退出系统的方法。常见的关机方法有两种，使用系统关机和手动关机。前面介绍了正确启动 Windows 7 的具体操作步骤，这边我们再来学习一下正确退出 Windows 7 的具体操作步骤。

1. 用系统退出

使用完计算机后，需要退出 Windows 7 操作系统并关闭计算机，正确的关机步骤如下：

（1）关机前先关闭当前正在运行的程序，然后单击"开始"按钮，弹出图 2-3 所示的"开始"菜单。

（2）在弹出的"开始"菜单中单击"关机"按钮，如图 2-4 所示，系统开始自动保存相关信息，如果用户忘记关闭软件，则会弹出相关警告信息。

（3）系统正常退出后，主机的电源也会自动关闭，指示灯熄灭代表已经成功关机，然后关闭显示器即可。除此之外，退出系统还包括休眠、睡眠、重新启动、锁定、注销和切换用户等操作。单击图 2-3 中"关机"右侧的向右按钮后，弹出图 2-4 所示的"关机选项"菜单，选择相应的选项，也可完成不同程度上的系统退出。

1）休眠

休眠是退出 Windows 7 操作系统的另外一种方法，选择休眠会保存好并关闭计算机，此时计算机没有真正关闭，而是进入了一种低耗能的状态。计算机进入休眠状态后，会将正在使用的内容保存在硬盘上，并将计算机上的所有部件断电，所以休眠更省电。休眠的具体操作步骤如下：

（1）单击"开始"按钮，在弹出的"开始"菜单中单击"关机"右侧的向右按钮，然后在弹出的菜单中选择"休眠"菜单命令。

图 2-3　"开始"菜单　　　　图 2-4　"关机选项"菜单

（2）此时计算机会进入休眠状态。如果用户想让计算机从休眠中唤醒，则必须重新启动。按下主机上的开关按钮，启动计算机并再次登录，会显示休眠前的状态。

2）睡眠

在"关机选项"中还有一项"睡眠"选项，它能够以最小的能耗保证计算机处于锁定状态，与"休眠"状态极为相似，而最大的不同在于不需要按电源的开机键，即可恢复到计算机的原始状态。

3）重新启动

选择"重新启动"选项后，系统将自动保存相关信息，然后将计算机重新启动并进入"用户登录界面"，再次登录即可。

4）锁定

当用户需暂时离开计算机，但是还在进行某些操作又不方便停止，也不希望其他人查看自己机器里的信息时，这时就可以选择"锁定"选项使计算机锁定，恢复到"用户登录界面"，再次使用时通过重新输入用户密码才能开启计算机进行操作。

5）注销计算机

所谓注销计算机，是将当前正在使用的所有程序关闭，但不会关闭计算机。因为 Windows 7 操作系统支持多用户共同使用一台计算机上的操作系统。当用户需要退出操作系统时，可以通过"注销"菜单命令，快速切换到用户登录界面。在进行该操作时，用户需要关闭当前运行的程序，保存打开的文件，否则会导致数据的丢失。注销计算机的具体操作步骤如下：

（1）单击"开始"按钮，在弹出的"开始"菜单中单击"关机"右侧的向右按钮，然后在弹出的菜单中选择"注销"菜单命令。

(2) 如果还有没有关闭的应用程序,则会弹出一个提示窗口。

(3) 单击其中"强制注销"按钮,则系统会强制关闭应用程序。如果想保存打开的文件,需要单击"取消"按钮,系统将恢复到系统界面。

6) 切换用户

通过切换用户功能,用户可以退出当前 Windows 7 用户,并不关闭当前运行的程序,然后返回到用户登录界面。具体操作步骤如下:

(1) 单击"开始"按钮,在弹出的"开始"菜单中单击"关机"右侧的向右按钮,然后在弹出的菜单中选择"切换用户"菜单命令。

(2) 系统会快速切换到用户登录界面,同时会提示当前登录的用户为已登录的信息。

2. 手动退出

用户在使用电脑的过程中,可能会出现以下非正常情况,包括蓝屏、花屏和死机等现象。这时用户不能通过"开始"菜单退出系统了,需要按主机机箱上的电源按钮几秒钟,这样主机就会关闭,然后关闭显示器的电源开关即可完成手动关机操作。

2.3 Windows 7 的基本概念

2.3.1 桌面图标、"开始"按钮、回收站与任务栏

进入 Windows 7 后,首先映入眼帘的是图 2-2 所示的系统桌面。桌面是打开计算机并登录到 Windows 7 之后看到的主屏幕区域,就像实际的桌面一样,它是工作的平面,也可以理解为窗口、图标或对话框等工作项所在的屏幕背景。

1. 桌面图标

桌面图标由一个形象的小图片和说明文字组成,初始化的 Windows 7 桌面给人清新明亮、简洁的感觉,系统安装成功之后,桌面上呈现的只有"回收站"图标。在使用过程中,用户可以根据需要将自己常用的应用程序的快捷方式、经常要访问的文件或文件夹的快捷方式放置到桌面上,通过对其快捷方式的访问,达到快速访问应用程序、文件或文件夹本身的目的,因此不同计算机的桌面也呈现出不同的图标。

2. "开始"按钮

"开始"按钮是用来运行 Windows 7 应用程序的入口,是执行程序最常用的方式。单击"开始"按钮,显示图 2-5 所示的"开始"菜单。其中:

(1) 常用程序区:列出了常用程序的列表,通过它可以快速启动常用的程序。

(2) 当前用户图标区:显示当前操作系统使用的用户图标,以方便用户识别,单击它还可以设置用户账户。

(3) 跳转列表区:列出了"开始"菜单中最常用的选项,单击可以快速打开相应

第 2 章　中文 Windows 7 操作系统

图 2-5　"开始"菜单

窗口。

(4) 搜索区：输入搜索内容，可以快速在计算机中查找程序和文件。

(5) 所有程序区：集合了计算机中所有的程序，用户可以从"所有程序"菜单中进行选择，单击即可启动相应的应用程序。

3. 回收站

回收站是硬盘上的一块存储空间，被删除的对象往往先放入回收站，而并没有真正地删除，"回收站"窗口如图 2-6 所示。将所选文件删除到回收站中，是一个不完全的删除，如果下次需要使用该删除文件时，可以从回收站"文件"菜单中选择"还原"命令将其恢复成正常的文件，放回原来的位置；而确定不再需要时可以从回收站"文件"菜单中选择"删除"命令将其真正从回收站中删除；还可以从回收站"文件"菜单中选择"清空回收站"命令将其全部从回收站中删除。

回收站的空间可以调整。在回收站上右击，在弹出的快捷菜单中选择"属性"命令，弹出图 2-7 所示的"回收站属性"对话框，可以调整回收站的空间。

4. 任务栏

1) 任务栏组成

系统默认状态下任务栏位于屏幕的底部，如图 2-8 所示，当前用户可以根据自己的习惯使用鼠标将任务栏拖动到屏幕的其他位置。任务栏最左边是"开始"按钮，往右依次是"快速启动区"、"活动任务区"、"语言栏"、"系统通知区"和"显示桌面"按钮。单击任务栏中的任何一个程序按钮，可以激活相应的程序或切换到不同的任务。

(1) "开始"按钮。位于任务栏的最左边，单击该按钮可以打开"开始"菜单，用户可以从"开始"菜单中启动应用程序或选择所需的菜单命令。

第 2 章 中文 Windows 7 操作系统

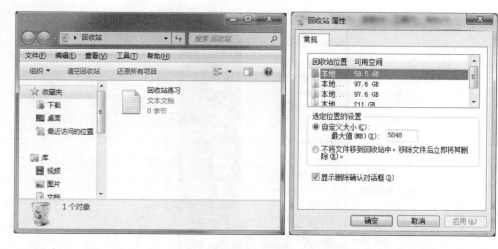

图 2-6 "回收站"窗口　　　　　图 2-7 "回收站属性"对话框

"开始"按钮　快速启动区　活动任务区　　　语言栏　系统通知区　"显示桌面"按钮

图 2-8 任务栏

(2) 快速启动区。用户可以将自已经常要访问的程序的快捷方式放入到这个区中(只需将其从其位置,如将桌面上的"腾迅 QQ"快捷方式,拖动到这个区即可)。如果用户想要删除快速启动区中的选项时,可右击对应的"图标",在出现的快捷菜单中选择"将此程序从任务栏解锁"命令即可。

(3) 活动任务区。该区显示着当前所有运行中的应用程序和所有打开的文件夹窗口所对应的图标。需要注意的是,如果应用程序或文件夹窗口所对应的图标在"快速启动区"中出现,则其不在"活动任务区"中出现。此外,为了使任务栏能够节省更多的空间,相同应用程序打开的所有文件只对应一个图标。为了方便用户快速地定位已经打开的目标文件或文件夹,Windows 7 提供了两个强大的功能:实时预览功能和跳跃菜单功能。

实时预览功能:使用该功能可以快速地定位已经打开的目标文件或文件夹。移动鼠标指向任务栏中打开程序所对应的图标,可以预览打开的多个界面,如图 2-9 所示,单击预览的界面,即可切换到该文件或文件夹。

跳跃菜单功能:鼠标右击"快速启动区"或"活动任务区"中的图标,出现图 2-10 所示的"跳跃"快捷菜单。使用"跳跃"菜单可以访问经常被指定程序打开的若干个文件。需要注意的是,不同图标所对应的"跳跃"菜单会略有不同。

(4) 语言栏。"语言栏"主要用于选择汉字输入方法或切换到英文输入状态。在Windows 7 中,语言栏可以脱离任务栏,也可以最小化融入任务栏中。

(5) 系统通知区。用于显示时钟、音量及一些告知特定程序和计算机设置状态

第 2 章　中文 Windows 7 操作系统

图 2-9　实时预览功能

的图标,单击系统通知区中的▲图标,会出现常驻内存的项目。

(6)"显示桌面"按钮。可以在当前打开窗口与桌面之间进行切换。当移动鼠标指向该按钮时可预览桌面,当单击该按钮时则可显示桌面。

2)任务栏设置

(1)调整任务栏大小和位置。调整任务栏的大小:将鼠标移到任务栏的边线,当鼠标指针变成↕形状时,按住鼠标左键不放,拖动鼠标到合适大小即可。

调整任务栏位置:在任务栏空白处右击,在弹出的快捷菜单中选择"属性"命令,弹出图 2-11 所示的"任务栏和「开始」菜单属性"对话框,在"屏幕上的任务栏位置"下拉列表框中选择所需选项,单击"确定"按钮;也可直接使用鼠标进行拖曳,即将鼠标指针移动到任务栏的空白位置,按下鼠标左键拖动任务栏到屏幕的上方、左侧或右侧,即可将其移动到相应位置。

图 2-10　"跳跃"菜单功能

图 2-11　"任务栏和「开始」菜单属性"对话框

(2)设置任务栏外观。在图 2-11 的"任务栏和「开始」菜单属性"对话框中,可以设置是否锁定任务栏、是否自动隐藏任务栏、是否使用小图标以及任务栏按钮显示方式等的设置。

第 2 章　中文 Windows 7 操作系统

　　(3) 设置任务栏通知区。任务栏的"系统通知区"用于显示应用程序的图标。这些图标提供有关接收电子邮件更新、网络连接等事项的状态和通知。初始时"系统通知区"已经有一些图标,安装新程序时有时会自动将此程序的图标添加到通知区域,用户可以根据自己的需要决定哪些图标可见、哪些图标隐藏等。

　　操作方法:在图 2-11 中的"任务栏和「开始」菜单属性"对话框的"通知区域"单击"自定义"按钮,打开图 2-12 所示的"自定义通知图标"窗口,在窗口中部的列表框中,可以设置图标的显示及隐藏方式。在窗口左下角单击"打开或关闭系统图标"链接,可以打开"系统图标"窗口,在此窗口中可以设置"时钟"、"音量"和"网络"等系统图标是打开还是关闭,如图 2-13 所示。也可以使用鼠标拖拽的方法显示或隐藏图标,方法是:单击通知区域旁边的箭头,然后将要隐藏的图标拖动到图 2-14 所示的溢出区;也可以将任意多个隐藏图标从溢出区拖动到通知区。

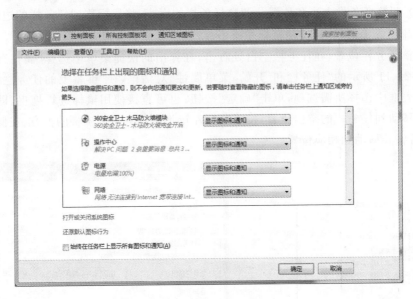

图 2-12　"自定义通知图标"窗口

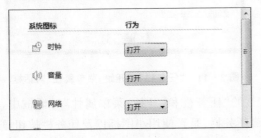

图 2-13　设置系统图标的显示或隐藏

图 2-14　"溢出区"

第 2 章 中文 Windows 7 操作系统

(4) 添加显示工具栏。任务栏中还可以添加显示其他的工具栏。右击任务栏的空白区,弹出图 2-15 所示的快捷菜单,从工具栏的下一级菜单中选择,可决定任务栏中是否显示地址工具栏、链接工具栏、桌面工具栏或语言栏等。

提示:当选择了"锁定任务栏"时,则无法改变任务栏的大小和位置。

图 2-15 "任务栏"快捷菜单

2.3.2 窗口与对话框

窗口是在运行程序时屏幕上显示信息的一块矩形区域。Windows 7 中的每个程序都具有一个或多个窗口用于显示信息。用户可以在窗口中进行查看文件夹、文件或图标等操作。图 2-16 所示为窗口的组成。

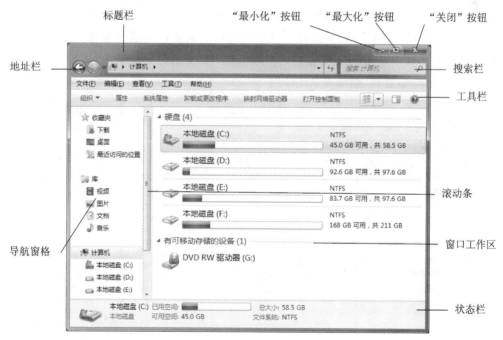

图 2-16 窗口组成

1. 窗口组成

(1) 标题栏。标题栏位于窗口顶部,用于显示窗口标题,拖动标题栏可以改变窗口位置。

在标题栏的右侧有三个按钮,即"最小化"按钮、"最大化"(或"还原")按钮和"关闭"按钮。最大化状态可以使一个窗口占据整个屏幕,窗口处于这种状态时不显示窗口边框;最小化状态以 Windows 图标按钮的形式显在任务栏上;"关闭"按钮关闭整个窗口。在最大化的情况下,中间的按钮为"还原"按钮,还原状态下(即不是最大化也不是最小化的状态,该状态下中间的按钮为"最大化"按钮)使用鼠标可以调节窗口的大小。

单击窗口左上角或按下 Alt+空格键,将显示图 2-17 所示的窗口控制菜单。在窗口控制菜单中通过选择相应的选项,可以使窗口处于恢复状态、最大化、最小化或关闭状态。另外,选择"移动"选项,可以使键盘的方向键在屏幕上移动窗口,窗口移动到适当的位置后按 Enter 键完成操作;选择"大小"选项,可以使键盘的方向键来调节窗口的大小。

图 2-17 窗口控制菜单

(2) 地址栏。显示当前窗口文件在系统中的位置。其左侧包括"返回"按钮 和"前进"按钮 ,用于打开最近浏览过的窗口。

(3) 搜索栏。用于快速搜索计算机中的文件。

(4) 工具栏。该栏会根据窗口中显示或选择的对象同步进行变化,以便用户进行快速操作。其中单击 组织 按钮,弹出图 2-18 所示的下拉菜单,可以选择各种文件管理操作,如复制、删除等。

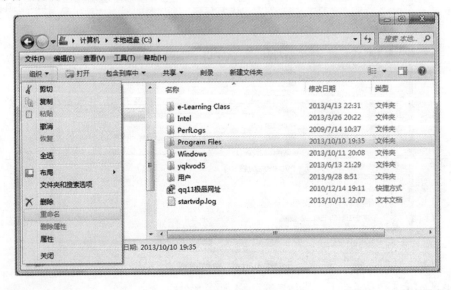

图 2-18 下拉菜单

(5) 导航窗格。导航窗格位于工作区的左边区域,与以往的 Windows 系统版本不同的是,Windows 7 操作系统的导航窗格包括"收藏夹"、"库"、"计算机"和"网络"4 个部分。单击其前面的" "("扩展")按钮可以打开相应的列表,如图 2-19 所示。

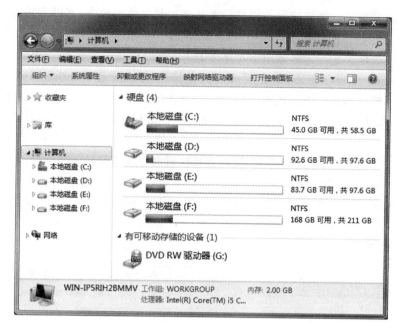

图 2-19 导航窗格

(6) 滚动条。Windows 7 窗口中一般提供了垂直滚动条和水平滚动条两种。使用鼠标拖动水平方向上的滚动滑块,可以在水平方向上移动窗口,以便显示窗口水平方向上容纳不下的部分;使用鼠标拖动竖直方向上的滚动滑块,可以在竖直方向上移动窗口,以便显示窗口竖直方向上容纳不下的部分。

(7) 窗口工作区。用于显示当前窗口中存放的文件和文件夹内容。

(8) 状态栏。用于显示计算机的配置信息或当前窗口中选择对象的信息。

2. 对话框

在执行 Windows 7 的许多命令时,会打开一个用于对该命令或操作对象进行下一步设置的对话框,可以通过选择选项或输入数据来进行设置。选择不同的命令,打开的对话框内容也不同,但其中包含的设置参数类型是类似的。图 2-20 和图 2-21 都是 Windows 7 的对话框。对话框中的基本构成元素如下:

(1) 复选框。复选框一般是使用一个空心的方框表示给出单一选项或一组相关选项。它有两种状态,处于非选中状态时为 ▢ 和处于选中状态时为 ☑。复选框可以一次选择一项、多项、或一组全部选中,也可不选。如图 2-20 中的"隐私"部分。

(2) 单选项。单选项是用一个圆圈表示的,它同样有两种状态,处于选中状态时为 ⦿,处于非选中状态时为 ○。在单选项组中只能选择其中的一个选项,也就是说当有个单选项处于选中状态时,其他同组单选项都处于非选中状态。如图 2-21 中的选项。

第 2 章 中文 Windows 7 操作系统

(3) 微调按钮。微调按钮是用户设置某些项目参数的地方，可以直接输入参数，也可以通过微调按钮改变参数大小。如图 2-21 中的"「开始」菜单大小"部分。

(4) 列表框。在一个区域中显示多个选项，可以根据需要选择其中的一项。如图 2-21 中的"您可以定义「开始」菜单上的链接、图标以及菜单的外观和行为"部分。

(5) 下拉式列表。下拉式列表是由一个列表框和一个向下箭头按钮组成。单击向下箭头按钮，将打开显示多个选项的列表框。如图 2-20 中的"电源按钮操作"部分。

(6) 命令按钮。单击命令按钮，可以直接执行命令按钮上显示的命令，如图 2-21 中的"确定"和"取消"按钮。

(7) 选项卡。有些更为复杂的对话框，在有限的空间内不能显示出所有的内容，这时就做成了多个选项卡，每个选项卡代表一个主题，不同的主题设置可以在不同的选项卡中来完成。如图 2-20 中的"任务栏"、"「开始」菜单和"工具栏"选项卡。

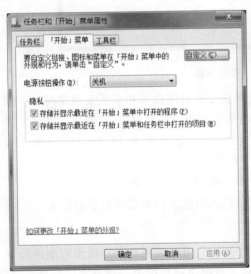 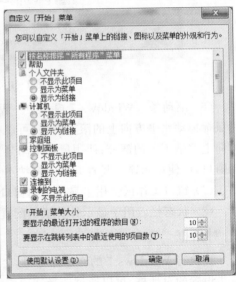

图 2-20 "任务栏和「开始」菜单属性"对话框　　图 2-21 "自定义「开始」菜单"对话框

(8) 文本框。文本框是对话框给用户输入信息所提供的位置。如在任务栏上右击，在弹出的快捷菜单中选择"工具栏"→"新建工具栏"，弹出图 2-22 所示的"新工具栏-选择文件夹"对话框，其中的"文件夹"部分即为文本框。

对话框是一种特殊的窗口，它与普通的 Windows 窗口有相似之处，但是它比一般的窗口更加简洁直观。对话框的大小是不可以改变，但同一般窗口一样可以通过拖动标题栏来改变对话框的位置。

图 2-22 "新工具栏-选择文件夹"对话框

2.3.3 磁　盘

单击"开始"→"计算机"命令,打开图 2-23 所示"计算机"窗口(在"Windows 资源管理器"窗口的左窗格中选择"计算机"也可打开此窗口)。

1. 驱动器

驱动器就是读取、写入和寻找磁盘信息的硬件。在 Windows 系统中,每一个驱动器都使用一个特定的字母标识出来。一般情况下驱动器 A、B 为软驱,使用它可以在插入的软盘中存储和读取数据;驱动器 C 通常是计算机中的硬盘,如果计算机中外挂了多个硬盘或一个硬盘划分出多个分区,那么系统将把它们标识为 D、E、F 等;如果计算机有光驱,一般最后一个驱动器标识就是光驱,如图 2-23 中 G 为光驱。

2. 查看磁盘信息

从"计算机"窗口可以看出,使用"计算机"窗口类似于使用"Windows 资源管理器",可以以图标的形式查看计算机中所有的文件、文件夹和驱动器等。

(1) 通过"计算机"窗口打开文件。单击"开始"→"计算机",打开"计算机"窗口,双击文件所在的驱动器或硬盘,如果所要浏览的文件存储在驱动器或硬盘的根目录下,双击文件图标即可;如果所要浏览的文件存储在驱动器或硬盘的根目录下的一个文件夹中,则先双击文件夹将文件夹打开,然后双击文件图标打开所要使用的文件。

(2) 排列"计算机"窗口中图标的显示方式和排列顺序。在"计算机"窗口中,用户完全可以根据实际的需要来选择项目图标的显示和排列方式,方法同"Windows

第 2 章　中文 Windows 7 操作系统

资源管理器"一样,此处不再赘述。

3. 查看磁盘属性

在图 2-23 中的 E 盘上右击,在弹出的快捷菜单中选择"属性"命令,打开"本地磁盘(E:)属性"对话框,如图 2-24 所示。在"属性"对话框的各个选项卡中,可以进行查看磁盘类型、文件系统、已用空间、可用空间和总容量,修改磁盘卷标、查错、碎片整理,设置共享和磁盘配额等操作。

图 2-23　"计算机"窗口

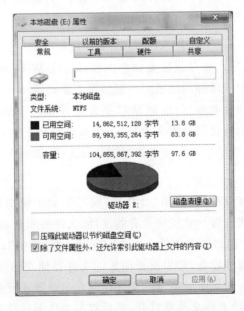

图 2-24　"本地磁盘(E:)属性"对话框

2.3.4 剪贴板

剪贴板是 Windows 7 中一个非常有用的编辑工具,它是一个在 Windows 7 程序和文件之间传递信息的临时存储区。剪贴板不但可以存储正文,还可存储图像、声音等其他信息。通过剪贴板可以将文件的正文、图像和声音粘贴在一起形成一个图文声并茂、有声有色的文档。剪贴板的使用步骤是先将信息复制到剪贴板这个临时存储区,然后在目标应用程序中将插入点定位在需要放置信息的位置,然后在应用程序中执行"编辑"→"粘贴"菜单命令将剪贴板中的信息传送到目标应用程序中。

操作步骤如下。

1. 将信息复制到剪贴板

把信息复制到剪贴板,根据复制对象的不同,操作方法略有不同。

(1) 将选定信息复制到剪贴板。选定要复制的信息,使之突出显示。选定的信息既可以是文本,也可以是文件或文件夹等其他对象。选定文本的方法是先移动插入点到第一个字符处,然后用鼠标拖曳到最后一个字符,或按住 Shift 键用方向键移动光标到最后一个字符,选定的信息将突出显示。选定文件或文件夹等其他对象的方法将在后面章节中介绍。

执行"编辑"→"剪切"或"编辑"→"复制"菜单命令。"剪切"命令是将选定的信息复制到剪贴板中,同时在原文件中删除被选定的内容;"复制"命令是将选定的信息复制到剪贴板中,而原文件中的内容不变。

(2) 复制整个屏幕或窗口到剪贴板。在 Windows 7 中,可以把整个屏幕或某个活动窗口复制到剪贴板。其具体方法如下:

① 复制整个屏幕:按下 PrintScreen 键,整个屏幕将被复制到剪贴板上。

② 复制窗口:选择活动窗口,然后按 Alt+PrintScreen 键即可。

2. 从剪贴板中粘贴信息

将信息复制到剪贴板后,就可以将剪贴板中的信息粘贴到目标程序中去。

操作步骤如下:

(1) 首先确认剪贴板上已有要粘贴的信息。

(2) 切换到要粘贴信息的应用程序。

(3) 将光标定位到要放置信息的位置上。

(4) 在应用程序中执行"编辑"→"粘贴"菜单命令即可。

将信息粘贴到目标应用程序中后,剪贴板中的内容依旧保持不变,因此可以对此进行多次粘贴操作。既可在同一文件中多处粘贴,也可在不同文件中粘贴。

"复制"、"剪切"和"粘贴"命令对应的快捷键分别为:Ctrl+C、Ctrl+X 和 Ctrl+V。

第2章 中文 Windows 7 操作系统

剪贴板是 Windows 7 的重要工具,是实现对象的复制、移动等操作的基础。

2.3.5　Windows 7 的帮助系统

如果用户在 Windows 7 的操作过程中遇到一些无法处理的问题,可以使用 Windows 7 的帮助系统。在 Windows 7 中可以通过存储在计算机中的帮助系统提供十分全面的帮助信息,学会使用 Windows 7 的帮助,是学习和掌握 Windows 7 的一种捷径。

单击 Windows 7 任务栏上的"开始"按钮,在显示的"开始"菜单中选择"帮助和支持"选项,打开图 2-25 所示的帮助窗口。

Windows 7 的帮助窗口打开后,可使用索引和搜索得到用户所需要的帮助主题,方法较为简单,在搜索框中输入所需查找内容即可。

许多 Windows 7 对话框窗口右上角有一个带有小问号的按钮。在对话框窗口单击该小问号按钮,使之处于凹下状态,此时鼠标指针将变为 状态。将鼠标指针移动到一个项目上(可以是图标、按钮、标签或输入框等),然后单击即可得到相应的帮助信息。

图 2-25　Windows 7 的帮助窗口

2.4 Windows 7 的基本操作

2.4.1 键盘及鼠标的使用

Windows 7 系统以及各种程序呈现给用户的基本界面都是窗口,几乎所有操作都是在各种各样的窗口中完成的。如果操作时需要询问用户某些信息,还会显示出某种对话框来与用户交互传递信息。操作可以用键盘,也可以用鼠标来完成。

在 Windows 7 操作中,键盘不但可以输入文字,还可以进行窗口、菜单等各项操作。但使用鼠标能够更简易、快速地对窗口、菜单等进行操作,从而充分利用 Windows 7 的特点。

1. 组合键

键盘操作 Windows 常用到组合键如下:

(1) 键名1+键名2。表示按住"键名1"不放,再按一下"键名2"。如:Ctrl+Space,按住 Ctrl 键不放,再按一下 Space 键。

(2) 键名1+键名2+键名3。表示同时按住"键名1"和"键名2"不放,再按一下"键名3"。如:Ctrl+Alt+Del,同时按住 Ctrl 键和 Alt 键不放,再按一下 Del 键。

2. 鼠标操作

在 Windows 操作中,鼠标的操作主要有以下几种方法。

(1) 单击(Click):将鼠标指针移到一个对象上,单击鼠标左键,然后释放。这种操作用得最多。以后如不特别指明,单击即指单击鼠标左键。

(2) 双击(Double Click):将鼠标指针移到一个对象上,快速连续地两次单击鼠标左键,然后释放。以后如不特别指明,双击也指双击鼠标左键。

(3) 右击(Click):将鼠标指针移到一个对象上,单击鼠标右键,然后释放。右击一般是调用该对象的快捷菜单,提供操作该对象的常用命令。

(4) 拖放(拖到后放开):将鼠标指针移到一个对象上,按住鼠标左键,然后移动鼠标箭头直到适当的位置再释放,该对象就从原来位置移到了当前位置。

(5) 右拖放(与右键配合拖放):将鼠标指针移到一个对象上,按住鼠标右键,然后移动鼠标箭头直到适当的位置再释放,在弹出的快捷菜单中可以选择相应的操作选项。

3. 鼠标指针

鼠标指针指示鼠标的位置,移动鼠标,指针随之移动。在使用鼠标时,指针能够变换形状而指示不同的含义。常见指针形状参见"控制面板"中"鼠标属性"窗口的"指针"选项卡,其意义如下:

(1) 普通选定指针 ▷:指针为这种形状时,可以选定对象,进行单击、双击或拖动

第 2 章　中文 Windows 7 操作系统

操作。

（2）帮助选定指针 ：指针为这种形状时，可以单击对象，获得帮助信息。

（3）后台工作指针 ：其形状为一个箭头和一个圆形，表示前台应用程序可以进行选定操作，而后台应用程序处于忙的状态。

（4）忙状态指针 ：其形状为一个圆形，此时不能进行选定操作。

（5）精确选定指针 ：通常用于绘画操作的精确定位，如在"画图"程序中画图。

（6）文本编辑指针 I ：其形状为一个竖线，用于文本编辑，称为插入点。

（7）垂直改变大小指针 ：用于改变窗口的垂直方向距离。

（8）水平改变大小指针 ：用于改变窗口的水平方向距离。

（9）改变对角线大小指针 或 ：用于改变窗口的对角线大小。

（10）移动指针 ：用于移动窗口或对话框的位置。

（11）禁止指针 ：表示禁止用户的操作。

2.4.2　菜单及其使用

菜单主要用于存放各种操作命令，要执行菜单上的命令，只需单击菜单项，然后在弹出的菜单中单击某个命令即可执行。在 Windows 7 中，常用的菜单类型主要有子菜单、下拉菜单（图 2-26(a)）和快捷菜单。其中："快捷菜单"是右击一个项目或一个区域时弹出的菜单列表，图 2-26(b)为右击 D 盘的快捷菜单。使用鼠标选择快捷菜单中的相应选项，即可对所选对象实现"打开"、"删除"、"复制"、"发送"、"创建快捷方式"等操作。文件夹窗口菜单栏在 Window 7 环境下默认不显示，为操作方便，

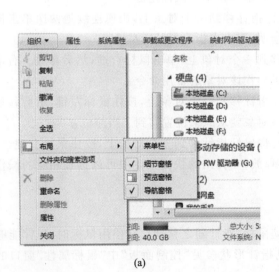
(a)

(b)

图 2-26　Windows 7 中的菜单

用户可设置显示文件夹窗口的菜单栏,方法是:单击"开始"→"计算机"命令,在弹出的窗口中选择"组织"→"布局"→"菜单栏"命令,即可添加菜单栏。操作完成后,此后任何新打开的文件夹窗口都会包含"菜单栏"。

1. 菜单中常见的符号标记

在菜单中有一些常见的符号标记,它们分别代表的含义如下:

(1) 字母标记:表示该菜单命令的快捷键。

(2) ✓标记:当选择的某个菜单命令前出现该标记,表示已将该菜单命令选中并应用了效果。

(3) ●标记:当选择某个菜单命令后,其名称左侧出现该标记,表示已将该菜单命令选中。选择该命令后,其他相关的命令将不再起作用。

(4) ▶标记:如果菜单命令后有该标记,表示选择该菜单命令将弹出相应的子菜单。在弹出的子菜单中即可选择所需的菜单命令。

(5) …标记:表示执行该菜单命令后,将打开一个对话框,在其中可进行相关的设置。

2. "开始"菜单的使用

(1) 自定义"开始"菜单。Windows 7 提供了大量有关"开始"菜单的选项,可以选择将哪些命令显示在"开始"菜单上以及如何排列它们。另外还可以添加针对控制面板、设备和打印机、网络连接以及其他重要工具的选项,同时还可针对所有程序菜单启用或禁用个性化菜单。操作如下:

① 在任务栏"开始"按钮上右击,在弹出的快捷菜单中选择"属性"命令,打开"任务栏和「开始」菜单属性"对话框,选择"「开始」菜单"选项卡,如图 2-20 所示。

② 单击"自定义"按钮,打开图 2-21 所示的"自定义「开始」菜单"对话框,其中的选项可控制"开始"菜单的常规外观。

(2) 向"固定程序列表区"添加项目。将项目拖放到"开始"菜单的左上角的"固定程序列表区",这样就可以一直显示这些内容,方便操作。如将"画图"程序添加到"固定程序列表区"的操作如下:

① 选择"开始"→"所有程序"→"附件"→"画图"命令,然后右击,从弹出的快捷菜单中选择"附到「开始」菜单"命令,如图 2-27 所示。

② 单击"所有程序"菜单中的"返回"按钮,返回"开始"菜单,可以看到"画图"已经添加到"固定程序列表区"中了。

③ 当用户不再使用"固定程序列表区"中的程序时,可以将其删除。如删除刚刚添加的"画图"程序:在"固定程序列表区"中选择"画图"选项,右击,在弹出的快捷菜单中选择"从「开始」菜单解锁"命令即可,如图 2-28 所示。

(3) 在"开始"菜单中添加和删除菜单。

图 2-27 "附到「开始」菜单"命令　　图 2-28 "从「开始」菜单解锁"命令

① 添加：将一个快捷方式直接拖放到"开始"按钮，即可快速地在开始菜单中的"固定程序列表区"中添加项目；也可将该快捷方式从"固定程序列表区"中拖放到"所有程序"的子菜单中。

② 删除：在待删除项上右击，从弹出的快捷菜单中选择"从列表中删除"或"删除"命令（如果项目的快捷菜单中有此命令）即可。

2.4.3　启动、切换和退出程序

管理程序的启动、运行和退出是操作系统的主要功能之一。程序通常是以文件的形式存储在外存储器上。

1. 启动程序

Windows 7 提供了多种运行程序的方法，最常用的有：双击桌面上的程序图标；从"开始"菜单中选择"程序命令"选项启动程序；在资源管理器中双击要运行的程序的文件名启动程序等。

（1）从桌面运行程序。从桌面运行程序时，所要运行的程序的图标必须显示在桌面上。双击所要运行的程序图标即可运行该程序。

（2）从"开始"菜单运行程序。单击"开始"按钮，在弹出的"开始"菜单中选择所运行程序所在的选项即可。如：在开始菜单中启动记事本程序：单击"开始"按钮，选择"所有程序"→"附件"→"记事本"选项，即可打开记事本程序。

（3）从"计算机"运行程序。双击桌面上的"计算机"图标，此时显示"计算机"窗口，在打开的窗口中找到待运行程序的文件名，双击即可运行该程序。

（4）从"资源管理器"运行程序。在"开始"按钮上右击，在弹出的快捷菜单中选择"打开 Windows 资源管理器"命令，打开"资源管理器"窗口，在"资源管理器"中找到待运行程序的文件名，双击即可运行该程序。

(5) 在 DOS 环境下运行程序。执行"开始"→"所有程序"→"附件"→"命令提示符"命令,显示图 2-29 所示 MS-DOS 方式命令提示符窗口。在 DOS 的提示符下面输入需要运行的程序名,按下回车键即可运行所选程序。DOS 窗口使用完毕后,单击窗口右上角的"关闭"按钮,或在 DOS 提示符下面输入 EXIT("退出"命令)都可以退出 MS-DOS。

图 2-29　MS-DOS 方式命令提示符窗口

Windows 7 还提供了适用于 IT 专业人员、程序员和高级用户的一种命令行外壳程序和脚本环境 Windows PowerShell,执行"开始"→"所有程序"→"附件"→Windows PowerShell→Windows PowerShell 命令,即可打开该窗口。Windows PowerShell 引入了许多非常有用的新概念,从而进一步扩展了在 Windows 命令提示符中获得的知识和创建的脚本,并使命令行用户和脚本编写者可以利用.NET 的强大功能。也可以理解为 Windows PowerShell 是 Windows 命令提示符的扩展。

2. 切换程序

在 Windows 7 下可以同时运行多个程序,每一个程序都有自己单独的窗口,但只有一个窗口是活动窗口,可以接受用户的各种操作。用户可以在多个程序间进行切换,选择另一个窗口为活动窗口。

(1) 任务栏切换:所有打开的窗口都会以按钮的形式显示在任务栏上,单击任务栏上所需切换到的程序窗口按钮,可以从当前程序切换到所选程序。

(2) 键盘切换:

① Alt+Tab 键:按住 Alt 键不放,再按 Tab 键即可实现各窗口间的切换。

② Alt+Esc 键:按住 Alt 键不放,再按 Esc 键也可实现各窗口间的切换。

(3) 使用任务管理器切换:按下键盘组合键 Ctrl+Alt+Delete,或在任务栏上单击鼠标右键,在弹出的快捷菜单上单击"启动任务管理器",打开图 2-30 所示的"Windows 任务管理器"窗口,在"Windows 任务管理器"中,可以管理当前正在运行的应用程序和进程,并能查看有关计算机性能、

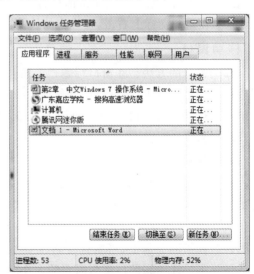

图 2-30　"Windows 任务管理器"窗口

联网及用户的信息。在"应用程序"选项卡窗口中单击选中欲切换的应用程序,单击"切换至"按钮,即可切换到此应用程序。

(4) 鼠标切换:鼠标单击后面窗口露出来的一部分也可以实现窗口切换。

3. 退出程序

Windows 提供了以下多种退出程序的方法。

(1) 单击程序窗口右上角的"关闭"按钮。

(2) 使用鼠标选择"文件"菜单下的"退出"命令。

(3) 使用鼠标选择控制菜单下的"关闭"命令。

(4) 双击"控制菜单"按钮。

(5) 使用鼠标右击任务栏上的程序按钮,然后选择快捷菜单中的"关闭窗口"命令。

(6) 按键盘组合键 Alt+F4。

(7) 通过结束程序任务退出程序:在图 2-30 所示窗口中选择待退出的程序,单击"结束任务"按钮,即可退出所选程序。

2.4.4 窗口的操作方法

1. 打开窗口

在 Windows 7 中,用户启动一个程序、打开一个文件或文件夹时都将打开一个窗口。打开对象窗口的具体方法有如下几种:

(1) 双击一个对象,将打开对象窗口。

(2) 选中对象后按 Enter 键即可打开该对象窗口。

(3) 在对象图标上右击,在弹出的快捷菜单中选择"打开"命令。

2. 移动窗口

移动窗口的方法是在窗口标题栏上按住鼠标左键不放,直到拖动到适当位置再释放鼠标即可。其中,将窗口向屏幕最上方拖动到顶部时,窗口会最大化显示;向屏幕最左侧拖动时,窗口会半屏显示在桌面左侧;向屏幕最右侧拖动时,窗口会半屏显示在桌面右侧。

3. 改变窗口大小

除了可以通过"最大化"、"最小化"和"还原"按钮来改变窗口大小外,还可以随意改变窗口大小。当窗口没有处于最大化状态下时,改变窗口大小的方法是:将鼠标指针移至窗口的外边框或四个角上,当光标变为↕、↔、⤡或⤢形状时,按住鼠标不放拖动到窗口变为需要的大小时释放鼠标即可。

图 2-31 快捷菜单

4. 排列窗口

当打开多个窗口后,为了使桌面更加整洁,可以将打开的窗口进行层叠、横向和纵向等排列操作。排列窗口的方法是在任务栏空白处单击鼠标右键,弹出图 2-31 所示的快捷菜单,其中用于排列窗口的命令有层叠窗口、堆叠显示窗口和并排显示窗口。

(1) 层叠窗口:可以以层叠的方式排列窗口,单击某一个窗口的标题栏即可将该窗口切换为当前窗口。

(2) 堆叠显示窗口:可以以横向的方式同时在屏幕上显示几个窗口。

(3) 并排显示窗口:可以以垂直的方式同时在屏幕上显示几个窗口。

2.5 Windows 7 的文件管理

2.5.1 文件与文件目录

一个文件的内容可以是一个可运行的应用程序、文章、图形、一段数字化的声音信号或者任何相关的一批数据等。文件的大小用该文件所包含信息的字节数来计算。

外存中总是保存着大量文件,其中很多文件是计算机系统工作时必须使用的,包括各种系统程序、应用程序及程序工作时需要用到的各种数据等。每个文件都有一个名字。用户在使用时,要指定文件的名字,文件系统正是通过这个名字确定要使用的文件保存在何处。

1. 文件名

一个文件的文件名是它的唯一标识,文件名可以分为两部分:主文件名和扩展名。一般来说,主文件名应该是有意义的字符组合,在命名时尽量做到"见名知意";扩展名经常用来表示文件的类型,一般由系统自动给出,大多由 3 个字符组成,可"见名知类"。

Windows 系统中支持长文件名(最多 255 个字符),文件命名时有如下约定:

(1) 文件名中不能出现以下 9 个字符:\ / : * ? " < > |。

(2) 文件名中的英文字母不区分大小写。

(3) 在查找和显示时可以使用通配符:? 和 *,其中 ? 代表任意一个字符,* 代表任意多个字符。如"*.*"代表任意文件,"? o *.exe"代表文件名的第 2 个字符是字母 o 且扩展名是 exe 的一类文件。

文件的扩展名表示文件的类型,不同类型文件的处理是不同的,常见的文件扩展名及其含义如表 2-1 所列。

第 2 章 中文 Windows 7 操作系统

表 2-1 常用文件扩展名及其含义

文件类型	扩展名	说明
可执行程序	.exe、.com	可执行程序文件
源程序文件	.c、.cpp、.bas、.asm	程序设计语言的源程序文件
目标文件	.obj	源程序文件经编译后产生的目标文件
批处理文件	.bat	将一批系统操作命令存储在一起,可供用户连续执行
MS Office 文件	.docx、.xlsx、.pptx	MS Office 中 Word、Excel、PowerPoint 文档
文本文件	.txt	记事本文件
图像文件	.bmp、.jpg、.gif	图像文件,不同的扩展名表示不同格式的图像文件
流媒体文件	.wmv、.rm、.qt	能通过 Internet 播放的流式媒体文件,不需下载整个文件就可播放
压缩文件	.zip、.rar	压缩文件
音频文件	.wav、.mp3、.mid	声音文件,不同的扩展名表示不同格式的音频文件
动画文件	swf	Flash 动画发布文件
网页文件	.html、.asp	一般来说,前者是静态的,后者是动态的

2. 文件目录结构

操作系统的文件系统采用了树形(分层)目录结构,每个磁盘分区可建立一个树形文件目录。磁盘依次命名为 A,B,C,D 和 E 等,其中 A 和 B 指定为软盘驱动器。C 及排在它后面的盘符用于指定硬盘,或用于指定其他性质的逻辑盘,如微机的光盘、连接在网络上或网络服务器上的文件系统或其中某些部分等。

在树形目录结构中,每个磁盘分区上有一个唯一的最基础的目录,称为根目录,其中可以存放一般的文件,也可以存放另一个目录(称为当前目录的子目录)。子目录中存放文件,还可以包含下一级的子目录。根目录以外的所有子目录都有各自的名字,以便在进行与目录和文件有关的操作时使用。而各个外存储器的根目录可以通过盘的名字(盘符)直接指明。

树形目录结构中的文件可以按照相互之间的关联程度存放在同一子目录里,或者存放到不同的子目录里。一般原则是,与某个软件系统或者某个应用工作有关的一批文件存放在同一个子目录里。不同的软件存放于不同的子目录。如果一个软件系统(或一项工作)的有关文件很多,还可能在它的子目录中建立进一步的子目录。用户也可以根据需要为自己的各种文件分门别类建立子目录。图 2-32 给出了一个目录结构的示例。

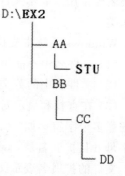

图 2-32 树形目录结构

第 2 章 中文 Windows 7 操作系统

3. 树形目录结构中的文件访问

采用树形目录结构,计算机中信息的安全性可以得到进一步的保护,由于名字冲突而引起问题的可能性也因此大大降低。例如,两个不同的子目录里可以存放名字相同而内容完全不同的两个文件。

用户要调用某个文件时,除了给出文件的名字外,还要指明该文件的路径名。文件的路径名从根目录开始,描述了用于确定一个文件要经过的一系列中间目录,形成了一条找到该文件的路径。

文件路径在形式上由一串目录名拼接而成,各目录名之间用反斜杠(\)符号分隔。文件路径分为以下两种:

(1) 绝对路径:从根目录开始,依次到该文件之前的名称。
(2) 相对路径:从当前目录开始到某个文件之前的名称。

例如:在图 2-32 中,文件 MYFILE.TXT 存放于 D:\EX2\AA\STU 文件夹中,文件 MYFILE.TXT 的绝对路径是:D:\EX2\AA\STU\MYFILE.TXT。若当前目录为 BB,则文件 MYFILE.TXT 的相对路径为:..\AA\STU\MYFILE.TXT(..表示上一级目录)。

2.5.2 "资源管理器"窗口

Windows 7 中"计算机"与"Windows 资源管理器"都是 Windows 提供的用于管理文件和文件夹的工具,两者的功能类似,其原因是它们调用的都是同一个应用程序 Explorer.exe。这里以"Windows 资源管理器"为例介绍。

1. 资源管理器窗口

(1) 启动资源管理器。启动资源管理器可以有多种方法:如执行 Windows 7 的"开始"→"所有程序"→"附件"→"Windows 资源管理器"命令;或是右击任务栏上的"开始"按钮,在弹出的快捷菜单中选择"打开 Windows 资源管器"命令,都可打开图 2-33 所示的"Windows 资源管理器"窗口。

"Windows 7 资源管理器"窗口打开后,即可使用它来浏览计算机中的文件信息和硬件信息。"Windows 7 资源管理器"窗口被分成左右两个窗格,左边是列表窗口,可以以目录树的形式显示计算机中的驱动器和文件夹,这样用户可以清楚地看出各个文件夹之间或文件夹和驱动器之间的层次关系;右面是选项内容窗口,显示当前选中的选项里面的内容。

(2) 收藏夹。收藏夹收录了用户可能要经常访问的位置。默认情况下,收藏夹中建立了 3 个快捷方式:"下载"、"桌面"和"最近访问的位置"。其中:"下载"指向的是从因特网下载时默认存档的位置;"桌面"指向桌面的快捷方式;"最近访问的位置"中记录了用户最近访问过的文件或文件夹所在的位置。当用户拖动一个文件夹到收藏夹中时,表示在收藏夹中建立起快捷方式。

图 2-33 "Windows 资源管理器"窗口

（3）库。库是 Windows 7 引入的一项新功能，其目的是快速地访问用户重要的资源，其实现方式有点类似于应用程序或文件夹的"快捷方式"。默认情况下，库中存在 4 个子库，分别是视频库、图片库、文档库和音乐库，其分别链向当前用户下的"我的视频"、"我的图片"、"我的文档"和"我的音乐"文件夹。当用户在 Windows 提供的应用程序中保存创建的文件时，默认的位置是"文档库"所对应的文件夹，从 Internet 下载的视频、图片、网页和歌曲等也会默认分别存放到相应的这 4 个子库中。用户也可在库中建立"链接"链向磁盘上的文件夹，具体做法是：在目标文件夹上右击，在弹出的快捷菜单中选择"包含到库中"命令，在其子菜单中选择希望加到哪个子库中即可。通过访问这个库，用户可以快速地找到其所需的文件或文件夹。

（4）文件夹标识。如果需要使用的文件或文件夹包含在一个主文件夹中，那么必须将其主文件夹打开，然后将所要的文件夹打开。文件夹图标前面有"▷"标记，则表示该文件夹下面还包含子文件夹，可以直接通过单击这一标记来展开这一文件夹；如果文件夹图标前面有"◢"标记，则表示该文件夹下面的子文件夹已经展开。如果一次打开的文件夹太多，资源管理器窗口中显得特别杂乱，所以使用后的文件夹最好单击文件夹前面或上面的"◢"标记将其折叠。

（5）快捷方式。在图 2-33 窗口中，可以看到有些图标的左下角有一个小箭头，这样的图标代表快捷方式，通过它可以快速启动它所对应的应用程序。

提示：快捷方式图标被删除并不表示删除它所对应的应用程序，只是无法用此方式启动该应用程序而已。

2. 查看显示方式

选择"Windows 资源管理器"窗口中"查看"菜单选项,可以更改文件夹窗口和文件夹内容窗口(文件列表窗口)中项目图标的显示方式和排列方式。

(1) 查看显示方式。在"Windows 资源管理器"中,可以使用两种方法重新选择文件窗口中的项目图标的显示方式:

① 从"查看"菜单中改变文件窗口中项目图标的显示方式

选择"Windows 资源管理器"窗口菜单栏上的"查看"菜单,显示查看下拉式菜单。根据个人的习惯和需要,在"查看"菜单中可以将项目图标的排列方式选择为:超大图标、大图标、中等图标、小图标、列表、详细信息、平铺和内容 8 种方式之一。

② 使用"查看"选项按钮,选择文件列表窗口中的项目图标显示方式

单击工具栏中 "查看"按钮,显示列表菜单。在显示的查看方式列表菜单中,可以根据需要选择项目图标的显示方式。

(2) 排列图标文件列表窗口中的文件图标。同"计算机"窗口一样,在"Windows 资源管理器"窗口中,执行"查看"→"排序方式"命令,显示"排序方式"选项的级联菜单,可以根据需要改变图标的排序方式。

2.5.3 创建新文件夹和新的空文件

1. 创建新文件夹

在 Windows 中,有些文件夹是在安装时系统自动创建的,不能随意地向这些文件夹中放入其他的文件夹或文件,当用户要存入自己的文件时,可以创建自己的文件夹。创建文件夹的方法有多种。

(1) 在桌面创建文件夹。在桌面空白处右击,在弹出的快捷菜单中执行"新建"→"文件夹"命令,将新建一个名为"新建文件夹"的文件夹于桌面上。此时新建文件夹的名字为"新建文件夹",其文字处于选中状态,可以根据需要输入新的文件夹名,输入后按 Enter 键,或单击鼠标,则文件夹创建并命名完成。

(2) 通过"计算机"或"Windows 资源管理器"创建文件夹。打开"计算机"(或"Windows 资源管理器")窗口,选择创建文件夹的位置。如:要在 D 盘上新建一文件夹,双击 D 盘将其打开,然后执行"文件"→"新建"→"文件夹"命令;或在 D 盘文件列表窗口的空白处右击,在弹出的快捷菜单中执行"新建"→"文件夹"命令,创建并命名文件夹。

2. 创建新的空文件

创建新的空文件的方法是:在"计算机"(或"Windows 资源管理器")窗口左窗格中,选定新文件所在的文件夹,执行"文件"→"新建"菜单命令,从弹出的子菜单中选择文件类型,窗口中出现临时名称的文件,键入新的文件名称,按 Enter 键或鼠标单击其他任何地方完成操作。

注意:建立的文件是一个空文件。如果要编辑则要双击该文件,系统会调用相应的应用程序将文件打开。

2.5.4 选定文件或文件夹

选择操作是移动、复制或删除等操作的前提,下面介绍文件或文件夹选定的方法。

1. 选择一个文件或文件夹

鼠标单击该文件或文件夹。

2. 选择多个连续文件或文件夹

在"Windows 资源管理器"文件列表或"计算机"窗口中选择多个连续排列的文件或文件夹,方法有两种。

(1) 按住 Shift 键选择多个连续文件或文件夹。单击第一个要选择的文件或文件夹图标,使其处于高亮选中状态,按住 Shift 键不放,单击最后一个要选择的文件或文件夹,即可将多个连续的对象一起选中,如图 2-34 所示。松开 Shift 键,即可对所选文件进行操作。

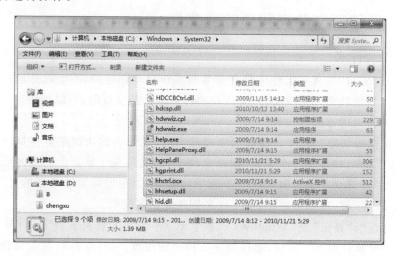

图 2-34 选择多个连续的文件

(2) 使用鼠标框选多个连续的文件或文件夹。在第一个或最后一个要选择的文件外侧按住鼠标左键,然后拖动出一个虚线框将所要选择的文件或文件夹框住,松开鼠标,文件或文件夹将被高亮选中。

3. 选择多个不连续文件或文件夹

按住 Ctrl 键不放,依次单击要选择的其他文件或文件夹。将需要选择的文件全部选中后,松开 Ctrl 键即可进行操作。图 2-35 所示为选中多个不连续文件。

图 2-35 选择多个不连续文件

2.5.5 重命名文件或文件夹

在对文件或文件夹的管理中,常常遇到需要对文件或文件夹进行重命名。对文件夹或文件进行重命名可以有多种方法。

(1) 使用"文件"菜单重命名。选择欲重命名的文件或文件夹,执行菜单栏"文件"→"重命名"命令,所选文件或文件夹的名字将被高亮选中在一个文本框中,如图2-36 所示。在文本框中输入文件或文件夹的新名称,按 Enter 键或单击文件列表的其他位置,即可完成对文件或文件夹的重命名。

(2) 使用快捷菜单重命名。在需要重命名的文件或文件夹上右击,在弹出的快捷菜单中选择"重命名"命令,此时所选文件或文件夹的名字将被高亮选中在一个文本框中,输入新名称,然后按 Enter 键即可。

(3) 两次单击重命名。单击需要重命名的文件或文件夹,然后再次单击此文件或文件夹的名称,此时所选文件或文件夹的名字将被高亮选中在一个文本框中,输入新名称,然后按 Enter 键即可。

2.5.6 复制和移动文件或文件夹

1. 复制文件或文件夹

对于一些重要的文件有时为了避免其数据丢失,要将一个文件从一个磁盘(或文件夹)复制到另一个磁盘(或文件夹)中,以作为备份。复制文件或文件夹的方法相同,都有很多种,以下是几种常用的复制方法。

(1)"复制"和"粘贴"的配合使用。选中需要复制的文件或文件夹,执行菜单栏上的"编辑"→"复制"命令,将选中的文件或文件夹复制到剪贴板上,然后将其目标文

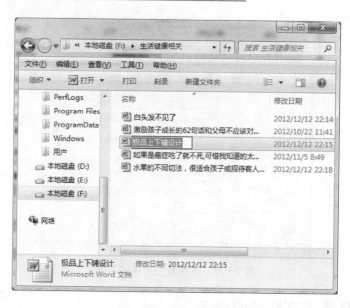

图 2-36 重命名文件

件夹打开,执行菜单栏上的"编辑"→"粘贴"命令,将所复制的文件或文件夹复制到打开的文件夹中。

提示:该方法还可以通过快捷菜单中的"复制"和"粘贴"或快捷键 Ctrl+C(复制)和 Ctrl+V(粘贴)来实现。

(2) 用鼠标左键拖动复制文件或文件夹。按下 Ctrl 的同时按住鼠标左键拖动所要复制的文件或文件夹到目标位置,松开鼠标,即可将所选文件或文件夹复制到目标处。

(3) 用鼠标右键拖动复制文件或文件夹。按住鼠标右键拖动所要复制的文件或文件夹到目标位置(此时目标处的文件夹的文件名将被高亮选中),松开鼠标,显示图 2-37 所示快捷菜单,选择快捷菜单中的"复制到当前位置"命令,即可将所选文件或文件夹复制到目标处。

图 2-37 快捷菜单

(4) 使用菜单选项复制文件或文件夹。选定欲复制的文件或文件夹,执行菜单栏上的"编辑"→"复制到文件夹"命令,在弹出的"复制项目"对话框中打开目标文件夹,单击"复制"按钮即可。

2. 移动文件或文件夹

为了更好地管理计算机中的文件,经常需要调整一些文件或文件夹的位置,将其从一个磁盘(或文件夹)移动到另一个磁盘(或文件夹)。同复制文件或文件夹一样,移动文件或文件夹的方法相同,都有很多种,以下是几种常用的移动方法。

(1)"剪切"和"粘贴"的配合使用。选中需要移动的文件或文件夹,执行菜单栏上的"编辑"→"剪切"命令,将选中的文件或文件夹剪切到剪贴板上。然后将目标文件夹打开,执行菜单栏上的"编辑"→"粘贴"命令,将所剪切的文件或文件夹移动到打开的文件夹中。

提示:该方法还可以通过快捷菜单中的"剪切"和"粘贴"或快捷键 Ctrl+X(剪切)和 Ctrl+V(粘贴)来实现。

(2)用鼠标左键拖动移动文件或文件夹。按下 Shift 的同时按住鼠标左键拖动所要移动的文件或文件夹到要移动到的目标处,松开鼠标,即可将文件或文件夹移动到目标处。

(3)用鼠标右键拖动移动文件或文件夹。按住鼠标右键拖动所要移动的文件或文件夹到要移动到的目标处(此时目标处的文件夹的文件名将被高亮选中),松开鼠标,显示图 2-37 所示快捷菜单。选择快捷菜单中的"移动到当前位置"命令,即可将文件或文件夹移动到目标处。

(4)使用菜单选项移动文件或文件夹。选择欲移动的文件或文件夹。执行菜单栏上的"编辑"→"移动到文件夹"命令,弹出图 2-38 所示的"移动项目"对话框,在该对话框中,打开目标文件夹,单击"移动"按钮即可。

图 2-38 "移动项目"对话框

2.5.7 删除和恢复被删除的文件或文件夹

1. 删除文件或文件夹

无用的一些文件或文件夹应该及时删除,以腾出足够的磁盘空间供其他工作使用。删除文件或文件夹的方法相同,都有很多种。

(1)使用菜单栏删除文件或文件夹。选定要删除的文件或文件夹,在"Windows资源管理器"或"计算机"窗口的菜单栏中执行"文件"→"删除"命令即可。

(2)使用键盘删除文件或文件夹。选定要删除的文件或文件夹,按 Delete 键即可。

(3)直接拖入回收站。选定要删除的文件或文件夹,在回收站图标可见的情况下,拖动待删除的文件或文件夹到回收站即可。

(4)使用快捷菜单删除文件或文件夹

选定要删除的文件或文件夹,在其上右击,在弹出的快捷菜单中选择"删除"命令即可。

第 2 章 中文 Windows 7 操作系统

(5) 彻底删除文件或文件夹

以上删除方式都是将被删除的对象放入回收站,需要时还可以还原。而彻底删除是将被删除的对象直接删除而不放入回收站,因此无法还原。其方法是:选中将要删除的文件或文件夹,按下键盘组合键 Shift+Delete。显示图 2-39 所示提示信息,单击"是"按钮,即可将所选文件或文件夹彻底删除。

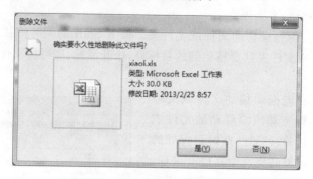

图 2-39 彻底删除信息提示窗口

2. 恢复被删除的文件或文件夹

从计算机上删除文件时,文件实际上只是移动到并暂时存储在回收站中,直至回收站被清空。在此之前用户可以恢复意外删除的文件,将它们还原到其原始位置。具体操作如下:

(1) 双击桌面上回收站图标打开"回收站"窗口,如图 2-40 所示。

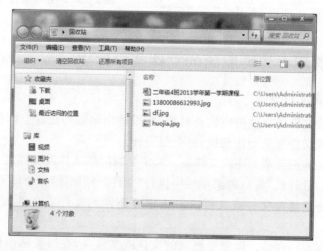

图 2-40 "回收站"窗口之一

(2) 若要还原所有文件,单击工具栏上还原所有项目按钮。否则先选中要还原的文件(一个或多个),如图 2-41 所示,再单击工具栏上还原选定的项目按钮,文件将还原到它们在计算机上的原始位置。

图 2-41 "回收站"窗口之二

2.5.8 搜索文件或文件夹

如果计算机中文件和文件夹过多,当用户在使用其中某些文件时短时间内有可能找不到,这时使用 Windows 7 的搜索功能,可以帮助用户快速搜索到所要使用的文件或文件夹。

1. 使用"开始"菜单上的搜索框

用户可以使用"开始"菜单上的搜索框来查找存储在计算机上的文件、文件夹、程序和电子邮件等。

单击"开始"按钮,在"开始"菜单中的"搜索程序和文件"文本框中输入想要查找的信息。如:想要查找计算机中所有的图标信息,在文本框中输入"图标",输入后,与所输入文本相匹配的项都会显示在"开始"菜单上,如图 2-42 所示。

提示:从"开始"菜单进行搜索时,搜索结果中仅显示已建立索引的文件。计算机上的大多数文件会自动建立索引。例如,包含在库中的所有内容都会自动建立索引。索引就是一个有关计算机中的文件的详细信息的集合,通过索引,可以使用文件的相关信息快速准确地搜索到想要的文件。

2. 使用文件夹或库中的搜索框

若已知所需文件或文件夹位于某个特定的文件夹或库中,可使用位于每个文件夹或库窗口的顶部的"搜索"文本框进行搜索。

如:要在 D 盘"备份"文件夹中查找所有的文本文件,则需首先打开 D 盘上的"备份"文件夹窗口,在其窗口的顶部的"搜索"文本框中输入"＊.txt",则开始搜索,搜索结果如图 2-43 所示。

第 2 章 中文 Windows 7 操作系统

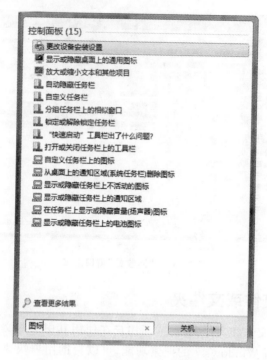

图 2-42 "开始"菜单上的搜索结果

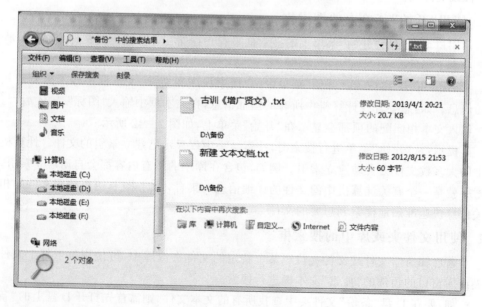

图 2-43 搜索结果

第 2 章　中文 Windows 7 操作系统

如果用户想要基于一个或多个属性来搜索文件,则搜索时可在文件夹或库的"搜索"文本框中使用搜索筛选器指定属性,从而更加快速地查找指定的文件或文件夹。

如:在上例中按照"修改日期"来查找符合条件的文件,则需单击图 2-43 的"搜索"文本框,弹出图 2-44 所示的搜索筛选器,选择"修改日期",如图 2-45 所示,进行关于日期的设置。

提示:搜索时可以使用通配符"＊"和"?",搜索筛选器的内容将会随着搜索内容的不同而有所不同,搜索条件可以按组合条件进行。

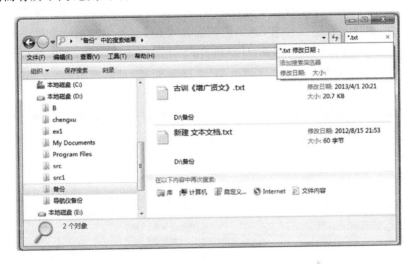

图 2-44　选择搜索筛选器

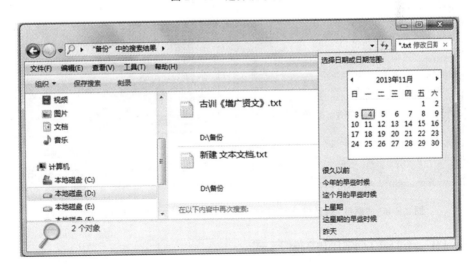

图 2-45　"修改日期"搜索筛选器

第2章 中文 Windows 7 操作系统

2.5.9 更改文件或文件夹的属性

在某一文件或文件夹上右击,在弹出的快捷菜单中选择"属性"命令,弹出图 2-46 所示的该对象的"属性"对话框。该对话框提供了该对象的有关信息,如:文件类型、大小、创建时间和文件的属性等。

(1)"只读"属性:被设置为只读类型的文件只能允许读操作,即只能运行,不能被修改和删除。将文件设置为"只读"属性后,可以保护文件不被修改和破坏。

(2)"隐藏"属性:设置为隐藏属性的文件的文件名不能在窗口中显示。对隐藏属性的文件,如果不知道文件名,就不能删除该文件,也无法调用该文件。如果希望能够在"Windows 资源管理器"或"计算机"窗口中看到隐藏文件,可以执行菜单栏上的"工具"→"文件夹选项"命令,在弹出的"文件夹选项"对话框中的"查看"选项卡中进行设置,如图 2-47 所示。

使用"属性"对话框还可以设置未知类型文件的打开方式。在选择的文件上单击鼠标右键,在弹出的快捷菜单中选择"属性"选项,单击"更改"按钮,在"打开方式"对话框中选择打开此文件的应用程序。

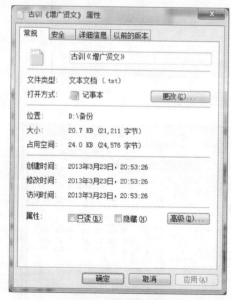

图 2-46 "属性"对话框

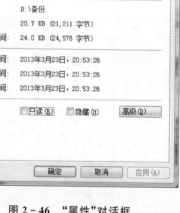

图 2-47 "文件夹选项"对话框

2.5.10 创建文件的快捷方式

当为一个文件创建快捷方式后,就可以使用该快捷方式打开文件或运行程序。创建文件的快捷方式的方法如下:

(1)用"文件"→"新建"→"快捷方式"菜单命令创建快捷方式。

① 选择要在其中创建快捷方式的文件夹。

② 执行"文件"→"新建"→"快捷方式"菜单命令，打开图 2-48 所示的"创建快捷方式"对话框。

③ 在"请键入对象的位置"文本框中，输入要创建的快捷方式的文件的路径和名称，或通过"浏览"按钮选择文件。

④ 选定文件后，单击"下一步"按钮，继续快捷方式的创建，输入快捷方式的名称，这样就完成了快捷方式的创建工作。

(2) 选择文件或文件夹，右键选择"创建快捷方式"命令。

(3) 选择文件或文件夹，右键选择"发送到"→"桌面快捷方式"命令。

(4) 在桌面空白处右击，选择"新建"→"快捷方式"命令，下面的步骤与方法(1)中第③、第④步相同。

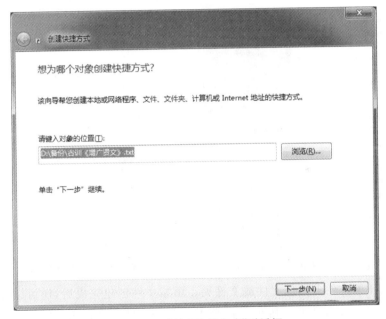

图 2-48 "创建快捷方式"对话框

用户可以为文件、程序、文件夹、打印机或计算机创建快捷方式，快捷方式可以创建在桌面上，为程序文件建立快捷方式的方法最简单，只要将它们拖到桌面或其他地方就可以了。

2.5.11 压缩、解压缩文件或文件夹

为了节省磁盘空间，用户可以对一些文件或文件夹进行压缩，压缩文件占据的存储空间较少，而且压缩后可以更快速地传输到其他的计算机上，以实现不同用户之间的共享。解压缩文件或文件夹就是从压缩文件中提取文件或文件夹。Windows 7 操作系统中置入了压缩文件程序。

1. 压缩文件或文件夹

(1) 利用 Windows 7 系统自带的压缩程序对文件或文件夹进行压缩。选择要压缩的文件或文件夹,在该文件或文件夹上单击鼠标右键,在弹出的快捷菜单中执行"发送到"→"压缩(zipped)文件夹"命令,如图 2-49 所示,之后弹出"正在压缩"对话框,进度条显示压缩进度。压缩完毕后对话框自动关闭,此时窗口中显示压缩好的压缩文件或文件夹。该压缩方式生成的压缩文件的扩展名为 ZIP。

(2) 利用 WinRAR 压缩程序对文件或文件夹进行压缩。如果系统安装了 WinRAR,则选择要压缩的文件或文件夹,如这里选择"备份"文件夹,在该文件夹上单击鼠标右键,弹出图 2-50 所示的快捷菜单,选择"添加到"备份.rar""命令,之后弹出"正在压缩"对话框,进度条显示压缩进度。压缩完毕后对话框自动关闭,此时窗口中显示压缩好的压缩文件或文件夹。该压缩方式生成的压缩文件的扩展名为 RAR。

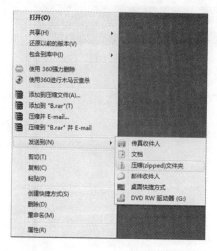

图 2-49 Zipped 压缩方式

图 2-50 WinRAR 压缩方式

(3) 向压缩文件夹添加文件或文件夹。压缩文件创建完成后,还可以继续向其中添加新的文件或文件夹。其方法是:将要添加的文件或文件夹放到压缩文件夹所在的目录下,选择要添加的文件或文件夹,按住鼠标左键不放,将其拖至压缩文件,放开鼠标,弹出"正在压缩"对话框,压缩完毕后,需要添加的文件或文件夹就会成功地加入到压缩文件中,双击压缩文件可查看其中的内容。

2. 解压缩文件或文件夹

(1) 利用 Windows 7 系统自带的压缩程序对文件或文件夹进行解压缩。在要解压的文件上右击,从弹出的快捷菜单中选择"全部提取"命令,弹出"提取压缩(Zipped)文件夹"对话框,在该对话框的"选择一个目标并提取文件"部分设置解压缩后文件或文件夹的存放位置,单击"提取"按钮即可。

(2) 利用 WinRAR 压缩程序对文件或文件夹进行解压缩。如果系统安装了

WinRAR,则选择要解压缩的文件或文件夹,如这里选择"备份.rar",在该文件上右击,弹出的快捷菜单中选择"解压到当前文件夹"命令即可。

2.6 Windows 7 的系统设置和管理

2.6.1 Windows 7 控制面板

控制面板是用来进行系统设置和设备管理的工具集,使用控制面板,可以控制 Windows 7 的外观和工作方式。在一般情况下,用户不用调整这些设置选项,也可以根据自己喜好,进行诸如改变桌面设置、调整系统时间、添加或删除程序或查看硬件设备等操作。

启动控制面板的方法有很多,最简单的是单击"开始"按钮,在弹出的"开始"菜单右侧的"跳转列表区"选择"控制面板"选项,打开图 2-51 所示的"控制面板"窗口。控制面板中内容的查看方式有 3 种,分别为类别、大图标和小图标,可通过图 2-51 右上角的"查看方式"下拉列表框来选择不同的显示形式。图 2-51 为类别视图显示形式,它把相关的项目和常用的任务组合在一起,以组的形式呈现出来。

图 2-51 控制面板

2.6.2 外观和个性化设置

1. 设置主题

主题决定着整个桌面的显示风格,Windows 7 为用户提供了多个主题选择。在图 2-51 所示的"控制面板"窗口单击"外观和个性化"组,在打开的"外观和个性化"

窗口中选择"个性化"选项，打开图 2-52 所示的"个性化"窗口。也可在桌面空白处右击，在弹出的快捷菜单中选择"个性化"命令来打开该窗口。

图 2-52 "个性化"窗口

在图 2-52 所示的窗口中部主题区域提供了多个主题选择，如 Aero 主题提供了 7 个不同的主题（可通过移动滚动条来查看），用户可以根据喜好选择喜欢的主题。选择一个主题后，其声音、背景和窗口颜色等都会随着改变。

主题是一整套显示方案，更改主题后，之前所有的设置如桌面背景、窗口颜色和声音等元素都将改变。当然，在应用了一个主题后也可以单独更改其他元素，如桌面背景、窗口颜色、声音和屏幕保护程序等，当这些元素更改设置完毕后，在图 2-52 的"我的主题"下的"未保存的主题"选项上右击，在弹出的快捷菜单中选择"保存主题"命令，打开"将主题另存为"对话框，输入主题的名称，再单击"确定"按钮，即可保存该主题。

2. 设置桌面背景

单击图 2-52 所示的"个性化"窗口下方的"桌面背景"选项，打开图 2-53 所示的"桌面背景"设置窗口，选择想要当作背景的图案，单击"保存修改"按钮即可。如果不想选择 Windows 7 提供的背景图片，可单击"浏览"，在文件系统或网络中搜索用户所需的图片文件作为背景。可以选择一个图片作为桌面背景，也可选择多个图片创建一个幻灯片作为桌面背景。

单击图 2-53 中的"图片位置"下拉列表项，可以为背景选择显示选项，其中："居中"是将图案显示在桌面背景的中央，图案无法覆盖到的区域将使用当前的桌面颜

图 2-53 "桌面背景"设置窗口

色;"填充"是使用图案填满桌面背景,图案的边沿可能会被裁剪;"适应"是让图案适应桌面背景,并保持当前比例。对于比较大的照片或图案,如果不想看到内容变形,通常可使用该方式;"拉伸"是拉伸图案以适应桌面背景,并尽量维持当前比例,不过图案高度可能会有变化,以填充空白区域;"平铺"是对图案进行重复,以便填满整个屏幕,对于小图案或图标,可考虑该方式。

Windows 7 提供了大量的背景图案,并将这些图案进行了分组。背景图案保存在 C:\\Windows\Web\Wallpaper 目录的子文件夹中,每个文件夹对应一个集合。背景图案可以使用 .BMP、.GIF、.JPG、.JPEG、.DIB 和 .PNG 格式的文件。如果用户要创建新的集合,则只需在 Wallpaper 文件夹下创建子文件夹,并向其中添加文件即可。

3. 设置颜色和外观

Windows Aero 界面是一种增强型界面,可提供很多新功能,例如透明窗口边框、动态预览、更平滑的窗口拖曳、关闭和打开窗口的动态效果等。作为安装过程的一部分,Windows 7 会运行性能测试,并检查计算机是否可以满足 Windows Aero 的基本要求。在兼容系统中,Windows 7 默认对窗口和对话框使用 Aero 界面。

单击图 2-52 所示的"个性化"窗口下方的"窗口颜色"选项,打开图 2-54 所示的"窗口颜色和外观"设置窗口,可对 Aero "颜色方案"、"窗口透明度"和"颜色浓度"三个方面的外观选项进行优化配置;若选择图 2-54 窗口下部的"高级外观设置"链接,则打开图 2-55 所示的"窗口颜色和外观"对话框,在"项目"下拉列表框中,可以

第 2 章 中文 Windows 7 操作系统

进一步对诸如桌面、菜单、标题按钮和滚动条等进行设置。

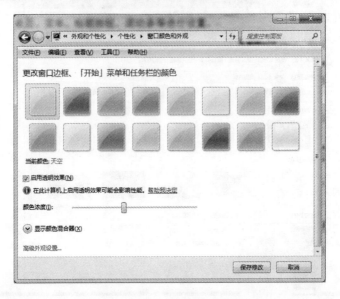

图 2-54 "窗口颜色和外观"窗口

4. 设置屏幕保护

屏幕保护程序是指当用户在指定时间内没有使用计算机时,通过屏幕保护程序可以使屏幕暂停显示或以动画显示,让屏幕上的图像或字符不会长时间停留在某个固定位置上,从而可以减少屏幕的损耗、节省能源并保障系统安全。屏幕保护程序启动后,只需移动鼠标或按键盘上的任意键,即可退出屏幕保护程序。Windows 7 提供了气泡、彩带和三维文字等屏幕保护程序,还可以使用计算机内保存的照片作为屏幕保护程序。

单击图 2-52 所示的"个性化"窗口下方的"屏幕保护程序"链接,打开图 2-56 所示"屏幕保护程序设置"对话

图 2-55 "窗口颜色和外观"对话框

框,单击"屏幕保护程序"下拉列表框,在其中选择所需的选项,在"等待"数值框中输入启动屏幕保护程序的时间,单击"预览"按钮,可预览设置后的效果。图 2-56 中的"设置"按钮可以对选择的屏幕保护程序做进一步设置,但并不是每个屏幕保护程序

都提供了可以设置的选项。若希望在退出屏幕保护程序时能够通过输入密码再恢复屏幕,则可选择"在恢复时显示登录屏幕"复选框,通过登录密码恢复屏幕。设置完相应选项后单击"确定"按钮屏幕保护程序即可生效。

5. 设置默认桌面图标

默认情况下,只有"回收站"图标会显示在桌面上。为了使用方便,用户往往需要添加一些其他常用图标到桌面上。

在图 2-52 所示的"个性化"窗口左上部选择"更改桌面图标"链接,弹出图 2-57 所示的"桌面图标设置"对话框。该对话框中的每个默认图标都有复选框,选中复选框可以显示图标,取消选中复选框可以隐藏图标,选择后单击"确定"按钮即可将该图标显示在桌面或将桌面上的该图标隐藏起来。

图 2-56 "屏幕保护程序设置"对话框

图 2-57 "桌面图标设置"对话框

提示:在桌面空白处右击,在弹出的快捷菜单中执行"查看"→"显示桌面图标"命令,可将桌面的图标全部隐藏;再次执行该命令,又可以将桌面的图标全部显示出来。

个性化设置中还有一些其他的设置,如图 2-52 中的"更改鼠标指针"链接可以设置鼠标的指针方案;"更改账户图片"链接可以选择显示在欢迎屏幕和"开始"菜单上的图片;"声音"可以设置声音方案和启动程序事件时的声音选择。

6. 显示设置

(1) 设置屏幕分辨率。屏幕分辨率指组成显示内容的像素总数,设置不同的分辨率,屏幕上的显示效果也不一样,一般分辨率越高,屏幕上显示的像素越多,相应的图标也就越大。在图 2-51 所示的"控制面板"窗口执行"外观和个性化"→"显示"→

第2章 中文 Windows 7 操作系统

"调整屏幕分辨率"命令,打开图 2-58 所示的"屏幕分辨率"窗口(在桌面空白处右击,在弹出的快捷菜单中选择"屏幕分辨率"命令,也可打开该窗口),在该窗口中通过拖动"分辨率"下拉列表框下的滑块可调整分辨率。

(2) 设置颜色质量。颜色质量指可同时在屏幕上显示的颜色数量,颜色质量在很大程度上取决于屏幕分辨率设置。颜色质量的范围可以从标准 VGA 的 16 色,一直到高端显示器的 40 亿色(32 位)。在图 2-58 所示的"屏幕分辨率"窗口选择"高级设置"选项,打开如图 2-59 所示的"视频适配器"对话框,在"监视器"选项卡中,使用"颜色"下拉列表可选择颜色质量。

(3) 设置刷新频率。刷新频率是指屏幕上的内容重绘的速率。刷新频率越高,显示内容的闪烁感就越不明显。人眼对闪烁并不是非常敏感,但过低的刷新率(低于 72Hz)会导致长时间使用后眼睛疲劳的状况,因此选择合适的刷新频率就显得非常重要。在图 2-59 所示的"视频适配器"对话框中,使用"屏幕刷新频率"下拉列表可选择所需的屏幕刷新频率。

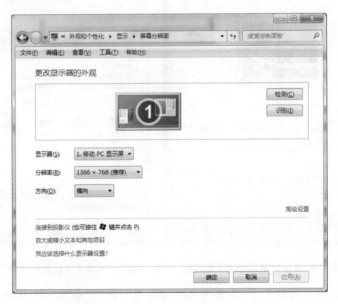

图 2-58 "屏幕分辨率"窗口

7. 桌面小工具

Windows 7 为用户提供了一些桌面小工具程序,如"时钟"、"日历"和"天气"等,这些小工具显示在桌面上既美观又实用。在图 2-51 所示的"控制面板"窗口选择"外观和个性化"→"桌面小工具",打开图 2-60 所示的"桌面小工具"窗口(通过在桌面快捷菜单或"开始"菜单中选择相应的选项,也可打开该窗口)。窗口中列出了一些实用的小工具,这些小工具可以卸载、还原,也可以联机获取更多小工具。

第 2 章　中文 Windows 7 操作系统

图 2-59　"监视器"选项卡

图 2-60　"桌面小工具"窗口

双击需要添加的小工具，即可将其添加到桌面。添加了小工具后，还可以对其样式、显示效果等进行设置。例如双击"时钟"，将其添加到桌面后，在"时钟"上右击，弹出图 2-61 所示的快捷菜单，其中"前端显示"会使"时钟"显示在其他打开窗口的前端；"不透明度"可以对透明度进行选择；选择"选项"则打开如图 2-62 所示的"时钟"对话框。单击该对话框中部的左、右箭头可以更改时钟的显示样式；在"时钟名称"文本框中可以输入显示在时钟上的名称；"显示秒针"复选框，可以在时钟上显示秒针。设置完成后单击"确定"按钮，则显示图 2-63 所示的显示效果。

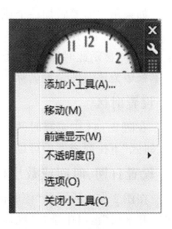

图 2-61　"时钟"快捷菜单

第 2 章 中文 Windows 7 操作系统

图 2-62 "时钟"对话框　　　　　图 2-63 "时钟"显示效果

添加的小工具可以拖放到桌面的任意位置,如果不再需要打开的小工具,可将鼠标指针移到小工具上,在该小工具的右侧出现的按钮上,单击 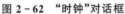 按钮即可。

2.6.3 时钟、语言和区域设置

1. 设置系统日期和时间

在图 2-51 所示的"控制面板"窗口单击"时钟、语言和区域"组,在打开的"时钟、语言和区域"窗口中选择"日期和时间"选项,打开图 2-64 所示的"日期和时间"对话框(或者单击任务栏右下角的时间图标,在弹出的快捷菜单中选择"调整日期/时间"选项,也可打开该窗口)。在该窗口中单击"更改日期和时间"按钮,弹出图 2-65 所示的"日期和时间设置"对话框,在该对话框中设置日期和时间后,单击"确定"按钮即可。

如果用户需要附加一个或两个地区的时间,可在"日期和时间"对话框中选择"附加时钟"选项卡,弹出图 2-66 所示的"日期和时间"→"附加时钟"对话框。在该对话框中选择"显示此时钟"复选框,然后再选择需要显示的时区,还可在"输入显示名称"文本框中为该时钟设置名称。设置后,当鼠标单击任务栏的时间后将显示设置效果。

2. 设置时区

在图 2-64 中选择时区区域中的"更改时区"按钮,可以打开"时区设置"对话框,在"时区"下拉列表框中可以选择所需的时区。

3. 设置日期、时间或数字格式

在图 2-51 所示的"控制面板"窗口单击"时钟、语言和区域"组,在打开的"时钟、语言和区域"窗口中选择"区域和语言"选项,打开图 2-67 所示的"区域和语言"对话框,在该对话框的"格式"选项卡中可以根据需要来更改日期和时间格式,单击"其他

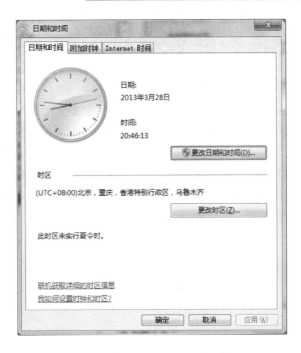

图 2-64 "日期和时间"对话框

图 2-65 "日期和时间设置"对话框

设置"按钮,将打开"自定义格式"对话框,可进一步对数字、货币、时间和日期等格式进行设置。

第2章 中文 Windows 7 操作系统

4. 设置输入法

虽然 Windows 7 中自带了简体中文和微软拼音等多种汉字输入法,但不是所有的汉字输入法都显示在语言栏的输入法列表中,此时可以通过添加管理输入法将适合自己的输入法显示出来。

(1) 添加 Windows 7 自带的输入法。以添加简体中文全拼输入法为例,在图 2-67 所示的"区域和语言"对话框中选择"键盘和语言"选项卡,单击"更改键盘"按钮,弹出图 2-68 所示的"文本服务和输入语言"对话框,单击"添加"按钮,弹出图 2-69 所示的"添加输入语言"对话框。在该对话框中选中"简体中文全拼(版本 6.0)"复选框,单击"确定"按钮,返回"文本服务和输入语言"对话框,在"已安装的服务"列表框中将显示已添加的输入法,如图 2-70 所示。

图 2-66 "日期和时间"→"附加时钟"对话框

(2) 删除 Windows 7 自带的输入法。以删除简体中文全拼输入法为例,在图 2-70 中选择"已安装的服务"列表框中的"简体中文全拼(版本 6.0)",单击右侧的"删除"按钮,然后单击"确定"按钮即可删除该输入法。

除了系统自带的汉字输入法外,用户还可以从网上下载一些使用比较广泛的汉字输入法安装到系统中。

(3) 语言栏设置。单击在图 2-70 中的"语言栏"选项卡,在图 2-71 所示的对话框中可以设置输入法状态栏。

图 2-67 "区域和语言"对话框

图 2-68 "文本服务和输入语言"对话框

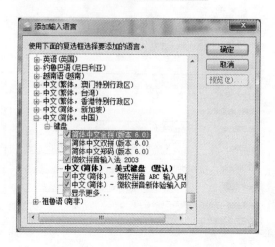

图 2-69 "添加输入语言"对话框

(4) 切换输入法。在将自己喜欢使用的中文输入法安装完毕后,用户就可以选择自己喜欢使用的输入法输入中文了。

图 2-70 添加了全拼输入法的对话框

① 各种输入法的切换。使用"'输入法列表'菜单"切换输入法:单击任务栏右端的"输入法"按钮,将显示安装的所有"输入法列表"菜单,如图 2-72 所示,单击"输入法列表"菜单中需要切换到的输入法即可。

使用"输入法热键"切换输入法:如果在"输入法区域设置"对话框中设置了切换输入法的热键,使用这一热键即可切换输入法,如 Ctrl+shift。

② 中文输入法和英文输入法之间的切换。单击任务栏右端的"输入法"按钮,然

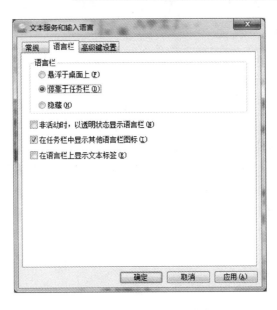

图 2-71　设置输入法状态栏

后在显示的"输入法列表"菜单中选择英文输入法。同时按下 Ctrl＋空格键,也可以在所选的中文输入法和英文输入法之间切换。

③ 输入法状态栏。在中文输入法为"微软拼音输入法 2003"状态时,显示图 2-73 所示的输入法状态栏。

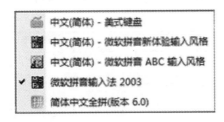

图 2-72　输入法列表

图 2-73　输入法状态栏

大小写切换:在使用中文输入法时,按 Caps Lock 键可以输入大写的英文字母,此时按住 Shift 键可以输入小写的英文。

全半角切换:在输入法状态栏中 按钮用于切换全角和半角字符输入,该按钮显示为 状态时可以输入半角字符,单击半角字符 按钮,此按钮将变化为全角字符 按钮,此时可以输入全角字符。

中文标点和英文标点之间的切换:单击输入法任务栏全角、半角切换按钮右侧的 按钮,可以切换中文标点和英文标点,当此按钮显示为 状态时可以输入英文标点符号,显示为 状态时可以输入中文标点符号。

2.6.4 用户账户设置

当多个用户同时使用一台计算机时,若可以在计算机中创建多个账户,不同的用户可以在各自的账户下进行操作,则更能保证各自文件的安全。Windows 7 支持多用户使用,只需为每个用户建立一个独立的账户,每个用户可以按自己的喜好和习惯配置个人选项,每个用户可以用自己的账号登录 Windows,并且多个用户之间的 Windows 设置是相对独立互不影响的。

在 Windows 7 中,系统提供了 3 种不同类型的账户,分别为管理员账户、标准账户和来宾账户,不同的账户使用权限不同。管理员账户拥有最高的操作权限,具有完全访问权,可以做任何需要的修改;标准账户可以执行管理员账户下几乎所有的操作,但只能更改不影响其他用户或计算机安全的系统设置;来宾账户针对的是临时使用计算机的用户,拥有最低的使用权限,不能对系统进行修改,只能进行最基本的操作,该账户默认没有被启用。

1. 创建新账户

在图 2-51 所示的"控制面板"窗口单击"用户账户和家庭安全"组,在打开的"用户账户和家庭安全"窗口中选择"添加或删除用户账户",打开图 2-74 所示的"管理账户"窗口。窗口的上半部分显示的是当前系统中所有有用账户,当成功创建新用户账户后,新账户会在该窗口中显示。单击"创建一个新账户"链接,打开图 2-75 所示的"创建新账户"窗口,输入要创建用户账户的名称,单击"创建账户"按钮,完成一个新账户的创建。

图 2-74 "管理账户"窗口

第 2 章 中文 Windows 7 操作系统

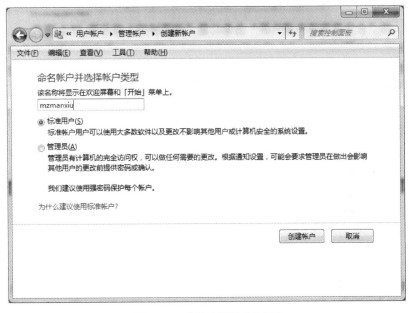

图 2-75 "创建新账户"窗口

2. 设置账户

在图 2-74 窗口中选择一个账户,单击该账户名,如图中的 mzmanxiu 账户,弹出图 2-76 所示的"更改账户"窗口,可进行更改账户名称、创建、修改或删除密码(若该用户已创建密码,则是修改密码、删除密码)、更改图片和删除账户等操作。

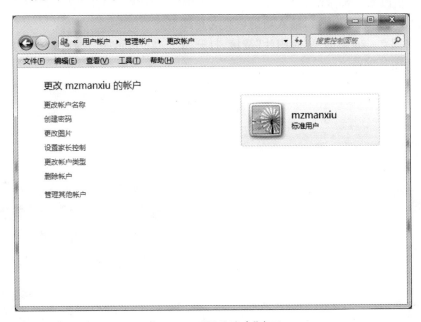

图 2-76 "更改账户"窗口

(1) 创建密码。单击图 2-76 中的"创建密码"链接,打开图 2-77 所示的"创建密码"窗口,输入密码即可。

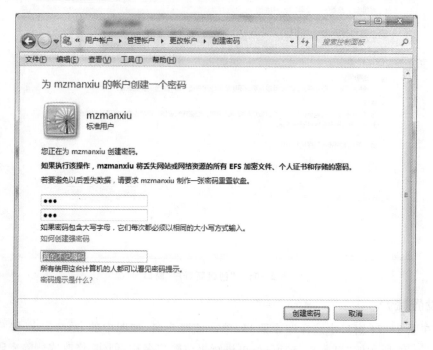

图 2-77 "创建密码"窗口

(2) 更改账户名称和图片。单击图 2-76 中的"更改账户名称"链接,打开图 2-78 所示的"重命名账户"窗口,输入新的账户名称即可。

单击图 2-76 中的"更改图片"链接,打开图 2-79 所示的"选择图片"窗口,选择要更改的图片即可。

图 2-78 "重命名账户"窗口   图 2-79 "选择图片"窗口

(3) 删除账户。选择要删除的账户名,单击图 2-76 中的"删除账户"链接,完成相应的设置即可。

3. 设置家长控制

为了能让家长方便地控制孩子使用计算机,Windows 7 提供了"家长控制"功能,使用"家长控制"功能,可以对指定账户的使用时间及使用程序进行限定,可以对孩子玩的游戏的类型进行限定。

2.6.5 硬件管理

1. 硬件的安装与卸载

计算机硬件通常可分为即插即用型和非即插即用型两种。即插即用型有移动磁盘、鼠标、键盘和摄像头等,都不需要安装驱动程序,直接连接即可使用。其卸载方法都很简单,一般情况下直接拔掉硬件即可(或者单击任务栏通知区域的 图标,在弹出的菜单中选中"弹出设备"命令)。非即插即用硬件有打印机、扫描仪等,则需要安装相应的驱动程序,且这部分硬件最好是安装厂家提供的驱动程序,以降低故障产生的概率。

Windows 7 对设备的支持有了很大的改进。通常情况下,当连接设备到计算机时,Windows 会自动完成对驱动程序的安装,这时不需要人工的干预,安装完成后,用户可以正常地使用设备。否则,需要手工安装驱动程序。手工安装驱动程序有两种方式。

(1) 如果硬件设备带安装光盘或可以从网上下载到安装程序,然后按照向导来进行安装。

(2) 如果硬件设备未提供用来安装的可执行文件,但提供了设备的驱动程序(无自动安装程序),则用户可手动安装驱动程序。方法是:在图 2-51 所示的"控制面板"窗口单击"硬件和声音"组,在打开的"硬件和声音"窗口中执行"设备和打印机"→"设备管理器"命令,打开图 2-80 所示的"设备管理器"窗口。在计算机名称上单击鼠标右键,在弹出的快捷菜单中选择"添加过时硬件"选项,在弹出的"欢迎使用添加硬件向导"对话框中按向导引导完成设备的添加。

在图 2-80 所示的"设备管理器"窗口中选择需要卸载的设备,在其上右击,在弹出的快捷菜单中选择"卸载"选项即可完成该设备的卸载。

2. 设置鼠标

在图 2-51 所示的"控制面板"窗口单击"硬件和声音"组,在打开的"硬件和声音"窗口中执行"设备和打印机"→"鼠标"命令,打开图 2-81 所示的"鼠标属性"对话框。其中:"按钮"选项卡可以配置鼠标键(以选择符合左手或右手习惯)、改变双击速度和设定单击锁定属性;"指针"选项卡可以为鼠标设置不同的指针方案;"指针选项"选项卡可以设置指针的移动速度、是否显示指针轨迹等属性;"滑轮"选项卡可以设置鼠标滑轮垂直滚动或水平滚动的距离。

图 2-80 "设备管理器"窗口

图 2-81 "鼠标属性"对话框

2.6.6 磁盘管理

计算机中所有的文件都存放在硬盘中,硬盘中还存放着许多应用程序的临时文件,同时 Windows 将硬盘的部分空间作为虚拟内存,因此,保持硬盘的正常运转是很重要的。

1. 磁盘检查

若用户在系统正常运行过程中或运行某程序、移动文件和删除文件的过程中,非正常关闭计算机的电源,均可能造成磁盘的逻辑错误或物理错误,以至于影响机器的运行速度,或影响文件的正常读写。

磁盘检查程序可以诊断硬盘或 U 盘的错误,分析并修复若干种逻辑错误,查找磁盘上的物理错误(坏扇区),并标记出其位置,下次再执行文件写操作时就不会写到坏扇区中。

在要检查的磁盘驱动器上右击,在弹出的快捷菜单中选择"属性",打开"磁盘属性"对话框,选择"工具"选项卡,如图 2-82 所示,在"查错"区域中单击"开始检查"按钮,弹出图 2-83 所示"检查磁盘"对话框,选中磁盘检查选项,单击"开始"按钮,即可启动磁盘检查程序开始磁盘检测与修复。

提示:进行磁盘检查前应关闭该磁盘上的所有文件,运行磁盘检查程序过程中,该磁盘分区也不可用于执行其他任务,磁盘检查需要较长时间。

第 2 章　中文 Windows 7 操作系统

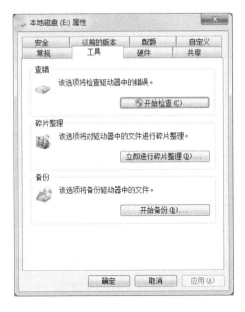

图 2-82　属性窗口"工具"选项卡

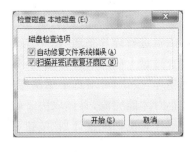

图 2-83　检查磁盘对话框

2. 磁盘清理

磁盘清理可以删除计算机上不再需要的文件,以释放磁盘空间并让计算机运行得更快。该程序可删除临时文件、Internet 缓存文件、清空回收站并删除各种系统文件和其他不再需要的项。

执行"开始"→"所有程序"→"附件"→"系统工具"→"磁盘清理"命令,打开"磁盘清理:驱动器选择"对话框,选择要清理的驱动器后单击"确定"按钮,便开始检查磁盘空间和可以被清理掉的数据。清理完毕,程序将报告清理后可能释放的磁盘空间,如图 2-84 所示,列出可被删除的目标文件类型和每个目标文件类型的说明,用户选定哪些确定要删除的文件类型后,单

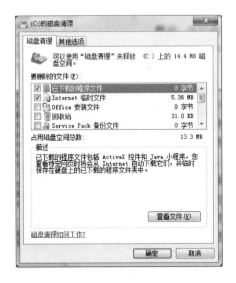

图 2-84　"磁盘清理"对话框

击"确定"按钮,即可删除选定的文件释放出相应的磁盘空间。

3. 磁盘碎片整理

这里的"碎片"是指磁盘上的不连续的空闲空间。当用户对计算机使用了较长一段时间后,由于大量地进行了文件的写入和删除操作,磁盘碎片会显著增加。碎片的

增加,会导致字节数较大的文件在磁盘上的不连续存放,这直接影响了大文件的存取速度,也必定会影响机器的整体运行速度。

磁盘碎片整理程序可以重新安排磁盘中的文件存放区和磁盘空闲区,使文件尽可能地存储在连续的单元中,使磁盘空闲区形成连续的空闲区,以便磁盘和驱动器能够更有效地工作。磁盘碎片整理程序可以按计划自动运行,但也可以手动分析磁盘和驱动器以及对其进行碎片整理。

执行"开始"→"所有程序"→"附件"→"系统工具"→"磁盘碎片整理程序"命令,打开图2-85所示的"磁盘碎片整理程序"窗口。在该窗口中选择需要进行磁盘碎片整理的驱动器,其中:"分析磁盘"按钮,可进行文件系统碎片程度的分析,以确定是否需要对磁盘进行碎片整理,在Windows完成分析磁盘后,可以在"上一次运行时间"列中检查磁盘上碎片的百分比,若数字高于10%,则应该对磁盘进行碎片整理;"磁盘碎片整理"按钮,可对选定驱动器进行碎片整理,磁盘碎片整理程序可能需要几分钟到几小时才能完成,具体取决于硬盘碎片的大小和程度。在碎片整理过程中,仍然可以使用计算机;"配置计划"按钮可进行磁盘碎片整理程序计划配置。

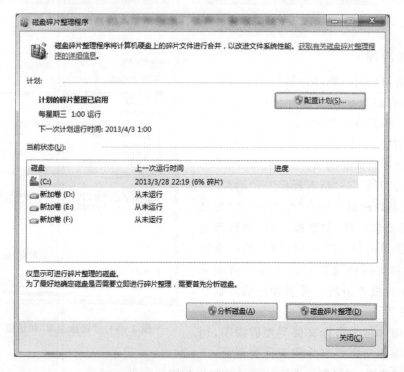

图2-85 "磁盘碎片整理程序"窗口

提示:如果磁盘已经由其他程序独占使用,或者磁盘使用NTFS文件系统、FAT或FAT32之外的文件系统格式化,则无法对该磁盘进行碎片整理,也不能对网络位置进行碎片整理。

2.6.7 查看系统信息

系统信息显示有关计算机硬件配置、计算机组件和软件(包括驱动程序)的详细信息。通过查看系统的运行情况,可以对系统当前运行情况进行判断,以决定应该采取何种操作。

执行"开始"→"所有程序"→"附件"→"系统工具"→"系统信息"命令,打开图2-86所示的"系统信息"窗口。在该窗口中用户可以了解系统的各个组成部分的详细运行情况。想了解哪个部分,单击该窗口的左窗格中列出的类别项前边的"+",右侧窗口便会列出有关该类别的详细信息。

图 2-86 "系统信息"窗口

系统摘要:显示有关计算机和操作系统的常规信息,如计算机名、制造商、您计算机使用的基本输入/输出系统(BIOS)的类型以及安装的内存的数量。

硬件资源:显示有关计算机硬件的高级详细信息。

组件:显示有关计算机上安装的磁盘驱动器、声音设备、调制解调器和其他组件的信息。

软件环境:显示有关驱动程序、网络连接以及其他与程序有关的详细信息。

若希望在系统信息中查找特定的详细信息,可在"系统信息"窗口底部的"查找什么"文本框中输入要查找的信息,如:若要查找计算机的磁盘信息,可在"查找什么"文本框中输入"磁盘",然后单击"查找"按钮即可。

2.6.8 备份和还原

Windows 7 自带了功能强大的备份还原功能,且灵活性强,可以创建系统映像,也可以创建只包含某驱动器或文件的备份,同时多还原点的特性使还原后更加方便,不必再次去设置或安装。

执行"开始"→"所有程序"→"维护"→"备份和还原"命令,打开图 2-87 所示的"备份和还原"窗口(或在"控制面板"窗口,选择"系统和安全"→"备份和还原"选项也可打开该窗口)。该图是系统安装后未设置的默认状态,有"创建系统映像"、"创建系统修复光盘"、"备份"和"还原"4 个主要功能,其中后两项需设置备份后才显示。

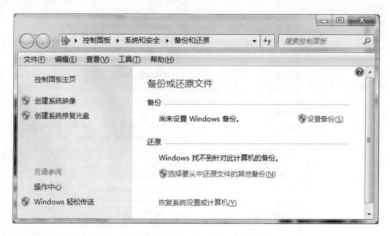

图 2-87 "备份和还原"窗口

1. 创建系统映像

系统映像是驱动器的精确副本,默认情况下系统映像包含 Windows 运行所需的驱动器、系统设置、程序及文件。如果硬盘或计算机无法工作,则可以使用系统映像来还原计算机的内容。系统映像必须保存在硬盘驱动器上,默认情况下系统映像仅包含 Windows 运行所需的驱动器。

单击图 2-87 左侧的"创建系统映像"链接,打开图 2-88 所示的"创建系统映像"窗口。首先选择备份位置,如果选择是 DVD 则需要刻录机同步保存映像(不过一般不建议这么做,因为会涉及刻录成功率等问题,还是硬盘或网络位置存储后再刻录到 DVD 更好)。

这里选择备份在硬盘上。选择好备份保存的驱动器后,单击"下一步"按钮,选择要备份的内容,系统映像只能整个分区选择,不能只选择某个文件或文件夹,一般只需备份系统盘(默认已选中),若需要且空间又允许也可以连后面分区一起备份。单

第 2 章 中文 Windows 7 操作系统

击"下一步"按钮,确认备份设置无误后单击"开始备份"按钮即可开始备份。这时保存备份的驱动器下就会有 Windows Image Backup 目录。依次展开可以看到以计算机名命名的文件夹,里面是 XML、VHD 和配置文件等。

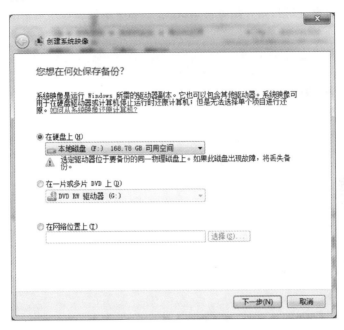

图 2-88 "创建系统映像"窗口

提示:考虑到安全方面的因素,尽量不要将系统映像文件与系统安装分区位于同一个硬盘上,否则整个硬盘出现故障时,Windows 7 系统将无法从映像中进行彻底还原操作。此外 Windows 7 自带的备份功能生成的备份文件的压缩率较低。

2. 创建文件备份

系统映像在备份时是整个分区的备份,因此要备份用户的某些文件或文件夹,还是选择创建定期备份文件,以根据需要还原所需文件和文件夹。如果以前从未使用过 Windows 备份,图 2-87 中显示的是"设置备份"选项,选择后可按照向导备份文件;如果以前创建过备份,则图 2-87 中显示的是"立即备份"选项,选择后可以等待定期计划备份发生,或者可以通过单击"更改设置"手动创建新备份。

在图 2-87 中单击"设置备份"选项,打开"设置备份"对话框,选择保存备份的位置后(建议将备份保存到外部硬盘上,此处选择移动硬盘 H),单击"下一步"按钮,在打开的对话框中,选择"让我选择"单选按钮("Windows 选择"将包括系统映像、库、桌面和默认 Windows 文件夹的数据文件;"让我选择"则可以自己选择要备份的项目以及是否要包括系统映像,后者更灵活、更能满足用户意愿),在打开的图 2-89 所示的"设置备份的选择备份内容"对话框中,选择要备份的文件或文件夹,如果只备份用户文件或文件夹,可以不选择数据文件和复选框"包括驱动器(C:)的系统映像(S)"

(此处选择 D 区的"备份"文件夹),单击"下一步"按钮,打开的图 2-90 所示的"设置备份的查看设置"对话框,可以查看备份位置和备份内容,单击该窗口中的"更改计划"选项,可以打开图 2-91 所示的"设置备份的设置计划"对话框,以设置按计划运行备份,单击"确定"按钮,则开始备份,在图 2-92 所示的窗口中可以看到备份进度。

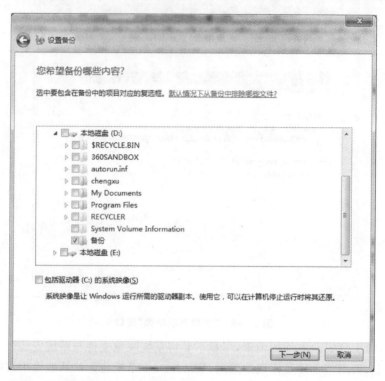

图 2-89 "设置备份"对话框的选择备份内容

如果不希望按计划时间备份,也可以在图 2-92 所示的窗口中左侧区域,单击"禁用计划"选项,禁用计划后在该窗口备份区域将会出现"启用计划",需要时则可随时再单击"启用计划"选项即可。

3. 创建系统修复光盘

系统崩溃现象时常发生,如果手头有一个修复光盘,那么系统往往很快就能恢复正常,而 Windows 7 系统恰好提供了这样一种功能。

在图 2-87 中单击"创建系统修复光盘"链接,打开"系统修复光盘创建向导"对话框如图 2-93 所示,依照向导屏幕的提示,选择一个 CD 或 DVD 驱动器,同时将空白光盘插入到该驱动器中,之后按照默认设置完成剩余操作,最后按下计算机电源按钮重新启动计算机,如果出现提示,请按任意键从系统修复光盘启动计算机。

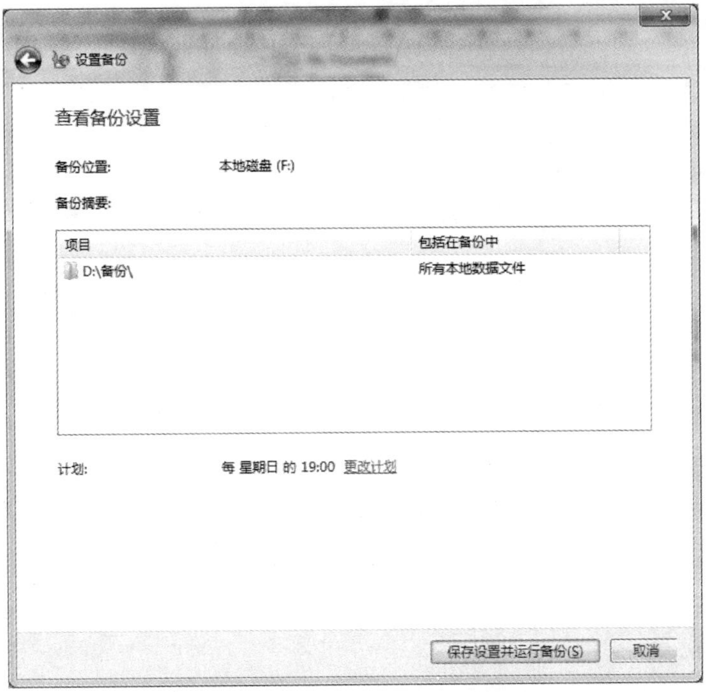

图 2-90 "设置备份"对话框的查看设置

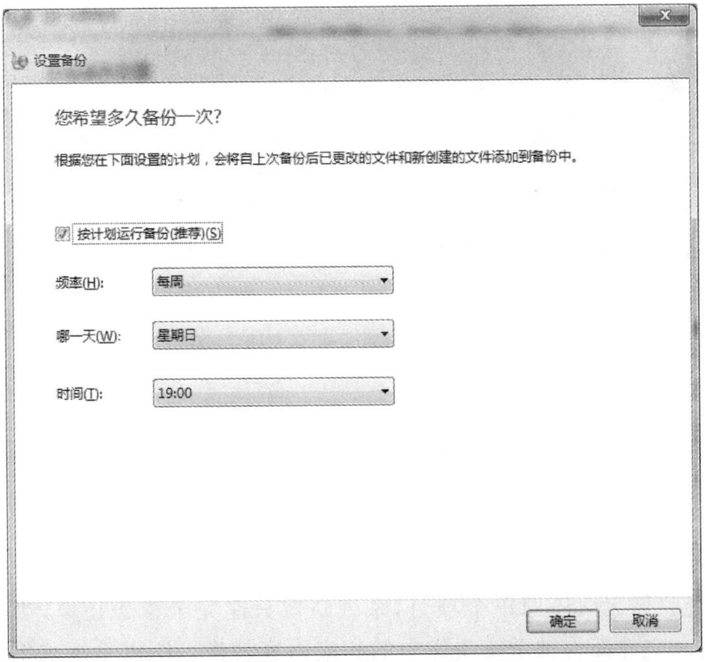

图 2-91 "设置备份"对话框的设置计划

图 2-92 备份进度

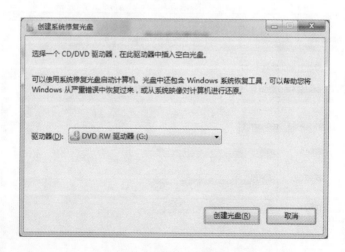

图 2-93 "系统修复光盘创建向导"对话框

4. 系统还原

使用系统映像无法还原单个项目,系统映像只能完全覆盖还原,当前的所有程序、系统设置和文件都将被系统映像中的相应内容替换。所以系统映像一般是在系统无法正常启动,或想主动恢复到以前的某个时间状态时才会使用。

系统还原有以下 3 种方法。

（1）开机快速按 F8 键还原。开机启动时快速按下 F8 键，然后在出现的选项界面中选择"修复计算机"选项，单击"下一步"按钮，输入用户名和密码，在"系统恢复选项"菜单里选择"系统映像恢复"命令，然后系统会自动扫描驱动器下备份的系统映像并进入"镜像恢复"窗口，窗口中会列出该镜像的保存位置、日期和时间还有计算机名称，如果有多个系统映像，请选择下面的"选择系统映像"，选择某个时间点的映像进行恢复（这时候，还可以单击下面的"高级"按钮，去网络上搜索系统映像，进行还原），选择镜像后，单击"下一步"按钮，进行确认后，即可开始还原。

（2）通过"控制面板"还原。在图 2-87 中单击"恢复系统设置或计算机"选项，打开图 2-94 所示的"恢复"窗口，单击"高级恢复方法"选项，打开图 2-95 所示的"高级恢复方法"窗口，单击"使用之前的系统映像恢复计算机"选项，打开"用户文件备份"窗口，提示备份数据，因为从映像还原后，系统分区的个人文件如果没有备份，则可能会全部丢失。再次确认后重新启动计算机，启动后会自动进入"镜像恢复"窗口，这里后面的操法同方法（1），不再赘述。如果没有选择备份，到最后一步确认还原之前，都可以撤销重来。

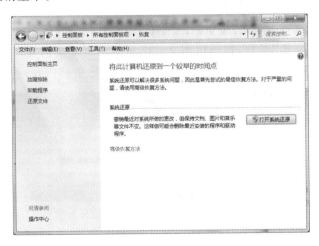

图 2-94 "恢复"窗口

提示：该方法只能适用于计算机还能正常启动的情况。

（3）使用 Windows 7 安装光盘或系统修复光盘还原。还可以使用 Windows 7 安装光盘或系统修复光盘进行还原，设置计算机从光盘启动，后面操作同方法（2）类似，不再赘述。

5. 备份文件还原

有了备份文件在手后，以后不管遇到多大的故障，都能快速将所备份的文件或文件夹恢复到正常状态，且备份文件可以还原单个项目。在图 2-87 中单击"选择要从中还原文件的其他备份"选项，弹出文件还原向导对话框，如图 2-96 所示，选择要从

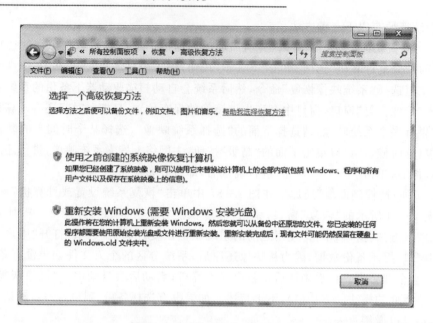

图 2-95 "高级恢复方法"窗口

中还原文件的备份(或者单击"浏览网络位置"按钮,从网络的某个位置处选择目标备份文件),单击"下一步"按钮,在弹出图 2-97 所示的下一步向导对话框中,若选中"选择此备份中的所有文件"复选框,则可还原整个目标备份内容;若单击"浏览文件

图 2-96 选择目标备份文件对话框

按钮",可通过"浏览文件的备份"对话框来选择仅还原目标备份中的某个或某几个文件或文件夹。选择好要还原的内容后,单击"下一步"按钮,确定文件还原后存放的位置(既可以在原始位置还原,也可以还原在其他位置),单击"还原"按钮即可。

图 2-97 选择还原对象对话框

2.6.9 系统安全

大部分人工作和生活都离不开互联网,因此防火墙对于保护计算机安全来说显得尤为重要。Windows XP 自带的防火墙软件仅提供简单和基本的功能,且只能保护入站流量,阻止任何非本机启动的入站连接,默认情况下,该防火墙还是关闭的,于是只能另外去选择专业可靠的安全软件来保护自己的计算机。而 Windows 7 则全面改进了自带的防火墙,提供了更加强大的保护功能。

打开"控制面板"窗口,选择"系统和安全"→"Windows 防火墙"选项,打开图 2-98 所示的"Windows 防火墙"窗口。在该窗口右侧可以看到各种类型的网络的连接情况,通过窗口左侧的列表项可以完成防火墙的设置。

1. 打开或关闭 Windows 防火墙

防火墙如果设置不好,不但阻止不了网络的恶意攻击,还可能会阻挡用户自己正常访问互联网。Windows 7 系统的防火墙设置较以前版本相对简单很多,普通用户就可以独立进行相关的基本设置。

Windows 7 为每种类型的网络都提供了启用或关闭防火墙的操作,在图 2-98 左窗格中单击"打开或关闭 Windows 防火墙",打开图 2-99 所示的"自定义设置"

窗口。

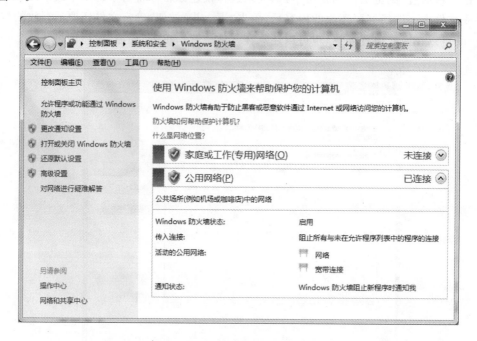

图 2-98 "Windows 防火墙"窗口

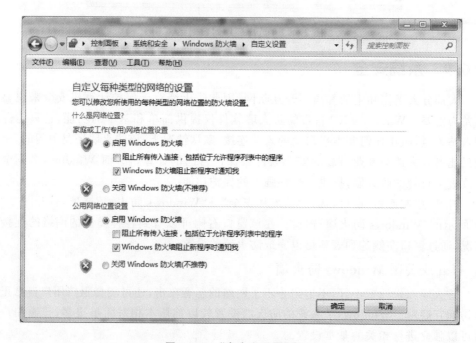

图 2-99 "自定义设置"窗口

(1) 打开 Windows 防火墙。默认情况下已选中该设置。当 Windows 防火墙处于打开状态时,大部分程序都被阻止通过防火墙进行通信。如果要允许某个程序通过防火墙进行通信,可以将其添加到允许的程序列表中。

① 阻止所有接入连接,包括位于允许程序列表中的程序。此设置将阻止所有主动连接到计算机的尝试。当需要为计算机提供最大程度的保护时可以使用该设置。使用此设置,Windows 防火墙在阻止程序时不会通知,并且将会忽略允许的程序列表中的程序。即便阻止所有接入连接,仍然可以查看大多数网页,发送和接收电子邮件,以及发送和接收即时消息。

② Windows 防火墙阻止新程序时通知我。如果选中此复选框,当 Windows 防火墙阻止新程序时会通知您,并为您提供解除阻止此程序的选项。

(2) 关闭 Windows 防火墙(不推荐)。避免使用此设置,除非计算机上运行了其他防火墙。关闭 Windows 防火墙可能会使计算机更容易受到黑客和恶意软件的侵害。

2. Windows 防火墙的高级设置

作为 Windows 7 旗舰版用户来说,想要把防火墙设置得更全面详细,Windows 7 的防火墙还提供了高级设置功能。在图 2-98 左窗格中单击"高级设置"链接,打开图 2-100 所示的"高级安全 Windows 防火墙"窗口,在这里可以为每种网络类型的配置文件进行设置,包括出站规则、入站规则和连接安全规则等。

图 2-100 "高级安全 Windows 防火墙"窗口

3. 还原默认设置

Windows 7 系统提供的防火墙还原默认设置功能使得 Windows 7 的用户可以放心大胆去设置防火墙,若设置失误,还原默认设置功能可将防火墙恢复到初始状态。

在图2-98左窗格中单击"还原默认设置"选项,打开"还原默认设置"窗口,单击"还原默认设置"按钮即将防火墙恢复到初始状态。

还原默认设置将会删除为所有网络位置类型设置的所有Windows防火墙设置。这可能会导致以前已允许通过防火墙的某些程序停止工作。

4. 允许程序通过Windows防火墙进行通信

默认情况下,Windows防火墙会阻止大多数程序,以使计算机更安全,但有时也需要某些程序通过防火墙进行通信,以便正常工作。

在图2-98左窗格中单击"允许程序或功能通过Windows防火墙"选项,打开图2-101所示的"允许的程序"窗口,选中要允许的程序旁边的复选框和要允许通信的网络位置,然后单击"确定"即可。

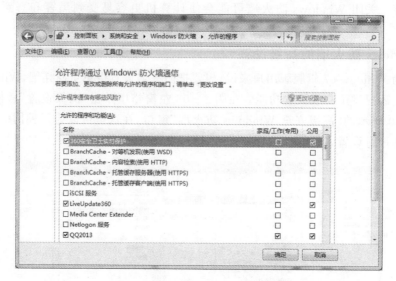

图2-101 "允许的程序"窗口

提示:防火墙因无法确定电子邮件的内容,而无法防止电子邮件病毒和网络钓鱼。因此,除了防火墙外还要安装一个好的防病毒程序,并定期更新。

2.7 常用附件

Windows 7的附件中自带了非常实用的工具软件,如记事本、写字板、画图、便笺、计算器、截图工具和照片查看器等。即便计算机中没有安装专用的应用程序,通过附件中的工具软件,也能够满足日常的文本编辑、绘图、计算和图片浏览等需求。

下面所介绍的Windows的附带工具均位于"开始"菜单的"附件"文件夹中,所以都可以通过单击"开始"菜单的"附件"文件夹相应选项打开它们,如图2-102所示。

2.7.1 记事本

记事本是一个基本的文本编辑器,用于纯文本文件的编辑,默认文件格式为 TXT。记事本编辑功能没有写字板强大(使用写字板输入和编辑文件的操作方法同 Word 类似,其默认文件格式为 RTF),用记事本保存文件不包含特殊格式代码或控制码。记事本可以被 Windows 的大部分应用程序调用,常被用于编辑各种高级语言程序文件,并成为创建网页 HTML 文档的一种较好工具。

执行"开始"→"所有程序"→"附件"→"记事本"命令,打开图 2-103 所示的"记事本"程序窗口。在记事本的文本区输入字符时,若不自动换行,则每行可以输入很多字符,需要左右移动滚动条来查看内容,很不方便,此时可以通过菜单栏的"格式"→"自动换行"命令来实现自动换行。

图 2-102 "附件"文件夹

记事本还可以建立时间记录文档,用于记录用户每次打开该文档的日期和时间。设置方法是:在记事本文本区的第一行第一列开始位置输入大写英文字母.LOG,按 Enter 键即可。以后每次打开该文件时,系统会自动在上一次文件结尾的下一行显示打开该文件时的系统日期和时间,达到跟踪文件编辑时间的目的。当然,也可以通过执行"编辑"→"时间/日期"命令,将每次打开该文件时的系统日期和时间插入文本中。

图 2-103 "记事本"程序窗口

2.7.2 写字板

写字板是 Windows 自带的一款字处理软件,除了具有记事本的功能外,还可以对文档的格式、页面排列进行调整,从而编排出更加规范的文档。

第 2 章 中文 Windows 7 操作系统

2.7.3 画 图

画图是一款图形处理及绘制软件,利用该程序可以手工绘制图像,也可以对来自扫描仪或数码相机的图片进行编辑修改,并在编辑结束后用不同的图形文件格式保存。

执行"开始"→"所有程序"→"附件"→"画图"命令,打开图 2-104 所示的"画图"程序窗口,该窗口主要组成部分如下:

(1) 标题栏:位于窗口的最上方,显示标题名称,在标题栏上右击,可以打开"窗口控制"菜单。

(2) "画图"按钮:提供了对文件进行操作的命令,如新建、打开、保存和打印等。

(3) 快速访问工具栏:提供了常用命令,如保存、撤销和重做等,还可以通过该工具栏右侧的"向下"按钮来自定义快速访问工具栏。

(4) 功能选项卡和功能区:功能选项卡位于标题栏下方,将一类功能组织在一起,其中包含"主页"和"查看"两个选项卡,图 2-104 中显示的是"主页"选项卡中的功能。

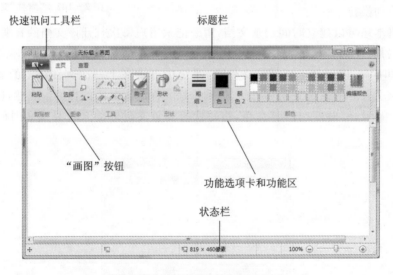

图 2-104 "画图"程序窗口

(5) 绘图区:该区域是画图程序中最大的区域,用于显示和编辑当前图像效果。

(6) 状态栏:状态栏显示当前操作图像的相关信息,其左下角显示鼠标的当前坐标,中间部分显示当前图像的像素尺寸,右侧显示图像的显示比例,并可调整。

画图程序中所有绘制工具及编辑命令都集成在"主页"选项卡中,其按钮根据同类功能组织在一起形成组,各组主要功能如下。

(1) "剪贴板"组:提供"剪切"、"复制"和"粘贴"命令,方便编辑。

(2) "图像"组:根据选择物体的不同,提供矩形或自由选择等方式。还可以对图像进行剪裁、重新调整大小和旋转等操作。

(3)"工具"组:提供各种常用的绘图工具,如铅笔、颜色填充、插入文字、橡皮擦、颜色选取器和放大镜等,单击相应按钮即可使用相应的工具绘图。

(4)"刷子"组:单击"刷子"选项下的"箭头"按钮,在弹出的下拉列表中有9种刷子格式的刷子供选择。单击其中任意的"刷子"按钮,即可使用刷子工具绘图。

(5)"形状"组:单击"形状"选项下的"箭头"按钮,在弹出的下拉列表中,有23种基本图形样式可供选择。单击其中任意的"形状"按钮,即可在画布中绘制该图形。

(6)"粗细"组:单击"粗细"选项下的"箭头"按钮,在弹出的下拉列表中选择任意选项,可设置所有绘图工具的粗细程度。

(7)"颜色"组:"颜色1"为前景色,用于绘制线条颜色;"颜色2"为背景色,用于绘制图像填充色。单击"颜色1"或"颜色2"选项后,可在颜色块里选择任意颜色。

2.7.4 截图工具

Windows 7自带的截图工具用于帮助用户截取屏幕上的图像,并且可以对截取的图像进行编辑。

执行"开始"→"所有程序"→"附件"→"截图工具"命令,打开图2-105所示的"截图工具"程序窗口,单击"新建"按钮右侧的向下"箭头"按钮,弹出图2-106所示的"截图方式"菜单,截图工具提供了"矩形截图"、"窗口截图"、"任意格式截图"和"全屏幕截图"4种截图方式,可以截取屏幕上的任何对象,如图片、网页等。

图2-105 "截图工具"程序窗口

图2-106 "截图方式"菜单

(1)矩形截图:矩形截图截取的图形为矩形。

① 在图2-106中选择"矩形截图"选项,此时,除了截图工具窗口外,屏幕处于一种白色半透明状态。

② 当鼠标指针变成"+"形状时,将鼠标指针移到所需截图的位置,按住鼠标左键不放,拖动鼠标,选中框成红色实线显示,被选中的区域变得清晰。释放鼠标左键,打开图2-107所示的"截图工具"编辑窗口(此处以截取桌面为例),被选中的区域截取到该窗口中。

③ 在图2-107中可以通过菜单栏和工具栏,使用"笔"、"橡皮"等对图片勾画重点或添加备注,或将它通过电子邮件发送出去。

④ 在图2-107中的菜单栏执行"文件"→"另存为"命令,可在打开的"另存为"对话框中对图片进行保存,可将截图另存为HTML、PNG、GIF或JPEG文件。

图 2-107 "截图工具"编辑窗口

(2) 任意格式截图：截取的图像为任意形状。在图 2-106 中选择"任意格式截图"命令，此时，除了截图工具窗口外，屏幕处于一种白色半透明状态，光标则变成剪刀形状，按住鼠标左键不放，拖动鼠标，选中的区域可以是任意形状，同样选中框成红色实线显示，被选中的区域变得清晰。释放鼠标左键，被选中的区域截取到"截图工具"编辑窗口中。编辑和保存操作与矩形截图方法一样。

(3) 窗口截图：可以自动截取一个窗口，如对话框。

① 在图 2-106 中选择"窗口截图"选项，此时，除了截图工具窗口外，屏幕处于一种白色半透明状态。

② 当光标变成小手的形状，将光标移到所需截图的窗口，此时该窗口周围将出现红色边框，单击鼠标左键，打开"截图工具"编辑窗口，被截取的窗口出现在该编辑窗口中。

③ 编辑和保存操作与矩形截图方法一样。

(4) 全屏幕截图：自动将当前桌面上的所有信息都作为截图内容，截取到"截图工具"编辑窗口，然后按照与矩形截图一样的方法进行编辑和保存操作。

第 2 章 中文 Windows 7 操作系统

2.7.5 计算器

Windows 7 自带的计算器程序除了具有标准型模式外,还具有科学型、程序员和统计信息模式,同时还附带了单位转换、日期计算和工作表等功能。Windows 7 中计算器的使用与现实中计算器的使用方法基本相同,使用鼠标单击操作界面中相应的按钮即可计算。

1. 标准型计算器

执行"开始"→"所有程序"→"附件"→"计算器"命令,打开图 2-108 所示的"计算器"程序窗口,计算器程序默认的打开模式为标准型,使用标准型模式可以进行加、减、乘和除等简单的四则混合运算。

需要注意的是标准型模式中的混合运算只能按照自左而右的优先级运算。如:求(2+2)×(10+10)的值,在标准型模式中因没有括号,因此输入后只能按 2+2×10+10 的形式自左而右运算并得到运算结果 50,而不是需要的结果 80。

2. 科学型计算器

在图 2-108 中执行"查看"→"科学型"命令,打开如图 2-109 所示的科学型计算器。使用科学型计算器可以进行比较复杂的运算,例如三角函数运算、乘方运算和方根运算等,运算结果可精确到 32 位。如:求 2^8 的值,只需在图 2-109 中先输入"2",然后单击"x^y",再输入"8",然后单击"="即可得结果 256;上例中的(2+2)×(10+10),可在科学型计算器中完成。

图 2-108 标准型计算器

3. 程序员型计算器

在图 2-108 中执行"查看"→"程序员"命令,打开图 2-110 所示的程序员型计算器。使用程序员型计算器不仅可以实现进制之间的转换,而且可以进行与、或和非等逻辑运算。如:将十进制数 52 转换为二进制数,只需在图 2-110 中输入"52",然后单击单选按钮"二进制"即可得转换结果 110100。

4. 统计信息型计算器

在图 2-108 中执行"查看"→"统计信息"命令,打开图 2-111 所示的统计信息型计算器。

使用统计信息型计算器可以进行平均值、平均平方值、求和、平方值总和、标准偏差以及总体标准偏差等统计运算。如:求 11~15 这五个数的和、平均值和总体标准偏差,只需在图 2-111 中先输入"11",然后单击 Add 按钮将输入的数字添加到统计框

第 2 章　中文 Windows 7 操作系统

图 2-109　科学型计算器

中,用同样的方法依次将 12~15 添加到统计框中,单击 按钮,可计算出这 5 个数的总和,单击 按钮可计算出这 5 个数的平均值,单击 按钮可计算出这 5 个数的总体标准偏差。

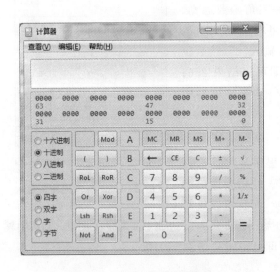

图 2-110　程序员型计算器

图 2-111　统计信息型计算器

5. 其他功能

无论在哪种模式下,单击菜单栏的"查看"命令,弹出图 2-112 所示的下拉菜单,选择"单位转换"命令可实现各种单位之间的转换;选择"日期计算"命令可计算两个日期之间相差的天数和指定日期加上或减去指定天数后的日期;选择"工作表"命令弹出图 2-112 中的子菜单,可实现贷款月还款额计算、汽车油耗计算等。

如：图 2-113 显示了"单位转换"中"重量/质量"单位从"磅"到"克"的转换，1 磅＝453.59237 克。

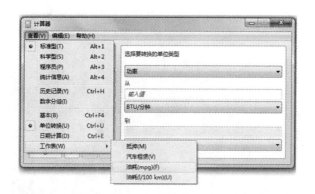

图 2-112 "查看"下拉菜单

图 2-113 重量转换

2.7.6 照片查看器

Windows 照片查看器是 Windows 7 自带的看图工具，是一个集成于系统中的系统组件，不能单独运行。当双击 BMP、JPG 或 PNG 等格式的图片时，系统默认情况下自动使用 Windows 照片查看器打开此图片。如：打开"图片库"双击其中的"郁金香"图片，打开图 2-114 所示的"Windows 照片查看器"窗口。

Windows 照片查看器不具备编辑功能，只能用于浏览已经保存在计算机中的图片。若一个文件夹中存放了多张照片，则可以通过单击 ▶ ("下一个")按钮浏览此文件夹中的下一幅图片；单击 ◀ ("上一个")按钮浏览此文件夹中的上一幅图片；单击 ● ("放映幻灯片")按钮，以放映幻灯片的形式全屏观看图片，并每隔一段时间自动切换到下一张图片。

第 2 章 中文 Windows 7 操作系统

图 2-114 "Windows 照片查看器"窗口

习题二

一、填空题

1. 在 Windows 中,"复制"操作的组合键是_____+_____。

2. 在 Windows 7 中,要选中不连续的文件或文件夹,先用鼠标单击第一个,然后按住_____键,用鼠标单击要选择的各个文件或文件夹。

3. 在 Windows 7 窗口中,用鼠标拖曳_____,可以移动整个窗口。

4. Windows 将整个计算机显示屏幕看作是_____。

5. 在 Windows 7 中用鼠标左键把一文件拖曳到同一磁盘的另一个文件夹中,实现的功能是_____。

6. 在 Windows 7 中,全/半角转换的默认热键是_____+_____。

7. 在 Windows 中,全角方式下输入的数字应占的字节数是_____。

8. 可以使用通配符_____和_____来搜索名字相似的文件。

9. MS-DOS 是一种_____用户、_____任务的操作系统。

10. 库是 Windows 7 引入的一项新功能,其目的是快速地访问用户重要的资源,其实现方式有点类似于应用程序或文件夹的"快捷方式"。默认情况下,库中存在 4 个子库,分别是_____库、_____库、_____库和_____库。

11. 在 Windows 7 中,把活动窗口或对话框复制到剪贴板上,可按_____键。

12. Windows 7 桌面上可以有_____个活动窗口。

13. 在"回收站"尚未清空之前，可以从"回收站"中_____删除的文件或文件夹。

14. Windows 7 的照片查看器不具备_____功能，只能用于浏览已经保存在计算机中的图片。

15. 利用 Windows 7 系统自带的压缩程序生成的压缩文件的扩展名为_____，利用 WinRAR 压缩程序生成的压缩文件的扩展名为_____。

16. "碎片"是指磁盘上的不连续的_____，碎片的增加，会导致字节数较大的文件在磁盘上的存放，这直接影响了大文件的存取速度，也必定会影响机器的整体运行速度。

17. 添加的桌面小工具可以拖放到桌面的_____位置，如果不再需要打开的小工具，可将光标移到小工具上，在该小工具的右侧出现的按钮上，单击 ✖ 按钮即可。

二、单选题

1. "Windows 是一个多任务操作系统"指的是( )。

   A. Windows 可同时运行多个应用程序
   B. Windows 可运行多种类型各异的应用程序
   C. Windows 可同时管理多种资源
   D. Windows 可提供多个用户同时使用

2. Windows 7 是一种( )。

   A. 诊断程序   B. 系统软件   C. 工具软件   D. 应用软件

3. 打开窗口的控制菜单的操作可以单击控制菜单框或者( )。

   A. 按 Ctrl+Space   B. 双击标题栏
   C. 按 Alt+Space   D. 按 Shift+Space

4. 在"Windows 资源管理器"窗口中，若文件夹图标前面含有 ▷，表示( )。

   A. 含有未展开的文件夹   B. 无子文件夹
   C. 子文件夹已展开   D. 可选

5. 下列关于回收站叙述中，正确的是( )。

   A. 就只能改变位置不能改变大小   B. 只能改变大小不能改变位置
   C. 既不能改变位置也不能改变大小 D. 既能改变位置也能改变大小

6. "回收站"是( )文件存放的容器，通过它可恢复误删的文件。

   A. 已删除   B. 关闭   C. 打开   D. 活动

7. 一个磁盘格式化后，盘上的目录情况是( )。

   A. 没有目录，需要用户建立   B. 多级树形目录
   C. 一级子目录   D. 只有根目录

8. 文件夹中不可存放( )。

   A. 字符   B. 一个文件   C. 文件夹   D. 多个文件

第 2 章　中文 Windows 7 操作系统

9. 在 Windows 7 中默认的键盘中西文切换方法是（　　）。
   A. Ctrl+Space　　B. Ctrl+Shift　　C. Ctrl+Alt　　D. Shift+Alt
10. 下面几种操作系统中,（　　）不是网络操作系统。
    A. MS-DOS　　B. Windows 2000　　C. Windows XP　　D. UNIX
11. 在 Windows 7 中选取某一菜单后,若命令后面带有省略号（…）,则表示（　　）。
    A. 将弹出对话框　　　　　　　　　　B. 已被删除
    C. 当前不能使用　　　　　　　　　　D. 该命令正在起作用
12. 下面关于操作系统的叙述中正确的是（　　）。
    A. 操作系统是用户和计算机之间的接口
    B. 操作系统是软件和硬件的接口
    C. 操作系统是主机和外设的接口
    D. 操作系统是源程序和目标程序的接口
13. 在 Windows 中,文件夹名不能是（　　）。
    A. 12-4　　B. 11%+4%　　C. 2&3=0　　D. 11*2!
14. 通常在 Windows 的"附件"中不包含的应用程序是（　　）。
    A. 公式　　B. 画图　　C. 记事本　　D. 计算器
15. 在 Windows 中"画图"程序默认的文件类型是（　　）。
    A. doc　　B. ppt　　C. wav　　D. bmp
16. 能由键盘命令调入内存直接执行的磁盘文件的扩展名为（　　）。
    A. .OBJ 或 .FOX　　　　　　　　　　B. .EXE 或 .COM
    C. .ASC 或 .PRG　　　　　　　　　　D. .LIB 或 .SYS
17. 删除 Windows 桌面上某个应用程序的图标,意味着（　　）。
    A. 该应用程序连同其图标一起被隐藏
    B. 该应用程序连同其图标一起被删除
    C. 只删除了图标,对应的应用程序被保留
    D. 只删除了该应用程序,对应的图标被隐藏
18. 以下关于 Windows 快捷方式的说法正确的是（　　）。
    A. 一个对象可有多个快捷方式
    B. 一个快捷方式可指向多个目标对象
    C. 快捷方式建立后不可删除
    D. 不允许为快捷方式建立快捷方式
19. 路径是用来描述（　　）。
    A. 文件在磁盘上的目录位置　　　　　B. 程序的执行过程
    C. 用户的操作步骤　　　　　　　　　D. 文件在哪个磁盘上
20. 在 Windows 中,关于窗口和对话框,下列说法正确的是（　　）。

A. 窗口对话框都不可以改变大小

B. 窗口可以改变大小,而对话框不能

C. 对话框可以改变大小,而窗口不能

D. 窗口、对话框都可以改变大小

21. 在 Windows 中,下列说法不正确的是(　　)。

A. 应用程序窗口最小化后,其对应的程序仍占用系统资源

B. 一个应用程序窗口与多个应用程序相对应

C. 一个应用程序窗口可含多个文档窗口

D. 应用程序窗口关闭后,其对应的程序结束运行

22. Windows 系统和 DOS 系统都属于计算机系统的(　　)。

A. 应用软件层　　　B. 硬件层　　　C. 实用软件　　　D. 操作系统层

23. 在计算机系统中,操作系统是(　　)。

A. 处于系统软件之上的用户软件　　　B. 处于应用软件之上的系统软件

C. 处于裸机之上的第一层软件　　　　D. 处于硬件之下的低层软件

24. 操作系统是管理和控制计算机(　　)资源的系统软件。

A. CPU 和存储设备　　　　　　　　B. 主机和外围设备

C. 硬件和软件　　　　　　　　　　D. 系统软件和应用软件

25. 对话框和窗口的区别是:对话框(　　)。

A. 标题栏下面有菜单　　　　　　　B. 标题栏上无"最小化"按钮

C. 只能移动而不能缩小　　　　　　D. 单击"最大化"按钮可放大到整个屏幕

26. 任务栏可以放在(　　)。

A. 桌面底部　　　　　　　　　　　B. 桌面顶部

C. 桌面两侧　　　　　　　　　　　D. 以上说法均正确

27. (　　)键可用来在任务栏的两个应用程序按钮之间切换。

A. Alt+Shift　　　　　　　　　　　B. Alt++Tab

C. Ctrl+Esc　　　　　　　　　　　D. Ctrl+Tab

28. 选择了(　　)选项之后,用户就不能再自行移动桌面上的图标了。

A. 自动排列　　　B. 按类型排列　　　C. 平铺　　　D. 层叠

29. 以下说法中不正确的是(　　)。

A. 启动应用程序的一种方法是在其图标上右击,再从其快捷菜单上选择"打开"命令

B. 删除了一个应用程序的快捷方式就删除了相应的应用程序文件

C. 在中文 Windows 7 中利用 Ctrl+空格键可在英文输入法和选中的中文输入法间切换

D. 将一个文件图标拖放到另一个驱动器图标上,将复制这个文件到另一个磁盘上

第 2 章　中文 Windows 7 操作系统

30. "资源管理器"中"文件"菜单的"复制"命令可以用来复制(　　)。
 A. 菜单项　　　　　B. 文件夹　　　　　C. 窗口　　　　　D. 对话框
31. 为了获得 Windows 7 的帮助信息,可以在需要帮助的时候按(　　)。
 A. Fl　　　　　　　B. F6　　　　　　　C. F9　　　　　　D. F12
32. 以下除(　　)外都是 Windows 7 自带的工具。
 A. 记事本　　　　　B. 画图工具　　　　C. 写字板　　　　D. 电子表格
33. 在"计算机"窗口中,使用(　　)可以按名称、类型、大小和日期排列窗口中的内容。
 A. "文件"菜单　　　　　　　　　　　　B. 快捷菜单
 C. "工具"菜单　　　　　　　　　　　　D. "编辑"菜单

第 3 章 Word 2010 文字处理

Word 是使用最广泛的中文文字处理软件之一,是 Microsoft 公司的 Microsoft Office 办公套装软件中的重要一员。Microsoft Office 2010 办公自动化套件包括 Word 2010、Excel 2010、PowerPoint 2010、Access 2010、Outlook 2010、OneNote2010 和 Publisher2010 等,涉及办公应用的方方面面,包括文字编辑、表格处理、演示文稿制作以及数据库管理等。它们都是基于图形界面的应用程序,运行于图形界面的操作系统之下。Word 2010 在保留旧版本功能的基础上新增加和改进了许多功能,使其更易于学习,更易于使用。

目前流行的文字处理软件除了 Word 外,还有 WPS Office 金山办公组合软件中的金山文字以及方正排版系统等。

本章将以 Word 2010 为例,介绍文字处理软件的基本功能和使用方法。

3.1 Word 2010 的基本知识

3.1.1 Word 2010 的功能概述

文字处理软件是利用计算机进行文字处理工作而设计的应用软件,它将文字的输入、编辑、排版、存储和打印融为一体,彻底改变了用纸和笔进行文字处理的传统方式,为用户提供了很多便利之处。例如,文字处理软件能够很容易地改进文档的拼写、语法和写作风格,进行文档校对时也很容易修正错误,打印出来的文档总是干净整齐的。很多早期的文字处理软件以文字为主,现代的文字处理软件则可以将表格、图形和声音等任意穿插于字里行间,使得文章的表达层次更加清晰,界面更加美观。

文字处理软件一般具有以下功能:

(1) 文档创建、编辑、保存和保护。包括创建文档;以多种途径输入文档内容(语音、各种汉字输入法以及手写输入);文档编辑:拼写和语法检查、自动更正错误、大小写转换、中文简/繁体转换等;以多种格式保存以及自动保存文档、文档加密和意外情况恢复等。

(2) 文档排版。包括字符、段落、页面多种美观的排版方式,使用样式以提高排版效率,使制作日常文档变成一种轻松愉快的工作。

(3) 制作表格。包括表格的建立、编辑和格式化,对表格数据进行统计、排序等,以完成各种复杂表格的制作。

(4) 插入对象。包括各种对象的插入,如图片、图形、文本框、艺术字、公式、图表,以及它们的编辑、格式化等,以使文档丰富多彩,更具表现力。

(5) 高级功能。包括建立目录、邮件合并等,以提高对文档自动处理的功能。

(6) 文档打印。包括打印预览和打印设置等,以方便文档的纸质输出。

3.1.2　Word 2010 的启动与退出

1. 启动 Word 2010

通常我们按以下 4 种方法启动 Word 2010:

(1) 常规启动。单击"开始→所有程序→MicrosoftOffice→MicrosoftWord 2010"命令。

(2) 快捷启动。单击任务栏"快捷启动工具栏"中或双击桌面上的 Word 快捷方式图标。

(3) 通过打开已有文档进入 Word 2010。在"计算机"窗口中双击需要打开的 Word 文档,就会在启动 Word 2010 的同时打开该文档。

(4) 直接运行 MicrosoftWord 2010 的应用程序 Winword.exe 文件(可以利用"开始|搜索"命令找到该文件)来启动 Word 2010。

不论使用哪种方式启动 Word 2010,关键是一定要知道文件或快捷方式所在的位置。

2. 退出 Word 2010

要退出 Word 2010,可采用以下几种方法:

(1) 单击 Word 窗口右上角的关闭按钮 ![X] 。

(2) 单击"文件"选项卡,在打开的下拉菜单中选择"退出"命令。

(3) 单击标题栏左侧的 W 图标,在弹出的下拉菜单中选择"关闭"命令。

(4) 双击标题栏左侧的 W 图标。

(5) 按组合键 Alt+F4。

在退出 Word 2010 时,如果修改的文档没有保存,Word 2010 将出现提示框,询问用户是否保存对文档的修改。

3.1.3　Word 2010 的工作环境

利用 Word 2010 可以快速、规范地形成公文、信函或报告,完成内容丰富、制作精美的各类文档。

要做到这一点,首先需要熟悉 Word 2010 的工作环境,它是一个窗口工作环境。

启动 Word 2010 后就可以进入 Word 2010 的工作窗口。

Word 2010 的工作窗口如图 3-1 所示。它主要由标题栏、快速访问工具栏、功能区、状态栏和文档编辑区等部分组成。

第 3 章　Word 2010 文字处理

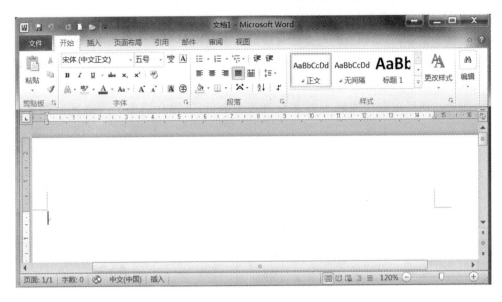

图 3-1　Word 2010 的工作窗口

1. 标题栏

标题栏显示了当前正在编辑的文档名和应用程序名,首次进入 Word 2010 时,默认打开的文档名为"文档 1",其后依次是"文档 2"、"文档 3"……文档的扩展名是".docx"。

标题栏右侧是窗口控制按钮,包括"最小化"、"最大化/还原"和"关闭"3 个按钮,用于对文档窗口的大小和关闭进行相应控制。

2. "文件"选项卡

"文件"选项卡类似于菜单按钮,包含"信息"、"最近"、"新建"、"打印"、"共享"、"打开"、"保存"、"关闭"等一些基本的命令,在默认打开的"信息"命令面板中,用户可以进行旧版本格式转换、保护文档(如设置 Word 文档密码)、检查问题和管理自动保存的版本等。

3. 快速访问工具栏

默认情况下,快速访问工具栏位于 Word 2010 窗口的顶部左侧,用于放置一些常用工具,包括保存、撤消和重复 3 个工具按钮。用户可以根据需要改变快速访问工具栏的位置,还可在该工具栏中添加命令按钮。其中撤消按钮一旦使用后,重复按钮会转换为恢复按钮。

4. 功能区

Word 2010 取消了传统的菜单操作方式,而代之于各种功能区。在 Word 2010

窗口上方看起来像菜单的名称其实是功能区的名称,当单击这些功能名称选项卡时并不会打开菜单,而是切换到与之相对应的功能区面板。在功能选项卡的右侧有一个用于将功能区最小化的按钮,单击该按钮可以显示或隐藏功能区。功能区被隐藏后则仅显示功能选项卡的名称。

每个功能区根据功能的不同又分为若干个组,下面介绍每个功能区所拥有的功能。

(1)"开始"功能区。"开始"功能区中包括剪贴板、字体、段落、样式和编辑 5 个组,对应 Word 2003 的"编辑"和"格式"菜单部分命令。该功能区主要用于帮助用户对 Word 2010 文档进行文字编辑和格式设置,是用户常用的功能区。"开始"功能区如图 3-2 所示。

图 3-2 "开始"功能区

(2)"插入"功能区。"插入"功能区包括页、表格、插图、链接、页眉和页脚、文本、符号和特殊符号这几组,对应 Word 2003 中"插入"菜单的部分命令,主要用于在 Word 2010 文档中插入各种元素。

(3)"页面布局"功能区。"页面布局"功能区包括主题、页面设置、稿纸、页面背景、段落、排列这几组,对应 Word 2003 中的"页面设置"菜单命令和"格式"菜单中的部分命令,用于帮助用户设置 Word 2010 文档的页面样式。

(4)"引用"功能区。"引用"功能区包括目录、脚注、引文与书目、题注、索引和引文目录这几组,用于实现在 Word 2010 文档中插入目录等比较高级的编辑功能。

(5)"邮件"功能区。"邮件"功能区包括创建、开始邮件合并、编写和插入域、预览结果和完成这几组,该功能区的作用比较专一,主要用于在 Word 2010 文档中进行邮件合并的操作。

(6)"审阅"功能区。"审阅"功能区包括校对、语言、中文简繁转换、批注、修订、更改、比较和保护这几组,主要用于对 Word 2010 文档进行校对和修订等操作,适用于多人协作处理 Word 2010 长文档。

(7)"视图"功能区。"视图"功能区包括文档视图、显示、显示比例、窗口和宏这几组,主要用于帮助用户设置 Word 2010 操作窗口的视图类型。

5. 文档编辑区

文档编辑区即工作区,所有文档内容的输入、显示和编辑都在这里完成。

6. 视图按钮

视图模式是 Word 2010 显示当前文档的方式,用不同的视图模式显示文档会有不同的效果,但对于文档的打印输出结果并无影响。

在状态栏和缩放标尺之间,有 5 个视图按钮,用来切换文档的查看方式。它们分别是"页面视图"、"阅读版式视图"、"Web 版式视图"、"大纲视图"和"草稿"。在需要时,用户可以在各个视图之间进行切换,页面视图是最常用的工作视图,也是启动 Word 2010 后默认的视图方式。

下面分别介绍各种视图的主要特点与用途:

(1) 页面视图(▤):是 Word 默认的视图方式,也是制作文档时最常使用的一种视图。在这种方式下,实现"所见即所得"的效果,不但可以显示各种格式化的文本,页眉、页脚、图片和分栏排版等格式化操作的结果也都将出现在合适的位置上,文档在屏幕上的显示效果与文档打印效果完全相同。

(2) 阅读版式视图(▣):用于阅读和审阅文档。该视图以书页的形式显示文档,页面被设计为正好填满屏幕,可以在阅读文档的同时标注建议和注释。

(3) Web 版式视图(▣):用于显示文档在 Web 浏览器中的外观。在这种视图下可以方便地浏览和制作 Web 网页。

(4) 大纲视图(▣):当要编辑大文档时,大纲视图是比较理想的视图模式,它不仅显示文档的结构,还显示文件中各段落的内容。用户可将文档折叠,以便观察某一级的文档结构;也可展开整个文档观看整体内容。通过拖动标题,可使移动、复制和重组文档操作变得非常简易。

(5) 草稿(▤):录入文本和插入图片时常用的显示方式,最节省计算机系统硬件资源。在这种方式下,文本的显示是经过简化的,只显示基本格式化效果(如字符、段落的排版),不显示复杂的格式内容(如水印、图片、文本框等),因此浏览速度相对较快。

草稿视图模式下文档的工作区较宽,但是该模式不能显示页眉、页脚和分栏,有时并不能完全显示图文混排的效果。页与页之间采用单虚线分页,节与节之间采用双虚线分节。

7. 滚动条

Word 2010 有两个滚动条,即水平方向和垂直方向的滚动条。通过上下或左右移动滚动条,可用于更改正在编辑的文档的显示位置,查看文档中未显示的文本内容。

8. 缩放滑块

缩放滑块在状态栏的右侧,用于对编辑区的显示比例和缩放尺寸进行调整,拖动缩放滑块后会显示出缩放的具体数值,更方便用户编辑。

9. 状态栏

状态栏是位于 Word 2010 窗口底部的一个栏,提供当前文档在操作过程中的一些信息,包括当前文档的页码、总页数、字数、使用语言、输入状态等信息。

用户根据自己的需要,可以自定义 Word 2010 状态栏,操作步骤如下:在状态栏中右击,打开"自定义状态栏"快捷菜单。单击快捷菜单上的某个命令,即可在状态栏上添加或移除该命令。如图 3-3 所示,其中前面有"√"标记的表示功能已显示,否则未显示。

10. 标尺

Word 2010 有两种标尺,即水平标尺和垂直标尺。用来查看正文、表格、图片的高度和宽度,可方便地设置页边距、制表位、段落缩进等格式化信息。单击"视图"功能区中"显示"组的"标尺"复选框可以显示或隐藏标尺。其中垂直标尺只有在使用页面视图或打印预览视图中才会出现。标尺上的刻度单位可以根据需要设置。操作步骤如下:

(1) 在 Word 2010 文档窗口,依次单击"文件"选项卡→"选项"按钮。

(2) 打开"Word 选项"对话框,单击"高级"标签,在对话框右侧,"显示"栏中"度量单位"下拉列表框中选择,有英寸、厘米、毫米、磅(1 英寸为 72 磅)等。默认设置为厘米。

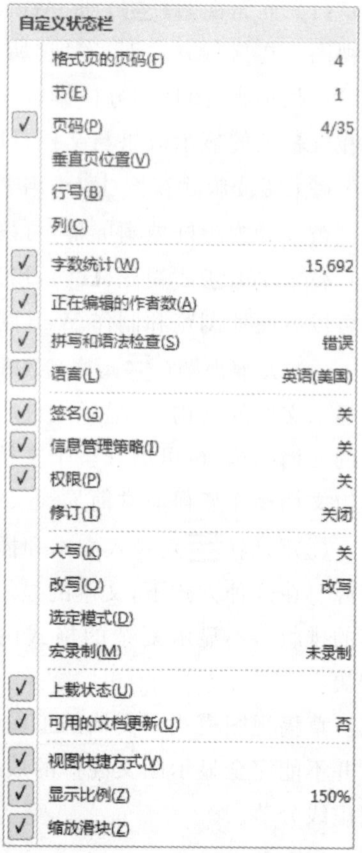

11. 浮动工具栏

浮动工具栏是 Word 2010 中一项极具人性化的功能。当 Word 2010 文档中的文字处于选中状态时,如果用户将鼠标指针移到被选中文字的右侧位置,将会出现一个半透明状态的浮动工具栏,该工具栏中包含了常用的设置文字格式的命令,如设置字体、字号、颜色、居中对齐等命令。将鼠标指针移动到浮动工具栏上将使这些命令完全显示,进而可以方便地设置文字格式。

图 3-3 自定义状态栏

如果不需要在 Word 2010 文档窗口中显示浮动工具栏,可以在"Word 选项"对话框中将其关闭,操作步骤如下:

(1) 打开 Word 2010 文档窗口,在"文件"选项卡单击"选项"按钮。

(2) 在打开的"Word 选项"对话框中,取消选择"常规"标签中的"选择时显示浮动工具栏"复选框,并单击"确定"按钮即可。

12. 自定义设置

如果 Word 2010 工作界面设置与用户的个人习惯相冲突或经常使用的工具未显示在明显的区域中,用户可以对 Word 2010 的工作界面进行自定义设置,从而提高使用效率。

1) 自定义快速访问工具栏

默认状态下,快速访问工具栏只有少数几个按钮,如保存、撤销和重复按钮。用户可在其中添加一些其他常用的命令按钮。

有两种方法可在快速访问工具栏上添加命令。

(1) 通过"Word 选项"工具栏向快速访问工具栏中添加命令。

操作步骤如下:

① 单击快速访问工具栏上的"自定义快速访问工具栏"按钮 ,在弹出的下拉菜单中选择"其他命令"选项,弹出"Word 选项"对话框,或在"文件"选项卡单击"选项"→"快速访问工具栏"标签,如图 3-4 所示。

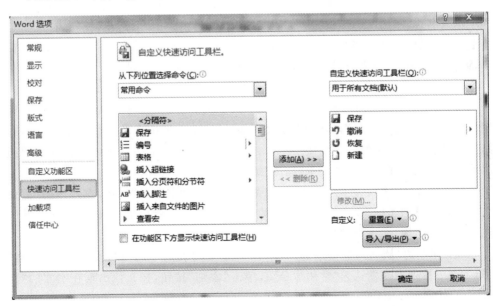

图 3-4 "Word 选项"对话框设置快速访问工具栏

② 在"从下列位置选择命令"下拉列表框中选择命令类别,该类别的相应命令会出现在所选类别列表框中。

③ 在所选类别的命令列表框中选择某个命令,然后单击"添加"按钮,所选的命令会出现右侧的"自定义快速访问工具栏"列表框中。单击"对话框"右侧的"上移" ▲ 或"下移" ▼ 按钮可调整命令按钮在快速访问工具栏中的位置。

④ 按"确定"按钮添加成功。

(2) 直接从功能区向快速访问工具栏添加命令。

操作步骤如下:

① 单击要添加命令的所在功能区选项卡,打开相应的命令。

② 在目标命令按钮上右击,在弹出的快捷菜单中选择"添加到快速访问工具栏"命令即可。

2) 自定义功能区

功能区用于放置 Word 编辑文档时所使用的全部功能按钮,包括开始、插入、页面布局等几个主要选项卡,在编辑图片、图形、形状等内容时还会显示出相应的工具选项卡,使用时,用户可根据自身习惯,对功能按钮进行添加或删除、位置更改或选项卡新建或删除等操作。

打开图 3-4 所示"Word 选项"对话框,切换到"自定义功能区"标签,在"自定义功能区"列表中,选择主选项卡,即可在"自定义功能区"显示主选项。要创建新的功能区,则应单击"新建选项卡"按钮,在"主选项卡"列表中将鼠标指针移动到"新建选项卡(自定义)"上,右击,在弹出菜单中选择"重命名"命令。在"显示名称"右侧文本框中输入名称,单击"确定"按钮,为新建选项卡命名。单击"新建组"按钮,在选项卡下创建组,鼠标右键单击"新建组",在弹出的菜单中选择"重命名",弹出"重命名"窗口,选择一个图标,输入组名称,单击"确定"按钮,在选项卡下创建组。

以在"插入"功能区中添加"文本框"组及其按钮为例,操作步骤如下:

(1) 单击"文件"按钮,在弹出的面板中执行"选项"命令,打开"Word 选项"对话框。单击"自定义功能区",确保"自定义功能区"第 1 个下拉列表框中为主选项卡,在第二个列表框中单击"插入"前的"+"号,单击"插图";如图 3-5 所示。这样选项组添加的具体位置在"插入"选项卡"插图"组之后。

(2) 单击列表框下方的"新建组"按钮,然后单击"重命名"按钮,在弹出的"重命名"对话框"显示名称"文本框中输入组的名称"文本框",然后单击"确定"按钮,此时在"插图"后出现"文本框(自定义)"。

(3) 在左边"从下列位置选择命令"的第 2 个列表框中选择"绘制竖排文本框"(第 1 个下拉列表框默认为"常用命令"),单击"添加"按钮,按钮便出现在刚才的"文本框(自定义)"下,同样的方法添加"文本框"命令,然后单击"确定"按钮。

(4) 返回文档后,切换到"插入"功能区,可以看到添加的自定义组及其按钮,如图 3-6 所示。

注意:需要删除功能区中各组的功能时,只要在打开的"Word 选项"对话框"自定义功能区"的"主选项卡"列表中选择需要删除的组,单击列表框左侧的"删除"按钮

图 3-5 "自定义功能区"设置

图 3-6 在"插入"功能区中添加"文本框"组

(也可利用右键快捷菜单中的"删除"命令),然后单击"确定"按钮即可。

3.1.4 Word 2010 命令的使用

利用 Word 2010 进行文字处理,所有的工作都是在工作窗口中进行,主要包括以下环节:新建或打开一个文档文件,输入文档的文字内容并进行编辑;及时保存文档文件;利用 Word 的排版功能对文档的字符、段落和页面进行排版;在文档中制作表格和插入对象;最后将文件预览后打印输出。这些环节的实现都是依靠 Word 功能命令来完成的。

在 Word 2010 中,命令是告诉 Word 2010 完成某项任务的指令。Word 2010 命令的使用包括:选择命令、撤销命令、恢复命令和重复命令。

第 3 章　Word 2010 文字处理

1. 选择命令

选择命令有 3 种方法：

(1) 从功能区中选择相应功能命令按钮、功能组对话框：其中功能组对话框是单击功能组名称右下角的箭头图标 （即对话框启动器）打开的。简单的操作可以单击功能命令按钮完成，复杂的操作使用对话框更为方便。

(2) 使用右键快捷菜单。

(3) 使用快捷键（如 Ctrl+C，表示复制操作）。

其中右键快捷菜单是一种常用的选择命令方式。在 Word 2010 中，用鼠标选定某些内容时，右击，将弹出一个快捷菜单，快捷菜单中列出的命令与选定内容有关。

2. 撤销命令

Word 2010 具有记录近期刚完成的一系列操作步骤的功能。若用户操作失误，可以通过快速访问工具栏的"撤销"按钮 （快捷键 Ctrl+Z），取消对文档所做的修改，使操作回退一步。Word 2010 还具有多级撤销功能，如果需要取消再前一次的操作，可继续单击"撤销"按钮 。用户也可以单击"撤销"按钮 右边的三角箭头，打开一个下拉列表，该表按"从后向前"的顺序列出了可以撤销的所有操作，用户只要在该表中用鼠标选定需要撤销的操作步数，就可以一次撤销多步操作，如图 3-7 所示。

图 3-7　撤销最近的 3 个操作

3. 恢复命令

快速访问工具栏上有一个"恢复"按钮 ，其功能与"撤消"按钮 正好相反，它可以恢复被撤销的一步或任意步操作。

4. 重复命令

如果需要多次进行某种同样的操作时，可以单击快速访问工具栏上的"重复"按钮 （快捷键 Ctrl+Y），重复前一次的操作。

3.2　Word 2010 的基本操作

本节主要介绍创建 Word 2010 文档所需要掌握的基本技能与操作。使用 Word 2010 可以创建多种不同类型的文档，但其基本操作都是相似的，都要进行创建新文档、输入正文、文档编辑、文档的保存和保护、以及打开文档等基本操作。

3.2.1 创建新文档

要对文字进行处理,首先需要输入文字,在哪里输入呢？这就需要新建一个文档,与要写字应先准备好纸是一样的道理。

新建 Word 2010 文档有 3 种方法：

(1) 在快速访问工具栏中添加"新建"命令按钮 后,单击该按钮。

(2) 按快捷键 Ctrl+N。

(3) 单击"文件"选项卡,在下拉菜单中选择"新建",在可用模板中选择"空白文档",然后在右边预览窗口下单击"创建"按钮。

其中,前两种方法是建立空白文档最快捷的方法,而后一种方法命令功能要强一些,它可以根据文档模板来建立新文档,包括博客文章、书法字帖、样本模板、Office.com 上的模板等。所谓模板,就是一种特殊文档,它具有预先设置好的、最终文档的外观框架,用户不必考虑格式,只要在相应位置输入文字,就可以快速建立具有标准格式的文档,它为某类形式相同、具体内容有所不同的文档的建立提供了便利。其中 Office.com 模板是当计算机内置模板不能满足用户的实际需要时,在 Word 2010 文档中连接到 Office.com 网站,下载合适的 Word 2010 文档模板以供用户使用。

利用模板可以方便快速地完成某一类特定的文字处理工作,但是新建空白文档的应用更普遍、更广泛。

提示：在 Word 2010 中有三种类型的 Word 模板,分别为.DOT 模板(兼容 Word 97－2003 文档)、.DOTX(未启用宏的模板)和.DOTM(启用宏的模板)。在"新建文档"对话框中创建的空白文档使用的是 Word 2010 的默认模板 Normal.dotm。

3.2.2 输入正文的步骤

空白文档创建好后,接下来的工作就是输入文字。在文档中输入文字的途径有多种,如键盘输入、语音输入、联机手写体输入和扫描仪输入等。

输入正文一般步骤为：

1. 光标定位

在当前活动的文档窗口里,一个闪烁的竖形光标被称为"插入点",它标识着文字输入的位置。光标的定位即是光标插入点的位置,文字录入和文本选定等操作都是从光标插入点开始的。在 Word 2010 中,只要在指定位置单击即可改变光标的定位(但前提是该位置必须已存在字符,包括空格)。在空行中双击鼠标也可定位光标。

此外,也可通过键盘来定位插入点,表 3-1 是一些常用的控制光标定位的按键。

第 3 章　Word 2010 文字处理

表 3-1　常用的光标定位按键

按　键	功能(将插入点….．)
Enter	结束当前段的编辑，并增加一个空的段落
←	左移一个字符或汉字
→	右移一个字符或汉字
↑	上移一行
↓	下移一行
Home	移至行首
End	移至行尾
PgUp	上移一页
PgDn	下移一页
Ctrl+End	移至文档开头
Ctrl+Home	移至文档结尾

2．选择输入法

选择输入法有如下 3 种方法：

(1) 使用鼠标单击"任务栏"右侧的输入法指示器，在打开的菜单中选择需要的输入法。

(2) 按组合键 Ctrl+Shift(有的计算机设置为 Alt+Shift)在英文和各种中文输入法之间进行切换。

(3) 按 Ctrl+Space(空格键)在英文和系统首选中文输入法之间进行切换。

选择好中文输入法之后(如智能 ABC 输入法)，就会有一个如图 3-8 所示的输入法状态栏出现在文档窗口下方来帮助输入，状态栏各按钮名称从左至右依次为中英文输入方式、中文输入方式、半角/全角状态、中/英文标点符号状态、软键盘，可用鼠标单击各按钮实现切换，帮助输入。

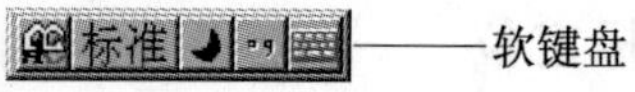

其中的"半角(☽)/全角(●)状态"按钮，用来控制字母和数字的输入效果。半角使输入的字母和数字仅占半个汉字的宽度；全角则使输入的字母和数字占一个汉字的宽度。半角和全角切换的快捷键是 Shift+Space。

————软键盘

图 3-8　"智能 ABC 输入法"状态栏

3．输入文字

输入文字时有如下 5 个方面应掌握：

(1) 随着字符的输入，插入点光标从左向右移动，到达文档的右边界时自动换行。只有在开始一个新的自然段或需要产生一个空行时才需要按 Enter 键，按 Enter

键后会产生一个段落标记符(↵),用于区分段落。在 Word 2010 中,还存在一些有特殊意义的符号,称为非打印字符(在最终的打印结果中这些字符并不出现),除了段落标记符外,还有人工手动换行符(↓)、分页符、制表符和空格符等等。

(2) 有时也会遇到这种情况,即录入没有到达文档的右边界就需要另起一行,而又不想开始一个新的段落时(如唐诗、宋词等诗歌的输入),可以按 Shift+Enter 键产生一个手动换行符(↓),可以实现既不产生新的段落又可换行的操作。

由于 Word 2010 自动换行的功能,读者在文档输入过程中无需观察行是否结束。如果在到达一行的结束处时一个完整的字或英文单词放不下,Word 2010 会自动地将正在输入的字或单词完整地放到下一行去。Word 2010 还可随时调整文字位置以保证标点符号不出现在行首。

(3) 当输入的内容超过一页时,系统会自动换页。如果要强行将后面的内容另起一页,可以按 Ctrl+Enter 键输入分页符来达到目的。

(4) 在输入过程中,如果遇到只能输入大写英文字母,不能输入中文的情况,这是因为大小写锁定键已打开,按 CapsLock 键使之关闭。

(5) 如果在录入过程中产生输入错误,可使用 Backspace 键删除光标前面的一个字符或使用 Delete 键来删除光标后面的一个字符。当需要在已录入完成的文本中插入某些内容时,可将鼠标指向插入位置并单击鼠标,定位新的插入点,新输入的文字会出现在新插入点的位置处,而插入点右边的已有文字向右移动。当需要用新输入的文本把原有内容覆盖掉时,可用鼠标单击状态栏中的"插入"按钮或按 Insert 键,使其由"插入"变为"改写"按钮,这时再输入的内容就会替换掉原有字符,此时称文本编辑处于"改写状态"。输入文字时一般在插入状态下进行。

4. 输入符号

文档中除了普通文字外,还经常需要输入一些特殊符号。可以用如下输入方法:

(1) 常用的标点符号。在中文标点符号状态下,直接按键盘的标点符号。例如,输入英文句号".",会显示为小圆圈"。";输入"\"会显示为顿号"、";输入小于/大于符号"<"和">",会显示为书名号"《"和"》"等。可以通过按"Ctrl+."键实现中英文标点符号的切换。

(2) 特殊的标点符号、数学符号、单位符号、希腊字母等。可以利用输入法状态栏的软键盘。方法是:用鼠标右击软键盘▥,在快捷菜单中选择字符类别,再选中需要的字符。

(3) 特殊的图形符号,如✂、📖等。可以单击"插入"选项卡"符号"组中的"符号"按钮,选择其中的"其他符号",在打开的"符号"对话框中进行操作。

5. 插入日期和时间

如果需要快速在文档中加入各种标准的日期和时间,可以选择"插入"功能区"文本"组中的"日期和时间"按钮,打开"日期和时间"对话框,选择需要的日期时间格式即可。如果希望每次打开文档时,时间自动更新为打开文档的时间,需要选择"自动更新"复选框。

6. 插入文件

有时需要将另一个文件的全部内容插入到当前文档的光标处,可以单击"插入"功能区"文本"组中的"对象"按钮右边的箭头,在下拉菜单中选择"文件中的文字"命令,打开"插入文件"对话框,在其中选择需要的文件,单击"插入"按钮即可。

7. 从网络获取文字素材

Internet 上的信息包罗万象,有时在文档中需要引用从 Internet 上找到的信息,这时,可以将网络文字素材复制到文档中。第 7 章将介绍如何使用"搜索引擎"从 Internet 上获取所需的信息。这里重点关注如何使用"选择性粘贴"命令将找到的文字复制到编辑的文档中。

首先在浏览器窗口中,选择所需文字后右击,在快捷菜单中选择"复制"命令,将所选文字放入"剪贴板",然后打开 Word 2010 文档,定位光标,单击"开始"功能区"剪贴板"组中"粘贴"按钮下边的箭头,在下拉菜单中选择"选择性粘贴"命令,在打开的"选择性粘贴"对话框中选择"无格式文本",单击"确定"按钮,如图 3-9 所示,将不带任何格式的文字形式插入到文档中,这一点很重要。

注意:不要直接单击"粘贴"按钮,它会把网页文字中的许多排版格式一同带到文档中(如表格边框等),这些格式信息将给文档后续的排版操作带来困难,增加许多工作量。

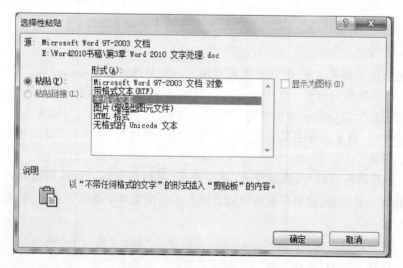

图 3-9 "选择性粘贴"对话框

【例 3.1】 创建一个新文档,写一封信,要求其中的日期和时间有自动更新功能。信中内容如下:

春花:你好!

听说你最近对历史很着迷,特寄给你两本我国古代著名的史书『春秋·左传』和『史记』,希望你能喜欢!

有空常联系。☎:99999999;✉:123456@163.com

纸短情长,再祈珍重!

秋实

2013 年 9 月 4 日星期三🕐1:22:53 PM

操作步骤如下:

单击快速访问工具栏右侧的下拉按钮,在展开的"自定义快速访问工具栏"下拉列表中,选择要添加的工具"新建"选项,在快速访问工具栏添加"新建文档"按钮📄,然后单击该按钮新建一个空白文档,输入文档内容。其中日期和一些特殊符号使用下面的方法输入:

(1) 日期输入:选择"插入"功能区"文本"组中的"日期和时间"按钮,打开"日期和时间"对话框,在"语言(国家/地区)"下拉列表框中选择"中文(中国)",在"可用格式"列表框中选择需要的格式,并勾选"自动更新"复选框,如图 3-10 所示,单击"确定"按钮。

(2) 符号『、』、·的输入:用鼠标右键单击输入法状态条上的软键盘按钮⌨,弹出菜单,如图 3-11 所示,选择"标点符号"命令,找到相应的符号单击完成输入,最后选择还原"PC 键盘"命令后,用鼠标左键单击软键盘按钮⌨使之关闭。

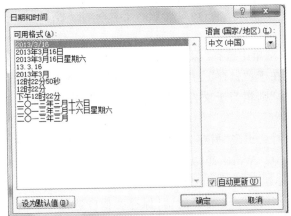

图 3-10 "日期和时间"对话框　　　　图 3-11 软键盘的弹出菜单

(3) 符号☎、✉、🕐的输入:单击"插入"功能区"符号"组中"符号"按钮,选择"其他符号",弹出"符号"对话框,在"符号"标签的"字体"下拉列表框中选择 Wingdings 命令(倒数第 3 个),如图 3-12 所示,然后从相应的符号集中选定需要的字符,单击"插入"按钮或直接双击字符完成输入。

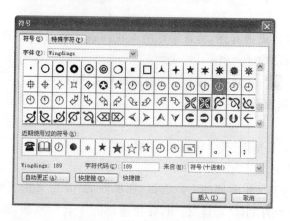

图 3-12 "符号"对话框

3.2.3 保存和保护文档

用户输入和编辑的文档是存放在内存中并显示在屏幕上的,如果不执行存盘操作的话,一旦死机或断电,所做的工作就可能因为得不到保存而丢失。只有外存(如磁盘)上的文件才可以长期保存,所以当完成文档的编辑工作后,应及时把工作成果保存到磁盘上。

1. 保存文档

保存文档的常用方法有 3 种:

(1) 单击快速访问工具栏的"保存"按钮 ,这是使用频率最高的一种方法。

(2) 按快捷键 Ctrl+S。

(3) 单击"文件"选项卡,在下拉菜单中选择"保存"或"另存为"命令。

"保存"和"另存为"命令的区别在于:"保存"是"以新替旧",用新编辑的文档取代原文档,原文档不再保留;而"另存为"则相当于文件复制,它建立了当前文件的一个副本,原文档依然存在。

新文档第一次执行"保存"命令时会出现"另存为"对话框,此时,需要指定文件的三要素:保存位置、文件名、文件类型。Word 2010 默认的文件类型是"Word 文档(*.docx)",也可以选择保存为纯文本文件(*.txt)、网页文件(*.html)或其他文档。如果希望保存的文档能被低版本的 Word 打开的话,保存类型应选择"Word 97—2003 文档";如果希望保存为 PDF 文档,则保存类型应选择"PDF"。

保存文档时,如果文件名与已有文件重名,系统会弹出对话框,提示用户更改文件名。保存文档后,可以继续编辑文档,直到关闭文档;以后再次执行保存命令时将直接保存文档,不会再出现"另存为"对话框;对于已经保存过的文档,选择"文件"按钮下拉菜单中的"另存为"命令,将会打开"另存为"对话框,供用户将文档保存在其他位置,或者另取一个文件名,或者保存为其他文档类型。

2. 保护文档

保护文档包括自动保存文档和为文档设置密码。为了使文档及时保存,避免因突然断电、死机等类似问题造成文件丢失现象的发生,Word 2010 设置了自动保存功能。在默认的情况下,Word 是每 10 分钟自动保存一次,如果用户所编辑的文件十分重要,可缩短文件的保存时间。单击"文件"选项卡,在下拉菜单中选择"选项"命令,打开"Word 选项"对话框,再在对话框左侧选择"保存"标签,单击"保存自动恢复信息时间间隔(A)"数值框右侧的下调按钮,设置好需要的数值,如图 3-13 所示。需要注意的是它通常在输入文档内容之前设置,而且只对 Word 文档类型有效。

图 3-13 设置文件自动保存时间间隔

如果有重要文件要设置打开密码和修改密码,操作方法如下:

单击"文件"选项卡,在弹出的下拉菜单中默认显示"信息"界面,单击该页面中的"保护文档"按钮,在展开的下拉列表中单击"用密码进行加密"命令,如图 3-14 所示,在弹出的"加密文档"与"确认密码"对话框中分别输入所设置的密码,两者必须一致,然后确定即可。

如果要取消文档密码保护,操作与设置密码一样,不同的是在弹出"加密文档"对话框后,将"密码"文本框中所设置的密码删除。

第 3 章　Word 2010 文字处理

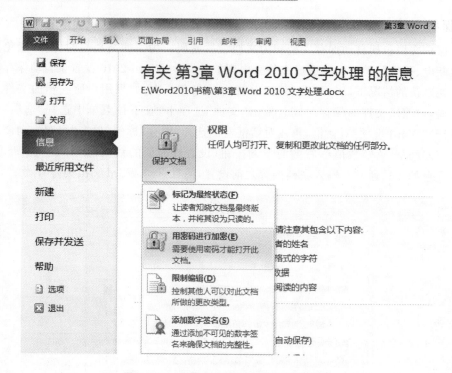

图 3-14　设置文件打开密码和修改密码

3.2.4　打开文档

在进行文字处理时,往往难以一次完成全部工作,而是需要对已输入的文档进行补充或修改,这就要将存储在磁盘上的文档调入 Word 2010 工作窗口,也就是打开文档。

打开 Word 文档有如下几种方法:

(1) 单击"文件"选项卡,在下拉菜单中选择"打开"命令。

(2) 在快速访问工具栏添加"打开"按钮 后,单击"打开"按钮 即可。

(3) 按快捷键 Ctrl+O 或 Ctrl+F12。

不论用以上哪一种方式,操作后都将弹出"打开"对话框,在该对话框选择文档所在的文件夹,再双击需要打开的文件名即可。

在 Word 2010 中,如果是打开最近使用过的文档,还可以使用快捷打开方法,在 Word 2010 中默认会显示 20 个最近打开或编辑过的 Word 文档。用户可单击"文件"选项卡,在下拉菜单中选择"最近所用文件"查看并打开。

Word 2010 允许同时打开多个文档,实现多文档之间的数据交换。每打开一个文档,系统便会在 Windows 桌面的任务栏上 Word 对应图标 中显示一个按钮,方便用户在各文档间切换,若要对某个文档操作,直接将鼠标指向任务栏上的 图标,单击文档按钮即可。不用的文档,可以单击文档窗口右上角的"关闭"按钮关闭。

3.3 文本的编辑

在文字处理过程中,经常要对文本内容进行调整和修改。本节介绍与此有关的编辑操作,如修改、移动、复制、查找与替换等。

3.3.1 选定文本

"先选定,后操作"是 Word 2010 重要的工作方式。当需要对某部分文本进行操作时,首先应选定该部分,然后才能对这部分内容进行复制、移动和删除等编辑操作。被选定的文本一般以高亮显示,与未被选定的文本区分开来,这种操作称为"选定文本"。

选定文本有 2 种方法:基本的选定方法和利用选定区的方法。

(1) 基本的选定方法如下:

① 鼠标选定。将光标移到欲选取的段落或文本的开头,按住鼠标左键拖曳经过需要选定的内容后释放鼠标。

② 键盘选定。将光标移到欲选取的段落或文本的开头,同时按住 Shift 键和光标移动键选择所需内容。

(2) 利用选定区。在文本区的左边有一垂直的长条形空白区域,称为选定区,当鼠标移动到该区域时,鼠标指针变为右向箭头。在选定区内单击鼠标,可选中鼠标箭头所指的一整行文字;双击鼠标,可选中鼠标所在的段落;三击鼠标,整个文档全部选定。另外,在选定区中拖动鼠标可选中连续的若干行。

选定文本的常用技巧如表 3-2 所列。

表 3-2 选定文本的常用技巧

选取范围	鼠标操作
字/词	双击要选定的字/词
句子	按住 Ctrl 键,单击该句子
行	单击该行的选定区
段落	双击该行的选定区,或者在该段落的任何地方三击鼠标
垂直的一块文本	按住 Alt 键,同时拖动鼠标
一大块文字	单击所选内容的开始,然后按住 Shift 键,单击所选内容的结束
全部内容	三击选定区,或者 Ctrl+A 组合

其中,选定"垂直的一块文本"效果如图 3-15 所示。

Word 2010 还提供了可以同时选定多块区域的功能,通过按住 Ctrl 键再加选定

第 3 章　Word 2010 文字处理

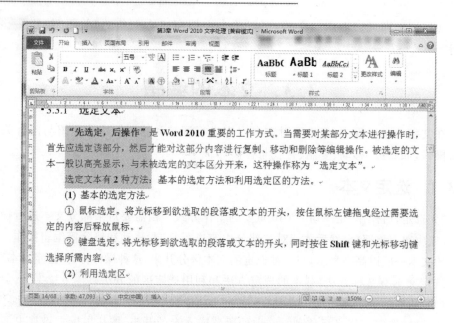

图 3-15　选中"垂直的一块文本"

操作来实现。

若要取消选定,在文本窗口的任意处单击鼠标或按光标移动键即可。

3.3.2　对选定文本块编辑

在 Word 2010 中经常要对一段文本进行删除、移动或复制等基本的编辑操作,这几种操作有相似之处,都需要先选择操作对象,移动和复制还涉及到一个非常重要的机制——剪贴板。

剪贴板是 Windows 系统专门在内存中开辟的一块存储区域,作为移动或复制的中转站。它功能强大,不仅可以保存文本信息,也可以保存图形、图像和表格等信息。读者可以将文档中选中的一段文本放到剪贴板上,然后在文档中的另一处位置,或是在其他文档中把剪贴板上的信息取回来。

Word 2010 可以存放多次移动(剪切)或复制的内容。通过单击"开始"功能区"剪贴板"组中右下角的箭头图标 (即对话框启动器),打开"剪贴板"对话框窗格,可显示剪贴板上的内容。只要不破坏剪贴板上的内容,连续执行"粘贴"操作,可以实现一段文本的多处移动或复制。剪贴板成为用户在文档中和文档之间交换多种信息的中转站。

涉及剪贴板的操作有 3 个:

剪切(cut):将文档中所选中的对象移到剪贴板上,文档中该对象被清除。

复制(copy):将文档中所选中的对象复制到剪贴板上,文档中该对象仍保留。

粘贴(paste):将剪贴板中的内容复制到当前文档插入点位置。

执行这三个操作,可以用鼠标单击"开始"功能区"剪贴板"组中的"剪切" 、"复制" 、"粘贴" 按钮,或执行快捷键"剪切"(Ctrl+X)、"复制"(Ctrl+C)、"粘贴"(Ctrl+V)。

1. 移动或复制文本块

在编辑文档时,可能需要把一段文字移动到另外一个位置,这时可以根据移动距离的远近选择不同的操作方法。

(1) 短距离移动。可以采用鼠标拖曳的简捷方法:选定文本,移动鼠标到选定内容上,当鼠标指针形状变成左向箭头时,按住鼠标左键拖曳,此时箭头右下方出现一个虚线小方框,随着箭头的移动又会出现一条竖虚线,此虚线表明移动的位置,当虚线移到指定位置时,释放鼠标左键,完成文本的移动。

(2) 长距离移动(如从一页到另一页,或在不同文档间移动)。可以利用剪贴板进行操作:选定文本,单击"开始"功能区"剪贴板"组中的"剪切" 或执行快捷键(Ctrl+X),然后将光标定位到要插入文本的位置,单击"粘贴"按钮 或执行快捷键(Ctrl+V)。

复制文本和移动文本的区别在于:移动文本,选定的文本在原处消失;而复制文本,选定的文本仍在原处。它们的操作相似,不同的是:复制文本在使用鼠标拖曳的方法时,要同时按下 Ctrl 键,在利用剪贴板进行操作时,应单击 "复制"按钮(或快捷键 Ctrl+C)。然后在目标位置处右击,在弹出的快捷菜单中可选择有关的"粘贴选项"命令进行粘贴,如图 3-16 所示。

有关粘贴选项的含义如下:

(1) 保留源格式 :使用此选项可以保留复制文本的原字符样式和直接格式。直接格式包括诸如字号、倾斜或其他未包含在段落样式中的格式之类的特征。

图 3-16 粘贴选项

(2) 合并格式 :使用此选项可以放弃复制文本的大多数原格式,但会将只应用于部分选择内容的格式(如加粗和倾斜)视为强调格式而予以保留。复制的文本承袭粘贴到的段落的样式特征。文本还承袭粘贴文本时紧靠光标前面的文本的直接格式或字符样式属性。

只保留文本 :使用此选项可以放弃复制文本的所有原格式和非文本元素,如图片或表格。文本承袭目标位置处的段落样式特征,还会承袭目标位置处紧靠光标前面的文本的直接格式或字符样式属性。使用此选项会放弃图形元素,将表格转换为一系列段落。

【例 3.2】 将【例 3.1】中一封信的内容复制到一个新文档中。

操作步骤如下:

(1) 选定信的所有内容。单击"开始"功能区"剪贴板"组中的"复制"按钮 或按快捷键 Ctrl+C。

第3章 Word 2010 文字处理

(2) 新建一个文档,把光标移动到需要插入文本的位置,单击"粘贴"按钮 或按快捷键 Ctrl+V。

注意:Word 的移动或复制功能不仅仅局限于一个 Word 文档或两个 Word 文档之间,用户还可以从其他程序,如 IE 浏览器、某些图形软件中直接移动或复制文本或图形到 Word 文档中,应灵活使用。

2. 删除文本块

当要删除一段文本时,首先要选定要删除的内容,然后采用下面任何一种方法:
① 按 Backspace 键或 Delete 键。
② 单击"开始"功能区"剪贴板"组中的"剪切"按钮 。
③ 在选定文字上右击,从弹出的快捷菜单中选择"剪切"命令。

删除段落标记可以实现合并段落的功能。要将两个段落合并,可以将光标定位在第一个段落标记前,然后按"Delete"键,这样两个段落就合并成了一个段落。

3.3.3 文本的查找与替换

如果想在一篇长文档中查找某些文字,或者想用新输入的一些文字代替文档中已有的且多处出现的特定文字,可以使用 Word 2010 提供的"查找"与"替换"功能,它是效率很高的编辑功能。

文档的查找和替换功能既可以将文本的内容与格式完全分开,单独对文本的内容或格式进行查找或替换处理,也可以把文本的内容和格式看成一个整体统一处理。可以对整个文档进行查找和替换操作,也可只对选定的文本进行查找和替换。除此之外,该功能还可作用于特殊字符和通配符。

1. 查找

查找功能可以帮助用户快速搜索指定的内容,Word 2010 中的查找功能有两种方法:

(1) 方法一:单击"开始"功能区"编辑"组中的"查找"按钮,在窗口左侧弹出"导航"窗格,如图 3-17 所示。在文本框中输入要查找的内容,然后按下放大镜按钮 进行搜索。

(2) 方法二:单击"开始"功能区"编辑"组中的"查找"按钮右侧的下拉三角按钮,选择"高级查找"选项,弹出"查找和替换"对话框,如图 3-18 所示,操作步骤如下:

① 在"查找内容"文本框内输入需查找的内容。

② 单击"查找下一处"按钮将从光标插入点开

图 3-17 "导航"窗格

图 3-18 "查找和替换"对话框中"查找"选项卡

始查找。继续单击"查找下一处"按钮可查找出文档中其余符合条件的内容。当搜索至文档结尾时,单击"查找下一处"按钮会继续从文档的起始处开始搜索。

2. 替换

当需要对文档中的多处内容进行替换时,使用替换功能可帮助用户快速替换文本。

单击"开始"功能区→"编辑"组→"替换"按钮,或按下 Ctrl+H 组合键,打开"查找和替换"对话框,如图 3-19 所示。

图 3-19 "查找和替换"对话框"替换"选项卡

"查找内容"文本框:在该文本框内输入需替换掉的内容。

"替换为"文本框:在该文本框内输入替换后的内容。

"替换"按钮:把"查找内容"文本框中的文本替换为"替换为"文本框中的内容,单击一次只替换一处。

"全部替换"按钮:将"查找内容"文本框中的文本替换为"替换为"文本框中的内容,单击一次即可对全文或所选择文本中符合条件的文本进行替换。

"查找下一处"按钮:单击此按钮只查找"查找内容"文本框中的内容,并不进行替换。

"更多"按钮:单击此按钮会打开"搜索选项"栏,如图 3-20 所示。在"搜索选项"

第3章 Word 2010 文字处理

标签中,可设置搜索的方向、查找和替换文本的格式等;使用"格式"菜单按钮下的命令可对查找和替换的内容进行格式设置。

"取消"按钮:单击此按钮退出对话框,并不执行查找和替换操作。

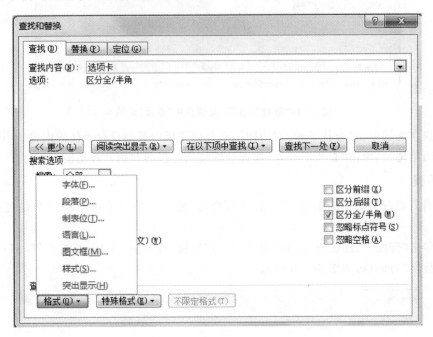

图 3-20 单击"更多"按钮后的对话框

从网上获取文字素材时,由于网页制作软件排版功能的局限性,文档中经常会出现一些非打印排版字符,这时可以通过"查找"和"替换"功能进行重新编辑。例如,当文档中空格比较多的时候,可以在"查找内容"框中输入空格符号,在"替换为"文本框中不进行任何字符的输入(表示"空"),单击"全部替换"按钮将多余的空格删除;当要把文档中不恰当的人工手动换行符替换为真正的段落结束符的时候,可以在"查找内容"框中通过"特殊格式"列表选择输入"手动换行符"(^l),在"替换为"框中通过"特殊格式"列表选择输入:"段落标记"(^P),如图 3-21 所示,再单击"全部替换"按钮。而"替换"按钮只是将根据默认方向查找到的第一处文字替换成目标文字。

利用替换功能还可以简化输入。例如,在一篇文章中,如果多次出现"MicrosoftOfficeWord 2010"字符串,在输入时可先用一个不常用的字符(如♯)替代表示,然后利用替换功能用字符串"MicrosoftOfficeWord 2010"代替字符"♯"即可。

【例3.3】 把文档中所有的"你"替换为带着重号的蓝色字"您"。

操作步骤如下:

(1) 单击"开始"功能区"编辑"组中"替换"按钮,或按下 Ctrl+H 组合键,打开"查找和替换"对话框。

(2) 在"查找内容"框中输入文字"你"。

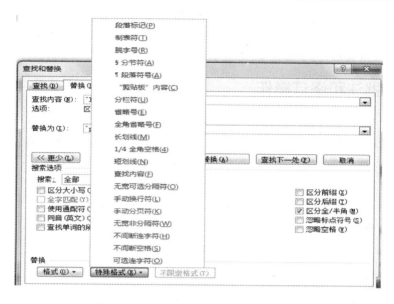

图 3-21　将手动换行符替换为段落标记

(3) 在"替换为"框中输入目标文字"您",单击"更多"按钮(此时按钮标题变为"更少"),然后单击"格式"按钮,选择"字体",在"字体"对话框中设置"着重号"为".","字体颜色"为"蓝色",单击"确定"按钮,返回"查找和替换"对话框,最后的设置结果如图 3-22 所示。

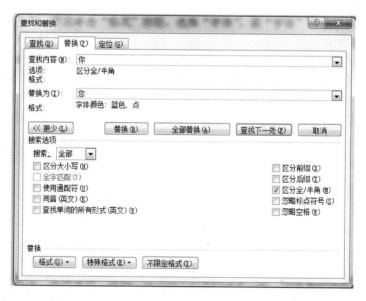

图 3-22　"查找和替换"对话框中设置

(4) 单击"全部替换"按钮,则文档中所有的文字"你"均被替换成目标文字"您"。

注意：在单击"格式"按钮进行设置前，光标应定位在"替换为"下拉列表框中，如果不小心把"查找内容"下拉列表框中的文字进行了格式设置，可以单击"不限定格式"按钮来取消该格式，重新设置。

3.3.4　批注和修订操作

批注是作者或审阅者为文档添加的注释或批注。Word 2010 将注释或批注在文档的页边距或审阅窗格中的显示框上显示。修订是显示作者或审阅者为文档中所做的诸如删除、插入或其他编辑更改的位置的标记。为了保留文档的版式，Word 2010 在文档的文本中显示一些标记元素，而其他元素则显示在页边距上的批注框。使用这些批注框可以方便地查看审阅者的修订和批注，并对其做出反应。

1. 批注操作

（1）插入批注：
① 选择要设置批注的文本或内容，或单击文本的尾部。
② 在"审阅"功能区中，单击"批注"组中的"新建批注"按钮。
③ 在批注框中输入批注文字。

（2）修改批注。如果在屏幕上看不到批注，批注框被隐藏，可在"审阅"功能区中，单击"批注"组中的"显示标记"按钮，勾选"批注"选项，让批注显示出来进行修改，也可在"审阅窗格"中修改批注。
① 在批注框中单击需要编辑的批注。
② 适当修改文本。

（3）删除批注：
① 若要快速删除单个批注，请用鼠标右击批注，然后单击"删除批注"。
② 删除文档中所有批注：在"审阅"功能区中，单击"批注"组中的"删除"按钮向下箭头，在下拉菜单中，选择"删除文档中的所有批注"。

【例 3.4】　在文档中选定标题段落并插入批注，批注内容为文本中的不计空格的字符数（例如文本字符数为 500，批注内只需输入 500，文本字符总数不含批注及文本框）。

操作步骤如下：

（1）打开文档，在"审阅"功能区中，单击"校对"组中"字数统计"，如图 3-23 所示，查看"字符数(不计空格)"的值。

（2）选定标题段落后，在"审阅"功能区中，单击"批注"组中的"新建批注"按钮，在批注框中输入"字符数(不计空格)"的值（如：此文本字符数为 1027，批注内只需填 1027）（图 3-24）。

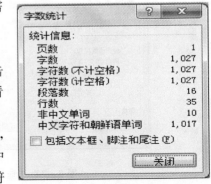

图 3-23　"字数统计"工具

第 3 章　Word 2010 文字处理

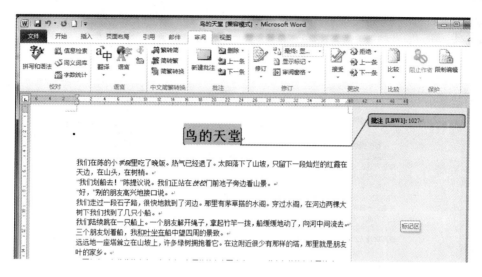

图 3-24　在批注框中输入内容

2. 修订操作

（1）插入修订。

① 选择要修订的文本或内容。

② 在"审阅"功能区中，单击"修订"组中的"修订"按钮下箭头，在下拉列表中选择"修订"按钮，即启用修订功能。审阅者的每一次插入、删除或是格式更改都会被标记出来。

③ 在选定的文本或内容中进行修订操作。

（2）查看修订，可以接受或拒绝每处更改。

① 接受修订：在"审阅"功能区中，单击"更改"组中的"接受"按钮下箭头，在下拉列表中选择"接受并移到下一条"按钮或"接受对文档的所有修订"按钮。

② 拒绝修订：在"审阅"功能区中，单击"更改"组中的"拒绝"按钮下箭头，在下拉列表中选择"拒绝并移到下一条"按钮或"拒绝对文档的所有修订"按钮。

【例 3.5】　在文档中打开修订功能，将第三段文字"从而生动地运用适当的管理方法"中的"生动"两字改为"有效"，然后关闭修订功能。

操作步骤如下：

（1）打开文档，在"审阅"功能区中，单击"修订"组中的"修订"按钮下箭头，在下拉列表中选择"修订"按钮，即启用修订功能。

（2）将光标移动到第三段文字，选定"生动"输入"有效"，则产生图 3-25 所示的效果。

（3）再次在"审阅"功能区中，单击"修订"组中的"修订"按钮下箭头，在下拉列表中单击"修订"按钮，便将修订功能关闭。

第 3 章　Word 2010 文字处理

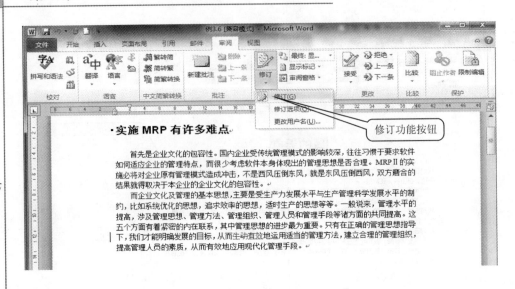

图 3-25　启用修订功能后编辑效果

3.3.5　检查拼写和语法

用户输入的文本,难免会出现拼写和语法上的错误,如果自己检查,会花费大量时间。Word 2010 提供了自动拼写和语法检查功能,这是由其拼写检查器和语法检查器来实现的。

先选定要检查拼写和语法错误的文档内容,然后单击"审阅"功能区中"校对"组的"拼写和语法"按钮,拼写检查器就会使用"拼写词典"检查文档中的每一个词,如果该词在词典中,拼写检查器就认为它是正确的,否则就会加绿色波浪线来报告错误信息,并根据词典中能够找到的词给出修改建议。如果 Word 2010 指出的错误不是拼写或语法错误时(如人名、公司或专业名称的缩写等),可以单击"忽略"或"全部忽略"按钮忽略此错误提示,继续文档其余内容的检查工作;也可以把它们添加到词典中,避免以后再出现同样的问题。语法检查器则会根据当前语言的语法结构,指出文章中潜在的语法错误,并给出解决方案参考,帮助用户校正句子的结构或词语的使用。

目前,文字处理软件对英文的拼写和语法检查的正确率较高,对中文校对作用不大。

3.4　文档排版

在完成文本录入和基本编辑之后,可以按要求对文本外观进行修饰,使其变得美观易读,丰富多彩,这就是文档排版。

文档排版一般在页面视图下进行(可以"所见即所得"),它与文档编辑一样,同样需要遵守"先选定,后操作"的原则。

3.4.1 字符排版

字符是指文档中输入的汉字、字母、数字、标点符号和各种符号,字符排版有两种:字符格式化和中文版式。字符格式化包括字符的字体和字号、字形(加粗和倾斜)、字符颜色、下画线、着重号、上下标、删除线、文本效果、字符缩放、字符的间距、字符和基准线的上下位置等。中文版式是针对中文字符提供的版式。各种字符排版效果如图3-26所示。

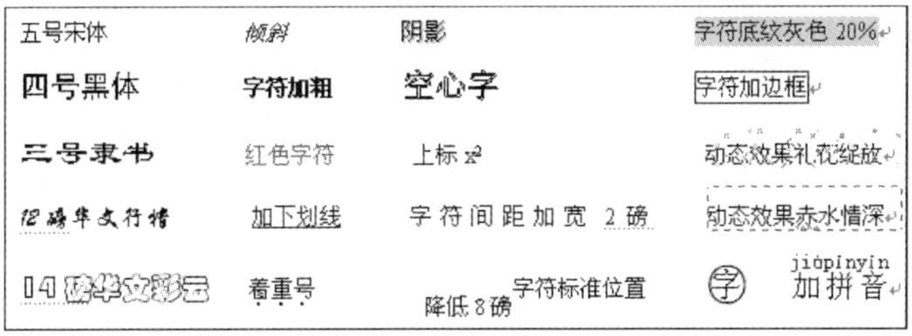

图3-26 字符排版效果

1. 字符格式化

对字符进行格式化需要先选定文本,否则格式设置将只对光标处新输入的字符有效。在"开始"功能区"字体"组中,可单击右下角的对话框启动器 或按[Ctrl+D],打开"字体"对话框,如图3-27所示,其中有"字体"和"高级"两个选项卡。

(1)"字体"选项卡。用于设置字体、字号、字形、字体颜色、下划线线型、着重号和效果等。

① 字体。字体是指文字在屏幕或输出纸张上呈现的书写形式,包括中文字体(如宋体、黑体等)和英文字体(如 TimesNewRoman、Arial 等),英文字体只对英文字符起作用,而中文字体则对汉字、英文字符都起作用。字体数量的多少取决于计算机中安装的字体数量。

② 字号。字号是指文字的大小,是以字符在一行中垂直方向上所占用的点(即磅值)来表示的,它以磅为单位,1磅约为 1/72 英寸或 0.353 mm。字号有汉字数码表示和阿拉伯数字表示两种,其中汉字数码越小,字体越大;阿拉伯数字越小,字体越小。Word 2010 中用数字表示的字号要多于用中文表示的字号。当用户选择字号时,可以选择这两种字号表示方式中的任何一种,但如果要使用大于"初号"的大字号时,则只能使用数字(磅)方式进行设置,根据需要直接在字号框内输入表示字号大小的数字。默认(标准)状态下,字体为宋体,字号为五号字。

第3章 Word 2010 文字处理

图 3-27 "字体"对话框

③ 字形。指字体的形状,有常规、倾斜、加粗、加粗倾斜等形式。

④ 字体颜色。指字体的颜色,有标准颜色和自定义颜色等。

⑤ 下画线线型、着重号和效果。指根据需要对字符设置的特殊效果。例如,在书籍中经常看到 X^2、A_3 等文字效果,这种效果只要通过对文字进行上、下标设置就可以轻松实现。

(2) "高级"选项卡。用于设置字符缩放、字符间距、字符位置等内容。

① 字符缩放。指对字符的横向尺寸进行缩放,以改变字符横向和纵向的比例。

② 字符间距。指两个字符之间的间隔距离,标准的字符间距为 0,当规定了一行的字符数后,可通过加宽或紧缩字符间距来调整,保证一行能够容纳规定的字符数。

③ 字符位置。指字符在垂直方向上的位置,包括字符提升和降低。

注意:选中文本后,右上角会出现"字体"浮动工具栏,字符格式化也可以通过单击其中相应按钮快捷完成。

2. 中文版式

对于中文字符,Word 2010 提供了具有中国特色的特殊版式,如简体和繁体的转换、加拼音、加圈、纵横混排、合并字符、双行合一等,其效果如图 3-28 所示。

其中简体和繁体的转换可以选择"审阅"功能区中"中文简繁转换"组中的相应按钮实现,加拼音、加圈则通过"开始"功能区"字体"组中对应按钮 和 来实现。其他功能则通过单击"开始"功能区"段落"组中的"中文版式"按钮 ,选择相应命令来完成。

图 3-28　中文版式效果

注意：若要清除文档中的所有样式、文本效果和字体格式，可以通过单击"开始"功能区"字体"组中清除格式按钮即可。

【**例 3.6**】　有一篇文档"你从鸟声中醒来.docx"，对它进行字符排版：

（1）标题"你从鸟声中醒来"设为楷体、四号、加粗、蓝色。字符缩放 150%，间距加宽 2 磅。

（2）在"来"字后面加上标"①"。

（3）正文中的"听说"加着重号。

（4）正文第 2 段变为斜体。

（5）正文第 3 段加波浪线。

（6）文章末尾的"散文欣赏"设为阳文，"散、赏"位置降低 5 磅，"文、欣"位置提升 5 磅。

（7）给标题中的"鸟"字加三角形变为 ⚠ 。

（8）为文中的五言绝句加拼音，字号为 9 磅。

效果如图 3-29 所示。

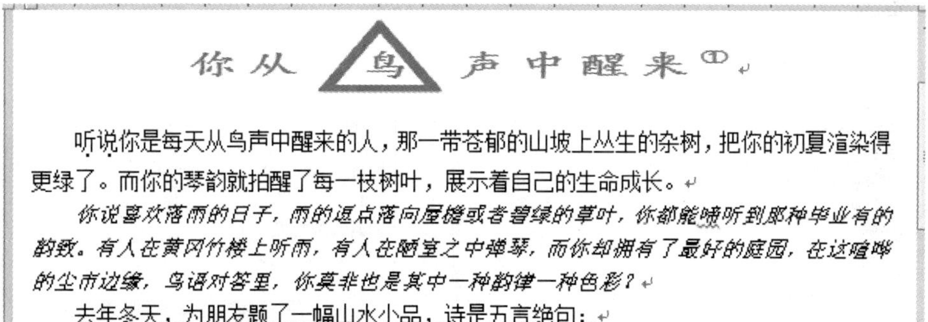

图 3-29　文档"你从鸟声中醒来"字符排版效果

第3章 Word 2010 文字处理

操作步骤如下：

（1）选中"你从鸟声中醒来"标题行，在"开始"功能区"字体"组中，单击右下角的对话框启动器 或按[Ctrl+D]，打开"字体"对话框，在"字体"选项卡中选择"中文字体"为"楷体"，"字形"为"加粗"，"字号"为"四号"，"字体颜色"为"蓝色"；单击"高级"选项卡，在"缩放"下拉列表框中选择"150%"，"间距"下拉列表框中选择"加宽"，同时在右边的"磅值"数值框中选择或输入"2磅"，如图3-30所示，单击"确定"按钮。

（2）将光标定位在"来"字后面，在"插入"功能区"符号"组中，单击"编号"按钮，在"编号"文本框中输入"1"，在"编号类型"列表框中选择"①，②，③…"，如图3-31所示，单击"确定"按钮；选中"①"，在"开始"功能区"字体"组中，单击"上标"按钮。

（3）选中"听说"二字，在"开始"功能区"字体"组中，单击右下角的对话框启动器 或按[Ctrl+D]，打开"字体"对话框，在"字体"选项卡中"着重号"下拉列表框中选择"."选项，单击"确定"按钮。

（4）选中正文第2段，在"开始"功能区"字体"组中，单击"倾斜"按钮（ *I* ）。

（5）选中正文第3段，在"开始"功能区"字体"组中，单击右下角的对话框启动器 或按[Ctrl+D]，打开"字体"对话框，在"字体"选项卡"下画线线型"下拉列表框中选择波浪线"～～～～"选项，单击"确定"按钮。

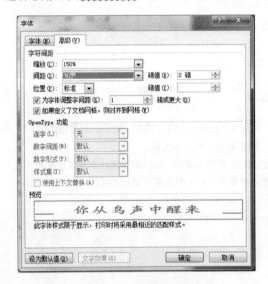

图3-30 字符间距设置

图3-31 插入数字"①"

（6）选中"散文欣赏"，打开"字体"对话框，在"字体"选项卡的"效果"栏中选择"阳文"复选框，单击"确定"按钮；选中"散、赏"二字，打开"字体"对话框，在"高级"选项卡的"位置"下拉列表框中选择"降低"，同时在右边的"磅值"数值框中选择或输入"5磅"，单击"确定"按钮；选中"文、欣"二字，打开"字体"对话框，在"高级"选项卡"位置"下拉列表框中选择"提升"选项，同时在右边的"磅值"数值框中选择或输入"5磅"，单击"确定"按钮。

(7) 选中标题中的"鸟"字，在"开始"功能区"字体"组中，单击"带圈字符"按钮，打开"带圈字符"对话框，选择样式为"增大圈号"、"圈号"为"△"，如图 3-32 所示，单击"确定"按钮。

(8) 选中五言绝句，在"开始"功能区"字体"组中，单击"拼音指南"按钮，在"拼音指南"对话框中选择字号为"9"磅，其他采用默认设置，单击"确定"按钮，如图 3-33 所示。

图 3-32 "带圈字符"对话框

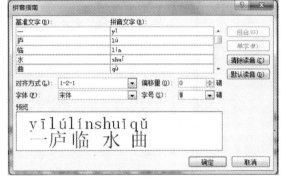

图 3-33 "拼音指南"对话框

3.4.2 段落排版

段落是文档的基本单位。输入文本时，每当按下回车键就形成了一个段落。每一个段落的最后都有一个段落标记(↵，按 Enter 键产生)。一个含有段落标记的空行也是一个段落。

段落标记不仅标识段落结束，而且存储了这个段落的排版格式。段落排版不仅包括段落对齐、段落缩进、段前段后距离(段落间距)和段落中的行距设置，还包括给段落添加项目符号和编号、为段落设置边框和底纹、通过制表位对齐段落、以及使用格式刷快速复制段落格式等。

1. 段落格式化

选定段落，单击"开始"功能区"段落"组相应按钮，或单击"段落"组右下角的对话框启动器 打开"段落"对话框中进行设置，如图 3-34 所示。

1) 段落对齐

在文档中对齐文本可以使文本清晰易读，对齐方式有 5 种：左对齐、居中、右对齐、两端对齐和分散对齐。其中两端对齐以词为单位，能自动调整词与词之间的距离，使正文沿页面的左右边界对齐，从而防止英文文本中一个单词跨两行的情况，但

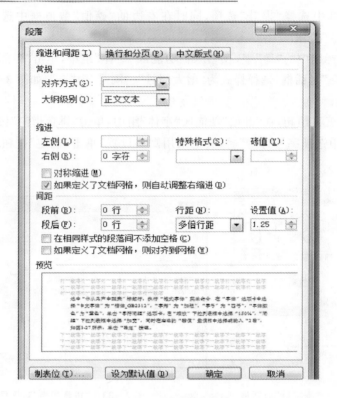

图 3-34 "段落"对话框

对于中文,其效果等同于左对齐;分散对齐是使字符均匀地分布在一行上。段落的对齐效果如图 3-35 所示。

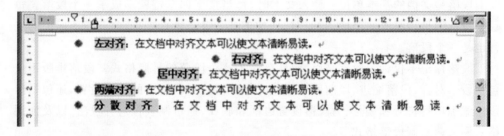

图 3-35 段落的对齐效果

2) 段落缩进

段落缩进是指段落各行相对于页面边界的距离。一般情况下,段落都规定首行缩进两个字符;为了强调某些段落,可以适当进行缩进。Word 2010 提供了 4 种段落缩进方式:

(1) 首行缩进。段落第一行的左边界向右缩进一段距离,其余行的左边界不变。

(2) 悬挂缩进。段落第一行的左边界不变,其余行的左边界向右缩进一段距离。

(3) 左缩进。整个段落的左边界向右缩进一段距离。

(4) 右缩进。整个段落的右边界向左缩进一段距离。

在"段落"对话框的"缩进和间距"选项卡中,"缩进"栏的"左"和"右"数值框用于设置段落的左、右缩进;而"特殊格式"下拉列表框用于设置"首行缩进"或"悬挂缩进",并在"磅值"中设置缩进距离。

除了利用"段落"对话框外,还可以使用水平标尺上的段落缩进符号。具体方法是:将插入点放在要缩进的段落中,然后将标尺上的缩进符号拖动到合适的位置,此时,被选定的段落随缩进符号位置的变化而重新排版。

段落的缩进效果如图 3-36 所示。

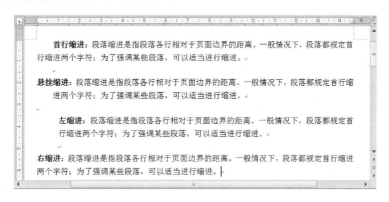

图 3-36 段落的缩进效果

注意:最好不要用空格键或 Tab 键来控制段落首行和其他行的缩进,这样做可能会使文章对不齐;也不要利用 Enter 键来控制一行右边的结束位置(回车就意味着一个段落的结束),这样做会妨碍文字处理软件对于段落格式的自动调整。

3) 段落间距和行距

段落间距指当前段落与相邻两个段落之间的距离,即段前间距和段后间距,加大段落之间的间距可使文档显示清晰。行距指段落中行与行之间的距离,有单倍行距、1.5 倍行距、2 倍行距、最小值、固定值、多倍行距等。如果选择其中的最小值、固定值和多倍行距时,可同时在右侧的"设置值"数值框中选择或输入磅数或倍数,固定值行距必须大于 0.7 磅,多倍行距的最小倍数必须大于 0.06。用得最多的是最小值,当文本高度超出该值时,Word 会自动调整高度以容纳较大字体。当行距选择固定值时,如果文本高度大于设置的固定值,则该行的文本不能完全显示出来。

注意:在设置段落缩进和间距时,度量单位有"磅"、"厘米"、"字符"、"英寸(1 英寸为 72 磅)"等,这可以通过单击"文件"选项卡,在下拉菜单中选择"选项"命令,打开"选项"对话框,然后单击"高级"标签,在"显示"区中进行度量单位的设置。一般情况下,如果度量单位选择为"厘米",而"以字符宽度为度量单位"复选框也被选中的话,默认的缩进单位为"字符",对应的段落间距和行距单位为"磅";如果取消勾选"以字符宽度为度量单位",则缩进单位为"厘米",对应的段落间距和行距单位为"行"。

第3章　Word 2010 文字处理

【例 3.7】　对文档"你从鸟声中醒来"继续进行段落排版：

(1) 正文第 1 段：左对齐，左右缩进各 1 cm，首行缩进 0.8 cm，段前间距 12 磅，段后间距 6 磅，行距为最小值 15 磅。

(2) 正文第 2 段：两端对齐，悬挂缩进 2 个字符，段后间距 2 行，1.5 倍行距。

(3) 文中的五言绝句：右对齐。

(4) "散文欣赏"：分散对齐。

效果如图 3-37 所示。

图 3-37　文档"你从鸟声中醒来"段落排版效果

操作步骤如下：

(1) 打开文档，单击"文件"选项卡，在下拉菜单中选择"选项"命令，打开"Word 选项"对话框，然后单击"高级"标签，在"显示"区中将"度量单位"设置为"厘米"，而不要选中"以字符宽度为度量单位"复选框，如图 3-38 所示，单击"确定"按钮；选中正文第 1 段(注意要将段首的空格删除，否则特殊格式的度量值会是字符而不是厘米)，单击"开始"功能区"段落"组右下角的对话框启动器，打开"段落"对话框，进行相应设置，单击"确定"按钮，如图 3-39 所示。

(2) 单击"文件"选项卡，在下拉菜单中选择"选项"命令，打开"Word 选项"对话框，然后单击"高级"标签，在"显示"区，选中"以字符宽度为度量单位"复选框(图 3-38)，单

第 3 章　Word 2010 文字处理

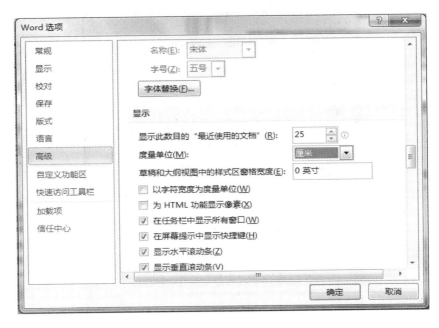

图 3-38　在"Word 选项"对话框进行度量单位设置

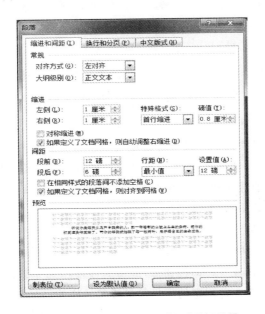

图 3-39　正文第 1 段"段落"对话框设置

击"确定"按钮；选中正文第 2 段，单击"开始"功能区"段落"组右下角的对话框启动器，打开"段落"对话框，进行相应设置，如图 3-40 所示，单击"确定"按钮。

（3）选中文中的五言绝句（正文第 4、5 段），单击"开始"功能区"段落"组中"文本右对齐"按钮。

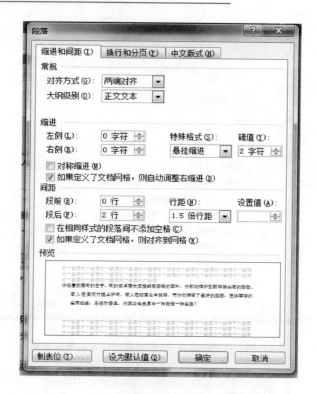

图 3-40 正文第 2 段"段落"对话框设置

（4）选中"散文欣赏"，单击"开始"功能区"段落"组中"分散对齐"按钮。

2. 项目符号和编号、边框和底纹、制表位和格式刷

1）项目符号和编号

在文档处理中，经常需要在段落前面加上项目符号和编号来准确清楚地表达某些内容之间的并列关系和顺序关系，以方便文档阅读。项目符号可以是字符，也可以是图片；编号是连续的数字和字母，编号的起始值和格式可以自行设置，当增加或删除段落时，系统会自动重新编号。

创建项目符号和编号的方法有如下几种：

（1）选择需要添加项目符号或编号的若干段落，在"开始"功能区"段落"组中，单击"项目符号"按钮或"编号"按钮，即可为段落添加系统默认的项目符号或编号。这种方法只能使用一种固定的项目符号或编号样式。

（2）选择需要添加项目符号或编号的若干段落，在"开始"功能区"段落"组中，单击"项目符号"或"编号"按钮右侧的下拉三角按钮，在弹出的"项目符号库"或"编号库"中选择所需的项目符号或编号格式。

（3）选择需要添加项目符号或编号的若干段落，在"开始"功能区"段落"组中，单击"项目符号"按钮右侧的下拉三角按钮，选择"定义新项目符号"按钮，打开"定

义新项目符号"对话框,如图3-41所示,在该对话框中可选择其他符号或图片作为项目符号,单击"字符"和"图片"按钮来选择符号的样式。如果是字符,还可以把它当作字体,通过单击"字体"按钮来进行格式化设置,如改变符号大小和颜色、加下划线等;要为段落定义编号则单击"编号"按钮右侧的下拉三角按钮→"定义新编号格式"按钮,打开"定义新编号格式"对话框,在该对话框中设置其他的编号格式,如图3-42所示,可以设置编号的字体、样式、起始值、对齐方式等。

图3-41 "定义新项目符号"对话框

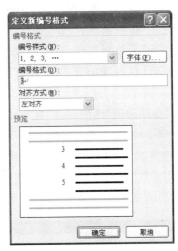
图3-42 "定义新编号格式"对话框

(4) 多级列表。多级列表用多级符号创建而成,清晰地表明各层次的关系。创建多级列表时,需先确定多级格式,然后输入内容,再通过"段落"组中"减少缩进量"按钮和"增加缩进量"按钮来确定层次关系。如图3-43显示了编号、项目符号和多级符号的设置效果。

编号	项目符号	多级符号
A. 字符排版	▶ 字符排版	1 字符排版
B. 段落排版	▶ 段落排版	1.1 段落排版
C. 页面排版	▶ 页面排版	1.1.1 页面排版

图3-43 编号、项目符号和多级符号的设置效果

要取消编号、项目符号和多级符号,只需要再次单击该按钮,在相应的编号库、项目符号库和列表库中单击"无"即可。

2) 边框和底纹

通常,为了美化文本或强调重点,可对所选择的文本、段落或页面添加边框和底纹效果。

单击"开始"功能区"段落"组中 按钮右侧的下三角按钮,在弹出的列表中选择"边框和底纹"选项,打开"边框和底纹"对话框。该对话框包括三个选项卡:"边

框"、"页面边框"和"底纹"选项卡，如图3-44～图3-46所示。

（1）"边框"选项卡。该选项卡是针对所选择的文本或段落来设置边框，如图3-44所示。

"设置"选项组：该选项组包含了边框的几个种类（框、阴影等），"无"表示不对文本应用任何边框效果。

"样式"列表框：该列表框提供多种边框的线型样式。

"颜色"下拉列表框：可在该下拉列表框中设置边框的颜色。

"宽度"下拉列表框：可在该下拉列表框中设置边框的宽度。

"应用于"下拉列表框：在该列表框中选择边框应用的对象（"文字"还是"段落"）。"文字"选项只对所选的文本设置边框，"段落"选项则对所选文字所在的段落设置边框。

（2）"页面边框"选项卡。"页面边框"选项卡的设置与"边框"选项卡类似，如图3-45所示。不同之处在于："边框"选项卡是针对文字和段落而设置的边框，"页面边框"是针对节或页面而设置的边框，且增加了"艺术型"下拉列表框。

"应用于"下拉列表框：在该列表框中选择边框应用的对象。"本节"选项对光标所在节的所有页面设置边框；"整篇文档"选项则是对所有页面设置边框。

图3-44 "边框和底纹"之"边框"

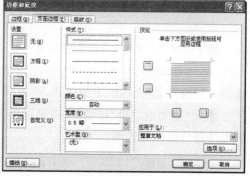
图3-45 "边框和底纹"之"页面边框"

（3）"底纹"选项卡。该选项卡是针对所选择的文本或段落设置底纹，如图3-46所示。

"填充"下拉列表框：在该列表框列中可设置底纹的背景颜色。

"样式"下拉列表框：该选项可设置所选文字或段落的底纹图案样式（如浅色上斜线）。

"颜色"下拉列表框：为底纹图案中点或线的颜色。

"应用于"下拉列表框：在该列表框中选择底纹应用的对象（"文字"还是"段落"）。"文字"选项只给所选文字添加底纹；"段落"选项则给所选文字所在的段落添加底纹。

事实上，要给所选文本添加底纹颜色有更快捷的方式：单击"开始"功能区"段落"

组中"底纹" 右侧的下拉三角按钮,在弹出的列表(图 3-47 所示)中选择底纹的颜色即可。

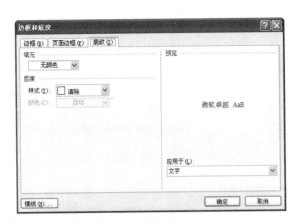

图 3-46　"边框和底纹"之"底纹"

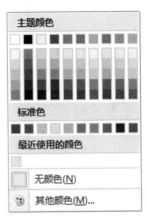

图 3-47　底纹颜色列表

注意:在设置段落的边框和底纹时,要在"应用于"下拉列表框中选择"段落"选项;设置文字的边框和底纹时,要在"应用于"下拉列表框中选择"文字"。

【例 3.8】　对文档"你从鸟声中醒来.docx"进一步进行段落排版:

(1) 为正文第 1、2 段添加项目符号"◆"。
(2) 为正文第 3 段落添加外粗内细的边框。
(3) 为正文五言绝句的文字添加浅色上斜线底纹。
(4) 为整个页面添加"飞鸟"页面边框。

效果如图 3-48 所示。

操作步骤如下:

(1) 选中正文第 1、2 段,在"开始"功能区"段落"组中,单击"项目符号"按钮右侧的下拉三角按钮,在"项目符号库"中单击相应的符号"◆"。

(2) 选中正文第 3 段,在"开始"功能区"段落"组中,单击按钮右侧的下拉三角按钮,在弹出的列表中选择"边框和底纹"选项,打开"边框和底纹"对话框。在"边框"选项卡的"设置"栏中单击"方框",在"样式"列表框中选择外粗内细的线型"",在"应用于"下拉列表框中选择"段落",单击"确定"按钮。如果要取消边框,可以单击该对话框左边"设置"栏中的"无"按钮。

(3) 选中正文五言绝句(正文第 4、5 段),打开"边框和底纹"对话框,单击"底纹"选项卡,在"样式"下拉列表框中选择"浅色上斜线",如图 3-49 所示,在"应用于"下拉列表框中选择"文字",单击"确定"按钮。如果要取消底纹,当底纹是图案时,可以选择"样式"中的"清除";当底纹是背景色时,可以单击"填充"栏中的"无填充颜色"。

(4) 将光标置于文档中任意位置,打开"边框和底纹"对话框,单击"页面边框"选项卡,在"艺术型"下拉列表框中选择"飞鸟"边框类型,单击"确定"按钮。

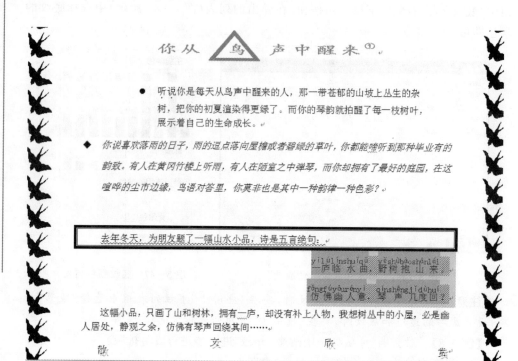

图 3-48 "你从鸟声中醒来"添加项目符号、边框、页面边框和底纹效果截图

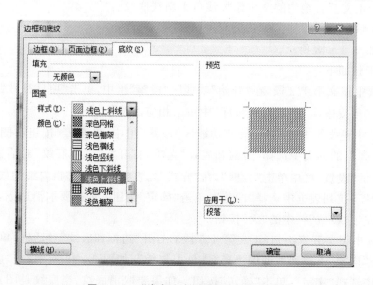

图 3-49 "浅色上斜线"底纹图案设置

3) 制表位

在输入文档时,经常遇到需要将文本纵向对齐的情况,如果使用空格,由于字体字号的不同,同样的空格可能占据不同的空间,使文本纵向对齐产生偏差。最好的方法是采用制表位。

默认状态下,水平标尺上每隔 2 个字符就有一个隐藏的左对齐制表位。输入内容时,每按一次 Tab 键,光标会跳到下一个制表位,一行内容输入完毕需要另起一行时要按 Enter 键。

制表位可用标尺设置。单击水平标尺最左端的"制表位"按钮,选定文本在制表位处的对齐方式,包括:左对齐 、居中 、右对齐 、小数点对齐 和竖线对齐 。选定对齐方式后在标尺上合适位置处单击,标尺上就出现了相应类型的制表位标记,如图 3-50 所示。如果要调整制表位位置,可以用鼠标水平拖动标记;如果要删除制表位,只要把制表位标记拖出标尺外即可。

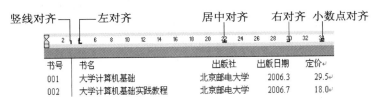

图 3-50 制表位示例

4) 格式刷

当我们设置好某一文本块或段落的格式后,可以利用"开始"功能区"剪贴板"组中的"格式刷"按钮 ,将设置好的格式快速地复制到其他一些文本块或段落中,以提高排版效率。

(1) 复制字符格式。要复制字符格式,操作步骤如下:

① 选定已经设置格式的文本。

② 单击"开始"功能区"剪贴板"组中的"格式刷"按钮 ,此时鼠标指针变成"刷子"形状。

③ 把鼠标指针移到要排版的文本之前。

④ 按住鼠标左键,在要排版的文本区域拖动(即选定文本)。

⑤ 松开左键,可见被拖过的文本已具有新的格式。

(2) 复制段落格式。由于段落格式保存在段落标记中,可以只复制段落标记来复制该段落的格式,操作步骤如下:

① 选定含有复制格式的段落(或选定段落标记)。

② 单击"开始"功能区"剪贴板"组中的"格式刷"按钮 ,此时鼠标指针变成"刷子"形状。

③ 把鼠标指针拖过要排版的段落标记,可将段落格式复制到该段落中。

如果同一格式要多次复制,可在第 2 步操作时,双击"格式刷"按钮　。若需要退出多次复制操作,可再次单击"格式刷"按钮　或按 Esc 键取消。

3. 分栏、首字下沉、文档竖排等特殊格式设置

特殊格式包括分栏、首字下沉、文档竖排等,它能使文档的外观呈现出需要的特殊效果。

1) 分栏

为了使版面更加美观,常常需要对段落进行分栏设置。使得页面更生动、更具可读性,这种排版方式在报纸、杂志中经常用到。

分栏排版的步骤如下:

(1) 选择需分栏的文本,在"页面布局"选项卡"页面设置"组中,单击"分栏"按钮　。

(2) 在打开的下拉列表中选择需分栏的栏数(一栏、两栏、三栏等),或单击"更多分栏"命令,在弹出的"分栏"对话框中设置分栏,如图 3-51 所示。

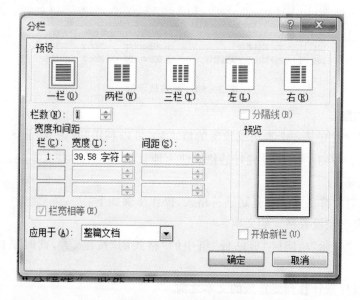

图 3-51 "分栏"对话框

该对话框的"预设"区域用于设置分栏方式,可以等宽地将版面分成 2 栏、3 栏;如果栏宽不等的话,则只能分成 2 栏;也可以选择分栏时各栏之间是否带"分隔线"。此外,用户还可以自定义分栏形式,按需要设置"栏数"、"宽度"和"间距"。

注意: 分栏操作只有在页面视图状态下才能看到效果;当分栏的段落是文档的最后一段时,为使分栏有效,必须在操作分栏前,在文档的最后添加一个空段落(按 Enter 键产生)。

如果要对文档进行多种分栏,只要分别选择需要分栏的段落,执行分栏操作即

可。多种分栏并存时系统会自动在栏与栏之间增加双虚线的"分节符"(┈分节符(连续)┈),这种符号只有在草稿视图下才显示。

分栏排版不满一页时,会出现分栏长度不一致的情况,采用等长栏排版可使栏长一致,操作如下:首先将光标移到分栏文本的结尾处,然后单击"页面布局"选项卡"页面设置"组中的"分隔符"命令,打开"分隔符"下拉列表框,在其中的"分节符"区选中"连续"单选按钮。如图 3-52 所示。

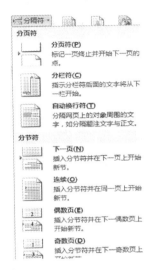

图 3-52 "分隔符"下拉列表框

图 3-53 "首字下沉"对话框

若要取消分栏,只要将已分栏的段落改为一栏即可。

2) 首字下沉

首字下沉是将选定段落的第一个字放大数倍,以引导阅读,它也是报刊杂志中常用的排版方式。

建立首字下沉的方法是:选中段落或将光标定位于需要首字下沉的段落中,单击"插入"功能区"文本"组中的"首字下沉"按钮,选择需要的方式。其中的"首字下沉选项"命令,将打开"首字下沉"对话框,如图 3-53 所示,不仅可以选择"下沉"或"悬挂"位置,还可以设置字体、下沉行数及与正文的距离。

若要取消首字下沉,只要选定已首字下沉的段落,在"首字下沉"对话框的"位置"栏中单击"无"即可。

【例 3.9】 对文档"你从鸟声中醒来.docx"进行特殊格式设置:

(1) 将正文第 6 段(这幅小品…)设置为等宽两栏,栏宽为 6.5 cm,栏间加分隔线。

(2) 将正文第 6 段首字"这"下沉 2 行,字体为隶书,距正文 0.3 cm。

效果如图 3-54 所示。

操作步骤如下:

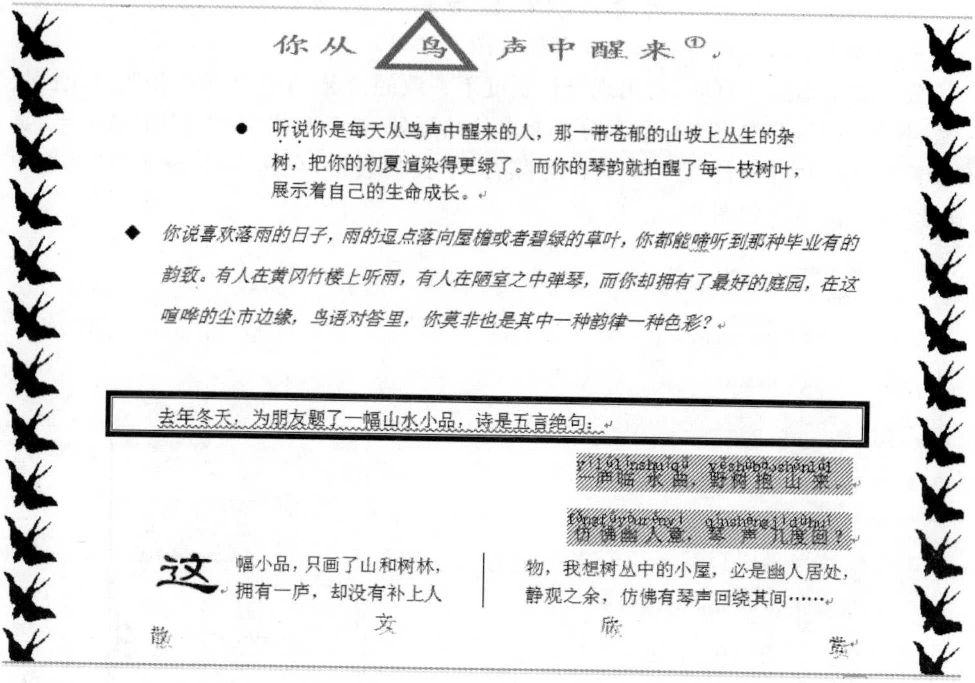

图 3-54　正文第 6 段"分栏"、"首字下沉"设置效果

（1）选定第 6 段，单击"文件"选项卡，在下拉菜单中选择"选项"命令，打开"Word 选项"对话框，然后单击"高级"标签，在"显示"区中将"度量单位"设置为"厘米"，而不要选中"以字符宽度为度量单位"复选框（图 3-38），单击"确定"按钮。在"页面布局"选项卡"页面设置"组中，单击"分栏"按钮，选择"更多分栏"命令，在弹出的"分栏"对话框中设置分栏，单击"两栏"图标，在"宽度"数值框中选择或输入"6.5 厘米"，选择"分隔线"和"栏宽相等"复选框，单击"确定"按钮。

（2）在第 6 段选中首字"这"，单击"插入"功能区"文本"组中的"首字下沉"按钮，选择"首字下沉选项"命令，打开"首字下沉"对话框，单击"下沉"图标，在"字体"下拉列表框中选择"隶书"，在"下沉行数"数值框中选择或输入"2"，在"距正文"数值框中选择或输入"0.3 厘米"，单击"确定"按钮。

3）文档竖排

通常情况下，文档都是从左至右横排的，但是有时为了特殊效果需要进行文档竖排（如古文、古诗的排版）。这时，可以单击"页面布局"选项卡"页面设置"组中的"文字方向"按钮，在打开的"文字方向"下拉列表框中选择"文字方向选项"，根据需要在"文字方向"对话框中选择其中的一种竖排样式，如图 3-55 所示。文档竖排效果如图 3-56 所示。

图 3-55 "文字方向"对话框　　　　图 3-56 文档竖排效果

注意：如果把一篇文档中的部分文字进行文档竖排,竖排文字会单独占一页进行显示。如果想在一页上既出现横排文字,又出现竖排文字,则需要利用到后面介绍的竖排文本框来解决问题。

4) 页面背景

可以通过为文档添加文字或图片水印、设置文档的颜色或图案填充效果以及为页面添加边框这三方面来使页面更加美观。

这通过"页面布局"选项卡"页面背景"组中的相应按钮来实现。

3.4.3 页面排版

在完成了文档中字符和段落格式化之后,有时还要对页面格式进行专门设置。页面是比段落级别更大的操作对象,页面排版反映了文档的整体外观和输出效果,页面排版主要包括:页面设置、页眉和页脚、脚注和尾注等。

1. 页面设置

页面设置包括:设置纸张大小、页边距、页眉和页脚的位置、页面底纹边框、每页容纳的行数和每行容纳的字数,以及页面背景、填充颜色、水印等

新建一个文档时,Word 2010 使用预定义的模板,其页面设置适用于大部分文档。因此在一般使用场合下,用户可以无需进行页面设置。页面设置的步骤如下(不分前后):

(1) 单击"页面布局"选项卡,打开"页面布局"选项卡,如图 3-57 所示。

图 3-57 "页面布局"选项卡

第3章 Word 2010 文字处理

(2) 单击"页面设置"组中"文字方向"按钮，在打开的下拉菜单中选择合适文字的排列方向。

(3) 单击"页面设置"组中"页边距"按钮，在打开的菜单中选择合适的页边距，或单击该菜单中的"自定义边距"按钮，在弹出的"页面设置"对话框中设置页边距。

(4) 单击"页面设置"组中"纸张方向"按钮，设置纸张的方向（横向或纵向）。

(5) 单击"页面设置"组中"纸张大小"按钮，在打开的下拉菜单中选择合适的纸张大小，或单击该菜单下的"其他页面大小"命令，在弹出的"页面设置"对话框中设置纸张大小。

用户也可以通过"页面设置"对话框进行设置。"页面设置"对话框通过单击"页面布局"选项卡"页面设置"组中右下角的对话框启动器打开，该对话框包括页边距、纸张、版式、文档网格4个选项卡，如图3-58所示。

图 3-58 "页面设置"对话框

(1) 页边距。用于设置文档内容与纸张四边的距离，决定在文本的边缘应留多少空白区域，从而确定文档版心的大小。通常正文显示在页边距以内，包括脚注和尾注，而页眉和页脚显示在页边距上。页边距包括上边距、下边距、左边距、右边距。在设置页边距的同时，还可以设置装订线的位置或选择打印方向（如打印信封时应该横向输出）等。

(2) 纸张。用于选择打印纸的大小，一般默认值为 A4 纸，常用的还有 16 开和 B5 纸。如果当前使用的纸张为特殊规格（如请柬），在"纸张大小"下拉列表框中选择"自定义大小"选项，在"高度"和"宽度"数值框中选择或输入纸张的具体大小。

(3) 版式。用于设置页眉和页脚的特殊选项,如奇偶页不同、首页不同、距页边界的距离、垂直对齐方式等。

(4) 文档网格。用于设置每页容纳的行数和每行容纳的字符网格数、文字排列方向、是否在屏幕上显示网格线(单击"绘图网格"按钮,在"绘图网格"对话框中设置)等。

通常,页面设置作用于整个文档,如果对部分文档进行页面设置,则应在"应用于"下拉列表框中选择范围(如插入点之后)。

【例3.10】 对文档"你从鸟声中醒来.docx"进行页面设置:

(1) 上边距:2.5 cm,下边距:3 cm,页面左边预留2 cm的装订线,纵向打印。

(2) 纸张大小为16开。

(3) 设置页眉页脚奇偶页不同,页脚距边界1.5 cm。

(4) 文档中每页35行,每行30个字。

其效果如图3-59所示。

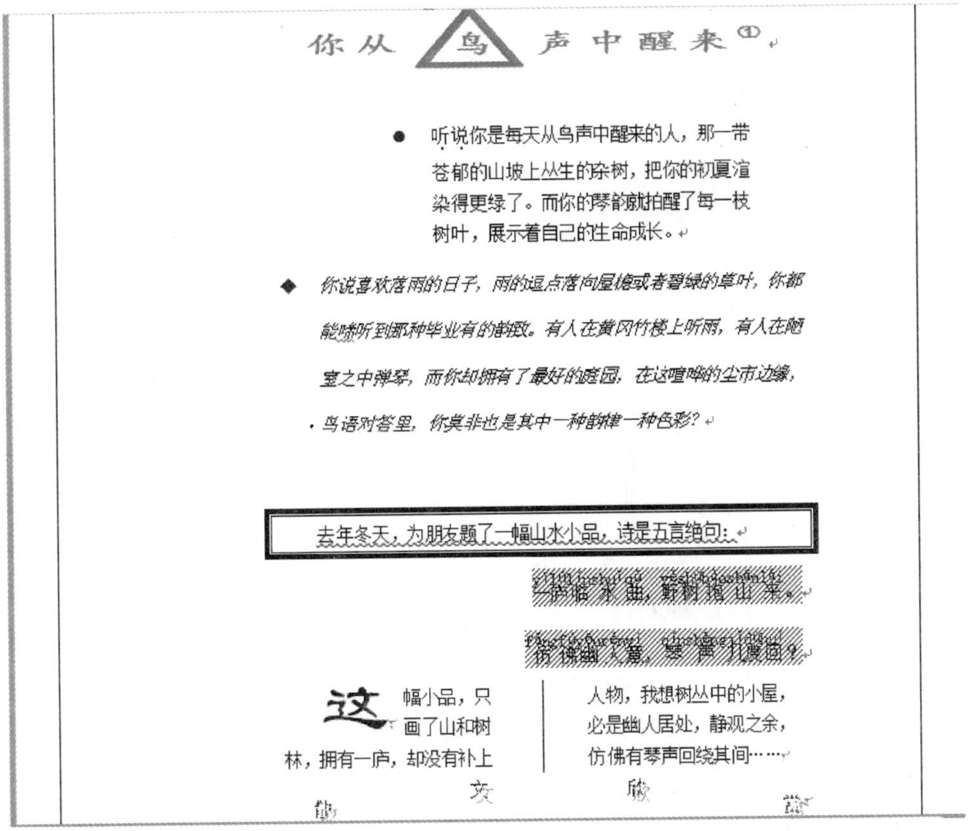

图3-59 文档"你从鸟声中醒来"页面设置效果

操作步骤如下:

（1）打开文档，为使页面简洁，首先取消"飞鸟"页面边框。方法是：，在"开始"功能区"段落"组中，单击 按钮右侧的下拉三角按钮，在弹出的列表中选择"边框和底纹"选项，打开"边框和底纹"对话框。在"页面边框"选项卡中"艺术型"下拉列表栏中选择"无"选项，同时，在左边"设置"栏中单击"无"按钮，单击"确定"按钮。

（2）在"页面布局"选项卡"页面设置"组中，单击"页边距"按钮的下拉三角按钮，在弹出的列表中选择"自定义边距"选项，打开"页面设置"对话框。在"页边距"选项卡中单击上、下页边距的数值微调按钮，调整数字上为"2.5厘米"，下为"3厘米"（或直接输入相应数字）；在"装订线"数值框中选择或输入"2厘米"，选择"装订线位置"为"左"；在"方向"栏中单击选中"纵向"。

（3）在"页面设置"对话框中，单击"纸张"选项卡，在"纸张大小"下拉列表框中选择"16开"选项。

（4）在"页面设置"对话框中，单击"版式"选项卡，在"页眉和页脚"栏中选择"奇偶页不同"复选框，在"页脚"数值框中选择或输入"1.5厘米"，如图3-60所示。

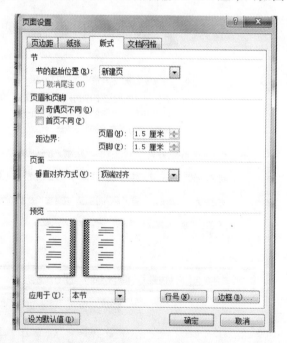

图3-60　设置页眉页脚奇偶页不同及页脚距边界距离

（5）在"页面设置"对话框中，单击"文档网格"选项卡，在"网格"栏中选择"指定行和字符网格"单选按钮，每行设为"30"，每页设为"35"，单击"确定"按钮。

2. 页眉和页脚

页眉和页脚是出现在页面顶端或底部的一些信息。这些信息可以是书名、文字、图形、图片、日期或时间、页码等，还可以是用来生成各种文本的"域代码"（如自动生成的日期、页码等)。"域代码"与普通文本有所不同,它在显示和打印时将被当前的最新内容所代替。例如,日期域代码是根据显示或打印时系统的时钟生成当前的日期;页码是根据文档的实际页数生成当前的页码。

Word 2010 中内置了 20 余种页眉和页脚样式,可以直接应用于文档中。这是通过单击"插入"功能区"页眉和页脚"组中的相应按钮来完成的。选择样式并输入内容后,可以双击正文返回文档。

以插入页眉为例,插入页脚操作方法类似。插入页眉操作步骤如下:

① 单击"插入"功能区"页眉和页脚"组中的"页眉"按钮,在打开的页眉"内置"菜单中选择一种内置的页眉样式。文档进入页眉的编辑状态,并在功能区显示"页眉和页脚工具设计"选项卡,如图 3-61 所示。此时,正文呈浅灰色,表示不可编辑。

② 可在光标插入点输入文本,或根据需要通过功能区中的"页码"、"日期和时间"、"图片"等按钮,在页眉创建页码、日期/时间或图片等内容。

③ 单击功能区中的"关闭页眉和页脚"按钮,或按 Esc 键退出页眉编辑。

图 3-61 "页眉和页脚工具设计"功能区

在页眉和页脚设置过程中,可以对页眉和页脚的字号、字体、位置进行调整,调整方法与普通文档一样;如果要关闭页眉和页脚编辑状态,回到正文,单击"关闭页眉和页脚"按钮;如果要删除页眉或页脚,先双击页眉或页脚,选定要删除的内容,然后按 Delete 键。

在文档中可自始至终使用同一个页眉和页脚,也可在文档的不同部分使用不同的页眉和页脚。例如,可以在首页上使用不同的页眉和页脚或者不使用页眉和页脚,还可以在奇数页和偶数页上使用不同的页眉和页脚,这可以通过单击"页眉和页脚工具设计"功能区中的"首页不同"或"奇偶页不同"分别设置;如果文档被分为多个节,也可以设置节与节之间的页眉页脚互不相同,这可以通过单击"上一节"按钮和"下一节"按钮切换到不同的节进行设置。

插入页码的操作步骤如下:

(1) 单击"插入"功能区"页眉和页脚"组中的"页码"按钮,打开的下拉菜单如图 3-62 所示。

(2) 单击"页面顶端"命令,在打开的子菜单中选

图 3-62 "页码"下拉菜单

择一种页码样式,将会在页眉处插入页码。同样,"页面低端"表示会在页脚插入页码。

(3)单击功能区中的"关闭页眉和页脚"按钮,或按 Esc 键退出页码编辑。

注意:一页的页眉和页脚的设置通常适用于整节,页码也是自动排号的,并不需要每页都重新设计。

3. 脚注和尾注

脚注和尾注都是一种注释方式,用于对文档解释、说明或提供参考资料。脚注通常出现在文档中每一页的底端,作为文档某处内容的说明,常用于教科书、古文或科技文章中。而尾注一般位于整个文档的结尾,常用于作者介绍、论文或科技文章中说明引用的文献。在同一个文档中可以同时包括脚注和尾注,但只有在"页面视图"方式下才可见。

脚注或尾注由两个互相链接的部分组成:注释引用标记和与其对应的注释文本。

对于注释引用标记,Word 2010 可以自动为标记编号,还可以创建自定义标记。添加、删除或移动了自动编号的注释时,Word 2010 将对注释引用标记重新编号。

注释文本的长度是任意的,可以像处理其他文本一样设置文本格式,还可以自定义注释分隔符(即用来分隔文档正文和注释文本的线条)。

要设置脚注和尾注,可以通过单击"引用"功能区"脚注"组中的相应按钮(如"插入脚注"和"插入尾注"按钮)实现。或单击"脚注"组右下角的对话框启动器,在打开的"脚注和尾注"对话框中进行,如图 3-63 所示。

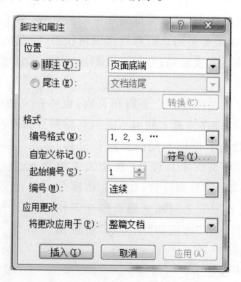

图 3-63 "脚注和尾注"对话框

要删除脚注和尾注,只要定位在脚注和尾注引用标记前,按 Delete 键,则引用标记和注释文本同时被删除。

【例 3.11】 对文档"你从鸟声中醒来.docx"继续进行页面排版:

(1) 为文档设置页眉和页脚,奇数页页眉为"你从鸟声中醒来"、居中对齐,页脚为"X/Y"、右对齐;偶数页页眉为"散文"、居中对齐,页脚同样为"X/Y"、左对齐。

(2) 在"渲染"后面插入"脚注",脚注引用标记是①,脚注内容为"用水墨或淡的色彩涂抹画面";在标题最后插入尾注,尾注引用标记是"*",尾注内容为"散文欣赏"。

操作步骤如下:

(1) 打开文档,单击"插入"功能区"页眉和页脚"组中的"页眉"按钮,在打开的页眉"内置"菜单中选择一种内置的页眉样式。文档进入页眉的编辑状态,并在功能区显示"页眉和页脚工具设计"功能区。在奇数页页眉编辑区中输入"你从鸟声中醒来",再单击"开始"功能区"段落"组中的"居中"按钮,如图 3-64 所示。单击"页眉和页脚"工具栏中"转至页脚"按钮,进入页脚编辑区,在"页眉和页脚工具设计"功能区"页眉和页脚"组中,单击"页码"右侧下拉三角按钮,选择"当前位置"中一种页码格式,再单击"开始"功能区"段落"组中的"右对齐"按钮。如图 3-65 所示。

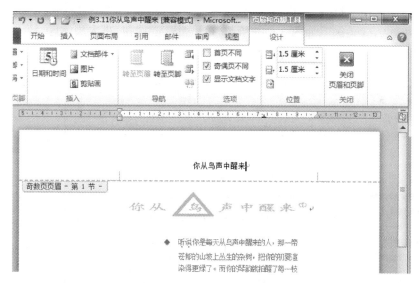

图 3-64 设置奇数页页眉

(2) 设置偶数页方法与设置奇数页相同(前提是必须有偶数页)。在"页眉和页脚工具设计"功能区"导航"组中,选择"下一节"工具按钮可移动鼠标到下一页。在"偶数页页眉"编辑区中输入"散文",再单击"开始"功能区"段落"组中的"居中"按钮;单击"页眉和页脚"工具栏中"转至页脚"按钮,进入"偶数页页脚"编辑区,用前面叙述的方法添加页码,最后单击工具栏的"关闭页眉和页脚"按钮,关闭页眉和页脚的编辑状态。

(3) 将光标定位在"渲染"后面,单击"引用"功能区"脚注"组中的相应按钮(如"插入脚注"和"插入尾注"按钮)实现;或单击"脚注"组右下角的对话框启动器,在打

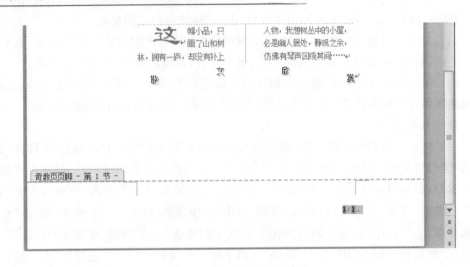

图 3-65 设置奇数页页脚

开的"脚注和尾注"对话框中进行。选中"脚注"单选按钮,在"编号格式"下拉列表框中选择"①,②,③……",如图 3-66 所示,单击"插入"按钮,进入脚注区,输入脚注注释文本"用水墨或淡的色彩涂抹画面"。

图 3-66 "脚注和尾注"对话框中脚注和尾注的设置

(4) 将光标定位在标题行最后,打开"脚注和尾注"对话框,选中"尾注"单选按钮,单击"自定义标记"旁边的"符号"按钮,在出现的"符号"对话框中选择"﹡",单击"确定"按钮,再单击"插入"按钮(图 3-66),进入尾注区,输入尾注注释文本"散文欣赏",在尾注区外单击鼠标结束输入。

3.4.4 样 式

样式是存储在 Word 中的段落或字符的一组格式化命令,是系统或用户定义并保存的一系列排版格式,包括字体、段落的对齐方式、制表位和边距等。例如,一篇文档有各级标题、正文、页眉和页脚等,它们分别有各自的字符格式和段落格式,并各以其样式名存储以便使用。

样式还是模板的一个重要组成部分。将定义的样式保存在模板上,创建文档时使用模板就不必重新定义所需的样式,这样既可以提高工作效率,又可以统一文档风格。

使用样式有两个好处:

(1)可以轻松快捷地编排具有统一格式的段落,使文档格式严格保持一致。而且,样式便于修改,如果文档中多个段落使用了同一样式,只要修改样式,就可以修改文档中带有此样式的所有段落。

(2)样式有助于长文档构造大纲和创建目录。

Word 2010 不仅预定义了很多标准样式,还允许用户根据自己的需要修改标准样式或自己新建样式。

1. 使用已有样式

在 Word 2010 的样式窗格中可以显示出全部的"样式"列表,并可以对样式进行比较全面的操作。选择已有的样式的操作步骤如下:

(1)选定需要使用样式的段落或文本块,在"开始"功能区"样式"组中单击右下角的"样式"对话框启动器,打开"样式"任务窗格,如图 3-67 所示。要查看和使用更丰富的样式,可在打开的样式任务窗格中,单击"选项"按钮,打开"样式窗格选项"对话框,如图 3-68 所示,在"选择要显示的样式"下拉列表中选择"所有样式"选项,并单击"确定"按钮。

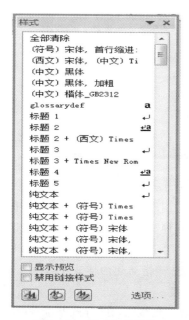

图 3-67 样式任务窗格

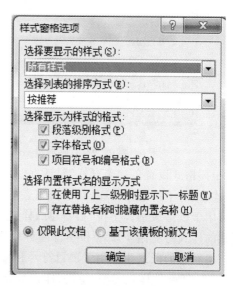

图 3-68 样式窗格选项

(2) 返回样式任务窗格,可以看到已经显示出 Word 2010 提供的所有样式。选中"显示预览"复选框可以显示所有样式的预览。

(3) 在所有"样式"列表中,根据需要选择相应的样式,即可将该样式应用到被选中的文本块或段落中。

2. 新建样式

当 Word 提供的样式不能满足用户需要时,可以自己创建新样式。操作步骤如下:

(1) 打开 Word 文档窗口,在"开始"功能区"样式"组中单击右下角的"样式"对话框启动器,打开"样式"任务窗格(图 3-67),单击左下角的"新建样式"按钮,打开"根据格式设置创建新样式"对话框,如图 3-69 所示。

图 3-69 "根据格式设置创建新样式"对话框

"根据格式设置创建新样式"对话框,在"名称"编辑框中输入新建样式名称。单击"样式类型"下拉三角按钮,在下拉列表中包含五种类型,其中:"段落"指新建的样式将应用于段落级别;"字符"指新建的样式将仅应用于字符级别;"链接段落和字符"指新建的样式将应用于段落和字符两种级别;"表格"指新建的样式主要用于表格;"列表"指新建的样式主要用于项目符号和编号列表。

(2) 选择一种样式类型,单击"样式基准"下拉三角按钮,在"样式基准"在下拉列表中选择 Word 2010 中的某一种内置样式作为新建样式的基准样式,单击"后续段落样式"下拉三角按钮,在下拉列表中选择新建样式的后续样式。

(3) 设置该样式的格式。在该对话框中设置样式格式时,可以通过"格式"栏中相应按钮快速简单设置,也可以单击"格式"按钮在其弹出菜单中选择相应的命令详细设置。

(4) 如果希望该样式应用于所有文档,则需要选中"基于该模板的新文档"单选框。再选择"添加到快速样式列表"复选框,设置完毕单击"确定"按钮即可。新样式建立后,就可以像已有样式一样直接使用了。

注意:如果用户在选择样式类型时选择了"表格"选项,则样式基准中仅列出表格相关的样式提供选择,且无法设置段落间距等段落格式;若选择"列表"选项,则不再显示"样式基准",且格式设置仅限于项目符号和编号列表相关的格式选项。

3. 修改和删除样式

无论是 Word 2010 的内置样式,还是 Word 2010 的自定义样式,用户随时可以对其进行修改。更改样式后,所有应用了该样式的文本都会随之改变。

修改样式的方法如下:在"开始"功能区"样式"组中单击右下角的"样式"对话框启动器,打开"样式"任务窗格,在打开的样式任务窗格中右键单击准备修改的样式,在打开的快捷菜单中选择"修改"命令,打开"修改样式"对话框,用户可以在该对话框中重新设置样式定义。

删除样式的方法与修改类似,不同的是应选择"删除样式名"命令。删除该样式后,带有此样式的所有段落自动应用"正文"样式。

4. 显示和隐藏样式

用户可以通过在 Word 2010 中设置特定样式的显示和隐藏属性,以确定该样式是否出现在样式列表中。操作如下:

在"开始"功能区"样式"组中单击右下角的"样式"对话框启动器,打开"样式"任务窗格,在打开的样式任务窗格中单击"管理样式"按钮,打开对话框,切换到"推荐"选项卡,如图 3-70 所示。在"样式"列表中选择一种样式,然后单击"显示"、"使用前隐藏"或"隐藏"按钮设置样式的属性。其中设置为"使用前隐藏"的样式会一直出现在应用了该样式的 Word 2010 文档样式列表中。完成设置单击"确定"按钮。返回样式窗格,单击"选项"按钮,在打开的"样式窗格选项"对话框中(图 3-68),单击"选择要显示的样式"下拉三角按钮,然后在打开的列表中选择"推荐的样式",并单击"确定"按钮。

通过上述设置,即可在 Word 2010 文档窗口的"样式"列表中只显示设置为"显示"属性的样式。

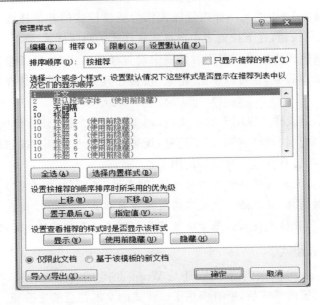

图 3-70 "管理样式"对话框

3.5 制作表格

制作表格是人们进行文字处理的一项重要内容。Word 2010 提供了丰富的制表功能,它不仅可以建立各种表格,而且允许对表格进行调整、设置格式和对表格中的数据计算等。

Word 2010 提供的表格处理功能可以方便地处理各种表格,特别适用于简单表格(如课程表、作息时间安排表、成绩表等),如果要制作较大型的、复杂的表格(如年度销售报表),或是要对表格中的数据进行大量复杂的计算和分析的时候,Excel 2010 是更好的选择。

Word 中的表格有 3 种类型:规则表格、不规则表格、文本转换成的表格,如图 3-71 所示。表格由若干行和若干列组成,行列的交叉处称为单元格。单元格内可以输入字符、图形,或插入另一个表格。

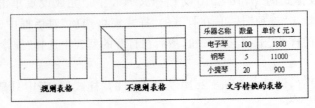

图 3-71 表格的 3 种类型

对表格的操作可以通过"插入"功能区"表格"组中的"表格"按钮来实现。

3.5.1 创建表格

1. 建立规则表格

建立规则表格有两种方法：

① 单击"插入"功能区"表格"组中的"表格"按钮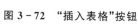，在下拉列表中的虚拟表格里移动光标，经过需要插入的表格的行列数，然后单击，如图 3-72 所示，即可创建一个规则表格。

② 单击"插入"功能区"表格"组中的"表格"按钮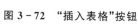，在下拉列表中选择"插入表格"命令，弹出如图 3-73 所示的"插入表格"对话框，选择或直接输入所需的行数和列数，单击"确定"按钮。

图 3-72　"插入表格"按钮

图 3-73　"插入表格"对话框

2. 建立不规则表格

单击"插入"功能区"表格"组中的"表格"按钮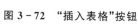，在下拉列表中选择"绘制表格"命令。此时，光标呈铅笔状，可直接绘制表格外框、行列线和斜线（在线段的起点单击鼠标左键不放拖曳至终点释放），表格绘制完成后再按下键盘上的 ESC 键，或者在"表格工具"功能区的"设计"选项卡中，单击"绘图边框"分组中的"绘制表格"按钮结束表格绘制状态。在绘制过程中，可以根据需要选择表格线的线型、宽度和颜色等。

提示：如果在绘制或设置表格的过程中需要删除某行或某列，可以在"表格工具"功能区的"设计"选项卡中单击"绘图边框"分组中的"擦除"按钮。鼠标指针呈现橡皮擦形状，在特定的行或列线条上拖动鼠标左键即可删除该行或该列。在键盘上按下 ESC 键取消擦除状态。

3. 将文本转换成表格

按规律分隔的文本可以转换成表格，文本的分隔符可以是空格、制表符、逗号或

第3章　Word 2010 文字处理

其他符号等。要将文本转换成表格,先选定文本,执行"插入"功能区"表格"组"表格"下拉菜单中"文本转换成表格"菜单命令即可。

注意:文本分隔符不能是中文或全角状态的符号,否则转换不成功。

【例3.12】　将下面的文本转换成表格:

星期一,星期二,星期三,星期四,星期五
语文,数学,美术,体育,语文
数学,语文,说话,写字,美术
语文,品德,音乐,体育,数学

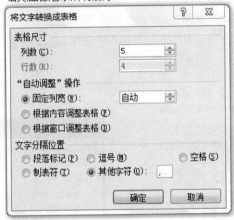

图3-74　"将文字转换成表格"对话框

操作步骤如下:

(1) 打开文档,注意到文本的分隔符是中文标点符号的逗号,通过执行"开始"功能区中"编辑"组中"替换"命令将中文逗号替换为英文逗号。

(2) 选定文本,在"插入"功能区的"表格"分组中单击"表格"按钮,在下拉列表中选择"文本转换成表格"命令,出现图3-74所示的对话框,单击"确定"按钮。如果系统自动提供的选择不正确,可以在对话框内进行必要的更改。

插入表格后,除了添加文字内容外,为了使表格更加美观,还需要对表格的边框、底纹等格式进行设置。如果用户需要插入的表格中已设置好了以上内容时,还可以通过单击"表格"按钮下拉菜单中的"快速表格"按钮,选择需要的样式。

创建表格时,有时需要绘制斜线表头,即将表格中第1行第1个单元格用斜线分成几部分,每一部分对应于表格中行列的内容。对于表格中的斜线表头,可以使用"插入"功能区"插图"组"形状"按钮中"线条"区的直线和"基本形状"区的"文本框"共同完成。

3.5.2　输入表格内容

表格建好后,可以在表格的任一单元格中定位光标并输入文字,也可以插入图片、图形、图表等内容。

第 3 章　Word 2010 文字处理

在单元格输入和编辑文字的操作与文档的文本段落一样,单元格的边界作为文档的边界,当输入内容达到单元格的右边界时,文本自动换行,行高也将自动调整。输入时,按 Tab 键使光标往下一个单元格移动,按 Shift+Tab 键使光标往前一个单元格移动,也可以用鼠标直接单击所需的单元格。

要设置表格单元格中文字的对齐方式,可先选定文字,单击右键,在快捷菜单中指向"单元格对齐方式",再选择需要的对齐方式,如图 3-75 所示。也可以分别设置文字在单元格中的水平对齐方式和垂直对齐方式。其中水平对齐方式可以利用"开始"功能区"段落"组中的对齐按钮；垂直对齐方式则需要通过单击"表格工具"功能区"布局"选项卡"表"组中"属性"按钮，在打开的"表格属性"对话框的"单元格"选项卡中进行操作,如图 3-76 所示。其他设置如字体、缩进等与前面介绍的文档排版操作相同。

图 3-75　设置单元格中文字的对齐方式　　图 3-76　"表格属性"对话框

【例 3.13】　创建一个带斜线表头的表格,如图 3-77 所示。表格中文字对齐方式为中部居中对齐,即水平和垂直方向上都是居中对齐方式。

科目 姓名	数学	英语	计算机
张三	89	71	92
李四	97	87	88
王五	84	73	95

图 3-77　带斜线表头的表格

操作步骤如下:

第3章 Word 2010 文字处理

(1) 新建一个文档,单击"插入"功能区"表格"组中的"表格"按钮,在下拉列表中单击"插入表格"命令,将"插入表格"对话框中的"行数"和"列数"均设置为"4",然后单击"确定"按钮,生成一个4行4列的规则表格。

(2) 鼠标单击第1个单元格,选择"插入"功能区"插图"组"形状"命令,在"线条"区单击直线图标╲,在第一个单元格左上角顶点按住鼠标左键拖动至右下角顶点,绘制出斜线表头;然后单击"基本形状"区的横排文本框图标,在单元格的适当位置绘制一个文本框,输入"科"字,然后选中文本框,按右键,在快捷菜单中选择"设置形状格式"命令,打开"设置形状格式"对话框,在"填充"和"线条颜色"选项卡中设置填充颜色和线条颜色都是"无颜色",如图3-78所示。利用同样的方法制作出斜线表头中的"目"、"姓"、"名"等字。

(3) 在表格其他单元格中输入相应内容,然后选定整个表格中的文字,右击,在快捷菜单中指向"单元格对齐方式",再单击"中部居中"对齐方式。

图3-78 "设置形状格式"对话框

3.5.3 编辑表格

表格的编辑操作同样遵守"先选定、后执行"的原则,选定表格的操作如表3-3所列。

表3-3 选定表格

选取范围	功能区操作 ("表格工具|布局| 选择|"中的命令)	鼠标操作
一个单元格	"选择单元格"	鼠标指针指向单元格内左下角处,呈右上角方向黑色实心箭头,单击

续表 3-3

选取范围	功能区操作 ("表格工具|布局|选择|"中的命令)	鼠标操作
一行	"选择行"	鼠标指针指向该行左端边沿处(即选定区),单击
一列	"选择列"	鼠标指针指向该列顶端边沿处,呈向下黑色实心箭头,单击
整个表格	"选择表格"	单击表格左上角的符号 ⊞

表格的编辑包括：缩放表格；调整行高和列宽；增加或删除行、列和单元格；表格计算和排序；拆分和合并表格、单元格；表格复制和删除；表格跨页操作等。

这主要通过"表格工具"功能区"布局"选项卡中的相应按钮(图 3-79)或右击弹出的快捷菜单中的相应命令来完成。

图 3-79 "表格工具"功能区"布局"选项卡中的按钮

1．缩放表格

当鼠标位于表格中时,在表格的右下角会出现符号"□",称为句柄。当鼠标位于句柄上,变成箭头"↘"时,拖动句柄可以缩放表格。

2．调整行高和列宽

根据不同情况有 3 种调整方法：

① 局部调整。可以采用拖动标尺或表格线的方法。

② 精确调整。选定表格,在"表格工具"功能区"布局"选项卡"单元格大小"组中的"高度"数值框和"宽度"数值框中设置具体的行高和列宽。也可以通过单击"表"组中的"属性"按钮或在右键快捷菜单中选择"表格属性"命令,打开"表格属性"对话框,在"行"或"列"选项卡中设置具体的行高和列宽。

③ 自动调整列宽和均匀分布。在"表格工具"功能区"布局"选项卡"单元格大小"组中的"自动调整"按钮,选择相应的调整方式,如图 3-80 所示,或在右键快捷菜单中选择"自动调整"中的相应命令。

3．增加或删除行、列和单元格

增加或删除行、列和单元格可利用"表格工具"功能区"布局"选项卡"行和列"中的相应按钮或在右键快捷菜单中的相应命令来完成。

如果选定的是多行或多列,那么增加或删除的也是多行或多列。

【例 3.14】 将【例 3.13】中表格的行高设置为 2 cm,列宽为 3 cm；在表格的底部

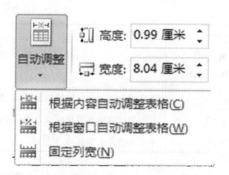

图3-80 "自动调整"下拉列表中的相应命令

添加一行并输入"平均分",在表格的最右边添加一列并输入"总分"。

操作步骤如下:

(1) 选定整个表格。

(2) 单击"表格工具"功能区"布局"选项卡"单元格大小"组中的"高度"数值框,调整至"2"厘米或直接输入"2厘米",同样,在"宽度"数值框中设置"3厘米",按 Enter 键。然后,适当调整斜线表头大小和位置。

(3) 选中最后1行,单击"表格工具"功能区"布局"选项卡"行和列"组中的"在下方插入"按钮(或者将光标置于最后一个单元格按 Tab 键,或者将光标至于最后一行段落标记前按 Enter 键),然后在新插入行的第1个单元格中输入"平均分";

(4) 选中最后1列,单击"表格工具"功能区"布局"选项卡"行和列"组中的"在右侧插入"按钮,然后在新插入列的第1个单元格中输入"总分"。设置新增加的行和列单元格文字对齐方式为中部居中对齐。

图3-81 在"表格属性"对话框中设置行高

4. 表格计算和排序

1) 表格计算

在 Word 2010 的表格中可以完成一些简单的计算,如求和、求平均值、统计等,这都能通过 Word 提供的函数快速实现。这些函数包括求和(Sum)、平均值(Average)、最大值(Max)、最小值(Min)、条件统计(If)等。但是,与 Excel 电子表格相比,Word 的表格计算自动化能力差,当不同单元格进行同种功能的统计时,必须重复编辑公式或调用函数,效率低;另外,当单元格的内容发生变化时,Word 2010 表格中的结果不能自动重新计算,必须选定结果,然后按功能键 F9,方可更新。

在 Word 2010 中,通过执行"表格工具"功能区"布局"选项卡"数据"组中的"公式"按钮 f_x 来使用函数或直接输入计算公式。在计算过程中,经常要用到表格的单元格地址,它用字母后面跟数字的方式来表示,其中字母表示单元格所在列号,每一列号依次用字母 A、B、C…表示,数字表示行号,每一行号依次用数字 1、2、3…表示,如 B3 表示第 2 列第 3 行的单元格。作为函数自变量的单元格表示方法如表 3-4 所列。

表 3-4 单元格表示方法

函数自变量	含 义
LEFT	左边所有单元格
ABOVE	上边所有单元格
单元格1:单元格2	从单元格 1 到单元格 2 矩形区域内的所有单元格。例如,a1:b2 表示 a1,b1,a2,b2 共 4 个单元格中的数据参与计算
单元格1,单元格2,…	计算所有列出来的单元格1,单元格2,…的数据

注:其中的":"和","必须是英文的标点符号,否则会导致计算错误。

2) 表格排序

除计算外,Word 2010 还可以根据数值、笔画、拼音、日期等方式对表格数据按升序或降序排列。表格排序的关键字最多有 3 个:主要关键字、次要关键字、第三关键字。如果按主要关键字排序时遇到相同的数据,则可以根据次要关键字排序,如果次要关键字又出现相同的数据,则可以根据第三关键字继续排序。

【例 3.15】 计算【例 3.14】的表格中每位学生的"总分"及每门课程的"平均分"(要求平均分保留 2 位小数),并对表格进行排序(不包括"平均分"行):首先按总分降序排列,如果总分相同,再按计算机成绩降序排列。结果如图 3-82 所示。

操作步骤如下:

(1) 计算总分。计算总分即求和,选择的函数是"SUM"。用鼠标单击用于存放第 1 位学生总分的单元格(注意不是用鼠标选中第 1 个学生的各门功课成绩),单击"表格工具"功能区"布局"选项卡"数据"组中的"公式"按钮 f_x,弹出"公式"对话框,

科目\姓名	数学	英语	计算机	总分
李四	97	87	88	272
王五	84	73	95	252
张三	89	71	92	252
平均分	90.00	77.00	91.67	258.67

图 3-82 表格计算和排序结果

如图 3-83 所示,此时,Word 自动给出的公式是正确的,直接单击"确定"按钮。继续用鼠标单击用于存放第 2 位学生总分的单元格,重复相同的步骤(或直接按功能键 F4,重复相同的计算公式),这时 Word 自动提供的公式"＝SUM(ABOVE)"中参数是错误的,需要将"ABOVE"改成"LEFT",也可以将"ABOVE"改成"B3,C3,D3"或"B3:D3",或直接在"公式"文本框中输入"＝B3＋C3＋D3",公式中的符号必须是英文的,且不区分字母大小写。用同样的方法计算出第 3 位学生的总分。

(2) 计算平均分。计算平均分与总分类似,选择的函数是"AVERAGE"。用鼠标单击存放"数学"平均分的单元格,单击"表格工具"功能区"布局"选项卡"数据"组中的"公式"按钮 f_x,弹出"公式"对话框,在"公式"文本框中保留"＝",删除其他内容,然后单击"数字格式"下拉列表框,在其中选择"0.00"(小数点后有几个 0 就是保留几位小数),再单击"粘贴函数"下拉列表框,在其中选择"AVERAGE",然后用鼠标在"公式"文本框中的括号内单击,输入"ABOVE",如图 3-84 所示,也可以在括号内输入"B2,B3,B4"或"B2:B4",或者在公式框中输入"＝(B2＋B3＋B4)/3",最后单击"确定"按钮,第一个保留两位小数的平均分就算好了。用同样的方法计算出"英语"和"计算机"的平均分。

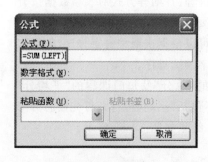

图 3-83 计算总分

图 3-84 计算平均分(结果保留两位小数)

(3) 表格排序。选定表格前 4 行,单击"表格工具"功能区"布局"选项卡"数据"组中的"排序"按钮 ,在"排序"对话框中选择"主要关键字"和"次要关键字"以及相应的排序方式,如图 3-85 所示,单击"确定"按钮。

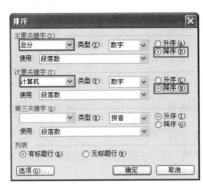

图 3-85 "排序"对话框设置

5. 拆分和合并表格、单元格

拆分表格是指将一个表格分为两个表格的情况。首先将光标移到表格将要拆分的位置,即拆分后第 2 个表格的第 1 行,然后单击"表格工具"功能区"布局"选项卡"合并"组中的"拆分表格"按钮,此时在两个表格中产生一个空行。删除这个空行,两个表格又合并成为一个表格。

拆分单元格是指将一个单元格分为多个单元格,合并单元格则恰恰相反。拆分和合并单元格可以利用"表格工具"功能区"布局"选项卡"合并"组中的"拆分单元格"按钮和"合并单元格"按钮来进行。

【例 3.16】 利用表格的"拆分与合并单元格"功能,制作不规则表格,如图 3-86 所示。

操作步骤如下:

(1) 首先建立一个规则表格。单击"插入"功能区"表格"组中"表格"按钮,在下拉列表中单击"插入表格"命令,在弹出的"插入表格"对话框中设置"列数"为"3","行数"为"3",然后单击"确定"按钮。表格插入文档中后,缩放表格至合适大小。

(2) 单击第 1 行第 3 个单元格,单击"表格工具"功能区"布局"选项卡"合并"组中的"拆分单元格"按钮,在"拆分单元格"对话框中选择"列数"为"1","行数"为"2",如图 3-87 所示,单击"确定"按钮。

(3) 选定第 2 行、第 3 行的第 2 列和第 3 列单元格,单击"表格工具"功能区"布局"选项卡"合并"组中的"合并单元格"按钮。

6. 表格复制和删除

表格复制可通过"开始"功能区"复制"命令(或按快捷键 Ctrl+C),或选定表格后右键单击,利用快捷菜单中的"复制"命令完成。

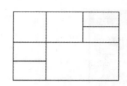
图 3-86 不规则表格

图 3-87 "拆分单元格"对话框

表格删除可单击"表格工具"功能区"布局"选项卡"行和列"组中"删除"按钮，在下拉列表中单击"删除表格"命令；或选定表格后单击鼠标右键,利用快捷菜单中的"删除表格"命令完成。

注意：选定表格按 Delete 或 Del 键,只能删除表格中的数据,不能删除表格。

7. 表格跨页操作

当表格很长,或表格正好处于两页的分界处,表格会被分割成两部分,即出现跨页的情况。Word 提供了两种处理跨页表格的方法：

① 一种是跨页分断表格,使下页中的表格仍然保留上页表格中的标题（适于较大表格）。

② 另一种是禁止表格分页（适于较小表格）,让表格处于同一页上。

表格跨页操作可以单击"表格工具"功能区"布局"选项卡"表"组中"属性"按钮，打开"表格属性"对话框,在"行"选项卡中进行设置,如图 3-88 所示。其中,跨页分断表格还可以单击"表格工具"功能区"布局"选项卡"数据"组中的"重复标题行"按钮来实现。

图 3-88 设置表格允许跨页断行

8. 表格转换成文本

在 Word 2010 文档中,用户可以将 Word 表格中指定单元格或整张表格转换为文本内容(前提是 Word 表格中含有文本内容),操作方法如下所述:

打开 Word 2010 文档窗口,选中需要转换为文本的单元格。如果需要将整张表格转换为文本,则只需单击表格任意单元格。单击"表格工具"功能区中的"布局"选项卡,然后单击"数据"分组中的"转换为文本"按钮,在打开的"表格转换成文本"对话框中,选中"段落标记"、"制表符"、"逗号"或"其他字符"单选框。选择任何一种标记符号都可以转换成文本,只是转换生成的排版方式或添加的标记符号有所不同。最常用的是"段落标记"和"制表符"两个选项。选中"转换嵌套表格"可以将嵌套表格中的内容同时转换为文本。设置完毕单击"确定"按钮即可,如图 3-89 所示。

图 3-89 "表格转换成文本"对话框

3.5.4 表格格式化

1. 自动套用表格格式

Word 2010 为用户提供了 90 多种表格样式,这些样式包括表格边框、底纹、字体、颜色的设置等,使用它们可以快速格式化表格。通过执行"表格工具"功能区"设计"选项卡"表格样式"组中的相应按钮来实现。

【例 3.17】 为【例 3.15】中的表格自动套用表格样式"浅色底纹",效果如图 3-90 所示。

操作步骤如下:

(1) 选定表格。

(2) 单击"表格工具"功能区"设计"选项卡"表格样式组"中的"其他样式"下拉按钮,在弹出的"表格样式"列表框中选择"浅色底纹",如图 3-91 所示。

2. 边框与底纹

自定义表格外观,最常见的是为表格添加边框和底纹,使用边框和底纹可以使每个单元格或每行每列呈现出不同的风格,使表格更加清晰明了。这通过执行"表格工具"功能区"设计"选项卡"表格样式"组中"边框"的下三角按钮,在下拉菜单中选择"边框和底纹"命令,打开"边框和底纹"对话框来进行操作,其设置方法与段落的边框和底纹设置类似,只是在"应用于"下拉列表框中选择"表格"。

【例 3.18】 为【例 3.15】中的表格设置边框和底纹:表格内框为 1 磅实单线,外框为 1.5 磅实单线;为平均分这一行文字添加红色底纹。效果如图 3-92 所示。

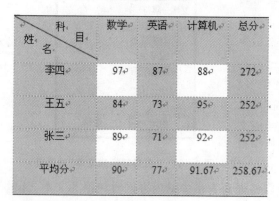
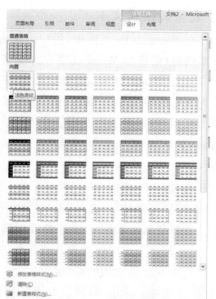

图 3-90　表格格式"浅色底纹"的效果　　图 3-91　设置表格自动套用格式"浅色底纹"

图 3-92　表格加边框和底纹的效果

操作步骤如下：

（1）选定平均分这一行，单击"表格工具"功能区"设计"选项卡"表格样式"组中"边框"的下三角按钮，在下拉菜单中选择"边框和底纹"命令，打开"边框和底纹"对话框，单击"底纹"选项卡，在"填充"栏"标准色"区中选择"红色"，"应用于"框中选择"文字"，然后单击"确定"按钮。

（2）选定表格，单击"表格工具"功能区"设计"选项卡"表格样式"组中"边框"的下三角按钮，在下拉菜单中选择"边框和底纹"命令，打开"边框和底纹"对话框，单击"边框"选项卡，在"样式"中选择线型为单实线，"宽度"中选择 1.5 磅，在预览区中单击示意图的 4 条外边框；再在"宽度"中选择 1 磅，在预览区中单击示意图的中心点，生成十字形的两个内框，如图 3-93 所示。设置边框时除单击示意图外，也可以使用其周边的按钮。

图3-93　设置表格边框

3. 加大表格中单元格间距

要使表格产生立体效果,加大表格单元格间距是一种有效的方法。例如,选择【例3.18】中的表格,单击"表格工具"功能区"布局"选项卡"表"组中"属性"按钮,打开"表格属性"对话框,单击"表格"选项卡中的"选项"按钮,在打开的"表格选项"对话框中选择"允许调整单元格间距"复选框,并在旁边的数值框中设置合适的数值,如图3-94所示,单击"确定"按钮,其效果如图3-95所示。

图3-94　加大表格单元格间距设置

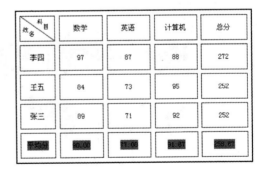

图3-95　加大表格单元格间距效果

4. 设置表格与文字的环绕

表格和文字的排版有"环绕"和"无"两种方式,可通过在"表格属性"对话框中"表格"选项卡的"文字环绕"栏中进行设置,如图3-96所示。

图 3-96 设置表格与文字的环绕

3.6 文档插入操作

现代字处理系统不仅仅局限于对文字进行处理,而且还能插入各种各样的媒体对象,这不仅节省了文字的描述量,而且文章的可读性、艺术性和感染力也大大增强。Word 2010 可以插入的对象包括:各种类型的图片、图形对象(如自选图形、SmartArt 图形、文本框、艺术字等)、公式和图表等,如图 3-97 所示。

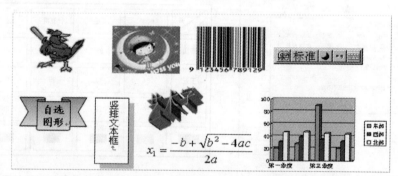

图 3-97 Word 中可以插入的对象

要在文档中插入这些对象,通常选择执行"插入"功能区相应组中的按钮,如图 3-98 所示。

如果要对插入的对象进行编辑和格式化操作,可以利用各自的右键快捷菜单及对应的功能区进行。图片对应的是"图片工具"功能区;图形对象对应的分别是"绘图工具"、"SmartArt 工具"、"公式工具"、"图表工具"等。选定对象后,所对应的功能区

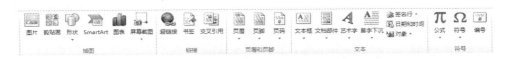

图 3-98 "插入"功能区的部分按钮

就会出现。

3.6.1 图片的插入

通常情况下,文档中所插入的图片主要来源于4个方面:

(1) 从图片剪辑库中插入剪贴画或图片。

(2) 通过扫描仪获取出版物上的图像或一些个人照片。

(3) 来自于数码相机。

(4) 从网络上下载所需图片。上网搜索到所需图片后,右键单击图片,在打开的快捷菜单中选择"图片另存为",将图片保存到计算机硬盘上。

图片文件具体分为三大类:

(1) 剪贴画。文件后缀名为.wmf(Windows图元文件)或.emf(增强型图元文件)。

(2) 其他图形文件,如.bmp(Windows位图)、.jpg(静止图像压缩标准格式)、.gif(图形交换格式)、.png(可移植网络图形)和.tiff(标志图像文件格式)等。

(3) 截取的屏幕图像或界面图标等。

1. 插入图片

要在文档中插入图片,可以通过单击"插入"功能区"插图"组中的相应按钮进行操作。

【例3.19】 打开文档"你从鸟声中醒来.docx",插入一幅剪贴画、一张图片、Windows桌面图像(截取的屏幕图像)以及"智能ABC"输入法状态条图标(截取的界面图标)。

操作步骤如下:

(1) 插入剪贴画:

① 将光标移到文档中需要放置图片的位置,单击"插入"功能区"插图"组中的"剪贴画"按钮,窗口右侧将打开"剪贴画"任务窗格。

② 在"搜索文字"框中输入图片的关键字(如"科技"),单击"搜索"按钮,任务窗格将列出搜索结果,如图3-99所示。

③ 单击插入合适的剪贴画,或单击剪贴画右边的下拉箭头,在随后出现的菜单中选择"插入"命令,将剪贴画插入到指定位置。

图 3-99 插入剪贴画

(2) 插入图片文件。将光标移到文档中需要放置图片的位置,单击"插入"功能区"插图"组中的"图片"按钮,打开"插入图片"对话框,选择图片所在的位置和图片名称,单击"插入"按钮,将图片文件插入到文档中。

(3) 插入桌面图像(截取的屏幕图像):

① 显示 Windows 桌面,按 PrintScreen 键,将图像复制到剪贴板中。

② 将光标放在文档的合适位置,右击,从弹出的快捷菜单中选择"粘贴"命令(或单击"开始"功能区"剪贴板"组中的的"粘贴"按钮,或按快捷键 Ctrl+V)。

如果截取的图像是活动窗口,操作与此类似,不同的是需要按下 Alt+PrintScreen 键;也可以利用 word 2010 新增加的"屏幕截图"功能(单击"插入"功能区"插图"组的"屏幕截图"按钮,在弹出的下拉列表中可以看到当前打开的程序窗口,单击需要截取画面的程序窗口即可)。

(4) 插入图标:

① 显示"智能 ABC"输入法状态条,移到屏幕上空白区域(方便截取),然后按 PrintScreen 键,将全屏图像复制到剪贴板中。

② 单击"开始|所有程序|附件|画图"命令打开"画图"程序,执行"编辑|粘贴"菜单命令,将全屏图像放入画图程序。

③ 单击画图工具箱中的"选定"按钮,画框选中"智能 ABC"输入法状态条,然后执行"编辑|剪切"菜单命令,再将光标定位于文档中需要插入图标的地方,执行"编辑|粘贴"菜单命令,就可以将其插入到文档中。

2. 图片的编辑和格式化

插入文档中的图片,除复制、移动和删除等常规操作外,还可以进行尺寸比例的调整、裁剪及旋转等编辑处理;可以调整图片的颜色:如增加/降低对比度、增加/降低亮度、颜色设置等;删除图片背景使文字内容和图片互相映衬;设置图片的艺术效果(包括标记、铅笔灰度、铅笔素描、线条图、粉笔素描、画图笔划、画图刷、发光散射、虚化、浅色屏幕、水彩海绵、胶片颗粒等 22 种效果);设置图片样式(样式是多种格式的综合,包括为图片添加边框、效果的相关内容等);可以设置图片排列方式(即文字对图片的环绕):如"嵌入型"(将图片当作文字对象处理),其他非"嵌入型"如四周型、紧密型等(将图片当作区别于文字的外部对象处理);如果是多张图片,可以进行组合与取消组合的操作,多张图片叠放在一起时,还可以通过调整叠放次序得到最佳效果(注意此时图片的文字环绕方式不能是"嵌入型")。

这主要通过"图片工具"功能区"格式"选项卡和右键快捷菜单中的对应命令来实现。"图片工具"功能区如图 3-100 所示。

图片刚插入文档时往往很大,这就需要调整图片的尺寸大小,最常用的方法是:单击图片,此时图片四周出现 8 个黑色的实心小方块,称为尺寸句柄,拖曳它们可以进行图片缩放。如果需要准确地修改图片尺寸,可以右击图片,选择"大小和位置"命

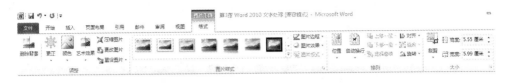

图 3-100 "图片工具"功能区

令,打开"布局"对话框,通过"大小"选项卡完成。如图 3-101 所示。

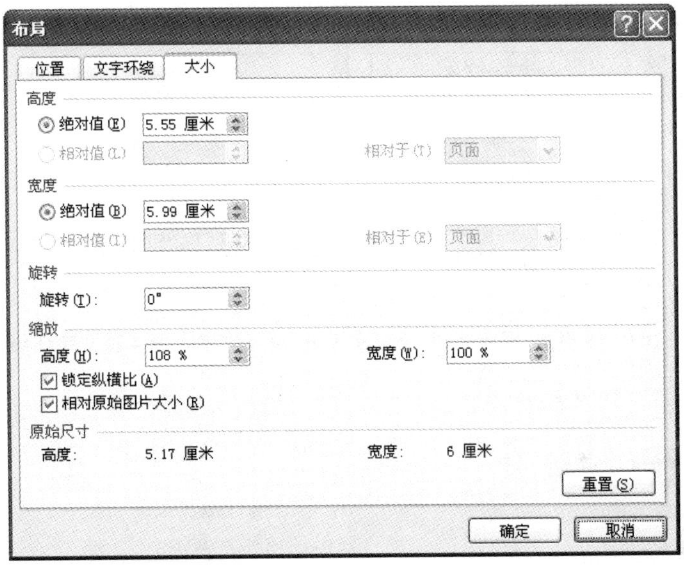

图 3-101 在"布局"对话框设置图片大小

文档插入图片后,常常会把周围的正文"挤开",形成文字对图片的环绕。文字对图片的环绕方式主要分为两类:一类是将图片视为文字对象,与文档中的文字一样占有实际位置,它在文档中与上下左右文本的位置始终保持不变,如"嵌入型"( ),这是系统默认的文字环绕方式;另一类是将图片视为区别于文字的外部对象处理,如"四周型"( )、"紧密型"( )、"衬于文字下方"( )、"浮于文字上方"( )、"上下型"( )和"穿越型"( )。其中前4种更为常用,四周型是指文字沿图片四周呈矩形环绕;紧密型的文字环绕形状随图片形状不同而不同(如图片是圆形,则环绕形状是圆形);衬于文字下方是指图形位于文字下方;浮于文字上方是指图形位于文字上方。这4种文字环绕的效果如图 3-102 所示。

设置文字环绕方式有两种方法:一是单击"图片工具"功能区"格式"选项卡"排列"组中的"自动换行"按钮 ,在下拉菜单中选择需要的环绕方式,如图 3-103 所示;另一种方法是右击图片,在快捷菜单中选择"自动换行"命令,在下一级的级联菜单中选择相应的环绕方式,如图 3-104 所示。

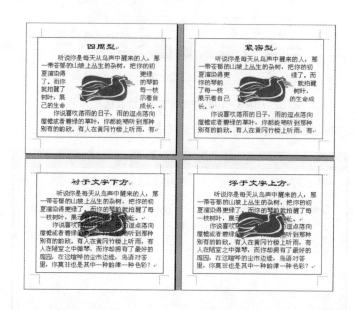

图 3-102　四周型、紧密型、衬于文字下方、浮于文字上方 4 种文字环绕效果

图 3-103　"自动换行下拉菜单"下拉菜单　　　图 3-104　右键快捷菜单"自动换行"命令

在文字环绕方式中,"嵌入型"和其他非"嵌入型"文字环绕方式的图片选中状态是不一样的。如图 3-105 所示,"嵌入型"四周的句柄呈 8 个黑色实心小方块,而其他方式的句柄为 8 个白色小圆点。如果在文档中插入图片时发生图片显示不全的情况,此时,只要将文字环绕方式由"嵌入型"改为其他任何一种方式即可。

在非"嵌入型"文字环绕方式中,衬于文字下方比浮于文字上方更为常用,但图片衬于文字下方后,不方便选取,这时可以利用"绘图"工具栏中的"选择对象"按钮来解决问题。

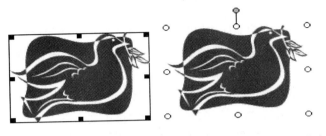

图 3-105　"嵌入型"(左)和非"嵌入型"方式(右)的图片选中状态

同时,图片衬于文字下方后会使字迹不清晰,可以利用图形着色效果使图形颜色淡化,它是通过单击"图片工具"功能区"格式"选项卡"调整"组中"颜色"按钮下拉列表"重新着色"区中的"冲蚀"命令来实现的,如图 3-106 所示。效果如图 3-107 所示。

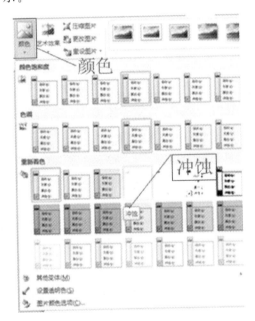

图 3-106　设置图片冲蚀　　　图 3-107　图片"冲蚀"效果

有时,我们可能需要将图片和文字变成一个整体来处理(如书籍中的图片和图示说明),解决方法如下:首先按默认环绕方式"嵌入型"插入图片,然后选中图片和文字,插入到文本框中(单击"插入"功能区"文本"组中的"文本框"按钮)即可。

【例 3.20】　对【例 3.19】中插入的剪贴画适当调整大小和位置,设置文字环绕方式为"紧密型环绕";将插入的图片设置为冲蚀效果,衬于文字下方。

操作步骤如下:

(1) 用鼠标单击剪贴画,图形四周出现尺寸句柄,将鼠标指针移动到这些尺寸句柄上,当鼠标指针变为双向箭头( )时拖动。将剪贴画调整至合适大小后,再移动

第3章 Word 2010 文字处理

到适当位置。

（2）单击"图片工具"功能区中"格式"选项卡"排列"组中的"自动换行"按钮，在下拉菜单中选择环绕方式为"紧密型环绕"；或者右键单击图片，在快捷菜单中选择"自动换行"命令，在下一级级联菜单中单击"紧密型环绕"。

（3）选中插入的图片，单击"图片工具"功能区中"格式"选项卡"排列"组中的"自动换行"按钮，在下拉菜单中选择环绕方式为"衬于文字下方"，再单击"图片工具"功能区中"格式"选项卡"调整"组中"颜色"按钮下拉列表"重新着色"区中的"冲蚀"命令，然后适当调整大小。

3.6.2 图形对象的插入

图形对象包括形状、SmartArt 图形、艺术字等。

1. 形状

Word 2010 中的形状包括线条、矩形、基本形状、箭头总汇、公式形状、流程图、星与旗帜和标注 8 种类型，每种类型又包含若干图形样式。插入的形状还可以添加文字、设置阴影效果、发光和三维旋转等特殊效果。

插入形状是通过单击"插入"功能区"插图"组中的"形状"按钮图标来实现的。在形状库中单击需要的图标，然后将鼠标在文本区拖动从而形成所需要的图形。对图形进行编辑和格式化时，先选中图形，然后在"绘图工具"功能区（图 3 - 108）或右键快捷菜单中操作。

图 3 - 108 "绘图工具"功能区

绘制的图形最常用的编辑和格式化操作包括缩放和旋转、添加文字、叠放次序、组合与取消组合、设置图形格式等。

（1）缩放和旋转。单击图形，在图形四周会出现 8 个白色圆点和一个绿色圆点，拖动白色圆点可以进行图形缩放，拖动绿色圆点可以进行图形旋转。

（2）添加文字。在需要添加文字的图形上右击，从快捷菜单中选择"添加文字"命令，这时光标出现在选定的图形中，输入需要添加的文字内容。这些输入的文字会变成图形的一部分，当移动图形时，图形中的文字也跟随移动。

（3）组合。画出的多个图形有时需要构成一个整体，以便同时编辑和移动，可以用先按住 Shift 键再分别单击其他图形的方法，然后移动鼠标至指针呈十字形箭头状（✥）时右击，选择快捷菜单中的"组合|组合"命令。若要取消组合，右击图形，在快捷菜单中选择"组合|取消组合"命令。

(4) 叠放次序。当在文档中绘制多个重叠的图形时,每个重叠的图形有叠放的次序,这个次序与绘制的顺序相同,最先绘制的在最下面,可以利用右键快捷菜单中的"叠放次序"命令改变图形的叠放次序。

(5) 设置形状格式。右键单击图形,在快捷菜单中选择"设置形状格式"命令,打开"设置形状格式"对话框(图3-109),在左侧的类别框中其中包含"填充"、"线条"、"线型"、"阴影"、"映像"、"发光和柔化边缘"等,在其中可以设置图形的填充颜色、线条类型和颜色、大小等。

图3-109 "设置形状格式"对话框

【例3.21】 绘制一个图3-110中所示的图形,要求:流程图各个部分组合为一个整体;"太阳、月亮和星星"图中先绘制太阳,在太阳上面再画月亮,覆盖住太阳一部分,接着使用"叠放次序"命令使太阳全部可见,并设置其填充颜色为红日西斜,旋转月亮180°,使之与太阳相对,最后在旁边画2颗十字星点缀,月亮和星星填充颜色均为浅黄色。

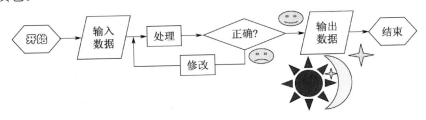

图3-110 绘制图形

操作步骤如下:

(1) 绘制流程图:

① 新建一个空白文档,单击"插入"功能区"插图"组中的"形状"按钮,在下拉菜

单"流程图"区中选择相应的图形,如图 3-111 所示,在文档中合适位置单击拖动鼠标,绘制图形,并适当调整大小。右击图形,在快捷菜单中选择"添加文字"命令,在图形中输入文字"开始",调整圆角矩形的宽度和高度使文字竖向排列,并设置字体为"华文彩云"。

② 单击"插入"功能区"插图"组中的"形状"按钮,在下拉菜单"线条"区中选择单击"箭头"按钮,画出向右的箭头。

③ 重复第 1 步和第 2 步,继续绘制其他图形直至完成。其中从"正确"菱形框到"修改"矩形框中间的两条直线是通过单击"直线"按钮来绘制的;笑脸来自于"基本形状"区;而哭脸的绘制过程是:先画好笑脸,然后单击它,此时,在其嘴部线条处会出现一个黄色菱形,用鼠标拖动该菱形调整形状,即改为哭脸。

④ 单击 Shift 键,依次单击所有图形,全部选中后,在图形中间右击,在弹出菜单中选择"组合|组合"命令,将多个图形组合在一起。

(2) 绘制基本形状:

① 单击"插入"功能区"插图"组中的"形状"按钮,选择"基本形状"区中的太阳,画到文档中合适的地方;再单击"插入"功能区"插图"组中的"形状"按钮,选择"基本形状"区中的月亮,重叠画在太阳上,覆盖住太阳的一部分。

② 右键单击"太阳",在快捷菜单中选择"置于顶层|上移一层"命令,使太阳全部可见。

③ 右键单击"太阳",在快捷菜单中选择"设置形状格式"命令,在弹出的"设置形状格式"对话框中单击左侧的"填充"类别,然后在对话框的右侧选择"渐变填充",并在"预设颜色"下拉列表框中选择"红日西斜"选项,如图 3-112 所示,单击"关闭"按钮。(也可以单击"绘图工具"功能区"格式"选项卡"形状样式"组中的"形状填充"按钮,在下拉菜单中选择"渐变"|"其他渐变"命令,如图 3-113 所示,在弹出的"设置形状格式"对话框中进行相应设置)。

图 3-111　形状中的各种图形

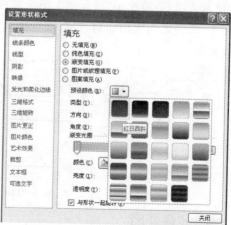

图 3-112　"设置形状格式"对话框

④ 单击图形"月亮",月亮周围会出现一个绿色的小圆点,移到鼠标指针到绿色圆点处,拖动它旋转180°,使之面向太阳。

⑤ 在"形状"下拉菜单中选择"星与旗帜"类别中的"十字星"图形(✧),画到月亮周围,并复制一个,适当调整大小后移动到合适的地方。将月亮和两颗星同时选中,单击右键,在快捷菜单中选择"设置对象格式"命令,在弹出的"设置形状格式"对话框中单击左侧的"填充"类别,然后在对话框的右侧选择"纯色填充",并在"填充颜色"下拉列表框中选择"浅黄",单击"关闭"按钮,完成操作。

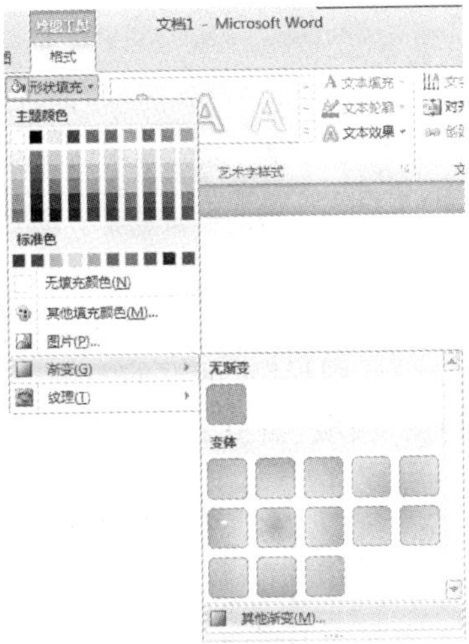

2. 插入 SmartArt 图形

图 3-113 "形状填充"下拉菜单

SmartArt 图形是 word 中预设的形状、文字以及样式的集合,包括列表、流程、循环、层次结构、关系、矩阵、棱锥图和图片 8 种类型,每种类型下有多个图形样式,用户可以根据文档的内容选择需要的样式,然后对图形的内容和效果进行编辑。

插入 SmartArt 图形是通过单击"插入"功能区"插图"组中的"SmartArt"按钮图标 来实现的。在弹出的"选择 SmartArt 图形"对话框的左侧框单击相应的类别,然后在中间框中选择其中的类型,最后单击"确定"即可形成所需要的图形。对图形进行编辑和格式化时,先选中图形,然后在"绘图工具"功能区(图 3-114)或右击快捷菜单中操作。

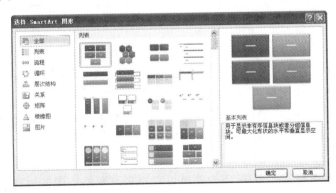

图 3-114 "设置形状格式"对话框

【例 3.22】 绘制一个图 3-115 所示的组织结构图。

操作步骤如下:

(1) 单击"插入"功能区"插图"组中的"SmartArt"按钮图标,在弹出"选择

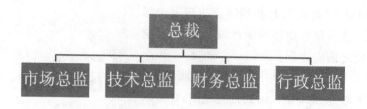

图 3-115 绘制组织结构图

SmartArt 图形"对话框的左侧框单击"层次结构"类别,在中间的列表框中选择"组织结构图"选项,如图 3-116 所示,单击"确定"按钮。

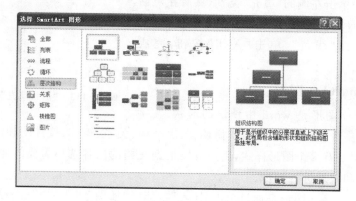

图 3-116 选择类型为"组织结构图"

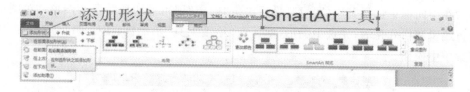

图 3-117 "添加形状"下拉菜单

(2) 单击最上层文本框,输入"总裁";单击第 2 层的文本框,按 Delete 键删除;在最下层的 3 个框中依次输入"市场总监"、"技术总监"和"财务总监"。单击"财务总监"文本框,再单击"SmartArt 工具"功能区"设计"选项卡"创建图形"组中的"添加形状"按钮右边的下拉箭头,在下拉菜单中选择"在后面添加形状"选项,如图 3-117 所示,则在右边插入一个新文本框,输入"行政总监"。利用"添加形状"下拉菜单还可以添加下属和助手图框,而"布局"下拉菜单可以用来改变结构图的版式,包括标准、两者、左悬挂、右悬挂等。

(3) 单击文档中其他任意位置,组织结构图完成。

3. 插入文本框

文本框是一个方框形式的图形对象,框内可以放置文字、表格、图标及图形等对象,使用它可以方便地将文字放置到文档中的任意位置。

在文档中插入文本框可通过单击"插入"功能区"文本"组中"文本框"按钮图标,在下拉菜单中选择合适的文本框类型(图 3-118),返回文档窗口,所插入的文本框处于编辑状态,直接输入用户的文本内容即可。也可以通过单击下拉菜单中的"绘制文本框"命令或"绘制竖排文本框"来实现。

在文本框中输入文字,若框中部分文字不可见时,应调整文本框的大小来解决。

文本框中的文字可以像正文中的文字一样排版;文本框的线型、填充色、环绕方式等格式可以通过右键单击文本框,在快捷菜单中选择"设置形状格式"和"其他布局选项"命令来操作。

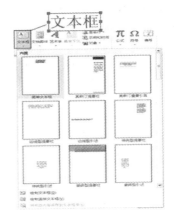

【例 3.23】 制作几种不同风格的文本框,包括无边框文本框、加阴影的竖排文本框和立体文本框等,如图 3-119 所示。

操作步骤如下:

(1)无边框文本框。单击"插入"功能区"文本"组中"文本框"按钮图标,在下拉菜单中选择"绘制文本框",在文档中合适位置画上文本框,然后输入文字"无边框文本框",必要时调整文本框大小;右键单击文本框,在快捷菜单中选择"设置形状格式"命令,打开"设置形状格式"对话框,在左侧框中选择"线条颜色",中间框中单击"无线条",如图 3-120 所示,单击"关闭"按钮。

图 3-118 "文本框"下拉菜单

图 3-119 几种不同风格的文本框   图 3-120 设置文本框边框无色

(2)加阴影的竖排文本框。单击"插入"功能区"文本"组中"文本框"按钮图标,在下拉菜单中选择"绘制竖排文本框",在文档中合适位置画上文本框,然后输入文字"竖排文本框";单击"绘图工具"功能区"格式"选项卡"形状样式"组中的"形状效果"

命令,在弹出的下拉菜单中选择"阴影",在下一级菜单中选择"外部"区中第一个样式,如图 3-121 所示。

(3) 立体文本框。单击"插入"功能区"文本"组中"文本框"按钮图标,在下拉菜单中选择"绘制文本框",在文档中合适位置画上文本框,然后输入文字"立体文本框";单击"绘图工具"功能区"格式"选项卡"形状样式"组中的"形状效果"命令,在弹出的下拉菜单中选择"预设",在下一级菜单中选择"预设"区中"预设 10"样式(第 3 行第 2 列),如图 3-122 所示。

 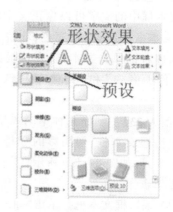

图 3-121　设置阴影样式　　　　　图 3-122　设置三维效果样式

4. 插入艺术字

艺术字是以普通文字为基础,通过添加阴影、改变文字的大小和颜色,把文字变成多种预定义的形状等来突出和美化文字,它的使用会使文档产生艺术美的效果,常用来创建旗帜鲜明的标志或标题。

在文档中插入艺术字的方法是:在"插入"功能区中,单击"文本"分组中的"艺术字"按钮,并在打开的"艺术字预设样式"面板中选择合适的艺术字样式。生成艺术字后,会出现"绘图工具"功能区"格式"选项卡,利用其中的"艺术字样式"组(图 3-123),可以改变艺术字的效果,如改变艺术字样式、加阴影、棱台、三维旋转、设置三维效果等。

如果要删除艺术字,只要选中艺术字,按 Delete 键即可。

图 3-123　"艺术字样式"组

【例 3.24】　制作效果如图 3-124 所示的艺术字"你从鸟声中醒来",艺术字为第 5 行第 4 列中的样式,字体为华文行楷,字号为 44,文本效果:"阴影""透视"区中的"右上对角透视"(第 1 行第 2 个),"发光"为"紫色,11pt,强调文字颜色 4",设置文字环绕为四周型环绕。

图 3-124 艺术字效果

操作步骤如下:

(1) 在"插入"功能区中,单击"文本"分组中的"艺术字"按钮,并在打开的"艺术字预设样式"面板中选择艺术字样式选择为"第 2 行第 2 列",如图 3-125 所示,单击,艺术字文本框就插入到当前光标所在位置,修改文字为"你从鸟声中醒来",设置字体为"华文行楷",字号为"44",文档中就插入了艺术字,同时 Word 自动显示出"绘图工具"功能区。

(2) 在"绘图工具"功能区"格式"选项卡"艺术字样式"组中,单击"文本效果"按钮,在弹出的下拉列表中选择阴影为"透视"区中的"右上对角透视"(第 1 行第 2 个),"发光"为"紫色,11pt,强调文字颜色 4"。

(3) 在"绘图工具"功能区"格式"选项卡"排列"组中,单击"自动换行"按钮,,在下拉菜单中选择"四周型环绕"。

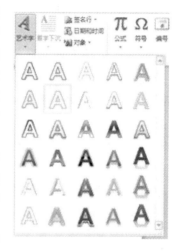

图 3-125 选择艺术字样式

注意:此时艺术字四周会出现 8 个白色小圆和小方块,一个绿色圆点。拖动白色小圆或小方块,可以缩放艺术字;拖动绿色圆点,可以旋转艺术字。

5. 插入公式

在编写论文或一些学术著作时,经常需要处理数学公式,利用 Word 2010 的公式编辑器,可以方便地制作具有专业水准的数学公式,产生的数学公式可以像图形一样进行编辑操作。

创建数学公式,可通过单击"插入"功能区"符号"组中的"公式"按钮 π 向下的三角形,在下拉列表中选择预定义好的公式,也可以通过"插入新公式"命令来自定义公式,此时,公式输入框和"公式工具"功能区(如图 3-126 所示)出现,帮助完成公式的输入和编辑。

注意:在公式输入时,插入点光标的位置很重要,它决定了当前输入内容在公式中所处的位置,可通过在所需的位置处单击鼠标来改变光标位置。

第 3 章 Word 2010 文字处理

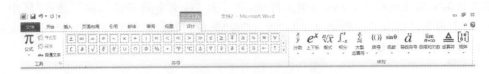

图 3-126 "公式工具"功能区

【例 3.25】 输入公式：

$$s = \sqrt{\sum_{i=1}^{n} x_i^2 - n\overline{x}^2} + 1$$

操作步骤如下：

(1) 执行"插入"功能区"符号"组中的公式按钮 π 向下的三角形，在下拉列表中单击"插入新公式"命令，屏幕上出现公式输入框和"公式工具"功能区。

(2) 在公式输入框中输入"s="；单击"公式工具"功能区"结构"组中的"根式模板"按钮，在"根式"区中选择 √；单击根号中的虚线框，再单击"结构"组中的"大型运算符"按钮，在"求和"区选择 ∑，然后用鼠标单击每个虚线框，依次输入相应内容："i=1"、"n"、"x"，接着选中"x"，单击"结构"组中的"上下标"按钮，在其中选择 ，用鼠标单击上、下标虚线框，分别输入"2"和"i"；在 x_i^2 后单击，注意此时光标位置，输入"一"（应仍然位于根式中），继续输入"n"，单击上下标按钮，选择其中的 输入，然后选中 x^2，再单击"导数符号"按钮，在"顶线和底线"区中选择"顶线" ，在整个表达式后单击，注意此时光标位置，输入"+"和"1"。

(3) 用鼠标在公式输入框外单击，结束公式输入。

3.7 其他有关功能

3.7.1 自动生成目录

书籍或长文档编写完后，需要为其制作目录，方便读者阅读和大概了解文档的层次结构及主要内容。目录除了手工输入外，Word 2010 提供了自动生成目录的功能。

1. 创建目录

要自动生成目录，前提是将文档中的各级标题用快速样式库中的"标题"样式统一格式化。一般情况下，目录分为 3 级，可以使用相应的 3 级标题"标题 1"、"标题 2"、"标题 3"样式，也可以使用其他几级标题样式或者自己创建的标题样式来格式化，然后单击"引用"功能区"目录"组中的"目录"按钮，在下拉列表中选择"自动目录 1"或"自动目录 2"，如果没有需要的样式，可以选择"插入目录"命令，打开"目录"对话框进行自定义操作，如图 3-124 所示。

【例 3.26】 有下列标题文字，如图 3-127 所示，请为它们设置相应的标题样式并自动生成 4 级目录,效果如图 3-128 所示。

第 3 章 Word2010 文字处理
3.1 文字处理软件的功能
3.2Word2010 工作环境
3.2.1Word2010 工作窗口
1.启动 Word2010
2.退出 Word2010
3.Word2010 工作窗口

图 3-127　自动生成目录时使用的标题文字

第 3 章 WORD2010 文字处理 1
3.1 文字处理软件的功能 2
3.2WORD2010 工作环境 3
　3.2.1Word2010 工作窗口 3
　　1.启动 Word2010 3
　　2.退出 Word2010 4
　　3.Word2010 工作窗口 5

图 3-128　自动生成目录的效果

操作步骤如下:

(1) 为各级标题设置标题样式。选定标题文字"第 3 章 Word 2010 文字处理",在"开始"功能区"样式"组中选择"标题 1",用同样的方法依次设置"3.1 文字处理软件的功能"、"3.2Word 2010 工作环境"为"标题 2","3.2.1Word 2010 工作窗口"为"标题 3",剩下的标题文字为"标题 4"。

(2) 将光标定位到插入目录的位置,单击"引用"功能区"目录"组中的"目录"按钮,在下拉列表中选择"插入目录"命令,打开"目录"对话框(图 3-129)进行自定义操作,其中"格式"下拉列表框用于选择目录格式,这种格式的效果可以在"打印预览"框中看到;"制表符前导符"下拉列表框用于为目录指定前导符格式;Word 2010 默认的目录显示级别为 3 级,如果需要改变设置,在"显示级别"数值框中利用数值微调按钮调整或直接输入相应级别的数字,最后单击"确定"按钮即可生成目录。

2. 更新目录

如果文字内容在编制目录后发生了变化,Word 2010 可以很方便地对目录进行更新,方法是:在目录上单击鼠标右键,从快捷菜单中选择"更新域"命令,打开"更新目录"对话框,再选择"更新整个目录"选项即可。也可以通过"引用"功能区"目录"组中的"更新目录"按钮进行操作。

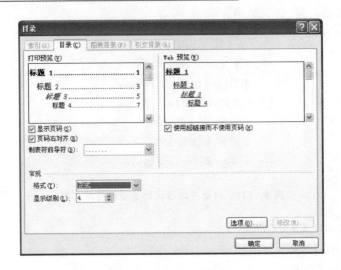

图 3-129 "目录"对话框

3.7.2 邮件合并

邮件合并是 Word 2010 为了提高工作效率而提供的一种功能,它可以把主文档和数据源中的信息合并在一起,生成主文档的多个不同的版本。

在实际工作中,经常要处理大量日常报表和信件,如打印标签、信封、考号、证件、工资条、成绩单、录取通知书等。这些报表和信件的主要内容基本相同,只是数据有变化,如图 3-130 所示的成绩通知单。为了减少重复工作、提高效率,可以充分使用 Word 2010 的邮件合并功能。

邮件合并是在两个电子文档之间进行的,一个是"主文档",它包括报表或信件共有的文字和图形内容;一个是数据源,它包括需要变化的信息,多为通讯资料,以表格形式存储,一行(又叫一条记录)为一个完整的信息,一列对应一个信息类别即数据域(如姓名、地址等),第一行为域名记录。在"数据源"文档中只允许包含一个表格,可以在合并文档时仅使用表格的部分数据域,但不允许包含表格之外的其他任何文字和对象。

邮件合并通常包含 4 个步骤:

(1) 创建主文档,输入内容不变的共有文本。

(2) 创建或打开数据源,存放可变的数据。数据源是邮件合并所需使用的各类数据记录的总称,可以是多种格式的文件,如 Word、Excel、Access 等。

(3) 在主文档中所需要的位置插入合并域名字。

(4) 执行邮件合并操作,将数据源中的可变数据和主文档的共有文本合并,生成一个合并文档。

准备好主文档和数据源后可以开始邮件合并,邮件合并一般都通过"邮件"功能

第 3 章　Word 2010 文字处理

通知单

王涛同学：
你参加的计算机等级考试成绩为：

准考证号	笔试	机试	总成绩
200440070101	75	80	合格

通知单

龚华同学：
你参加的计算机等级考试成绩为：

准考证号	笔试	机试	总成绩
200440070102	78	78	合格

通知单

童童同学：
你参加的计算机等级考试成绩为：

准考证号	笔试	机试	总成绩
200440070103	87	88	优秀

图 3－130　成绩通知单

区（图 3－131）来完成，有两种方法：

图 3－131　"邮件"功能区

（1）初学者可以单击"邮件"功能区"开始邮件合并"组中的"开始邮件合并"按钮，在弹出的下拉菜单中选择"邮件合并分步向导"命令，通过"向导"完成操作。

（2）另一种简单方便的方法是：首先打开主文档，单击"邮件"功能区，然后单击"开始邮件合并"组中的"选择收件人"按钮，在下拉列表框中选择"使用现有列表"菜单；接着在主文档中插入域（必须是数据源文档中的域）：将光标定位，单击"编写和插入域"组中"插入合并域"按钮，在下拉列表中选择要插入的域（如姓名、准考证号、笔试、机试和总成绩），如图 3－132 所示；最后单击"完成"组"完成并合并"按钮，在弹

主文档：

«姓名»同学：
你参加的计算机等级考试成绩为：

准考证号	笔试	机试	总成绩
«准考证号»	«笔试»	«机试»	«总成绩»

数据源文档：

姓名	准考证号	笔试	机试	总成绩
王涛	200440070101	75	80	合格
龚华	200440070102	78	78	合格
童童	200440070103	87	88	优秀

图 3－132　邮件合并

出的下拉列表框中选择"编辑单个文档"菜单完成邮件合并,形成合并文档。在合并文档中,合并域处会插入"数据源"文档中每条记录的相应信息,而且每条记录单独占一页显示。

3.8 打印文档

完成文档的录入和排版后,就可以把它打印出来。在正式打印文档之前,可以先对文档进行预览,进行相应内容设置如页面布局、打印份数、纸张大小、打印方向等,满意后方可打印文档,避免纸张浪费。

3.8.1 打印预览

单击"快速访问工具栏"工具栏中的"打印预览和打印"按钮 ,或者执行"文件"选项卡下拉菜单中的"打印"命令,在打开的"打印"窗口右侧预览区域可以查看 Word 2010 文档打印预览效果,用户所做的纸张方向、页面边距等设置都可以通过预览区域查看效果。并且用户还可以通过调整预览区下面的滑块改变预览视图的大小,如图 3-133 所示。

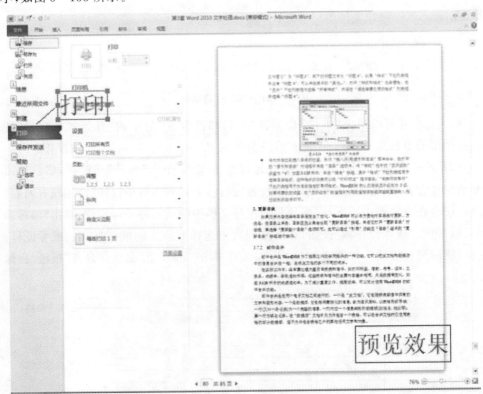

图 3-133 "打印"窗口

如果要退出打印预览,单击"打印"窗口中的"关闭"按钮,返回文档编辑窗口。

3.8.2 打　印

在 Word 2010 中,用户可以通过设置打印选项使打印设置更适合实际应用,且所做的设置适用于所有 Word 文档。在 Word 2010 中设置 Word 文档打印选项的步骤如下所述:

(1) 打开 Word 2010 文档窗口,依次单击"文件"→"选项"按钮。

(2) 在打开的"Word 选项"对话框中,切换到"显示"选项卡,如图 3-134 所示。

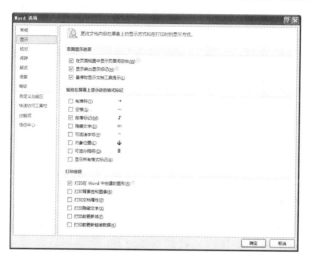

图 3-134　"Word 选项"对话框中的"显示"选项卡

在"打印选项"区域列出了可选的打印选项,选中每一项的作用介绍如下:

① 选中"打印在 Word 中创建的图形"选项,可以打印使用 Word 绘图工具创建的图形。

② 选中"打印背景色和图像"选项,可以打印为 Word 文档设置的背景颜色和在 Word 文档中插入的图片。

③ 选中"打印文档属性"选项,可以打印 Word 文档内容和文档属性内容(例如文档创建日期、最后修改日期等内容)。

④ 选中"打印隐藏文字"选项,可以打印 Word 文档中设置为隐藏属性的文字。

⑤ 选中"打印前更新域"选项,在打印 Word 文档以前首先更新 Word 文档中的域。

⑥ 选中"打印前更新链接数据"选项,在打印 Word 文档以前首先更新 Word 文档中的链接。

(3) 在"Word 选项"对话框中切换到"高级"选项卡,在"打印"区域可以进一步设置打印选项,选中每一项的作用介绍如下:

① 选中"使用草稿品质"选项,能够以较低的分辨率打印 Word 文档,从而实现降低耗材费用、提高打印速度的目的。

② 选中"后台打印"选项,可以在打印 Word 文档的同时继续编辑该文档,否则只能在完成打印任务后才能编辑。

③ 选中"逆序打印页面"选项,可以从页面底部开始打印文档,直至页面顶部。

④ 选中"打印 XML 标记"选项,可以在打印 XML 文档时打印 XML 标记。

⑤ 选中"打印域代码而非域值"选项,可以在打印含有域的 Word 文档时打印域代码,而不打印域值。

⑥ 选中"打印在双面打印纸张的正面"选项,当使用支持双面打印的打印机时,在纸张正面打印当前 Word 文档。

⑦ 选中"在纸张背面打印以进行双面打印"选项,当使用支持双面打印的打印机时,在纸张背面打印当前 Word 文档。

⑧ 选中"缩放内容以适应 A4 或 8.5"X11"纸张大小"选项,当使用的打印机不支持 Word 页面设置中指定的纸张类型时,自动使用 A4 或 8.5"X11"尺寸的纸张。

⑨ "默认纸盒"列表中可以选中使用的纸盒,该选项只有在打印机拥有多个纸盒的情况下才有意义。

对文档的打印预览效果满意后,准备好打印机,就可以开始打印文档了。

根据不同情况有 2 种方法:

(1) 文档直接被打印。单击"快速访问工具栏"工具栏中的"打印"按钮。此时,计算机会根据打印机的默认设置打印全部文档。

(2) 根据要求设置打印选项后再打印。执行"文件"选项卡下拉菜单中的"打印"命令,打开"打印"窗口,在其中可以设置打印选项,常用的打印选项有:

① 设置打印份数。在"打印"窗口中间"打印"区域的"份数"框中输入要打印的份数。如果要打印多份,单击"设置"区域的"调整"下拉按钮。在打开的列表中选中"调整"选项将在完成第 1 份打印任务时再打印第 2 份、第 3 份……;选中"取消排序"选项,将逐页打印足够的份数。

② 设置打印范围。在"打印"窗口中间的"设置"区域,可以设置打印的页面范围,如图 3-135 所示,如果选中"打印所有页"菜单,则打印所有页的内容;如果选择"打印当前页面",打印的是光标所在页的内容;如果要打印文档中的指定内容,

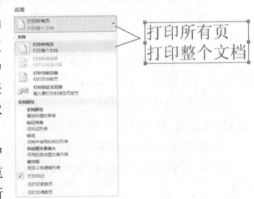

图 3-135 "打印"窗口的"设置"区域中"打印范围"设置

可以单击"打印所选内容"菜单。但应注意只有事先在文档中选定内容后,该单选按钮才可用;如果要指定打印的页码,可选择"打印自定义范围",在下方的"页面"文本框中输入打印页码来挑选打印,输入页码的规则是:非连续页之间用英文状态的","号,连续页之间用英文状态的"—"号。例如,输入"1,3,5,9—13",表示将打印 1、3、5、9、10、11、12、13 页的内容。

③ 设置打印纸张方向。在"打印"窗口中间的"设置"区域,可以选择是纵向打印还是横向打印。

④ 设置页边距。在"打印"窗口中间的"设置"区域,可以自定义设置打印纸张的上下左右页边距。

⑤ 每版打印的页数。在"打印"窗口中间的"设置"区域,可以选择每版打印 1 页、2 页、4 页、6 页、8 页、16 页等。

习题三

一、填空题

1. 在 Word 中,"开始"功能区上能执行"将选定内容的格式复制到指定位置"功能的按钮时_____。

2. Word 2010 的默认文档模板为:_____,其英文名为:_____。

3. 在 Word 2010 中,新建一个 Word 2010 文档,默认的文档名是"文档1",文档内容的第一行标题是"通知",对该文档保存时没有重新命名,则该文档的文件名是_____.docx。

4. 要将 Word 2010 文档转存为"记事本"程序能直接处理的文档,应选用_____文件类型。

5. 删除插入点光标以左的字符,按_____键;删除插入点光标以右的字符,按_____键。

6. 在 Word 中执行命令一般可以通过"功能区"、"快捷菜单"和"快捷键"等。"复制"操作的快捷键是_____;"剪切"操作的快捷键是_____;"粘贴"操作的快捷键是_____。

7. 段落标记是在键入_____键之后建立的。

8. 页边距是_____至_____的距离。

9. 选择_____选项卡"中文简繁转换"组中的按钮,可以实现简体中文与繁体中文的转换。

10. Word 2010 文档中有两个层次,即文本层和图形层。其中_____,在同一位置上只能有一个对象,对象之间彼此不能覆盖。而_____用来放置图形/图片、艺术字、数学公式等,图形层上多个对象可以相互叠放,彼此间的覆盖关系可以调换。

11. 若鼠标指针处于某行的选定栏,_____操作可以只选定指针所在的行。

第3章 Word 2010 文字处理

12. 在 Word 2010 的编辑状态，对当前文档中的文字进行替换操作，应当使用的选项卡是_____。

13. 要将某文档插入到当前文档的当前插入点处，应选择_____功能区中的_____命令；要插入图形文件，应选择_____功能区中的_____命令。

14. Word 2010 进行段落排版时，如果对一个段落操作，只需在操作前将插入点置于_____；若是对 N 个段落操作，首先应当_____，再进行各种排版操作。

15. 在 Word 2010 中，要在文档窗口显示标尺，应在_____选项卡_____组设置。

二、选择题

1. 在 Word 2010 的编辑状态打开了一个文档，对文档没作任何修改，随后单击 Word 2010 主窗口标题栏右侧的"关闭"按钮则(   )。
   A. 仅文档窗口被关闭
   B. 文档和 Word 主窗口全被关闭
   C. 仅 Word 主窗口被关闭
   D. 文档和 Word 主窗口全未被关闭

2. 在 Word 2010 的编辑状态打开了"w1.docx"文档，若要将经过编辑后的文档以"w2.docx"为文件名存盘，应当执行"文件"选项卡中的命令是(   )。
   A. 保存   B. 另存为 HTML   C. 另存为   D. 版本

3. 打开 Word2010 文档一般是指(   )。
   A. 把文档的内容从磁盘调入内存，并显示出来
   B. 把文档的内容从内存中读入，并显示出来
   C. 显示并打印出指定文档的内容
   D. 为指定文件开设一个新的、空的文档窗口

4. Word 2010 中(   )视图方式使得显示效果与打印预览基本相同。
   A. 草稿   B. 大纲   C. 页面   D. 阅读版式

5. 在 Word 2010 中段落格式化的设置不包括(   )。
   A. 首行缩进   B. 居中对齐   C. 行间距   D. 文字颜色及字号

6. Word 2010 编辑状态下，利用(   )可快速、直接调整文档的左右边界。
   A. 格式栏   B. 功能区   C. 菜单   D. 标尺

7. "按原文件名保存"的快捷键是(   )。
   A. Ctrl+A   B. Ctrl+C   C. Ctrl+X   D. Ctrl+S

8. "开始"选项卡"剪贴板"中"复制"按钮的功能是将选定的文本或图形(   )。
   A. 复制到剪贴板
   B. 由剪贴板复制到插入点
   C. 复制到文件的插入点位置
   D. 复制到另一个文件的插入点位置

9. 选择纸张大小，可以在(   )功能区中进行设置。
   A. 开始   B. 插入   C. 页面布局   D. 引用

10. 在 Word 2010 编辑中,可使用(　　)选项卡中的"页眉和页脚"命令,建立页眉和页脚。

　　A. 开始　　　B. 插入　　　　　C. 视图　　　　D. 文件

11. Word2010 具有分栏功能,下列关于分栏的说法中正确的是(　　)。

　　A. 最多可以分 4 栏　　　　　　B. 各栏的宽度必须相同

　　C. 各栏的宽度可以不同　　　　D. 各栏之间的间距是固定的

12. 在 Word 2010 编辑状态下,将插入点定位于一张 3×4 表格中的某个单元格内,执行"表格工具|布局|选择|列"命令,再执行"表格工具|布局|选择|列"菜单命令,则表格中被选中的部分是(　　)。

　　A. 一个单元格　　　　　　　　B. 整张表格

　　C. 插入点所在的列　　　　　　D. 插入点所在的行

13. 在 Word 2010 表格计算中,公式"=SUM(A1,C4)"的含义是(　　)。

　　A. 1 行 1 列至 3 行 4 列 12 个单元格相加　B. 1 行 1 列到 1 行 4 列相加

　　C. 1 行 1 列与 1 行 4 列相加　　　　　　　D. 1 行 1 列与 4 行 3 列相加

14. 在 Word 2010 文档中插入图形,下列方法中的(　　)是不正确的。

　　A. 直接利用绘图工具绘制图形

　　B. 执行"文件|打开"命令,再选择某个图形文件名

　　C. 执行"插入|图片"命令,再选择某个图形文件名

　　D. 利用剪贴板将其他应用程序中图形粘贴到所需文档中

15. 目前在打印预览状态,若要打印文件(　　)。

　　A. 只能在打印预览状态打印

　　B. 在打印预览状态不能打印

　　C. 在打印预览状态也可以直接打印

　　D. 必须退出打印预览状态后才可以打印

16. 完成"修订"操作必须通过(　　)功能区进行。

　　A. 开始　　　B. 插入　　　　　C. 视图　　　　D. 审阅

17. Word 2010 的运行环境是(　　)。

　　A. DOS　　　B. UCDOS　　　　C. WPS　　　　D. Windows

18. Word 2010 文档文件的扩展名是(　　)。

　　A. .txt　　　B. .wps　　　　　C. .docx　　　　D. .bmp

19. 在 Word 2010 的编辑状态下,被编辑文档中的文字有"四号"、"五号"、"16 磅"、"18 磅"四种,下列关于所设定字号大小的比较中,正确的是(　　)。

　　A. "四号"大于"五号"　　　　　B. "四号"小于"五号"

　　C. "16 磅"大于"18 磅"　　　　　D. 字的大小一样,字体不同

20. 在 Word 2010 编辑状态,能设定文档行间距命令的功能区是(　　)。

　　A. 开始　　　B. 插入　　　　　C. 页面布局　　D. 引用

第 4 章 Excel 2010 电子表格处理

Excel 是目前使用最广泛的电子表格处理软件之一,也是 Microsoft 公司 Office 办公套件中的一个重要组件。

人们在日常生活、工作中经常会遇到各种各样的计算问题。例如,商业上要进行销售统计;会计人员要对工资、报表等进行统计分析;教师记录计算学生成绩;科研人员分析实验结果;家庭进行理财、计算贷款偿还等。这些都可以通过电子表格软件来实现。

目前流行的电子表格处理软件除了 Excel 外,还有 WPS Office 金山办公组合软件中的金山电子表格等。

本章将以 Excel 2010 为例,介绍电子表格处理软件的基本功能和使用方法。

4.1 Excel 2010 的基本知识

4.1.1 Excel 2010 的功能概述

Excel 2010 是一种专门用于数据计算、统计分析和报表处理的软件。与传统的手工计算相比有很大的优势,它能使人们解脱乏味、繁琐的重复计算,专注于对计算结果的分析评价,提高工作效率。同文字处理软件一样,电子表格软件是办公自动化系统中最常用的软件之一。早期的电子表格软件功能单一,只是简单的数据记录和运算器;现代的电子表格不仅具有数据记录、运算功能,而且还提供了图表、财会计算、概率与统计分析、求解规划方程、数据库管理等工具和函数,可以满足各种用户的需求。

Excel 2010 具有以下主要功能:

(1) 表格处理。包括输入原始数据和使用公式和函数计算数据;工作表中数据、单元格、行、列和表的移动和复制、插入和删除等编辑工作;工作表数据格式化、调整行高和列宽、设置对齐方式、添加边框和底纹、使用条件格式、自动套用格式等格式化操作。

(2) 制作图表。包括创建、编辑和格式化图表等。

(3) 管理和分析数据。包括建立数据清单、数据排序(简单、复杂)、筛选(自动、高级)、分类汇总(简单、嵌套)、数据透视表等。

(4) 数据计算功能。用户在 Excel 工作表中,不但可以编制公式,还可以运用系统提供的大量函数进行复杂计算。

(5) 决策指示。Excel 除了可以做一些一般的计算工作外,还有大量函数用来做财务、数学、字符串等操作,以及各种工程上的分析与计算。Excel 的规划求解,可以做线性规划和非线性规划,这些都是管理科学上求解最佳值的方法,为用户的决策提供参考。

(6) 远程发布数据功能。Excel 可以将工作簿或其中的一部分(如工作表的某项)保存为 Web 页发布,使其在 HTTP 站点、FTP 站点、Web 服务器上供用户浏览或使用。

(7) 打印工作表。包括打印选定数据区域、选定工作表或整个工作簿等。

4.1.2 Excel 2010 的启动与退出

Excel 2010 的启动和退出与 Word 2010 类似。

最常用的启动方法是单击"开始→所有程序→Microsoft Office→Microsoft Excel 2010"命令,也可以通过双击桌面上的"Microsoft Excel 2010"快捷图标启动 Excel。

要退出 Excel,常用的方法是单击"文件"按钮,然后在弹出的菜单中选择"关闭"命令,或单击 Excel 窗口右上角的"关闭窗口"按钮 。

4.1.3 Excel 2010 工作环境

启动 Excel 后,出现初始窗口,并自动打开一个新的工作簿,如图 4-1 所示。Excel 工作窗口由快速访问工具栏、标题栏、功能区、编辑栏、工作区、状态栏等组成。与 Word 基本相同,不同的有以下几方面。

1. 编辑栏

编辑栏位于功能区的下方,是 Excel 窗口特有的,用来显示和编辑活动单元格中的数据和公式。它由 3 部分组成:左端是名称框,当选择单元格或区域时,相应的地址或区域名称显示在该框中,如 B3;右端是编辑框,在单元格中编辑数据时,其内容会同时出现在编辑框中,如果是较长的数据,由于单元格默认宽度通常显示不下,此时,可以在编辑框中进行编辑。如果想查看单元格中的内容是公式还是数据,可以选中单元格,在编辑框中查看(也可以直接双击单元格查看);中间是"插入函数"按钮 ,单击它可打开"插入函数"对话框。当光标在编辑框中单击时,它的左边会出现"取消"按钮 和"输入"按钮 。

2. 工作簿

一个 Excel 文件就是一个工作簿,扩展名为.xlsx(Excel 2003 及以前版本中工作簿文件的扩展名为.xls)。Excel 的工作区显示的是当前打开的工作簿。工作簿用来存储并处理工作数据,它由若干个工作表组成,默认为 3 张,名称分别为 Sheet1、Sheet2 和 Sheet3,用户可自行更改名称。工作表数目也可以增加和删除,最多为 255 张。在 Excel 中,工作簿与工作表的关系就像是日常的账簿和账页之间的关系一样,

第 4 章 Excel 2010 电子表格处理

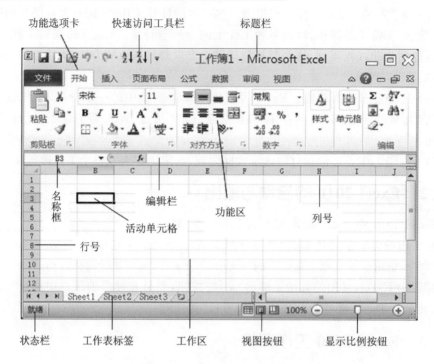

图 4-1 Excel 2010 工作窗口

一个账簿可由多个帐页组成,如果一个账页所反映的是某月的收支账目,那么账簿可以用来说明一年或更长时间的收支状况。在一个工作簿中所包含的工作表都以标签的形式排列在状态栏的上方,当需要进行工作表的切换时,用鼠标单击工作表标签,对应的工作表就会从后面显示到屏幕上,原来的工作表即被隐藏起来。

3. 工作表

工作表是一个由 1 048 576 行和 16 384 列组成的表格。表格的最左边和最上边是行号栏和列号栏,用于标记工作表单元格的行号和列号。行号自上而下为 1~1 048 576,列号从左到右为 A、B、…Z;AA、AB、…AZ;BA、BB、…BZ;ZA、ZB、…ZZ;AAA…XFD。每一个工作表用一个工作表标签进行标识(如 Sheet1)。

4. 单元格

工作表中每一个长方形的小格就是一个单元格,在单元格内可以输入数字、字符、公式、日期、图形或声音文件等,每一个单元格的长度、宽度以及单元格中的数据类型都是可变的。

在 Excel 中,单元格是通过位置(也叫"引用地址")来进行标识的,每一个单元格都处于某一行和某一列的交叉位置,这就是它的"引用地址",通常把列号写在行号的前面。例如,第 A 列和第 1 行相交处的单元格是 A1,D4 指的是第 D 列第 4 行交叉位置上的单元格。

除了采用上述地址表示方式(称为相对地址),还可以采用绝对地址和混合地址,详见 4.3.1。此外,为了区分不同工作表的单元格,需要在地址前加工作表名称并以"!"分隔,构成单元格的所谓"三维地址"。如"Sheet1！A1",表示"Sheet1"工作表的"A1"单元格。当前正在使用的单元格称为活动单元格,有黑框线包围,如图 4-1 中的 B3 单元格。

5. 单元格区域

单元格区域是指一组相邻单元构成的矩形块,它可以是某行或某列单元格,也可以是任意行或列的组合。引用单元格区域时可以用它左上角单元格的地址和右下角地址单元格的地址中间加一个冒号分隔的方式来表示,例如 A1:E5,A1:D1,C1:C8 等。

4.2 Excel 2010 的基本操作

Excel 2010 的基本操作主要是对工作簿中的工作表进行的基本操作,包括创建工作表、编辑工作表和格式化工作表等。

4.2.1 工作簿的建立、打开和保存

1. 新建一个工作簿

启动 Excel 2010 时系统将自动打开一个新的空白工作簿,也可以通过下面 3 种方法来创建新的工作簿:

(1) 单击"快速访问工具栏"中的"新建"按钮。
(2) 按快捷键 Ctrl+N。
(3) 单击"文件"按钮,然后在弹出的菜单中选择"新建"命令。

Excel 新建工作簿与 Word 新建文档一样,不仅可以新建空白工作簿,也可以根据工作簿模板来建立新工作簿,其操作与 Word 类似。

一个新工作簿默认包含 3 张工作表,创建工作表的过程实际上就是在工作表中输入原始数据、使用公式和函数计算数据的过程。

2. 保存工作簿

工作簿创建或修改完毕,可以单击"快速访问工具栏"中的"保存"按钮,也可以单击"文件"按钮,然后在弹出的菜单中选择"保存"或"另存为"命令,将其存储起来,以便将来使用。

3. 打开一个工作簿

如果要用的工作簿已经保存在磁盘中,可以单击"快速访问工具栏"中的"打开"按钮,也可以单击"文件"按钮,然后在弹出的菜单中选择"打开"命令来打开它。

第 4 章 Excel 2010 电子表格处理

【例 4.1】 按图 4-2 格式录入职工工资表数据,并以"职工工资表.xlsx"为文件名存入 D 盘的"我的文档"文件夹中。

	A	B	C	D	E	F	G	H
1	职工工资表							
2	姓名	部门	职务	出生日期	基本工资	奖金	扣款数	实发工资
3	郑含因	销售部	业务员	1984-6-10	1000	1200	100	
4	李海儿	销售部	业务员	1982-6-22	800	700	85.5	
5	陈 静	销售部	业务员	1977-8-18	1200	1300	120	
6	王克南	销售部	业务员	1984-9-21	700	800	76.5	
7	钟尔慧	财务部	会计	1983-7-10	1000	500	35.5	
8	卢植茵	财务部	出纳	1978-10-7	450	600	46.5	
9	林 寻	技术部	技术员	1970-6-15	780	1000	100.5	
10	李 禄	技术部	技术员	1967-2-15	1180	1080	88.5	
11	吴 心	技术部	工程师	1966-4-16	1600	1500	110.5	
12	李伯仁	技术部	工程师	1966-11-24	1500	1300	108	
13	陈 醉	技术部	技术员	1982-11-23	800	900	55	
14	马甫仁	财务部	会计	1977-11-9	900	800	66	
15	夏 雪	技术部	工程师	1984-7-7	1300	1200	110	

图 4-2 职工工资表

操作步骤如下:

(1) 单击"快速访问工具栏"中的"新建"按钮,系统自动新建一个文件名为"工作簿 X"(X 为数字)的临时工作簿。

(2) 新建一个新工作簿之后,便可以在其中的工作表中输入数据。输入数据时,先用鼠标或光标移动键移到对应的单元格,然后输入数据内容。

当一个单元格中的内容输入完毕,可以使用光标移动键(箭头键↑,↓,→,←)、Tab 键、回车键或单击编辑栏上的"输入"按钮✓四种方法来确定输入。

如果要放弃刚才输入的内容,可单击编辑栏上的"取消"按钮✗或按 Esc 键。

要修改单元格中的数据,先要用鼠标双击对应的单元格或按功能键 F2 进入修改状态,此后便可以用→、←来移动插入点的位置,也可以利用 Delete 键或退格键来消除多余的字符,修改完毕按回车键结束。

(3) 录入完所有的数据后,单击"快速访问工具栏"上的"保存"按钮,系统弹出"另存为"对话框。在"文件名"框中输入"职工工资表",在"保存位置"框中选择 D 盘"我的文档"后单击"保存"按钮。

注意:保存工作簿的默认类型为"Excel 工作簿",即为 Excel 2010 格式文件,另外还可以选择"Excel 97—2003 工作簿"、"Excel 97—2003 模板"、"Excel 模板"等。

(4) 单击"职工工资表"工作簿窗口的"关闭"按钮,关闭"职工工资表"工作簿。

4.2.2 在工作表中输入数据

1. 数据类型

Excel 为用户提供了 4 种常用的数据类型,即数值型、日期时间型、逻辑型、文本型(也称字符型或文字型)。

(1) 数值型数据,是指除了由数字(0~9)和特殊字符组成的数字。特殊字符包括+、-、/、E、e、$、%以及小数点(.)和千分位符号(,)等,如-100.25,$150,1.235E+11。

(2) 日期时间型数据,用于表示各种不同格式的日期和时间。Excel规定了一系列日期和时间格式,如DD-MMM-YY(示例:1-Otc-98)、YYYY-MM-DD(示例:1998-5-28)、HH:MM:SS AM/PM(示例:10:30:36 AM)、YYYY-MM-DD HH:SS(示例:1998-5-28 20:28)等。

(3) 逻辑型数据,是用于表示事物之间成立与否的数据,只有TRUE(真)和FALSE(假)两个值。例如,=90>80的值为TRUE,="A">"B"的值为FALSE。

(4) 文本型数据是指键盘上可输入的任何符号的组合,只要不被解释为前面的3种类型数据,则Excel都视其为文本型。如256MB,中文Windows XP等。

2. 数据输入

数据的输入方法直接影响到工作效率,在工作表中输入原始数据的主要有方法有4种:直接输入数据、快速输入数据、利用"自动填充"功能输入有规律的数据、利用命令导入外部数据。

(1) 直接输入数据。单击欲存放数据的单元格,选择自己习惯的输入法后从键盘直接输入,结束时按Enter键、Tab键或单击编辑栏的"输入"按钮。如果要放弃输入,按Esc键或单击编辑栏的"取消"按钮。输入的数据可以是文本型、数值型、日期时间型、逻辑型,默认情况下文本型数据左对齐,数值、日期和时间型右对齐,逻辑型数据居中显示。

① 文本型数据的输入。对于数字形式的文本型数据,如编号、学号、电话号码等,应在数字前添加英文单引号(')。例如,输入编号0101,应输入"'0101",此时Excel以 0101 显示,沿单元格左对齐。

当输入的文本长度超出单元格宽度时,若右边单元格无内容,则扩展到右边列显示,否则截断显示。

② 数值型数据的输入。对于分数的输入,为了与日期的输入区别,应先输入数字"0"和空格,例如,要输入1/2,应输入"0 1/2"。如果直接输入的话,系统会自动处理为日期。

Excel数值输入与数值显示并不总是相同,计算时以其值为准。当输入的数字太长(超过单元格的列宽或超过11位)时,Excel自动以科学计数法表示,如输入123456789012,则显示为1.23457E+11;如果单元格数字格式设置为带2位小数,输入3位小数的时候,末位将进行四舍五入。

③ 输入日期时间。Excel内置了一些日期、时间格式,当输入数据与这些格式相匹配时,Excel将自动识别它们。输入形如"hh:mm(AM/PM)"的日期时间格式时,

第 4 章 Excel 2010 电子表格处理

其中 AM/PM 与分钟之间应有空格,如 8:30 AM,否则将被当作字符处理。输入系统当前日期和时间对应的组合键分别是"Ctrl+;"和"Ctrl+Shift+;"。

④ 输入逻辑型数据。只要在对应的单元格中直接打入 TRUE 或和 FALSE 即可。

注:输入非文本型数据时,有时会发现屏幕上出现符号"###",这是因为单元格列宽不够,不足以显示全部数据的缘故,此时加大单元格列宽即可。

(2) 快速输入数据。当在工作表的某一列要输入一些相同的数据时,这时可以使用 Excel 提供的快速输入方法:记忆式输入和选择列表输入。

① 记忆式输入。是指当输入的内容与同一列中已输入的内容相匹配时,系统将自动填写其他字符。如图 4-3 所示,在 B16 单元格输入的"销"和 B3 单元格的内容相匹配,系统自动显示了后面的字符"售部"。这时按 Enter 键,表示接受提供的字符;若不采用提供的字符,继续输入即可。

	A	B	C	D	E	F	G	H
1	职工工资表							
2	姓名	部门	职务	出生日期	基本工资	奖金	扣款数	实发工资
3	郑含因	销售部	业务员	1984-6-10	1000	1200	100	
4	李海儿	销售部	业务员	1982-6-22	800	700	85.5	
5	陈 静	销售部	业务员	1977-8-18	1200	1300	120	
6	王克南	销售部	业务员	1984-9-21	700	800	76.5	
7	钟尔慧	财务部	会计	1983-7-10	1000	500	35.5	
8	卢植茵	财务部	出纳	1978-10-7	450	600	46.5	
9	林 寻	技术部	技术员	1970-6-15	780	1000	100.5	
10	李 禄	技术部	技术员	1967-2-15	1180	1080	88.5	
11	吴 心	技术部	工程师	1966-4-16	1600	1500	110.5	
12	李伯仁	技术部	工程师	1966-11-24	1500	1300	108	
13	陈 醉	技术部	技术员	1982-11-23	800	900	55	
14	马甫仁	财务部	会计	1977-11-9	900	800	66	
15	夏 雪	技术部	工程师	1984-7-7	1300	1200	110	
16		销售部						

图 4-3 "记忆式输入"示例

② 选择列表输入。用人工输入的方法可能会使输入内容不一致,从而导致统计结果不准确。例如,同一种职务可能输入不同的名字:出纳或出纳员。为避免这种情况的发生,可以在选取单元格后,右击在快捷菜单中选择"从下拉列表中选择"命令或按 Alt+↓ 键,显示一个输入列表,再从中选择需要的输入项,如图 4-4 所示。

(3) 利用"自动填充"功能输入有规律的数据。有规律的数据是指等差、等比、系统预定义序列和用户自定义序列。当某行或某列为有规律的数据时,可以使用 Excel 提供的"自动填充"功能。

自动填充根据初始值来决定以后的填充项,用鼠标指向初始值所在单元格右下角的小黑方块(称为填充柄),此时鼠标指针更改形状变为黑十字(✚),然后向右(行)或向下(列)拖曳至填充的最后一个单元格,即可完成自动填充。图 4-5 所示为自动填充的示例。

自动填充分 3 种情况:

① 填充相同数据(复制数据)。单击该数据所在的单元格,沿水平或垂直方向拖

图 4-4 "选择列表输入"示例

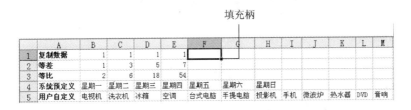

图 4-5 "自动填充"示例

曳填充柄,便会产生相同数据。

② 填充序列数据。如果是日期型序列,只需要输入一个初始值,然后直接拖曳填充柄即可;如果是数值型序列,则必须输入前两个单元格的数据,然后选定这两个单元格,拖曳填充柄,系统默认为等差关系,在拖曳到的单元格内依次填充等差序列数据;如果需要填充等比序列数据,则在填充区域的起始单元格输入初始值,并选择要填充的整个区域,然后选择"开始"选项卡,单击"编辑"选项组中的"填充"按钮,在下拉列表中选择"序列"项,在打开的"序列"对话框中选择"类型"为"等比序列",并设置合适的步长(即比值,如"3")来实现,如图 4-6 所示。

③ 填充用户自定义序列数据。在实际工作中,经常需要输入商品名称、课程科目、公司在各大城市的办事处名称等,可以将这些有序数据自定义为序列,节省输入工作量,提高效率。将有序数据自定义为序列的操作方法如下:

单击"文件"按钮,在弹出的菜单中依次单击"选项"、"高级"、"编辑自定义列表",此后弹出"自定义列表"对话框。在其中添加新序列,有 2 种方法:一种是单击"新系列"后在"输入序列"列表框中直接输入,每输入一项内容按一次 Enter 键,输入完毕后单击"添加"按钮,如图 4-7 所示;另一种是从工作表中直接导入,单击"导入"按钮左边的"折叠对话框"按钮,用鼠标选中工作表中的序列数据,然后再单击"导入"

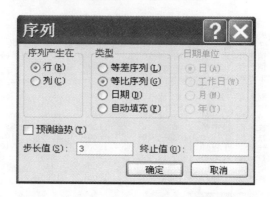

图 4-6　填充等比数据

按钮。

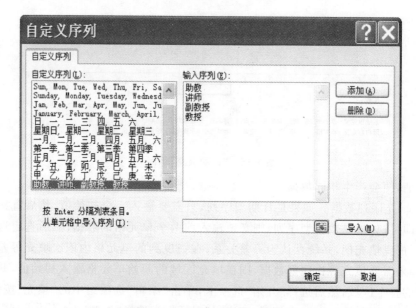

图 4-7　添加用户自定义新序列

（4）利用命令导入外部数据。选择"数据"选项卡，单击"获取外部数据"选项组中的各按钮，可以导入其他数据库系统（如 Access、SQL Server 等）产生的文件，还可以导入文本文件等。

在实际工作中灵活应用以上 4 种数据输入方法，可以大大提高输入效率。

在向工作表输入数据的过程中，用户可能会输入一些不合要求的数据，即无效数据。为避免这个问题，可以通过选择"数据"选项卡，单击"数据有效性"命令，在弹出的"数据有效性"对话框中设置某些单元格允许输入的数据类型和范围，还可以设置数据输入提示信息和输入错误提示信息。

例如，在输入学生成绩时，数据应该为 0~100 的整数，这就有必要设置数据的有效性,方法是:先选定需要进行有效性检验的单元格区域,执行"数据"选项卡中的"数据有效性"命令,在"数据有效性"对话框"设置"选项卡中进行相应设置,如图4-8所示,其中选中"忽略空值"复选框表示在设置数据有效性的单元格中允许出现空值。设置输入提示信息和输入错误提示信息分别在该对话框中的"输入信息"和"出错警告"选项卡中进行。数据有效性设置好后,Excel就可以监督数据的输入是否正确。

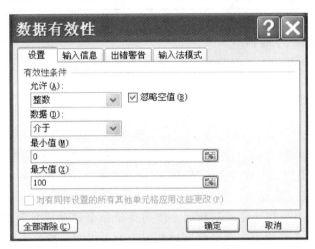

图4-8 "数据有效性"对话框

4.2.3 编辑工作表

工作表的编辑主要包括工作表中数据的编辑,单元格、行、列的插入和删除,以及工作表的插入、移动、复制、删除、重命名等。工作表的编辑遵守"先选定,后执行"的原则。

工作表中常用的选定操作如表4-1所列。

表4-1 常用选定操作

选取范围	操 作
单元格	鼠标单击对应的单元格
多个连续单元格	从选择区域左上角拖曳至右下角;或单击选择区域左上角单元格,按住Shift键,单击选择区域右下角单元格
多个不连续单元格	按住Ctrl键的同时,用鼠标作单元格选择或区域选择
整行或整列	用鼠标单击工作表相应的行号或列号
相邻行或列	鼠标拖曳行号或列号
整个表格	单击工作表左上角行列交叉的全选按钮;或按快捷键Ctrl+A
单个工作表	单击工作表标签

第4章 Excel 2010 电子表格处理

续表 4-1

选取范围	操 作
连续多个工作表	单击第一个工作表标签,然后按住 Shift 键,单击所要选择的最后一个工作表标签
多个不连续工作表	按住 Ctrl 键,分别单击所需工作表标签

1. 工作表中数据的编辑

在向工作表中输入数据的过程中,经常会需要对数据进行清除、移动和复制等编辑操作。

(1) 清除数据。清除针对的是单元格中的数据,单元格本身仍保留在原位置。操作方法如下:选取单元格或区域后,在"开始"选项卡的"编辑"选项组中,单击"清除"下拉按钮,在打开的下拉列表框中选择相应的命令,可以清除单元格格式、内容、批注、超链接中的任一种或者全部;按 Delete 键清除的只是内容。

(2) 移动或复制数据。

① 使用菜单命令移动或复制数据。使用菜单命令移动或复制单元格区域数据的方法基本相同,下面以复制单元格区域数据为例来说明。操作步骤如下:
- 选择要复制的单元格区域。
- 在"开始"选项卡的"剪贴板"选项组中单击"复制"按钮。
- 单击目标区域的左上角单元。
- 单击"剪贴板"选项组中的"粘贴"按钮。

对于移动单元格区域数据,只需将第2步中的单击"复制"按钮改成单击"剪切"按钮即可。

② 使用拖动法移动或复制数据。在 Excel 中,也可以使用鼠标拖动法来移动或复制数据。使用鼠标拖动法来复制单元格数据的操作方法如下:
- 选择要复制的单元格区域;
- 将鼠标指针移到选定的单元格区域边框上,此时鼠标指针会变成箭头形状;
- 按住 Ctrl 键的同时按住鼠标左键,拖动鼠标将选定的源区域拖到目标区域;
- 松开鼠标左键后再松开 Ctrl 键。

用鼠标拖动法移动单元格区域数据与复制操作相仿,不同的是在拖动鼠标时无需按住 Ctrl 键。

(3) 粘贴选项与选择性粘贴。在 Excel 中按照上述方法直接粘贴数据到目标区域后,默认情况下目标区域将会保留原有的各种信息(如内容、格式、公式及批注等)。使用粘贴选项或选择性粘贴,复制数据时可以全部信息,也可以只复制部分信息,还可以在复制数据的同时进行算术运算、行列转置等。下面分别介绍这两种方法。

① 使用粘贴选项。当源区域数据粘贴到目标区域后,在目标区域右下角会出现

"粘贴选项"下拉按钮,单击该下拉按钮,可打开"粘贴选项"下拉列表,用户从中选择需要的粘贴方式。

② 使用选择性粘贴。具体操作方法是:
- 选择要复制的单元格区域;
- 在"开始"选项卡的"剪贴板"选项组中单击"复制"按钮;
- 单击目标区域的左上角单元;
- 单击"剪贴板"选项组中的"粘贴"下拉按钮,打开下拉列表,在列表中选择"选择性粘贴"命令,打开"选择性粘贴"对话框,如图4-9所示。
- 在"选择性粘贴"对话框中进行相应设置:在该对话框的"粘贴"栏中列出了粘贴单元格中的部分信息,其中最常用的是公式、数值、格式;"运算"栏表示源单元格中数据与目标单元格数据的运算关系;"转置"复选框表示将源区域的数据行列交换后粘贴到目标区域。

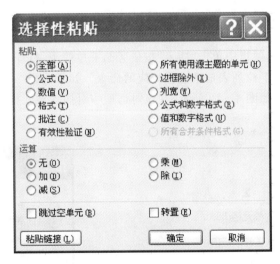

图4-9 "选择性粘贴"对话框

(4) 查找和替换。在Excel中,为方便用户操作,也提供了查找和替换操作。查找和替换的操作方法类似,下面只介绍替换操作的步骤:
- 选择"开始"选项卡,在"编辑"选项组中单击"查找和选择"下拉按钮,打开下拉列表。
- 在打开的下拉列表中选择"替换"命令,打开"查找和替换"对话框。
- 在"查找和替换"对话框中,分别在"查找内容"、"替换为"文本框中输入要查找及替换的文本内容,并按要求设置替换格式、搜索方式、查找范围、是否区分大小写等。
- 单击"替换"或"全部替换"按钮,如图4-10所示。

图 4-10 "查找的替换"对话框

2. 单元格、行、列的插入和删除

单元格、行、列的插入操作,可以通过"开始"选项卡的"单元格"选项组中的"插入"按钮实现,操作步骤如下:在工作表中选择要插入单元格、行、列的位置,在"开始"选项卡的"单元格"选项组中单击"插入"按钮旁的下拉箭头,打开图 4-11 所示的"插入"下拉列表框。在下拉列表框中选择相应的命令。如果选择"插入单元格"命令,会打开"插入"对话框,如图 4-12 所示,在该对话框中对插入单元格后如何移动原有单元格作出选择。

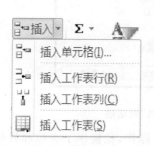

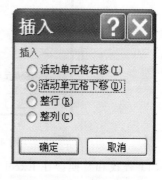

图 4-11 "插入"下拉列表框　　　　　　图 4-12 "插入"对话框

单元格、行、列的删除操作,可以通过"开始"选项卡的"单元格"选项组中的"删除"按钮(或其旁的下拉箭头)实现,操作步骤为:在工作表中选择要删除的单元格、行或列,在"开始"选项卡的"单元格"选项组中单击"删除"按钮旁的下拉箭头,打开图 4-13 所示的"删除"下拉列表框。在下拉列表框中选择相应的命令。如果选择"删除单元格"命令,会打开"插入"对话框,如图 4-14 所示,在该对话框中对删除单元格后如何移动原有单元格作出选择。

删除单元格、行、列,是把单元格、行、列连同其中的数据从工作表中删除。

第 4 章 Excel 2010 电子表格处理

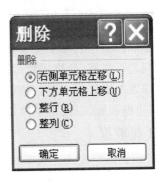

图 4-13 "删除"下拉列表框   图 4-14 "删除"对话框

3. 工作表的插入、移动、复制、删除、重命名

如果一个工作簿中包含多个工作表,可以使用 Excel 提供的工作表管理功能对工作表进行管理。常用的方法是:在工作表标签上单击右键,在出现的快捷菜单中选择相应的命令,如图 4-15 所示。Excel 允许工作表在同一个或多个工作簿中移动或复制,如果是在同一个工作簿中操作,只需单击该工作表标签,将它直接拖曳到目的位置实现移动,在拖曳的同时按住 Ctrl 键实现复制;如果是在多个工作簿中操作,首先应打开这些工作簿,然后单击该工作表标签,在快捷菜单中选择"移动或复制工作表"命令,打开"移动或复制工作表"对话框。在"工作簿"框中选择工作簿(如没有出现所需工作簿,说明此工作簿未打开),从"下列选定工作表之前"列表框中选择插入位置。复制操作还需选中对话框底部的"建立副本"复选框,如图 4-16 所示。

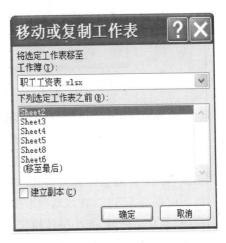

图 4-15 工作表的快捷菜单   图 4-16 移动或复制工作表对话框

注意:在删除工作表的时候一定要慎重,一旦工作表被删除后将无法恢复。

4.2.4 格式化工作表

一个好的工作表除了保证数据的正确性外,为了更好地体现工作表中的内容,还应对外观进行修饰(即格式化),使之整齐、鲜明和美观。

工作表的格式化主要包括格式化数据、调整工作表的列宽和行高、设置对齐方式、添加边框和底纹、使用条件格式以及自动套用格式等。

1. 格式化数据

(1) 设置数字格式。在 Excel 中,可以设置不同的小数位数、百分号、货币符号、是否使用千位分隔符等来表示同一个数。例如,1 234.56、123 456%、¥1 234.56、1 234.56。这时屏幕上单元格表现的是格式化后的数字,编辑栏显示的是系统实际存储的数据。

Excel 提供了大量的数字格式,并将它们分成常规、数值、货币、会计专用、日期、时间、百分比、分数、科学记数、文本、特殊、自定义等。其中,常规是系统的默认格式。

Excel 将常用的格式化命令集成在"开始"选项卡的"字体"、"对齐方式"、"数字"和"样式"等选项组中,如图 4-17 所示。另外也可以通过"设置单元格格式"对话框来设置,如图 4-18 所示。打开"设置单元格格式"对话框有以下两种常用方法:

① 单击"字体"、"对齐方式"、"数字"选项组右下角的对话框启动器。

② 选择要格式化的单元格或单元格区域,右击,从弹出的快捷菜单中选择"设置单元格格式"命令。

图 4-17 格式化工具功能区

(2) 设置对齐方式。对齐方式是指单元格中的内容显示时相对单元格上下左右的位置。默认情况下,单元格中的文本靠左对齐,数字右对齐,逻辑值和错误值居中对齐。此外,Excel 还允许用户改变或设置其它对齐方式。用户要改变或设置其它对齐方式,可通过"设置单元格格式"对话框中的"对齐方式"选项卡来完成。

除了设置对齐方式,在该选项卡中还可以对文本进行显示控制,有效解决文本的显示问题,如自动换行、缩小字体填充、将选定的区域合并为一个单元格、改变文字方向和旋转文字角度等,效果如图 4-19 所示。

(3) 设置字体。在 Excel 中,为了美化数据,经常会对数据进行字符格式化,如设置数据字体、字形和字号,为数据加下画线、删除线、上下标,改变数据颜色等。这主要是通过"设置单元格格式"对话框中的"字体"选项卡来完成的。

第 4 章 Excel 2010 电子表格处理

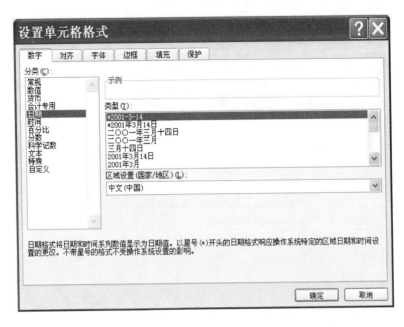

图 4-18 "设置单元格格式"对话框

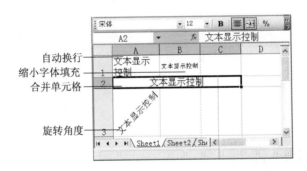

图 4-19 单元格中文本的显示控制

2. 添加边框

为工作表添加各种类型的边框,不仅可以起到美化工作表的目的,还可以使工作表更加清晰明了。

如果要给某一单元格或某一区域增加边框,首先选择相应的区域,然后打开"设置单元格格式"对话框,在"边框"选项卡中进行设置,如图 4-20 所示。

3. 设置填充

除了为工作表加上边框外,还可以使用填充命令为特定区域加上背景颜色或图案,即底纹。如果要给某一单元格或某一区域增加底纹,常用的方法是先选择相应的区域,然后打开"设置单元格格式"对话框,在"填充"选项卡中进行设置,如图 4-21 所示。

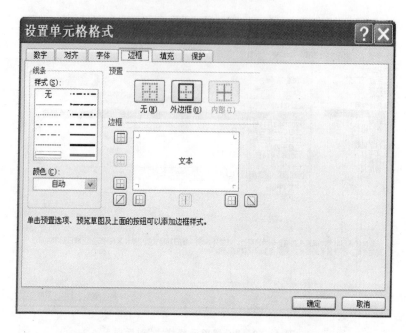

图 4-20 "设置单元格格式"对话框"边框"选项卡

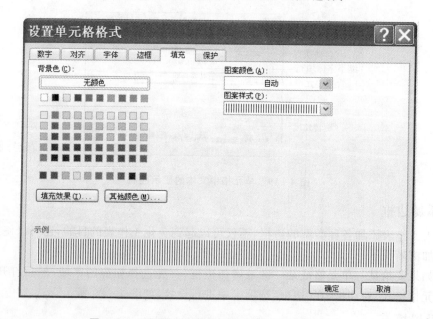

图 4-21 "设置单元格格式"对话框"填充"选项卡

4. 保护

锁定或隐藏单元格数据,该功能在工作表受保护时才能效。

5. 调整工作表的列宽和行高

设置每列的宽度和每行的高度是改善工作表外观经常用到的手段。例如，输入太长的文字内容将会延伸到相邻的单元格中，如果相邻单元格中已有内容，那么该文字内容会被截断；对于数值数据，则以一串"♯"提示用户该单元格列宽不够而无法显示该数值数据。

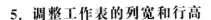

调整列宽和行高最快捷的方法是利用鼠标来完成，将鼠标指向要调整的列宽（或行高）的列（或行）号之间的分隔线上，当鼠标指针变成带一个双向箭头的十字形时，拖曳分隔线到需要的位置即可，如图4-22所示。

图4-22 利用鼠标调整列宽

如果要精确调整列宽和行高，可以单击"单元格"选项组中的"格式"下拉按钮，在打开的下拉列表中选择行高和列宽的相应设置命令。图4-23所示是单击"格式"下拉按钮所打开的下拉列表，其中，"行高"命令将打开"行高"对话框，如图4-24所示，用户可以输入需要的高度值。列宽的设置与此类似。

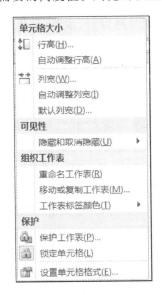

图4-23 "格式"下拉按钮所打开的下拉列表

图4-24 "行高"对话框

【例4.2】 对【例4.1】中的"职工工资表"进行格式化：设置扣款数列小数位为1，加千位分隔符和人民币符号"¥"；设置标题行高为25，姓名列宽为10；将A1:H1单元格区域合并，标题内容水平居中对齐，标题字体设为华文彩云、20号、加粗；工作表边框外框为黑色粗线，内框为黑色细线；姓名所在行背景色为黄色。其效果如图4-25所示。

操作步骤如下：

第4章 Excel 2010 电子表格处理

	A	B	C	D	E	F	G	H
1	职工工资表							
2	姓名	部门	职务	出生日期	基本工资	奖金	扣款数	实发工资
3	郑 含 因	销售部	业务员	1984-6-10	1000	1200	￥100.0	
4	李 海 儿	销售部	业务员	1982-6-22	800	700	￥85.5	
5	陈 静	销售部	业务员	1977-8-18	1200	1300	￥120.0	
6	王 克 南	销售部	业务员	1984-9-21	700	800	￥76.5	
7	钟 尔 慧	财务部	会计	1983-7-10	1000	500	￥35.5	
8	卢 植 茵	财务部	出纳	1978-10-7	450	600	￥46.5	
9	林 寻	技术部	技术员	1970-6-15	780	1000	￥100.5	
10	李 禄	技术部	技术员	1967-2-15	1180	1080	￥88.5	
11	吴 心	技术部	工程师	1966-4-16	1600	1500	￥110.5	
12	李 伯 仁	技术部	技术员	1966-11-24	1500	1300	￥108.0	
13	陈 醉	技术部	技术员	1982-11-23	800	900	￥55.0	
14	马 甫 仁	财务部	会计	1977-11-9	900	800	￥66.0	
15	夏 雪	技术部	工程师	1984-7-7	1300	1200	￥110.0	

图 4-25 工作表格式化效果

(1) 在 Excel 中打开"职工工资表"文件。

(2) 单击列号"G"选定实发工资列,在右键快捷菜单中选择"设置单元格格式"命令,打开"单元格格式"对话框,在"数字"选项卡的"分类"列表框中选择"数值",在"小数位数"数值框中选择"1",选择"使用千位分隔符"复选框,再在"分类"列表框中选择"货币",在"货币符号"下拉列表框中选择"￥",单击"确定"按钮。

(3) 单击行号"1"选定标题行,单击"单元格"选项组中的"格式"下拉按钮,在打开的下拉列表中选择"行高"命令,并在"行高"文本框中输入"25",单击"确定"按钮;单击列号"A"选定姓名所在列,单击"单元格"选项组中的"格式"下拉按钮,在打开的下拉列表中选择"列宽"命令,并在"列宽"文本框中输入"10",单击"确定"按钮。

(4) 选中 A1:H1 单元格区域,在"设置单元格格式"对话框的"对齐"选项卡中设置"水平对齐"为"居中",选择"合并单元格"复选框,单击"确定"按钮。也可以单击单击"对齐方式"选项组中的"合并后居中"按钮 ![] 快速完成。

(5) 选中标题"职工工资表",在"设置单元格格式"对话框的"字体"选项卡中设置字体为"华文彩云",字号为"20",单击"确定"按钮。也可以利用"字体"选项组中的对应按钮完成。

(6) 选中 A1:H15 单元格区域,在"设置单元格格式"对话框的"边框"选项卡中选择线条"颜色"为"黑色","样式"为"粗线",单击"外边框"按钮,完成工作表外框的设置;再选择线条"样式"为"细线",单击"内部"按钮,完成工作表内框的设置,单击"确定"按钮。

(7) 选中 A2:H2 单元格区域,在"设置单元格格式"对话框的"填充"选项卡中选择"背景色"为"黄色",单击"确定"按钮。也可以利用"字体"选项组中的"填充颜色"按钮 ![] 快速完成。

6. 应用样式

Excel 提供了多种内置样式。通过"格式"选项组的"条件格式"、"套用表格格式"和"单元格样式"等三组命令可以设置相关样式。其中,条件格式可以使数据在满足不同的条件时,显示不同的格式,非常实用。

【例 4.3】 对【例 4.2】中的工作表设置条件格式:将基本工资大于等于 1500 的单元格设置成蓝色、加粗、倾斜、背景色为红色;基本工资小于 500 的单元格设置成红色、加双下划线。其效果如图 4-26 所示。

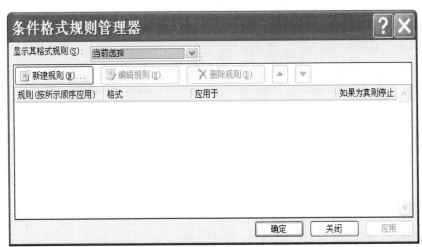

图 4-26 设置条件格式效果

操作步骤如下:

(1) 选定要设置格式的 E3:E15 单元格区域;

(2) 单击"样式"选项组中的"条件格式"下拉按钮,在打开的下拉列表中选择"管理规则"命令,打开"条件格式规则管理器"对话框,如图 4-27 所示。

图 4-27 "条件格式规则管理器"对话框

(3) 在该对话框中单击"新建规则"按钮,打开"新建格式规则"对话框,如图 4-28

所示。在该对话框中,单击"选择规则类型"列表中的"只为包含以下内容的单元格设置格式"项,然后在"编辑规则说明"栏中,单击第1个下拉列表框,选择"单元格值"项,单击第2个下拉列表框,选择"大于或等于"项,在该行右边的文本框中输入"1500"。单击"格式"按钮,在打开的"设置单元格格式"对话框中进行格式设置,即将满足"规则1"的单元格格式设置成蓝色、加粗、倾斜、背景色为红色。单击"确定"按钮,返回"新建格式规则"对话框。再单击"确定"按钮,返回"条件格式规则管理器"对话框。

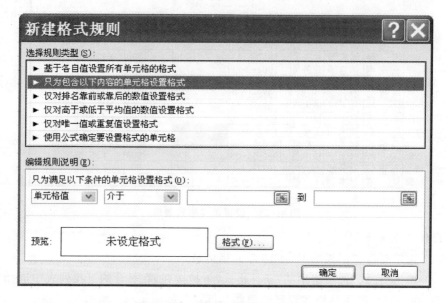

图4-28 "新建格式规则"对话框

(4) 重复上述步骤,继续添加"规则2"。"条件格式规则管理器"对话框最终的设置如图4-29所示,单击"确定"按钮。

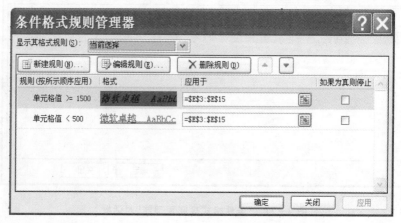

图4-29 包含2个规则的"条件格式规则管理器"对话框

要修改已设置的条件格式,可打开"条件格式规则管理器"对话框,通过单击"编辑规则"按钮进行修改;通过单击"删除规则"按钮,可要删除已设置的条件格式。

列表中较高处的规则的优先级高于列表中较低处的规则。默认情况下,新规则总是添加到列表的顶部,因此具有较高的优先级,用户可以使用对话框中的"上移"和"下移"箭头更改优先级顺序。

4.3 公式与函数

如果工作表中只是输入一些文本、数值、日期和时间,那么文字处理软件完全可以取代它。Excel 的主要功能不在于它能显示、存储数据,更重要的是对数据的计算能力。它可以对工作表中某一区域中的数据进行求和、求平均值、计数、求最大最小值以及其他更为复杂的运算,从而避免手工计算的繁琐和容易出现错误;数据修改后公式的计算结果也会自动更新,这更是手工计算无法比拟的。

在 Excel 的工作表中,几乎所有的计算工作都是通过公式和函数来完成的。

4.3.1 公式的使用

公式是利用单元格的引用地址对存放在其中的数据进行分析与计算的等式,如"＝A1＋B1＋C1"。它与普通数据之间的区别在于公式首先是由"＝"来引导的,后面是计算的内容,由常量、单元格引用地址、运算符和函数组成。

公式可以在单元格或编辑栏中直接输入。在输入公式时,之所以不用数据本身而是用单元格的引用地址,是为了使计算的结果始终准确地反映单元格的当前数据。只要改变了数据单元格中的内容,公式单元格中的结果也立刻随之改变。如果在公式中直接书写数据,那么一旦单元格中的数据有变化,公式计算的结果就不会自动更新。

1. 运算符

Excel 公式中常用的运算符分为 4 类,如表 4－2 所列。

表 4－2 Excel 运算符及其优先级

类　型	表示形式	优先级
算术运算符	＋(加)、－(减)、*(乘)、/(除)、%(百分比)、^(乘方)、－(负号)	从高到低分为 5 个级别:负号、百分比、乘方、乘和除、加和减
关系运算符	＝(等于)、＞(大于)、＜(小于)、＞＝(大于等于)、＜＝(小于等于)、＜＞(不等于)	优先级相同
文本运算符	&(文本的连接)	
引用运算符	:(区域)、,(联合)、空格(交叉)	从高到低依次为:区域、联合、交叉

第 4 章　Excel 2010 电子表格处理

其中,文本运算符用来将多个文本连接为一个组合文本,如"Microsoft"&"Excel"的结果为MicrosoftExcel;引用运算符用来将单元格区域合并运算,如表 4-3 所示。

表 4-3　引用运算符的功能

引用运算符	功　　能	示　　例
:(区域运算符)	包括两个引用在内的所有单元格的引用	SUM(A1:C3)
,(联合操作符)	对多个引用合并为一个引用	SUM(A1,C3)
空格(交叉操作符)	产生同时隶属于两个引用的单元格区域的引用	SUM(A1:C4 B2:D3)

4 类运算符的优先级从高到低依次为:引用运算符、算术运算符、文本运算符、关系运算符。当多个运算符同时出现在公式中时,Excel 按运算符的优先级进行运算,优先级相同时,自左向右运算。

2. 公式的输入和复制

当一个单元格中输入公式后,Excel 会自动加以运算,并将运算结果存放在该单元格中。当公式中引用的单元格数据发生变动时,公式所在的单元格的值也会随之改变。

【例 4.4】 打开"职工工资表.xls",使用公式计算每位职工的实发工资,如图 4-30 所示。

图 4-30　使用公式计算实发工资

操作步骤如下:

(1) 打开"职工工资表"工作簿文件,选定第 1 位职工"实发工资"单元格,即 H3 单元格。

(2) 在 H3 单元格中输入公式"=E3+F3-G3"(或在编辑栏中输入"=E3+F3-G3"),按 Enter 键,Excel 自动计算并将结果显示在单元格中,如图 4-27 所示。比输入单元格引用地址更简单的方法是,直接用鼠标依次单击源数据单元格,则该单元格的引用地址会自动出现在编辑栏中。

(3) 计算其他职工的实发工资：再次单击单元格 H3，使之成为活动单元格；单击"剪贴板"选项组中的"复制"按钮；选定区域 H4:H15；单击"剪贴板"选项组中的"粘贴"按钮。执行结果如图 4-31 所示。

	A	B	C	D	E	F	G	H
1	职工工资表							
2	姓名	部门	职务	出生日期	基本工资	奖金	扣款数	实发工资
3	郑含因	销售部	业务员	1984-6-10	1000	1200	¥100.0	2100
4	李海儿	销售部	业务员	1982-6-22	800	700	¥85.5	1414.5
5	陈 静	销售部	业务员	1977-8-18	1200	1300	¥120.0	2380
6	王克南	销售部	业务员	1984-9-21	700	800	¥76.5	1423.5
7	钟尔慧	财务部	会计	1983-7-10	1000	500	¥35.5	1464.5
8	卢植茵	财务部	出纳	1978-10-7	450	600	¥46.5	1003.5
9	林 寻	技术部	技术员	1970-6-15	780	1000	¥100.5	1679.5
10	李 禄	技术部	技术员	1967-2-15	1180	1080	¥88.5	2171.5
11	吴 心	技术部	工程师	1966-4-16	1600	1500	¥110.5	2989.5
12	李伯仁	技术部	工程师	1966-11-24	1500	1300	¥108.0	2692
13	陈 醉	技术部	技术员	1982-11-23	800	900	¥55.0	1645
14	马甫仁	财务部	会计	1977-11-9	900	800	¥66.0	1634
15	夏 雪	技术部	工程师	1984-7-7	1300	1200	¥110.0	2390

图 4-31 使用公式计算实发工资的执行结果

说明：其他职工的实发工资也可以利用公式的自动填充功能快速完成，方法是：移动鼠标到公式所在单元格(即 H3)右下角的填充柄处，当鼠标变成黑十字（ ✚ ）时，按住鼠标左键拖曳经过目标区域，到达最后一个单元格时释放鼠标左键，公式自动填充完毕。

3. 单元格地址表示方式

公式和函数中经常包含单元格的引用地址，它有 3 种表示方式：相对地址、绝对地址和混合地址。表示方式不同，处理方式也不同。

(1) 相对地址(也称相对坐标)。由列号行号表示，如 B1，A2，C4 等，是 Excel 默认的引用方式，它的特点是公式复制时，该地址会根据复制的目标位置自动调节。例如，职工工资表中公式从 H3 复制 H4，列号没变，行号加 1，所以公式从"=E3+F3-G3"自动变为"=E4+F4-G4"。假如公式从 H3 复制到 I4，列号加 1，行号也加 1，公式将自动变为"=F4+G4-H4"。相对地址常用来快速实现大量数据的同类运算。

(2) 绝对地址(也称绝对坐标)。在列号和行号前都加上符号"$"构成，如 $B$1，它的特点是公式复制或移动时，该地址始终保持不变。例如，职工工资表中将 H3 单元格公式改为"=$E$3+$F$3-$G$3"，再将公式复制到 H4，会发现 H4 的结果与 H3 一样，公式没变，仍然是"=$E$3+$F$3-$G$3"。"$"就好像一个"钉子"，钉住了参加运算的单元格，使它们不会随着公式位置的变化而变化。

(3) 混合地址(也称混合坐标)。混合地址是在列号或行号前加上符号"$"构成，如 $B1 和 B$1，它是相对地址和绝对地址的混合使用。在进行公式复制时，公式中的相对坐标会随引用单元格地址的变动而作相应改变，但公式中的绝对地址部分则保持不变。

4. 出错信息

当公式表达不正确时,系统将显示出错信息。常见的出错信息及其含义如表 4-4 所列。

表 4-4 常见出错信息及其含义

出错信息	含 义
#DIV/0!	除数为 0
#N/A	引用了当前不能使用的数值
#NAME?	引用了不能识别的名字
#NULL!	指定的两个区域不相交
#NUM!	数字错
#REF!	引用了无效的单元格
#VALUE!	错误的参数或运算对象

4.3.2 函数的使用

函数是 Excel 自带的一些已经定义好的公式,格式如下:

函数名(参数 1,参数 2,……)

其中的参数可以是常量、单元格、单元格区域、公式或其他函数。

例如,求和函数 SUM(A1:A8)中,A1:A8 是参数,指明操作对象是单元格区域 A1:A8 中的数值。

与直接创建公式比较(如公式"=A1+A2+A3+A4+A5+A6+A7+A8"与函数"=SUM(A1:A8)"),使用函数可以减少输入的工作量,减小出错率;而且,对于一些复杂的运算(如开平方根、求标准偏差等),如果由用户自己设计公式来完成会很困难。Excel 2010 提供了 400 多种函数,包括数学与三角函数、财务、日期和时间、统计、查找与引用、数据库、文本、逻辑、信息、工程等。下面分别介绍各类中的常用函数。

1. 函数的分类

(1) 数学函数

① 绝对值函数 ABS。

格式:ABS(number)

功能:返回参数 number 的绝对值。

② 取整函数 INT。

格式:INT(number)

功能:返回不大于参数 number 的最大整数

例如：=INT(5.6)与=INT(5)的值都为5，=INT(-5.6)的值为-6。

③ 求余函数 MOD。

格式：MOD(number，divisor)

功能：返回 number/divisor 的余数，结果的符号与 divisor 的相同。

例如：=MOD(3,2)与=MOD(-3,2)的值都为1，=MOD(3,-2)的值为-1。

④ 圆周率函数 PI。

格式：PI( )

功能：返回圆周率 π 的值。该函数无参数，但使用时圆括号不能省。

⑤ 随机数函数 RAND。

格式：RAND( )

功能：返回一个[0,1)之间的随机数。

例如，a+INT(RAND( )*(b-a+1))可以产生[a,b]上的随机整数。其中 a<b 且都为整数。

⑥ 四舍五入函数 ROUND。

格式：ROUND(number，num_digits)

功能：对参数 number 按四舍五入的原则保留 num_digits 位小数。其中 num_digits 为任意整数。

例如：=ROUND(3.1415,2)的值为3.14，=ROUND(3.1415,3)的值为3.142。

⑦ 求平方根函数 SQRT。

格式：SQRT(number)

功能：返回 number 的算术平方根。其中要求 number≥0。

例如：=SQRT(9)的值为3，=SQRT(-9)的值为♯NUM！。

⑧ 求和函数 SUM。

格式：SUM(number1，number2，…)

功能：返回参数表中所有参数的和，参数的个数最多不超过30个，常使用区域形式。

⑨ 条件求和函数 SUMIF。

格式：SUMIF(range，criteria，sum_range)

功能：返回区域 range 内满足条件 criteria 的单元格所顺序对应的区域 sum_range 内单元格中数值的和。如果参数 sum_range 省略，求和区域为 range。条件 criteria 是以数值、单元坐标、字符串等形式出现。

例如：对于图4-27中的数据，我们用公式=SUMIF(D3:D15,">=1980-1-1"，E3:E15)可以计算出1980年1月1日以后出生的职工的基本工资总和。而公式=SUMIF(E3:E15,">1000")则计算出奖金大于1000的职工的奖金总和。

⑩ 截取函数 TRUNC。

格式：TRUNC(number，num_digits)

功能：将数字 number 截取为整数或保留 num_digits 位小数。num_digits 省略时默认值为 0。

例如：=TRUNC(3.1415,3)的值为 3.141，=TRUNC(3.1415)的值为 3。

(2) 文本函数。

① 字符串长度函数 LEN。

格式：LEN(text)

功能：返回文本字符串中的字符数。

例如：=LEN("广东梅州嘉应学院")的值为 8，=LEN("How do you do?")的值为 14。

② 左截取子串函数 LEFT。

格式：LEFT(text,num_chars)

功能：返回字符串 text 左边的 num_chars 个字符构成的子字符串。其中 num_chars 省略时默认为 1。

例如：=LEFT("广东梅州嘉应学院",2)的值为"广东"，=LEFT("How do you do?",3)的值为"How"。

③ 右截取子串函数 RIGHT。

格式：RIGHT(text,num_chars)

功能：返回字符串 text 右边的 num_chars 个字符构成的子字符串。其中 num_chars 省略时默认为 1。

例如：=RIGHT("广东梅州嘉应学院",2)的值为"学院"，=RIGHT("How do you do?",3)的值为"do?"。

④ 中间截取子串函数 MID。

格式：MID(text,start_num,num_chars)

功能：返回从字符串 text 左边的第 start_num 个字符开始取 num_chars 个字符构成的子字符串。

例如：=MID("广东梅州嘉应学院",3,2)的值为"梅州"，=MID("How do you do?",5,6)的值为"do you"。

(3) 日期与时间函数。

① 指定日期函数 DATE。

格式：DATE(year,month,day)

功能：返回在 Microsoft Office Excel 日期时间代码中代表日期的数字。

说明：year 是介于 1900～9999 之间的整数。month 是一个代表月份的整数，若输入的月份大于 12，则函数会自动进位，如输入=DATE(2010,20,8)将返回 2008－8－8 对应的日期序列数。day 是一个代表在该月份第几天的数，若输入的 day 大于该月份的最大天数时，则函数也会自动进位，如输入=DATE(2008,7,39)也将返回 2008－8－8 对应的日期序列数。系统规定：1900－1－1 对应的日期序列数为 1，以后每增加一天,序列数顺序加1。

例如:＝DATE(2008,8,8)的日期序列数为 39 668,此系列数说明从 1900－1－1 到 2008－8－8 已经过了 39 668 天!

② 系统的今天函数 TODAY。

格式:TODAY( )

功能:返回计算机系统的当前日期。

③ 系统的现在函数。

格式:NOW( )

功能:返回计算机系统的当前日期与当前时间。

④ 年函数 YEAR。

格式:YEAR(serial_number)

功能:返回对应日期的年份值。

例如:＝YEAR("2008－10－1")的值为 2008。

⑤ 月函数 MONTH。

格式:MONTH(serial_number)

功能:返回对应日期的月份值。

例如:＝MONTH("2008－10－1")的值为 10。

⑥ 日函数 DAY。

格式:DAY(serial_number)

功能:返回对应日期的日数字。

例如:＝DAY("2008－10－1")的值为 1。

(4) 逻辑函数

① 逻辑"与"函数 AND。

格式:AND(logical1,logical2,...)

功能:所有参数的逻辑值为真时,返回 TRUE;只要有一个参数的逻辑值为假,即返回 FALSE。

例如:＝AND(3＞2,3+2＞=2+3,"A"＜"B")的值为 TRUE,AND(2＞3,2+3＞1+2)的值为 FALSE。

② 逻辑"或"函数 OR。

格式:OR(logical1,logical2,...)

功能:所有参数的逻辑值为假时,返回 FALSE;只要有一个参数的逻辑值为真,即返回 TRUE。

例如:＝OR(3＜2,3+2＞2+3,"A"＞"B")的值为 FALSE,OR(2＞3,2+3＞1+2)的值为 TRUE。

③ 条件函数 IF。

格式:IF(logical_test,value_if_true,value_if_false)

第4章 Excel 2010 电子表格处理

功能:当 logical_test 取值为 TRUE 时,返回 value_if_true;否则返回 value_if_false。

【例4.5】 对图4-32的职工工资表,要求使用 IF 函数在区域 I3:I15 完成对职工工资高低进行评价。标准如下:实发工资<1500 为"低",1500≤实发工资<2500 为"中"实发工资≥2500 为"高"。

	A	B	C	D	E	F	G	H	I
1					职工工资表				
2	姓名	部门	职务	出生日期	基本工资	奖金	扣款数	实发工资	工资评价
3	郑含因	销售部	业务员	1984-6-10	1000	1200	¥100.0	2100	
4	李海儿	销售部	业务员	1982-6-22	800	700	¥85.5	1414.5	
5	陈 静	销售部	业务员	1977-8-18	1200	1300	¥120.0	2380	
6	王克南	销售部	业务员	1984-9-21	700	800	¥76.5	1423.5	
7	钟尔慧	财务部	会计	1983-7-10	1000	500	¥35.5	1464.5	
8	卢植茵	财务部	出纳	1978-10-7	450	600	¥46.5	1003.5	
9	林 寻	技术部	技术员	1970-6-15	780	1000	¥100.5	1679.5	
10	李 禄	技术部	技术员	1967-2-15	1180	1080	¥88.5	2171.5	
11	吴 心	技术部	工程师	1966-4-16	1600	1500	¥110.5	2989.5	
12	李伯仁	技术部	工程师	1966-11-24	1500	1300	¥108.0	2692	
13	陈 醉	技术部	技术员	1982-11-23	800	900	¥55.0	1645	
14	马甫仁	财务部	会计	1977-11-9	900	800	¥66.0	1634	
15	夏 雪	技术部	工程师	1984-7-7	1300	1200	¥110.0	2390	

图4-32 评价职工工资收入

操作步骤如下:

(1) 在 I3 单元格中输入公式"=IF(H3>=2500,"高",IF(H3>=1500,"中","低"))",按 Enter 键。

(2) 评价其他职工的实发工资:再次单击单元格 I3,使之成为活动单元格;双击 I3 单元的填充柄。执行结果如图4-33所示。

	A	B	C	D	E	F	G	H	I
I3			fx	=IF(H3>=2500,"高",IF(H3>=1500,"中","低"))					
1					职工工资表				
2	姓名	部门	职务	出生日期	基本工资	奖金	扣款数	实发工资	工资评价
3	郑含因	销售部	业务员	1984-6-10	1000	1200	¥100.0	2100	中
4	李海儿	销售部	业务员	1982-6-22	800	700	¥85.5	1414.5	低
5	陈 静	销售部	业务员	1977-8-18	1200	1300	¥120.0	2380	中
6	王克南	销售部	业务员	1984-9-21	700	800	¥76.5	1423.5	低
7	钟尔慧	财务部	会计	1983-7-10	1000	500	¥35.5	1464.5	低
8	卢植茵	财务部	出纳	1978-10-7	450	600	¥46.5	1003.5	低
9	林 寻	技术部	技术员	1970-6-15	780	1000	¥100.5	1679.5	中
10	李 禄	技术部	技术员	1967-2-15	1180	1080	¥88.5	2171.5	中
11	吴 心	技术部	工程师	1966-4-16	1600	1500	¥110.5	2989.5	高
12	李伯仁	技术部	工程师	1966-11-24	1500	1300	¥108.0	2692	高
13	陈 醉	技术部	技术员	1982-11-23	800	900	¥55.0	1645	中
14	马甫仁	财务部	会计	1977-11-9	900	800	¥66.0	1634	中
15	夏 雪	技术部	工程师	1984-7-7	1300	1200	¥110.0	2390	中

图4-33 使用 IF 函数评价职工工资高低的执行结果

(5) 统计函数。

① 第1计数函数 COUNTA。

格式:COUNTA(value1,value2,…)

功能:返回参数 value1,value2,…的个数。对于区域参数则计算其中非空单元的数目,参数可为1~30个。

② 第 2 计数函数 COUNT。

格式:COUNT(value1,value2,…)

功能:返回参数 value1,value2,… 中数值型参数的个数。对于区域参数则计算其中数值型单元的数目,参数可为 1~30 个。

函数在计数时,会把数值、空、逻辑值、日期或以数值构成的字符串计算进去;但对于错误值以及无法转换成数值的文字则被忽略。

例如:=COUNT(0.6,TRUE,"3","three",4,,9,♯DIV/0!)的值为 6。

③ 条件计数函数 COUNTIF。

格式:COUNTIF(range,criteria)

功能:返回区域 range 内满足条件 criteria 的单元格个数。条件 criteria 是以数值、单元坐标、字符串等形式出现。

例如:若 A1:A4 中各单元的值分别为 20、30、40、50,则公式=COUNTIF(A1:A4,">20")的值为 3。

④ 求平均值函数 AVERAGE。

格式:AVERAGE(number1,number2,…)

功能:返回参数表中所有数值型参数的平均值。参数的个数最多不超过 30 个,常使用区域形式。

⑤ 求最大值函数 MAX。

格式:MAX(number1,number2,…)

功能:返回参数表中所有数值型参数的最大值。参数的个数最多不超过 30 个,常使用区域形式。

⑥ 求最小值函数 MIN。

格式:MIN(number1,number2,…)

功能:返回参数表中所有数值型参数的最小值。参数的个数最多不超过 30 个,常使用区域形式。

⑦ 频率分布函数 FREQUENCY。

格式:FREQUENCY(data_array,bins_array)

功能:计算一组数(data_array)分布在指定区间(bins_array)的个数。

其中,data_array 为要统计的数组所在的区域,bins_array 为统计的区间数组数据。设 bins_array 指定的参数为 $A_1,A_2,A_3,\cdots,A_n$,则其统计的区间为 $X \leqslant A_1$,$A_1 < X \leqslant A_2$,$A_2 < X \leqslant A_3$,$\cdots$,$A_{n-1} < X \leqslant A_n$,$X > A_n$,共 $n+1$ 个区间。函数 FREQUENCY 将忽略空白单元格和文本。

【例 4.6】 对图 4-34 的职工工资表,要求使用 FREQUENCY 函数统计实发工资<1500,1500≤实发工资<2000,2000≤实发工资<2500,实发工资≥2500 的职工人数各有多少。

操作步骤如下:

第4章 Excel 2010 电子表格处理

在空区域 J3:J5 输入统计间距数据 1499.9,1999.9,2499.9。

选定作为统计结果数据的输出区域 K3:K6(比统计间距区域多一单元)。

输入频率分布函数的公式：=FREQUENCY(H3:H15,J3:J5)。

按[Ctrl]+[Shift]+[Enter]组合键。执行结果如图 4-34 所示。

图 4-34 例 4.6 的执行结果

⑧ 排位函数 RANK。

格式：RANK(number,ref,order)

功能：返回参数 number 在区域 ref 中的排位值。参数 Number 为需要排位的数字；Ref 为所有参与排位的数字区域；order 为一数字，指明排位的方式，为 0(零)或省略时按降序排列，不为零时按照升序排列。

【例 4.7】 对图 4-35 的职工工资表中的实发工资进行排位,要求使用 RANK 函数完成,实发工资最高者排第一。

图 4-35 职工实发工资排位

操作步骤如下：

● 在 I3 单元格中输入公式：=RANK(H3,$H$3:$H$15),按 Enter 键。

● 对其他职工的实发工资排位:再次单击单元格 I3,使之成为活动单元格;双击 I3 单元的填充柄。执行结果如图 4-36 所示。

	A	B	C	D	E	F	G	H	I
1					职工工资表				
2	姓名	部门	职务	出生日期	基本工资	奖金	扣款数	实发工资	工资排位
3	郑含因	销售部	业务员	1984-6-10	1000	1200	¥100.0	2100	6
4	李海儿	销售部	业务员	1982-6-22	800	700	¥85.5	1414.5	12
5	陈 静	销售部	业务员	1977-8-18	1200	1300	¥120.0	2380	4
6	王克南	销售部	业务员	1984-9-21	700	800	¥76.5	1423.5	11
7	钟尔慧	财务部	会计	1983-7-10	1000	500	¥35.5	1464.5	10
8	卢植茵	财务部	出纳	1978-10-7	450	600	¥46.5	1003.5	13
9	林 寻	技术部	技术员	1970-6-15	780	1000	¥100.5	1679.5	7
10	李 禄	技术部	技术员	1967-2-15	1180	1080	¥88.5	2171.5	5
11	吴 心	技术部	工程师	1966-4-16	1600	1500	¥110.5	2989.5	1
12	李伯仁	技术部	工程师	1966-11-24	1500	1300	¥108.0	2692	2
13	陈 醉	技术部	技术员	1982-11-23	800	900	¥55.0	1645	8
14	马甫仁	财务部	会计	1977-11-9	900	800	¥66.0	1634	9
15	夏 雪	技术部	工程师	1984-7-7	1300	1200	¥110.0	2390	3

图 4-36 例 4.7 的执行结果

(6) 财务函数。

① 投资(未来值)函数 FV。

格式:FV(rate,nper,pmt)

功能:基于固定利率及等额分期付款方式,返回某项投资的未来值。其中:

rate:每期的利率。

nper:付款的总次数。

pmt:为每期应存入或偿还的金额。

在所有参数中,支出的款项,如向银行存款,表示为负数;收入的款项,如股息收入,表示为正数。注意:rate 与 nper 使用时单位必须一致。

例如,假定当前年利率为 5%,从现在开始每月向银行存入 1470.46 元,则 5 年后得到的存款(本息)为:=FV(5%/12,5*12,-1470.46)=100 000.22 元。

② 偿还函数 PMT。

格式:PMT(rate,nper,pv,fv,type)

功能:返回固定利率下的投资或贷款的等额分期存款或还款额。其中:

pv:现值,或一系列未来付款的当前值的累积和(贷款本金)。

fv:为未来值,或在最后一次付款后希望得到的现金余额,如果省略 fv,则假设其值为零,也就是一笔贷款的未来值为零。

type:数字 0 或 1,表示何时付款。0 或省略表示期末付款,1 表示期初付款。

例如,某企业向银行贷款 5 万元,准备 4 年还清,假定当前年利率为 4%,每月应向银行偿还贷款的数额为(期末付款):=PMT(4%/12,4*12,50000)=-1128.95 元。

如在每月初偿还贷款,则为:=PMT(4%/12,4*12,50000,0,1)=-1125.20 元。

再如,假定当前年利率为 5%,为使 5 年后得到 10 万元的存款,则从现在开始每月应向银行存入的钱额为:=PMT(5%/12,5*12,,100000)=-1470.46 元。

③ 可贷款(现值)函数 PV。

格式:PV(rate,nper,pmt)

功能:返回规定利率、偿还期数及偿还能力下可贷款的总额。

例如,某企业向银行贷款,其偿还能力为每月 50 万元,计划 3 年还清,假定当前年利率为 4%,则该企业可向银行贷款的数额为:=PV(4%/12,3*12,50)=1693.54(万元)。

(7) 查找与引用函数。

① 选择函数 CHOOSE。

格式:CHOOSE(index_num,value1,value2,…)

功能:当 index_num 为 1 时,取值为 value1;当 index_num 为 2 时,取值为 value2;依此类推。

例如,单元格 A1 的值为 4,则=CHOOSE(A1,2,3,4,5)的值为 5。

② 按列内容选择函数 VLOOKUP。

格式:VLOOKUP(lookup_value,table_array,col_index_num,range_lookup)

功能:在区域 table_array 的首列查找指定的数值 lookup_value,然后在 lookup_value 所在行右移到 col_index_num 列,并返回该单元格的数据。其中:

Lookup_value:为需要在数据表第一列中查找的数据,可以是数值、文本字符串或引用。

Table_array:为需要在其中查找数据的数据表(区域),可以使用单元格区域或区域名称等。如果 range_lookup 为 TRUE 或省略,则 table_array 的第一列中的数值必须按升序排列,否则,函数 VLOOKUP 不能返回正确的数值。如果 range_lookup 为 FALSE,table_array 不必进行排序。Table_array 的第一列中的数值可以为文本、数字或逻辑值。若为文本时,不区分文本的大小写。

Col_index_num:为 table_array 中待返回的匹配值的列序号。Col_index_num 为 1 时,返回 table_array 第一列中的数值;Col_index_num 为 2 时,返回 table_array 第二列中的数值,以此类推。

Range_lookup:为一逻辑值,指明函数 VLOOKUP 返回时是精确匹配还是近似匹配。如果为 TRUE 或省略,则返回近似匹配值,也就是说,如果找不到精确匹配值,则返回小于 lookup_value 的最大数值;如果 range_value 为 FALSE,函数 VLOOKUP 将返回精确匹配值。如果找不到,则返回错误值#N/A。

	A	B	C
1	密度	粘度	温度
2	0.457	3.55	500
3	0.525	3.25	400
4	0.616	2.93	300
5	0.675	2.75	250
6	0.746	2.57	200
7	0.835	2.38	150
8	0.946	2.17	100
9	1.09	1.95	50
10	1.29	1.71	0

图 4-37 某物体密度粘度温度对照表

例如:现有图 4-37 的数据表,可以看出 A 列的数据已进行升序排序。则有:=VLOOKUP(1,A1:C10,3)的值为 100,=VLOOKUP(1,A1:C10,3,FALSE)的值为

♯N/A。

(8) 数据库函数。

① 格式:函数名(database,field,criteria)

其中:

Database:即数据库区域。指整个数据清单所占的区域,即字段名行和所有记录行所占的区域。

Field:即字段偏移量,也称列序号。指被统计字段在数据库中的序号,第一字段为1,第二字段为2,以此类推。也可以用被统计字段的字段名所在的单元坐标(用相对坐标)或用英文双引号括住的字段名表示。

Criteria:即条件区域。指字段名行和条件行所占的区域。条件区域的构造方法及数据库函数的应用应用举例在4.5.4节中介绍。

② 功能。

- Daverage 函数功能:求数据库中满足给定条件的记录的对应字段的平均值。
- Dsum 函数功能:求数据库中满足给定条件的记录的对应字段的和。
- Dmax 函数功能:求数据库中满足给定条件的记录的对应字段的最大值。
- Dmin 函数功能:求数据库中满足给定条件的记录的对应字段的最小值。
- DcountA 函数功能:求数据库中满足给定条件的记录数。

2. 函数的输入

函数的输入有两种方法:

(1) 直接输入法。即直接在单元格或编辑栏内输入函数,适用于比较简单的函数。

(2) 插入函数法。单击"编辑栏"上的"插入函数"按钮,或单击"公式"选项卡"函数库"选项组中的"插入函数"按钮,打开"插入函数"对话框,如图4-38所示,在该对话框进行操作。

注意:如果是5个基本函数(求和、平均值、计数、最大值、最小值),Excel提供了一种更快捷的方法,即使用"公式"选项卡"函数库"选项组中的"∑自动求和"按钮的下拉菜单,如图4-39所示,它将自动对活动单元格上方或左侧的数据进行这5种基本计算。

【例4.8】 使用插入函数法统计"职工工资表"中所有职工的基本工资、奖金、扣款数和实发工资的平均值。

操作步骤如下:

(1) 在"职工工资表"中单击用于存放基本工资平均值的E16单元格。

(2) 单击"编辑栏"上的"插入函数"按钮,或单击"公式"选项卡"函数库"选项组中的"插入函数"按钮,打开"插入函数"对话框,在"或选择类别"下拉列表框中选择"常用函数",在"选择函数"列表框中选择"AVERAGE"。

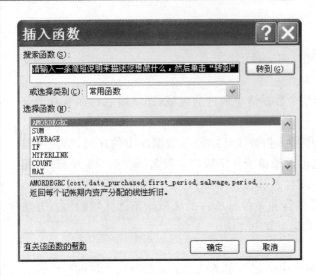

图 4-38 "插入函数"对话框　　　　　图 4-39 "自动求和"按钮下拉菜单

(3) 单击"确定"按钮,弹出所选函数参数对话框,如图 4-40 所示,此时,系统自动提供的数据单元格区域"E3:E15"正确,直接单击"确定"按钮即可。如果单元格区域不正确,则需要重新选择:单击 Number1 参数框右侧的"折叠对话框"按钮![], 从工作表中重新选定相应的单元格区域,再单击![]恢复对话框,最后单击"确定"按钮。

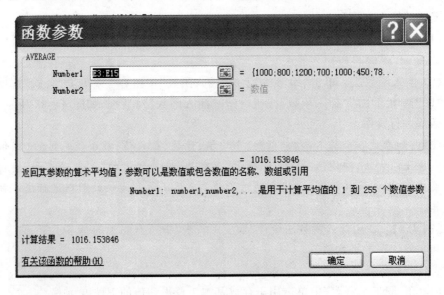

图 4-40　AVERAGE 函数参数

(4) 其他如奖金、扣款数、实发工资的平均值计算可利用公式的自动填充功能快速完成。执行结果如图 4-41 所示。

	A	B	C	D	E	F	G	H	I
1				职工工资表					
2	姓名	部门	职务	出生日期	基本工资	奖金	扣款数	实发工资	工资评价
3	郑 含 因	销售部	业务员	1984-6-10	1000	1200	¥100.0	2100	中
4	李 海 儿	销售部	业务员	1982-6-22	800	700	¥85.5	1414.5	低
5	陈 静	销售部	业务员	1977-8-18	1200	1300	¥120.0	2380	中
6	王 克 南	销售部	业务员	1984-9-21	700	800	¥76.5	1423.5	低
7	钟 尔 慧	财务部	会计	1983-7-10	1000	500	¥35.5	1464.5	低
8	卢 植 茵	财务部	出纳	1978-10-7	450	600	¥46.5	1003.5	低
9	林 寻	技术部	技术员	1970-6-15	780	1000	¥100.5	1679.5	中
10	李 禄	技术部	技术员	1967-2-15	1180	1080	¥88.5	2171.5	中
11	吴 心	技术部	工程师	1966-4-16	1600	1500	¥110.5	2989.5	高
12	李 伯 仁	技术部	工程师	1966-11-24	1500	1300	¥108.0	2692	高
13	陈 醉	技术部	技术员	1982-11-23	800	900	¥55.0	1645	中
14	马 甫 仁	财务部	会计	1977-11-9	900	800	¥66.0	1634	中
15	夏 雪	技术部	工程师	1984-7-7	1300	1200	¥110.0	2390	中
16	平均值				1016.154	990.8	84.8077	1922.115	

图 4-41 计算基本工资、奖金、扣款数、实发工资的平均值

4.4 制作图表

用图表来描述电子表格中的数据是 Excel 的主要功能之一。Excel 能够将电子表格中的数据转换成各种类型的统计图表,更直观地描述数据之间的关系,反映数据的变化规律和发展趋势,使我们能一目了然地进行数据分析。当工作表中的数据发生变化时,图表会相应改变,不需要重新绘制。

4.4.1 图表的基本知识

1. 图表的数据源

用于生成图表的数据区域称为图表数据源。数据源中的数据可以按行或按列分成若干个数据系列。

2. 图表的基本元素

图 4-42 列出了图表的基本元素。每一个图表都处于一个矩形框中,框内的区域称为图表区域。图表区域内用于绘制图形的区域称为绘图区。图表还包括标题、坐标轴、网格线、图例等,如图 4-42 所示。

3. 图表类型

按图表的存放位置分,Excel 可以生成嵌入式图表和图表工作表。嵌入式图表是将图表作为一个图形对象插入到一个工作表内;图表工作表是将图表放在一个新工作表中,它是具有独立工作表名的工作表。

按图表的形状分,Excel 2010 中提供了 11 种图表类型,分别为柱形图、折线图、饼图、条形图、面积图、XY(散点图)、股价图、曲面图、圆环图、气泡图及雷达图,每一类又有若干种子类型。各种图表各有优点,适用于不同的场合。下面对常用的几种

第4章 Excel 2010 电子表格处理

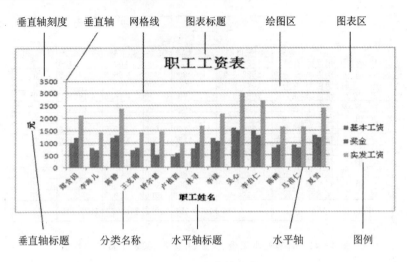

图 4-42 图表的组成

图表类型说明如下。

（1）柱形图。柱形图是用柱形块表示数据的图表，通常用于反映数据之间的相对差异，为最常用字的图表类型。柱形图可以绘制多组系列，同一数据系列中的数据点用同一颜色或图案绘制，如图 4-43 所示。

（2）折线图。折线图是用点以及点与点之间的连成的折线表示数据的图表，它可以描述数值数据的变化趋势。在折线图中，同一数据系列中的数据绘制在同一条折线图上，如图 4-44 所示。

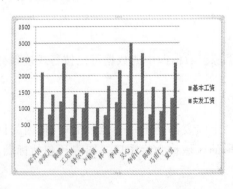

图 4-43 柱形图　　　　　　　图 4-44 折线图

（3）饼图。饼图用于表示部分在整体中所占的百分比，能显示出部分与整体的关系。它只能处理一组数据系列，且无坐标轴和网格线，如图 4-45 所示。

（4）XY 散点图。散点图中的点一般不连续，每一点代表了两个变量的数值，适用于分析两个变量之间是否相关，通常用于绘制函数曲线，如图 4-46 所示。

第 4 章　Excel 2010 电子表格处理

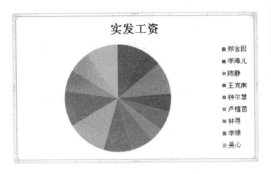

图 4-45　饼图

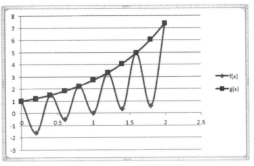

图 4-46　XY 散点图

4.4.2　创建图表

Excel 2010 创建图表有两种常用方式：一是利用"插入"选项卡中"图表"选项组中的各个按钮，二是直接按 F11 键快速创建图表。下面以实例说明利用"插入"选项卡创建图表的具体操作方法。

【例 4.9】　根据【例 4.8】职工工资表中的姓名、基本工资、奖金、实发工资产生一个簇状柱形图，并嵌入到工资表中。图表建立好后，适当改变大小，并移动到工作表中空白处。

操作步骤如下：

(1) 选定建立图表的数据源。方法如下：先选定姓名列（A2:A15），然后按住 Ctrl 键，再选定基本工资列（E2:E15）、奖金列（F2:F15）和实发工资列（H2:H15），如图 4-47 所示。

	A	B	C	D	E	F	G	H	I
1					职工工资表				
2	姓名	部门	职务	出生日期	基本工资	奖金	扣款数	实发工资	工资评价
3	郑含因	销售部	业务员	1984-6-10	1000	1200	￥100.0	2100	中
4	李海儿	销售部	业务员	1982-6-22	800	700	￥85.5	1414.5	低
5	陈静	销售部	业务员	1977-8-18	1200	1300	￥120.0	2380	中
6	王克南	销售部	业务员	1984-9-21	700	800	￥76.5	1423.5	低
7	钟尔慧	财务部	会计	1983-7-10	1000	500	￥35.5	1464.5	中
8	卢植茵	财务部	出纳	1978-10-7	450	600	￥46.5	1003.5	低
9	林寻	技术部	技术员	1970-6-15	780	1000	￥100.5	1679.5	中
10	李禄	技术部	技术员	1967-2-15	1180	1080	￥88.5	2171.5	中
11	吴心	技术部	工程师	1966-4-16	1600	1500	￥110.5	2989.5	高
12	李伯仁	技术部	工程师	1966-11-24	1500	1300	￥108.0	2692	高
13	陈醉	技术部	技术员	1982-11-23	800	900	￥55.0	1645	中
14	马甫仁	财务部	会计	1977-11-9	900	800	￥66.0	1634	中
15	夏雪	技术部	工程师	1984-7-7	1300	1200	￥110.0	2390	中
16	平均值				1016.154	990.8	84.8077	1922.115	

图 4-47　正确选定建立图表的数据源

(2) 在"插入"选项卡中，单击"图表"选项组中的"柱形图"下拉按钮，在弹出的下拉列表中选择"二维柱形图"中的"簇状柱形图"，在工作表中将显示所创建的"簇状柱形图",如图 4-48 所示。

(3) 刚建立好的图表,边框上的四个角及四边中部有 8 个尺寸句柄。将鼠标定位在尺寸句柄,拖动鼠标适当调整图表的大小。再将鼠标定位在图表空白处,拖动鼠标,将图表移动到工作表的空白处。

若要选择更多的图表类型,只需在"插入"选项卡中,单击"图表"选项组中的对话框启动器,打开"插入图表"对话框进行选择,如图 4-49 所示。

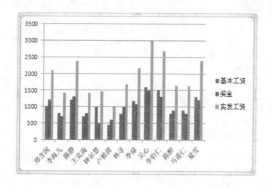

图 4-48　例 4.9 创建的图表

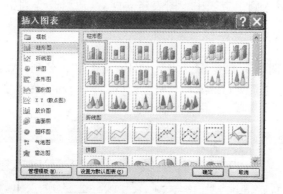

图 4-49　"插入图表"对话框

4.4.3　编辑图表

在创建图表之后,可根据用户的需要,对图表进行修改编辑,包括更改图表的位置、图表类型和对图表中各个对象进行编辑修改等。

1. 选择图表

要修改图表,应先选择图表。如果是嵌入式图表,单击图表即可;如果是工作表图表,则需单击其工作表标签,进入相应的工作表图表。选择图表后,系统显示"图表工具"菜单,用户可以通过"图表工具"菜单下的"设计"、"布局"和"格式"3 个选项卡对图表进行编辑修改。

2. 修改图表的位置

选中图表后,单击"设计"选项卡中的"移动图表"按钮,弹出"移动图表"对话框,如图 4-50 所示。"移动图表"对话框用于确定图表的位置,可实现"嵌入式图表"与"工作表图表"之间转换,也可以将嵌入式图表由一个工作表放置到另一工作表。

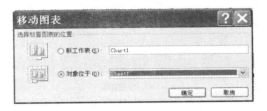

图 4-50 "移动图表"对话框

3. 更改图表类型

选中图表后,单击"设计"选项卡"类型"选项组中的"更改图表类型"按钮,在弹出"更改图表类型"对话框进行选择,如图 4-51 所示。

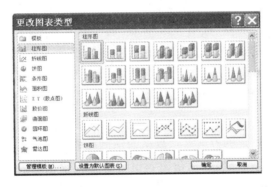

图 4-51 "更改图表类型"对话框

4. 添加和删除数据及系列调整

用户可以根据需要将新的数据系列添加到图表中,也可以删除已有的数据系列,还可以对图表中的数据系列进行调整。操作方法如下:选中图表,单击"设计"选项卡的"数据"选项组中的"选择数据"按钮,弹出"选择数据源"对话框,如图 4-52 所示。在该对话框中,单击"切换行/列(W)"按钮可将横轴与纵轴的数据系列进行调换;通过"图例项(系列)"中的"添加"、"编辑"或"删除"按钮,可添加、编辑或删除图表中的数据系列;通过"图例项(系列)"中的"上移"、"下移"按钮,可实现图表中数据系列次序的改变。

添加和删除图表中的数据系列,也可以使用以下更快捷的方法:添加数据系列,将要添加的数据系列直接粘贴到图表中即可;删除图表中数据系列,先在图表中选定待删除的数据系列,然后按 Delete 键。删除图表中数据系列,不会删除工作表中的

第 4 章　Excel 2010 电子表格处理

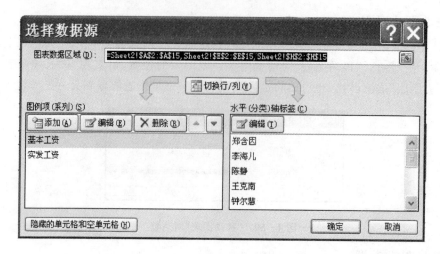

图 4-52　"选择数据源"对话框

数据。

5. 修改图表项

选中图表后,通过"布局"选项卡的"标签"选项组中的各下拉按钮,可修改图表标题、坐标轴标题、图例、数据标签(即数据标志)等。

选中图表后,通过"布局"选项卡的"坐标轴"选项组中的各下拉按钮,可修改图表的坐标轴、网格线等。

6. 添加趋势线

添加趋势线是用图形的方式显示数据的预测趋势并可用于预测分析,也称回归分析。利用回归分析的方法,可以在图表中扩展趋势线,根据实际数据预测未来数据。趋势线用来描述已绘制的数据系列,可以突出某些特殊数据系列的发展和变化情况。选择"图表工具"的"布局"选项卡,在"分析"选项组中可以为图表添加趋势线。

4.4.4　格式化图表

生成一个图表后,为了获得更理想的显示效果,可以对图表的各个对象进行格式化。不同的图表对象有不同的格式设置,常用的格式设置包括边框、图案、字体、数字、对齐、刻度和数据系列格式等。

【例 4.10】　将【例 4.9】中创建的图表增加图表标题为"职工工资表"、增加横坐标轴标题为"职工姓名"、增加纵坐标轴标题为"元",并将图表标题文本"职工工资表"设置为黑体、红色、16 磅;显示图例靠上;改变绘图区的背景为白色大理石。格式化后图表效果如图 4-53 所示。

操作步骤如下:

(1) 打开【例 4.9】建立图表所在的工作簿文件。

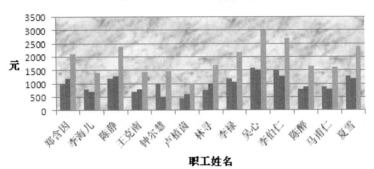

图 4-53　格式化后的图表效果

(2) 选中图表后,通过"布局"选项卡的"标签"选项组中的"图表标题"、"坐标轴标题"下拉按钮,分别增加图表标题为"职工工资表",增加横坐标轴标题为"职工姓名",增加纵坐标轴标题为"元"。

(3) 右击图表标题,在弹出的快捷菜单中选择"字体"命令,在弹出的"字体"对话框中,将图表标题文本设置为黑体、红色、16磅,然后单击"确定"按钮。

(4) 单击"布局"选项卡的"标签"选项组中的"图例"下拉按钮,在弹出的下拉列表中选择"在顶部显示图例"项,将图例靠上显示。

(5) 单击"布局"选项卡的"背景"选项组中的"绘图区"下拉按钮,在弹出的下拉列表中选择"其他绘图区选项"命令,打开"设置绘图区格式"对话框,选中"填充"项中的"图片或纹理填充"单选框,并单击"纹理"下拉按钮,在弹出的下拉列表中选择"白色大理石",单击"关闭"按钮。

4.5　数据管理和分析

Excel 不仅具有数据计算处理的能力,而且还具有数据库管理的一些功能。它可以方便、快捷地对数据进行排序、筛选、分类汇总、创建数据透视表等统计分析工作。

4.5.1　建立数据清单

数据清单,也称为数据列表,是一张二维表,即 Excel 工作表中单元格构成的矩形区域。可以将数据清单看作"数据库",其中行作为数据库中的记录,列对应数据库中的字段,列标题作为数据库中的字段名称。借助数据清单,Excel 就能把应用于数据库中的数据管理功能如排序、筛选、汇总等一些分析操作应用到数据清单中的数据上。

如果要使用 Excel 的数据管理功能,首先必须将电子表格创建为数据清单。数据清单是一种特殊的表格,必须包括两部分,表结构和表记录。表结构是数据清单中的第一行,即列标题(又叫字段名),Excel 将利用这些字段名对数据进行查找、排序以及筛选等操作;表记录则是 Excel 实施管理功能的对象,该部分不允许有非法数据内容出现。要正确创建数据清单,应遵循以下准则:

(1) 避免在一张工作表中建立多个数据清单,如果在工作表中还有其他数据,要在它们与数据清单之间留出空行、空列。

(2) 通常在数据清单的第一行创建字段名,字段名必须唯一,且每一字段的数据类型必须相同。

(3) 数据清单中不能有完全相同的两行记录。

4.5.2 数据排序

在实际应用中,为了方便查找和使用数据,用户通常按一定顺序对数据清单进行重新排列。其中数值按大小排序,时间按先后排序,英文字母按字母顺序(默认不区分大小写)排序,汉字按拼音字母排序或笔划排序。

用来排序的字段称为关键字。排序方式分升序(递增)和降序(递减),排序方向有按行排序和按列排序,此外,还可以采用自定义排序。

数据排序有两种:简单排序和复杂排序。

1. 单列排序

指对 1 个关键字(单一字段)进行升序或降序排列。操作时,先选定关键字所在的字段名单元,然后单击"数据"选项卡的"排序和筛选"选项组中的"升序"按钮 $\frac{A}{Z}\downarrow$ (或"降序"按钮 $\frac{Z}{A}\downarrow$)实现。

2. 多列排序

指对 1 个以上关键字(多个字段)进行升序或降序排列。当排序的字段值相同时,可按另一个关键字继续排序。多列排序通过"数据"选项卡的"排序和筛选"选项组中"排序"按钮实现。

【例 4.11】 对"职工工资表"排序,按主要关键字"部门"升序排列,部门相同时,按次要关键字"基本工资"降序排列,部门和基本工资都相同时,按第三关键字"奖金"降序排列。排序结果如图 4-54 所示。

操作步骤如下:

(1) 打开"职工工资表"工作簿文件。

(2) 单击数据清单 A2:H15 中的任一单元格,在"数据"选项卡的"排序和筛选"选项组中单击"排序"按钮,或在"开始"选项卡的"编辑"选项组中单击"排序和筛选"下拉按钮,从打开的下拉列表中选择"自定义排序"命令,打开"排序"对话框,在其中

	A	B	C	D	E	F	G	H	I
1	职工工资表								
2	姓名	部门	职务	出生日期	基本工资	奖金	扣款数	实发工资	工资评价
3	钟 尔 慧	财务部	会计	1983-7-10	1000	500	¥35.5	1464.5	低
4	马 甫 仁	财务部	会计	1977-11-9	900	800	¥66.0	1634	中
5	卢 植 茵	财务部	出纳	1978-10-7	450	600	¥46.5	1003.5	低
6	吴 心	技术部	工程师	1966-4-16	1600	1500	¥110.5	2989.5	高
7	李 伯 仁	技术部	工程师	1966-11-24	1500	1300	¥108.0	2692	高
8	夏 雪	技术部	工程师	1984-7-7	1300	1200	¥110.0	2390	中
9	李 禄	技术部	技术员	1967-2-15	1180	1080	¥88.5	2171.5	中
10	陈 醉	技术部	技术员	1982-11-23	800	900	¥55.0	1645	中
11	林 寻	技术部	技术员	1970-6-15	780	1000	¥100.5	1679.5	中
12	陈 静	销售部	业务员	1977-8-18	1200	1300	¥120.0	2380	中
13	郑 含 因	销售部	业务员	1984-6-10	1000	1200	¥100.0	2100	中
14	李 海 儿	销售部	业务员	1982-6-22	800	700	¥85.5	1414.5	低
15	王 克 南	销售部	业务员	1984-9-21	700	800	¥76.5	1423.5	低

图 4-54 多列排序结果

选择"主要关键字列"为"部门"、"排序依据"为"数值","次序"为"升序"。

(3) 单击"添加"按钮,选择"次要关键字列"为"基本工资"、"排序依据"为"数值","次序"为"降序"。

(4) 再次单击"添加"按钮,选择"次要关键字列"为"奖金"、"排序依据"为"数值","次序"为"降序",如图 4-55 所示。

(5) 单击"确定"按钮,完成排序操作。

单击"排序"对话框中的"删除条件"或"复制条件"按钮,可删除或复制条件;通过其中的"上移"、"下移"按钮,可改变排序条件的先后次序。

单击"排序"对话框的"选项"按钮,打开"排序选项"对话框,可设置字符型数据的排序规则,如图 4-56 所示。

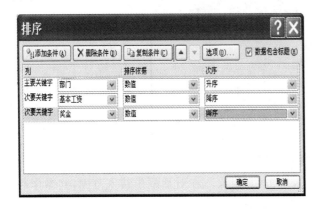

图 4-55 设置后的"排序"对话框

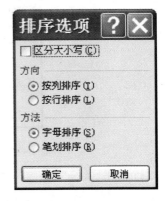

图 4-56 "排序选项"对话框

单击某一关键字的"次序"下拉列表框的下拉按钮,选择列表中的"自定义序列",可设置字符型数据按自定义序列定义的次序排序。

4.5.3 数据筛选

当数据列表中记录非常多,用户只对其中一部分数据感兴趣时,可以使用 Excel 的数据筛选功能将不感兴趣的记录暂时隐藏起来,只显示感兴趣的数据,当筛选条件被删除时,隐藏的数据又恢复显示。数据筛选有两种:自动筛选和高级筛选。

1. 自动筛选

自动筛选可以实现单个字段筛选,以及多字段筛选的"逻辑与"关系(即同时满足多个条件),操作简便,能满足大部分应用需求。

【例 4.12】 在"职工工资表"中筛选出销售部基本工资大于等于 1000,奖金大于等于 1000 的记录。

操作步骤如下:

(1)单击数据清单中任一单元格。

(2)在"数据"选项卡的"排序和筛选"选项组中单击"筛选"按钮,或在"开始"选项卡的"编辑"选项组中单击"排序和筛选"下拉按钮,从打开的下拉列表中选择"筛选"命令,此时,在工作表标题行各字段的右侧会出现供筛选用的下拉箭头,进入自动筛选状态。单击"部门"列的筛选按钮,在下拉列表中选择"销售部"(删除其它部门前复选框的√),筛选结果只显示销售部的员工记录。

(3)单击"基本工资"列的筛选按钮,在下拉列表中选择"数字筛选"中的"自定义筛选"命令,打开"自定义自动筛选方式"对话框,在第 1 个操作符下拉列表框中选择"大于或等于",在其右边的值下拉列表框中输入 1000,如图 4-57 所示,单击"确定"按钮。筛选结果只显示销售部的员工基本工资大于等于 1000 的记录。

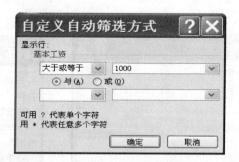

图 4-57 "自定义自动筛选方式"对话框设置

(4)单击"奖金"列的筛选按钮,单击"自定义",在对话框中输入范围,其操作与"基本工资"列的筛选操作相同。筛选结果如图 4-58 所示。

要删除自动筛选结果,可再次单击"数据"选项卡的"排序和筛选"选项组中"筛选"按钮,或再次单击"开始"选项卡的"编辑"选项组中"排序和筛选"下拉按钮,从打开的下拉列表中选择"筛选"命令。此时,工作表的记录恢复全部显示,筛选按钮

	A	B	C	D	E	F	G	H
1	职工工资表							
2	姓名	部门	职务	出生日期	基本工资	奖金	扣款数	实发工资
3	郑含因	销售部	业务员	1984-6-10	1000	1200	¥100.0	2100
5	陈静	销售部	业务员	1977-8-18	1200	1300	¥120.0	2380

图 4-58 自动筛选结果

消失。

2. 高级筛选

高级筛选能实现多字段筛选的"逻辑或"关系，较复杂，需要在数据清单以外建立一个条件区域。在进行高级筛选时，不会出现自动筛选下拉箭头，而是需要在条件区域输入条件。筛选的结果可在原数据清单位置显示，也可在数据清单以外的位置显示。

(1) 创建条件区域的具体要求：

① 条件区域应在空白区域中建立，并与其它数据之间应有空白行或空白列隔开。

② 第一行为条件字段标记行，第二行开始是各条件行。

③ 同一条件行的条件互为"与"(AND)的关系，不同条件行的条件互为"或"(OR)的关系。

④ 条件中可使用比较运算(<,>,=,>=,<=,<>)和通配符(？代表单个字符，* 代表多个字符)，但运算符和通配符要用西文符号。

(2) 条件区域的构造方法举例。

例如，要筛选基本工资大于等于1000，且职务为"工程师"的所有记录。条件区域如图 4-59 所示。

又如，要筛选基本工资大于等于1000，或职务为"工程师"的所有记录。条件区域如图 4-60 所示。

基本工资	职务
>=1000	工程师

图 4-59 条件区域①

基本工资	职务
>=1000	
	工程师

图 4-60 条件区域②

再如，要筛选1000≤基本工资≤1500，且职务为"工程师"的姓"李"职工的记录。条件区域如图 4-61 所示。

基本工资	基本工资	职务	姓名
>=1000	<=1500	工程师	李*

图 4-61 条件区域③

第4章 Excel 2010 电子表格处理

(3) 高级筛选的操作步骤:
- 在空白区构造条件区域。
- 单击数据库区域的任一单元。
- 单击"数据"选项卡的"排序和筛选"选项组中"高级"按钮,弹出"高级筛选"对话框。
- 在"高级筛选"对话框中作必要的选择,并输入"列表区域"、"条件区域"及"复制到"(即"输出区域")(输出区域可只输其左上角单元的坐标)。
- 单击"确定"按钮。

【例 4.13】 在"职工工资表"中筛选销售部基本工资>1000 或财务部基本工资<1000 的记录,并将筛选结果在原有区域显示。筛选结果如图 4-62 所示。

	A	B	C	D	E	F	G	H
1				职工工资表				
2	姓名	部门	职务	出生日期	基本工资	奖金	扣款数	实发工资
4	马甫仁	财务部	会计	1977-11-9	900	800	¥66.0	1634
5	卢植茵	财务部	出纳	1978-10-7	450	600	¥46.5	1003.5
12	陈　静	销售部	业务员	1977-8-18	1200	1300	¥120.0	2380

图 4-62 高级筛选结果

操作步骤如下:

(1) 建立条件区域:在数据清单以外选择一个空白区域(如 A17:B19),在首行输入与条件有关的字段名:部门、基本工资,在第 2 行对应字段下面输入条件:销售部、>1000,在第 3 行对应字段下面输入条件:财务部、<1000,如图 4-63 所示。

	A	B	C	D	E	F	G	H
1				职工工资表				
2	姓名	部门	职务	出生日期	基本工资	奖金	扣款数	实发工资
3	钟尔慧	财务部	会计	1983-7-10	1000	500	¥35.5	1464.5
4	马甫仁	财务部	会计	1977-11-9	900	800	¥66.0	1634
5	卢植茵	财务部	出纳	1978-10-7	450	600	¥46.5	1003.5
6	吴　心	技术部	工程师	1966-4-16	1600	1500	¥110.0	2989.5
7	李伯仁	技术部	工程师	1966-11-24	1500	1300	¥108.0	2692
8	夏　雪	技术部	工程师	1984-7-7	1300	1200	¥110.0	2390
9	李　禄	技术部	技术员	1967-2-15	1180	1080	¥88.5	2171.5
10	陈　醉	技术部	技术员	1982-11-23	800	900	¥55.0	1645
11	林　寻	技术部	技术员	1970-6-15	780	1000	¥100.5	1679.5
12	陈　静	销售部	业务员	1977-8-18	1200	1300	¥120.0	2380
13	郑含因	销售部	业务员	1984-6-10	1000	1200	¥100.0	2100
14	李海儿	销售部	业务员	1982-6-22	800	700	¥85.5	1414.5
15	王克南	销售部	业务员	1984-9-21	700	800	¥76.5	1423.5
16								
17	部门	基本工资						
18	销售部	>1000		——条件区域				
19	财务部	<1000						

图 4-63 建立条件区域

(2) 单击数据清单中任意单元格。

(3) 单击"数据"选项卡的"排序和筛选"选项组中"高级"按钮,弹出"高级筛选"对话框,打开"高级筛选"对话框,先确认"在原有区域显示筛选结果"单选按钮为选中状态,以及给出的列表区域是否正确,如果不正确,单击"列表区域"文本框右侧的"折叠对话框"按钮，用鼠标在工作表中重新选择后单击返回；然后单击"条件区域"文本框右侧的"折叠对话框"按钮，用鼠标在工作表中选择条件区域后单击返回。"高级筛选"对话框设置如图4-64所示。

(4) 单击"确定"按钮,得到筛选结果,如图4-62所示。

如果要将筛选的结果显示在数据清单以外的位置,只需要显示"高级筛选"对话框中选择"将筛选结果复制到其他位置"单选框,并在"复制到"文本框中输入输出区域的左上角单元的坐标即可。

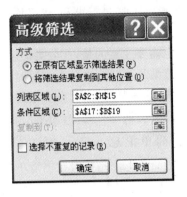

图4-64 "高级筛选"对话框

4.5.4 数据库函数的应用

学习了数据库的基本概念及条件区域的构造方法后,我们就可以使用数据库函数了。使用数据库函数之前,也必须先构造好条件区域。下面以实例来说明。

【例4.14】 在图4-52的"职工工资表"中,计算所有销售部基本工资>1000或财务部基本工资<1000的人数、实发工资总和、平均值、最大值、最小值。

操作步骤如下:

(1) 建立条件区域:在数据清单以外选择一个空白区域构造。本例使用【例4.13】已构造的条件区域,即A17:B19。

(2) 在相应的空白单元输入以下公式:

计算满足指定条件的人数:=DCOUNTA(A2:H15,1,A17:B19)

计算满足指定条件职工的实发工资总和:=DSUM(A2:H15,8,A17:B19)

计算满足指定条件职工的实发工资平均值:=DAVERAGE(A2:H15,H2,A17:B19)

计算满足指定条件职工的实发工资最大值:=DMAX(A2:H15,H2,A17:B19)

计算满足指定条件职工的实发工资最小值:=DAVERAGE(A2:H15,"实发工资",A17:B19)

4.5.5 分类汇总

实际应用中经常用到分类汇总,像仓库的库存管理经常要统计各类产品的库存总量,商店的销售管理经常要统计各类商品的售出总量等。它们的共同特点是首先要进行分类(排序),将同类别数据放在一起,然后再进行数量求和之类的汇总运算。Excel提供了分类汇总功能。

分类汇总就是对数据清单按某个字段进行分类(排序),将字段值相同的连续记录作为一类,进行求和、求平均、计数等汇总运算。针对同一个分类字段,可进行多种方式的汇总。

需要注意的是,在分类汇总前,必须对分类字段排序,否则将得不到正确的分类汇总结果;其次,在分类汇总时要清楚对哪个字段分类,对哪些字段汇总以及汇总的方式,这些都需要在"分类汇总"对话框中逐一设置。

分类汇总有两种:简单汇总和嵌套汇总。

1. 简单汇总

简单汇总是指对数据清单的一个或多个字段仅做一种方式的汇总。

【例 4.15】 在"职工工资表"中,求各部门基本工资、奖金和实发工资的平均值。汇总结果如图 4-65 所示。

图 4-65 简单汇总结果

根据分类汇总要求,实际是对"部门"字段分类,对"基本工资"、"奖金"和"实发工资"字段进行汇总,汇总方式是求平均值。

操作步骤如下:

(1) 通过"数据"选项卡的"排序和筛选"选项组中的排序按钮,首先按"部门"字段排序(升序或降序均可)。

(2) 单击数据清单中任意单元格。

(3) 单击"数据"选项卡的"分组显示"选项组中的"分类汇总"命令,打开"分类汇总"对话框。选择"分类字段"为"部门","汇总方式"为"平均值","选定汇总项"(即汇总字段)为"基本工资"、"奖金"和"实发工资",并清除其余默认汇总项,其设置如图 4-66 所示,单击"确定"按钮,显示出分类汇总的结果。

在"分类汇总"对话框中,"替换当前分类汇总"的含义是:用此次分类汇总的结果替换已存在的分类汇总结果。

分类汇总后,默认情况下,数据会分 3 级显示,可以单击分级显示区上方的"1"、

"2"、"3"这 3 个按钮控制。单击按钮"1"，只显示清单中的列标题和总计结果；单击按钮"2"，显示各个分类汇总结果和总计结果；单击按钮"3"，显示全部详细数据。

若要取消分类汇总，在"分类汇总"对话框中单击"全部删除"按钮即可。

2. 嵌套汇总

嵌套汇总是指对同一字段进行多种不同方式的汇总。

【例 4.16】 在求各部门基本工资、实发工资和奖金的平均值的基础上再统计各部门人数。汇总结果如图 4-67 所示。

这需要分两次进行分类汇总。先按上例的方法求平均值，再在平均值汇总的基础上计数。

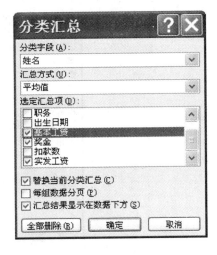

图 4-66 求平均值"分类汇总"对话框设置

	A	B	C	D	E	F	G	H
1	职工工资表							
2	姓名	部门	职务	出生日期	基本工资	奖金	扣款数	实发工资
3	钟尔慧	财务部	会计	1983-7-10	1000	500	¥35.5	1464.5
4	卢植茵	财务部	出纳	1978-10-7	450	600	¥46.5	1003.5
5	马甫仁	财务部	会计	1977-11-9	900	800	¥66.0	1634
6	3	财务部 计数						
7		财务部 平均值			783.33333	633.3333		1367.3333
8	林 寻	技术部	技术员	1970-6-15	780	1000	¥100.5	1679.5
9	李 禄	技术部	技术员	1967-2-15	1180	1080	¥88.5	2171.5
10	吴 心	技术部	工程师	1966-4-16	1600	1500	¥110.5	2989.5
11	李伯仁	技术部	工程师	1966-11-24	1500	1300	¥108.0	2692
12	陈 醉	技术部	技术员	1982-11-23	800	900	¥55.0	1645
13	夏 雪	技术部	工程师	1984-7-7	1300	1200	¥110.0	2390
14	6	技术部 计数						
15		技术部 平均值			1193.3333	1163.333		2261.25
16	郑含因	销售部	业务员	1984-6-10	1000	1200	¥100.0	2100
17	李海儿	销售部	业务员	1982-6-22	800	700	¥85.5	1414.5
18	陈 静	销售部	业务员	1977-8-18	1200	1300	¥120.0	2380
19	王克南	销售部	业务员	1984-9-21	700	800	¥76.5	1423.5
20	4	销售部 计数						
21		销售部 平均值			925	1000		1829.5
22	13	总计数						
23		总计平均值			1016.1538	990.7692		1922.1154

图 4-67 嵌套汇总结果

操作步骤如下：

(1) 先按上例的方法求平均值。

(2) 再在平均值汇总的基础上统计各部门人数。统计人数"分类汇总"对话框的设置如图 4-68 所示，需要注意的是"替换当前分类汇总"复选框不能选中，选定汇总项只有"姓名"，其余汇总项要清除，单击"确定"按钮。

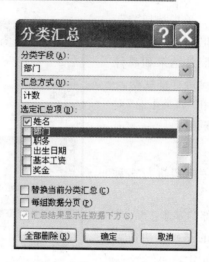

图 4－68　统计人数“分类汇总”对话框设置

4.5.6　数据透视表

分类汇总适合按一个字段进行分类，对一个或多个字段进行汇总。如果要对多个字段进行分类并汇总，这就需要利用数据透视表这个有力的工具来解决问题。

1. 创建数据透视表

【例 4.17】　在“职工工资表”中，统计各部门各职务的人数。其结果如图 4－69 所示。

本例既要按“部门”分类，又要按“职务”分类，这时候需要使用数据透视表。

	A	B	C	D	E	F	G
1							
2							
3	计数项:姓名	列标签					
4	行标签	出纳	工程师	会计	技术员	业务员	总计
5	财务部	1		2			3
6	技术部		3		3		6
7	销售部					4	4
8	总计	1	3	2	3	4	13

图 4－69　数据透视表统计结果

操作步骤如下：

(1) 单击数据清单中任一单元格。

(2) 单击“插入”选项卡的“表格”选项组的“数据透视表”下拉按钮，在下拉列表中选择“数据透视表”命令，弹出“创建数据透视表”对话框，如图 4－70 所示。

(3) “创建数据透视表”对话框用于指定数据源和透视表存放的位置。

指定数据源默认为“选择一个表或区域”单选按钮，一般选择该项。“表/区域”可以选择或修改源数据区域。指定放置透视表的位置，可以选择“新工作表”，也可以选

第 4 章　Excel 2010 电子表格处理

图 4-70　"创建数据透视表"对话框

择"现有工作表"。选择"新工作表",表示将"数据透视表"放置在一张新建的工作表中;选择"现有工作表",表示将"数据透视表"放置在现有工作表中。本例选择"新工作表",然后单击"确定"按钮,显示"数据透视表字段列表"对话框,如图 4-71 所示。

(4) 在"数据透视表字段列表"对话框上半部分的列表框中,列出了数据源包含的所有字段。创建透视表时,将要"页字段"拖入"报表筛选"位置,成为透视表的页标题;将要分类的字段拖入"行标签"、"列标签"位置,成为透视表的行、列标题;将要汇总的字段拖入"数值"位置。本例将"部门"字段拖入"行标签"位置,作为行字段;将"职务"字段拖入"列标签"位置,作为列字段;将"姓名"字段拖入"数值"位置,作统

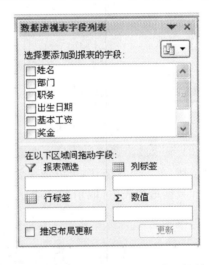

图 4-71　"数据透视表字段列表"对话框

计字段;本例不使用页字段。至此,数据透视表便创建在新工作表中,如图 4-69 所示。

2. 修改数据透视表

数据透视表建好后,用户可根据自己的需要进行修改。单击数据透视表,会弹出"数据透视表字段列表"对话框,同时在窗口功能区中增加"数据透视表工具"。用户可以根据"数据透视表字段列表"对话框修改数据透视表,也可以通过"数据透视表工具"下的"选项"及"设计"选项卡修改数据透视表。

(1) 更改数据透视表布局。要修改透视表结构中行、列、页、数据字段,可通过"数据透视表字段列表"对话框来实现。将行、列、页、数据字段移出对话框,表示删除

透视表结构的对应字段;从对话框的列表框中拖入至对应位置,表示增加对应字段;把行、列、页、数据字段在它们之间交换位置,表示把行、列、页、数据字段进行调整。

(2)改变计算方式。默认情况下,计数项如果是非数字型字段则对其计数,否则为求和。要改变计算方式,单击"数据透视表字段列表"对话框"数值"区中对应字段右边的下拉箭头,在弹出的列表中选择"值字段设置"命令,打开"值字段设置"对话框,在对话框中选择所需的计算类型即可,如图4-72所示。

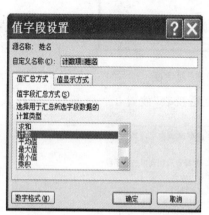
图4-72 "值字段设置"对话框

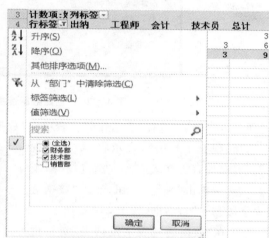
图4-73 显示与隐藏项目

(3)显示或隐藏字段项目。在数据透视表的行字段和列字段的右下方各有一个下拉按钮,单击下拉按钮,可以选择要显示或隐藏的字段项目,打"√"表示该项目会显示在数据透视表中,取消勾选表示该项目在数据透视表中隐藏起来,如图4-73所示。

4.6 页面设置和打印工作表

当工作表的编辑和格式化都完成后,需要把它们打印出来。其操作步骤一般为:先进行页面设置,然后进行打印预览,最后再打印输出。Excel工作表的打印根据打印内容可分为3种情况:选定区域、选定工作表、整个工作簿,其中,选定区域最为常用。

4.6.1 页面设置

页面设置主要包括设置打印纸张的大小、方向、页边距、页眉和页脚,以及工作表选项等内容。选择"页面布局"选项卡,在"页面设置"、"调整合适大小"、"工作表选项"选项组中的按钮,可快速设置页面布局。若单击3个选项组的"对话框启动器"按钮,则显示图4-74所示的"页面设置"对话框。

图 4-74 "页面设置"对话框

该对话框包含"页面"、"页边距"、"页眉/页脚"和"工作表"4个标签,可分别进行与打印相关的各种设置。

4.6.2 设置打印区域和分页控制

1. 设置打印区域

用户如只想打印工作表中的部分数据或图表,可以通过设置打印区域来解决。方法如下:先选择要打印的区域,然后选择"页面布局"选项卡,在"页面设置"选项组单击"打印区域"按钮,在弹出的下拉列表中选择"设置打印区域"选项。这时被选择区域的边框上出现虚线,表示区域已设置好。打印时只有被选定区域中的数据被打印,而且工作表保存后再次打开时,设置的打印区域仍然有效。设置打印区域,也可以通过"页面设置"对话框的"工作表"标签中的"打印区域"进行设置。

选择"页面布局"选项卡,在"页面设置"选项组单击"打印区域"按钮,在弹出的下拉列表中选择"取消打印区域"选项,将设置的"打印区域"取消。

2. 分页预览与分页打印

设置好页面后,如果需要预览或打印的工作表内容超过一页,Excel 会自动进行分页打印。用户也可以根据自己的需要进行人工分页,进行人工分页的方法如下:单击要进行"人工分页"所在行的任一单元,然后选择"页面布局"选项卡,在"页面设置"选项组单击"分隔符"按钮,在弹出的下拉列表中选择"插入分页符"选项。这时分页

4.6.3 打印预览和打印

1. 打印预览

为节约纸张、节省时间,打印前应通过"打印预览"命令预览工作表,查看打印效果是否令人满意。

要使用打印预览,可使用以下方法:选择"文件"菜单的"打印"命令;或单击"快速访问工具栏"上的"打印预览和打印"按钮;也可以单击"页面设置"对话框中的"打印预览"按钮。此后屏幕将显示"打印预览"界面,界面左下方状态栏显示当前页码和总页数。

2. 打印工作表

工作表一旦设置正确,就可在打印机上正式打印输出。

要使用打印工作表,可使用以下方法:选择"文件"菜单的"打印"命令,或单击"快速访问工具栏"上的"打印预览和打印"按钮,也可以单击"页面设置"对话框中的"打印"按钮。然后在弹出的"打印预览"界面中作必要的选择(如要打印的份数、打印机种类、要打印的页码范围等)。最后单击"打印预览"界面中的"打印"按钮。

习题四

一、填空题

1. Excel 是一个具有_____、_____、_____等多种功能的组合软件。

2. Excel2010 的工作簿默认包含个工作表;每个工作表可有_____行_____列。

3. 把数学表达式子 $12^3 \times 23\% \div 9$ 和 $3\pi(1+\sqrt{7})$ 写成 Excel 的算术表达式分别是_____和_____。

4. 在 Excel 中具有_____、_____、_____和_____等四种类型的数据,它们在单元格中的默认对齐方式分别是_____、_____、_____和_____。

5. Excel 2010 的工作簿文件的扩展名是_____,工作簿模板文件的扩展名是_____。

6. 如果在单元格内输入文字时需要换行,应输入_____键;要同时选取多个不连续的单元格或区域时,应借助于_____键。

7. 如果单元格 A1 上的数据是 1,A2 上的数据是 −1,选取 A1:A2 后向下填充,那么 A3、A4 单元的值是_____和_____。

8. Excel 的图表既可以内嵌于数据工作表中,也可以独立生成_____。

9. Excel 包含 4 种类型运算符是_____、_____、_____和_____。

10. 利用鼠标并配合键盘上的_____键,可以同时选取多个不连续的单元格区域。

二、单选题

1. 如果只需复制单元格内容的格式,则应该在"开始"选项卡的"剪贴板"选项组中单击"粘贴"下拉按钮,打开下拉列表,在列表中选择(　　)命令。

　　A. 粘贴　　　　B. 选择性粘贴　　　C. 粘贴为超级链接　　　D. 链接

2. Excel 2010 默认的新建文件名是(　　)。

　　A. Sheet1　　　B. Excel1　　　　C. 工作簿 1　　　　D. 文档 1

3. 在 Excel 中,要进行计算,单元格首先应该输入的是(　　)。

　　A. =　　　　　B. —　　　　　　C. +　　　　　　　D. @

4. 下列(　　)不是自动填充选项。

　　A. 复制单元格　　　　　　　　　B. 时间填充
　　C. 仅填充格式　　　　　　　　　D. 以序列方式填充

5. 工作表 A1～A4 单元格的内容依次是 5、10、15、0,B2 单元格中的公式是"＝A1*3-2",若将 B2 单元格的公式复制到 B3,则 B3 单元格的结果是(　　)。

　　A. 60　　　　　B. 90　　　　　　C. 8000　　　　　D. 以上都不对

6. Excel 2010 数据库默认的文件扩展名是(　　)。

　　A. .txt　　　　B. .dbf　　　　　C. .xlsx　　　　　D. .wks

7. 如果 A1:A5 包含数字 10、7、9、27 和 2,则(　　)。

　　A. SUM(A1:A5)等于 10　　　　　B. SUM(A1:A3)等于 26
　　C. AVERAGE(A1:A5)等于 11　　　D. AVERAGE(A1:A3)等于 7

8. 在选择图表类型时,用来显示某个时期内在同时间间隔内的变化趋势,应选择(　　)。

　　A. 柱形图　　　B. 条形图　　　　C. 折线图　　　　D. 面积图

9. 在 Excel 中,当用户输入数据时,状态行显示(　　)。

　　A. 输入　　　　B. 指针　　　　　C. 编辑　　　　　D. 拼写错误

10. 在行号和列号前加 $ 符号,代表绝对引用。绝对引用表 Sheet2 中 A2:C5 区域的公式为(　　)。

　　A. Sheet2! A2:C5　　　　　　　B. Sheet2! $A2:$C5
　　C. Sheet2! $A$2:$C$5　　　　　D. Sheet2! $A2:$C5

11. 在 Excel 中,图表中的(　　)会随着工作表中数据的变化而变化。

　　A. 系列数据的值　　B. 图例　　　C. 图表类型　　　D. 图表位置

12. 在 Excel 中,关于"选择性粘贴"的叙述错误的是(　　)。

A. 选择性粘贴可以只粘贴格式
B. 选择性粘贴只能粘贴数值型数据
C. 选择性粘贴可以将源数据的排序旋转 90°，即"转置"粘贴
D. 选择性粘贴可以只粘贴公式

13. 下列关于排序操作的叙述中正确的是(　　)。
A. 排序时只能对数值型字段进行排序，对于字符型的字段不能进行排序
B. 排序可以选择字段值的升序或降序两个方向分别进行
C. 用于排序的字段称为"关键字"，在 Excel 中只能有一个关键字段
D. 一旦排序后就不能恢复原来的记录排列

14. 在"自定义自动筛选方式"对话框中，可以用(　　)单选框指定多个条件的筛选。
A. !　　　　　B. 与　　　　　C. +　　　　　D. 非

15. 在 Excel 中，下面关于分类汇总的叙述错误的是(　　)。
A. 分类汇总前数据必须按关键字字段排序
B. 分类汇总的关键字段只能是一个字段
C. 汇总方式只能是求和
D. 分类汇总可以删除，但删除汇总后排序操作不能撤销

第 5 章 PowerPoint 2010 演示文稿制作

PowerPoint 2010 是目前使用最广泛的演示文稿制作软件之一,同样是 Office 2010 办公套件中的一个重要组件。

现实生活中,演示文稿制作软件已广泛应用于会议报告、课程教学、论文答辩、广告宣传、产品演示等方面,成为人们在各种场合下进行信息交流的重要工具。

目前流行的演示文稿制作软件除了 PowerPoint 2010 外,还有 WPS Office 2012 金山办公组合软件中的 WPS 演示 2012 等。

本章将以 PowerPoint 2010 为例,介绍演示文稿制作软件的基本功能和使用方法。

5.1 演示文稿软件的基本功能

演示文稿软件以幻灯片的形式提供了一种演讲手段,利用它可以制作集声音、文字、图形、影像(包括视频、动画、电影、特技等)于一体的演示文稿。制作的演示文稿可以在计算机上或投影屏幕上播放,也可以打印成幻灯片或透明胶片,还可以生成网页。它与传统的演讲方式相比较,演讲效果更直观生动,给人印象深刻。

现代的演示文稿软件不仅可以制作如贺卡、电子相册等声文图像并茂的多媒体演示文稿,还可以借助超链接功能创建交互式的演示文稿,并能充分利用万维网的特性,在网络上"虚拟"演示。

演示文稿制作软件一般具有以下功能:

(1) 制作多媒体演示文稿。包括根据内容提示向导、设计模板、现有演示文稿或空演示文稿创建新演示文稿;在幻灯片上添加对象(如声音、Flash 动画和影片)、超链接(下画线形式和动作按钮形式),以及幻灯片的移动、复制和删除等编辑操作。

(2) 设置演示文稿的视觉效果。包括美化幻灯片中的对象,以及设置幻灯片外观(利用幻灯片版式、背景、母版、设计模板和配色方案)等。

(3) 设置演示文稿的动画效果。包括设计幻灯片中对象的动画效果、设计幻灯片间切换的动画效果和设置放映方式等。

(4) 设置演示文稿的播放效果。包括设置放映方式、演示文稿打包、排练计时和隐藏幻灯片等。

(5) 演示文稿的其他有关功能。包括演示文稿的打印和网上发布等。

5.2 PowerPoint 2010 的工作环境与基本概念

5.2.1 PowerPoint 2010 工作环境

PowerPoint 2010 的启动和退出与前面介绍的 Word 2010、Excel 2010 类似。

最常用的启动方法是单击"开始→所有程序→Microsoft Office→Microsoft PowerPoint 2010"命令,执行该命令后就会进入 PowerPoint 工作窗口,如图 5-1 所示。

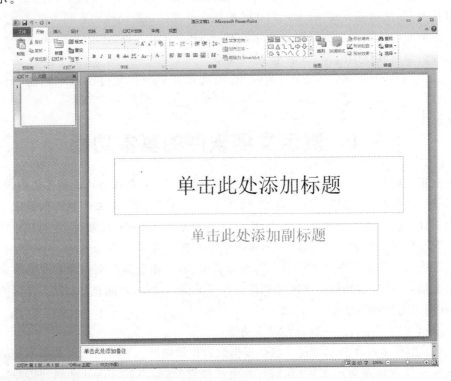

图 5-1 PowerPoint 2010 工作窗口

PowerPoint 2010 根据建立、编辑、浏览、放映幻灯片的需要,提供了如下视图方式:普通视图、幻灯片浏览视图、幻灯片放映视图、备注页视图、阅读视图和母版视图。视图不同,演示文稿的显示方式不同,对演示文稿的加工也不同。各个视图间的切换可以通过"视图"选项卡中的"演示文稿视图"组中相应的选项来实现:

(1) 普通视图。如图 5-1 所示的就是普通视图,它是系统的默认视图,只能显示一张幻灯片。它集成了幻灯片视图标签和大纲视图标签。

① 幻灯片视图标签。可以查看每张幻灯片的文本外观。可以在单张幻灯片中添加图形、影片和声音,并创建超链接以及向其中添加动画,按照幻灯片的编号顺序显示演示文稿中全部幻灯片的图像。

② 大纲视图标签。仅显示文稿的文本内容(大纲)。按序号从小到大的顺序和幻灯片内容层次的关系,显示文稿中全部幻灯片的编号、标题和主体中的文本。

普通视图中还集成了备注窗格,备注是演讲者对每一张幻灯片的注释,它可以在备注窗格中输入,该注释内容仅供演讲者使用,不能在幻灯片上显示。

(2) 幻灯片浏览视图。可以同时显示多张幻灯片,方便对幻灯片进行移动、复制、删除等操作。

(3) 幻灯片放映视图。幻灯片按顺序全屏幕放映,可以观看动画、超链接效果等。按 Enter 键或单击则将显示下一张,按 Esc 键或放映完所有幻灯片后将恢复原样。在幻灯片中右击可以打开快捷菜单进行操作。

(4) 备注页视图。在备注页视图中"备注"窗格位于"幻灯片"窗格下。您可以键入要应用于当前幻灯片的备注。以后,您可以将备注打印出来并在放映演示文稿时进行参考。

(5) 阅读视图。阅读视图用于在自己的计算机向其他人查看您的演示文稿而不是通过大屏幕放映演示文稿。如果您希望在一个设有简单控件以方便审阅的窗口中查看演示文稿,而不想使用全屏的幻灯片放映视图,则也可以在自己的计算机上使用阅读视图。如果要变更演示文稿,可随时从阅读视图切换至某个其他视图。

(6) 母版视图。母版视图包括幻灯片母版视图、讲义母版视图和备注母版视图。它们是存储有关演示文稿的信息的主要幻灯片,其中包括背景、颜色、字体、效果、占位符大小和位置。使用母版视图的一个主要优点在于,在幻灯片母版、备注母版或讲义母版上,可以对与演示文稿关联的每个幻灯片、备注页或讲义的样式进行全局更改。

5.2.2 PowerPoint 2010 基本概念

由演示文稿软件生成的文件,称为演示文稿,其文件扩展名为 pptx。演示文稿软件提供了所有用于演示的工具,包括将声音、文字、图形、影像等各种媒体整合到幻灯片的工具,还有将幻灯片中的各种对象赋予动态演示效果的工具。

一个演示文稿是由若干张幻灯片组成的,一张幻灯片就是演示文稿的一页。这里的幻灯片一词只是用来形象地描绘文稿里的组成形式,实际上它是代表一个"视觉形象页"。多媒体演示文稿是指幻灯片内容丰富多彩、声文图像俱全的演示文稿。

制作一个演示文稿的过程其实就是制作一张张幻灯片的过程。

5.3 制作一个多媒体演示文稿

5.3.1 新建演示文稿

在 PowerPoint 2010 中创建演示文稿的常用方法：根据"模板"和"主题"创建演示文稿、根据现有的内容新建、新建空白演示文稿。如图 5-2 所示。

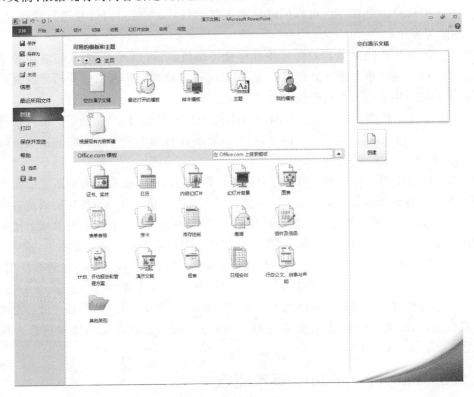

图 5-2 新建演示文稿

1. 根据"模板"和"主题"创建演示文稿

利用 PowerPoint 提供的的模板和主题自动且快速地生成每张幻灯片的外观，节省了外观设计的时间，使制作演示文稿的人更专注于内容的处理。

2. 根据现有的内容新建

如果对 PowerPoint 中提供的模板和主题不满意，这时可以使用现有演示文稿中的外观设计和布局，直接在原有的演示文稿中创建新演示文稿。

3. 新建空白演示文稿

如果想按照自己的意愿设计演示文稿的外观和布局，用户可以首先创建一个空白演示文稿,然后再对空白演示文稿进行外观的设计和布局。

其中最常使用的是"新建空白演示文稿",在 PowerPoint 操作环境中单击"文件"选项,然后再单击左边的"新建",在"可用的模板和主题"中选择"空白演示文稿",接着在右边预览窗口下单击"创建"。这样就创建了一个空白的演示文稿。一个演示文稿一般都有若干张幻灯片,如果需要插入一张新的幻灯片,可以单击"开始"选项卡中的"幻灯片"组中的"新建幻灯片"。单击"新建幻灯片"的下半部分换可以改变幻灯片的板式。

5.3.2 编辑演示文稿

编辑演示文稿包括两部分:一是对每张幻灯片中的对象进行编辑操作;二是对演示文稿中的幻灯片进行插入、删除、移动、复制等操作。

1. 编辑幻灯片中的对象

编辑幻灯片中的对象指对幻灯片中的各个对象进行添加、删除、复制、移动、修改等操作,通常在普通视图下进行。

在幻灯片上添加对象有两种方法:建立幻灯片时,通过选择幻灯片的版式为添加的对象提供占位符,再输入需要的对象;通过"插入"选项卡中的相应选项如"表格"、"图像"、"插图"、"链接"、"文本"、"符号"、"媒体"等来实现。

用户在幻灯片上添加的对象除了文本框、图片、表格、公式等外,还可以是声音、影片和超链接等。

1) 插入音频和视频

在放映幻灯片的同时播放解说词或音乐,或者在幻灯片中播放影片,可以使演示文稿声色俱备。

PowerPoint 2010 可以使用多种格式的声音文件,例如,WAV、MID、MP3、WMA、RMI 等。如果要在幻灯片中插入音频,可以通过单击"插入"选项卡中的"媒体"组的"音频"选项,单击"音频"选项的下半部分,可以选择文件中的音频、剪贴画音频和录制音频,可以根据自己的需要进行选择。

同样,PowerPoint 还可以播放多种格式的视频文件,如 AVI、MOV、MPG、DAT、SWF 等。如果要在幻灯片中插入视频频,可以通过单击"插入"选项卡中的"媒体"组的"视频"选项,单击"视频"选项的下半部分,可以选择文件中的视频、来自网站的视频和剪贴画视频,你可以根据自己的需要进行选择。

不管是音频和视频,当你把对应的音频和视频插入到幻灯片后,还可以选定对应的对象,然后通过对应工具中的"格式"和"播放"选项对其进行进一步的编辑和处理。

2) 创建 SmartArt 图形

与文字相比,插图和图形更有助于读者理解和记住信息,但是对大多数人来说只能创建含文字的内容,创建插图相对比较困难。在 PowerPoint2010 中提供了插入 SmartArt 图形来解决这个问题。SmartArt 图形是信息和观点的视觉表示形式,可以通过从多种不同布局中进行选择来创建 SmartArt 图形，从而快速、轻松、有效地传达信息。

在演示文稿中的幻灯片中插入 SmartArt 图形的操作步骤如下：

（1）打开演示文稿，单击"插入"选项卡的"插图"组中的"SmartArt"选项。

（2）在"选择 SmartArt 图形"的左边选择 SmartArt 图形的布局，如图 5-3 所示。

（3）确定了选择 SmartArt 图形的布局后，输入对应的文本内容。

（4）选择对应的选择 SmartArt 图形，通过选择 SmartArt 工具的"设计"和"格式"对 SmartArt 图形进行进一步的编辑和处理。

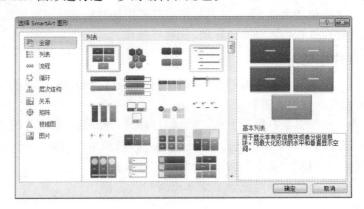

图 5-3 选择 SmartArt 图形

3）插入链接

用户可以在幻灯片中插入链接，利用它能跳转到同一文档的其他幻灯片，或者跳转到其他的演示文稿、Word 文档、网页或电子邮件地址等。它只能在"幻灯片放映"视图下起作用。

链接有两种形式：

（1）超链接。选定对应的对象，单击"插入"选项的"链接"组中的"超链接"，然后通过在"插入超链接"中进行设置。

（2）动作。选定对应的对象，单击"插入"选项的"链接"组中的"动作"，然后通过在"动作设置"中进行设置。

2．编辑幻灯片

一个演示文稿往往由多张幻灯片组成，因此建立演示文稿经常要新建幻灯片，这可以通过单击"开始"选项"幻灯片"组中的"新建幻灯片"选项来完成。幻灯片的其他编辑操作如删除、移动、复制等，通常在"幻灯片浏览"视图或"普通"视图"幻灯片"标签中通过快捷菜单操作。

【例 5.1】 根据"主题"新建"美丽中国"演示文稿，共 4 张幻灯片。第 1 张幻灯片如图 5-5 所示,插入声音(歌曲"美丽中国.mp3");第 2 张幻灯片如图 5-6 所示,第 1 行文字是以下划线表示的超链接,右下角的按钮 ▶ 是以动作按钮表示的链接,均是链接到下一张幻灯片);第 3 张幻灯片插入图片(天安门.jpg);第 4 张幻灯片从第 3 张幻灯片复制而成。

 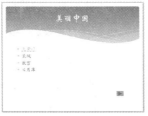 

图 5-4 第 1 张幻灯片　　　图 5-5 第 2 张幻灯片　　　图 5-6 第 3 张幻灯片

操作步骤如下:

(1) 在 PowerPoint 工作窗口中单击"文件"选项,然后再单击左边的"新建"选项,接着在"可用的模板和主题"中单击"主题",选择"波形"主题,最后在右边预览窗口下单击"创建"。

(2) 在标题幻灯片上单击标题占位符,输入文字"美丽中国",再单击副标题占位符,输入"制作人:山山"。

(3) 单击"插入"选项的"媒体"组中的"音频"选项的上半部分,在打开的"插入音频"对话框中查找音频文件"美丽中国.mp3",将音频插入幻灯片中,然后选定音频对象,单击音频工具中的"播放"选项,在开始的下拉列表中选择"自动(A)",并设置"放映时隐藏"。

(4) 单击"开始"选项的"幻灯片"组中的"新建幻灯片"选项的下半部分,在展开的幻灯片版式库中选择"标题和内容"版式,插入第 2 张幻灯片,在标题和内容的占位符中输入相应内容。

(5) 单击"开始"选项的"幻灯片"组中的"新建幻灯片"选项的下半部分,在展开的幻灯片版式库中选择"空白"版式,插入第 3 张幻灯片,然后单击"插入"选项的"图像"组中的"图片"选项,在打开的"插入图片"对话框中查找图片文件"天安门.jpg",将图片插入幻灯片,并适当调整大小和位置。

(6) 在第 2 张幻灯片中选定文本"天安门",然后单击"插入"选项的"链接"组中的"超链接"选项,在弹出的"编辑超链接"中设置为链接到"本文档中的位置"中的"下一张幻灯片",如图 5-7 所示。

(7) 在第 2 张幻灯片中,单击"插入"选项的"插图"组中的"形状"选项的下半部分,在弹出的形状库中选择"动作按钮"中的"前进或下一项"形状。在弹出的"动作设置"中设置超链接到"下一张幻灯片",如图 5-8 所示。

(8) 单击"视图"选项的"演示文稿视图"组中的"幻灯片浏览"选项,在幻灯片浏

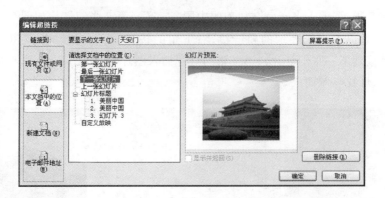

图 5-7 "插入超链接"对话框

览视图中选定第 3 张幻灯片,利用快捷菜单中相应的编辑命令复制第 4 张幻灯片。

图 5-8 "动作设置"对话框

5.4 设置演示文稿的视觉效果

演示文稿制作好后,接下来的工作就是修饰演示文稿的外观,以求达到最佳的视觉效果。用户在幻灯片中输入标题、文本后,这些文字、段落的格式仅限于模板所指定的格式。为了使幻灯片更加美观、易于阅读,可以重新设定文字和段落的格式。除了对文字和段落进行格式化外,还可以对插入的文本框、图片、自选图形、表格、图表等其他对象进行格式化操作,只要双击这些对象,在打开的对话框中进行相应设置即可。此外,还可以通过设置幻灯片版式、幻灯片背景、母版、主题等实现。

美化演示文稿的视觉效果包括两部分:一是对每张幻灯片中的对象分别进行美化;二是设置演示文稿中幻灯片的外观,统一进行美化。

5.4.1 幻灯片版式

在演示文稿中，每一张幻灯片是由若干个对象构成的，对象是幻灯片的重要组成元素。在幻灯片中插入的文本框、图像、表格、SmartArt图形等元素都是对象，用户可以选择这些对象，修改对象的内容和大小，移动、复制和删除对象，还可以改变对象的格式，如颜色、阴影、边框等。因此，制作一张幻灯片的过程实际上是制作其中每一个被指定的对象的过程。

幻灯片的布局包括组成幻灯片的对象的种类与相互位置，好的布局能使相同的内容更具表现力和吸引力。PowerPoint 2010通过"开始"选项的"幻灯片"组中的"版式"选项对幻灯片的版式进行设置，如图5-9所示。当鼠标单击某一个幻灯片版式时，对应的版式就会应用到选定的幻灯片中。

每当插入一个新幻灯片时，单击"新建幻灯片"选项的下半部分，也可以选择相应的幻灯片版式。幻灯片版式中包含标题、文本框、剪贴画、表格、图像和SmartArt图形等多种对象的占位符，用虚线框表示，并有提示文字，如图5-10所示。这些虚线框（占位符）用于容纳相应的对象，并确定对象之间的相互位置。用户可以选定占位符，移动它的位置，改变它的大小，删除不需要的占位符。

图5-9 幻灯片版式

图5-10 "标题和文本"版式中的占位符

5.4.2 背景

设置幻灯片的视觉效果可以在整个幻灯片或部分幻灯片后面插入图片（包括剪贴画）作为背景，还可以在幻灯片后面插入颜色作为背景。通过向部分或所有幻灯片设置背景，可以使PowerPoint演示文稿独具特色或者明确标识演示主办方。

【例5.2】 将【例5.1】中演示文稿的第1张幻灯片的标题文字设置为华文行楷、

第5章 PowerPoint 2010 演示文稿制作

66、分散对齐；将第 2 张幻灯片的版式设置"标题和竖排文字"；将第 3 张幻灯片的背景设置为"样式 9"，并应用于所选幻灯片。效果如图 5-11 所示。

图 5-11 美化幻灯片中的对象

操作步骤如下：

（1）在普通视图"幻灯片"标签中单击第 1 张幻灯片，选定标题文字，利用"开始"选项中的"字体"组中的选项将字体设置为"华文行楷"，字号为"66"，在"段落"组中的选项设置对齐方式为"分散对齐"。

（2）单击第 2 张幻灯片，单击"开始"选项的"幻灯片"组中的"版式"选项，选择"标题和竖排文字"版式。

（3）单击第 3 张幻灯片，单击"设计"选项的"背景"组中的"背景样式"选项，将鼠标移动到"样式 9"的样式上，右击选择"应用于所选幻灯片"，还可以选择单击"设置背景格式"对幻灯片的背景进行进一步的设置，如图 5-12 所示。

图 5-12 "设置背景格式"对话框

5.4.3 母版

一个演示文稿由若干张幻灯片组成，为了保持风格一致和布局相同，提高编辑效率，可以通过 PowerPoint 提供的"母版"功能来设计好一张"幻灯片母版"，使之应用于所有幻灯片。PowerPoint 的母版分为：幻灯片母版、讲义母版和备注母版。

第 5 章　PowerPoint 2010 演示文稿制作

图 5-13　幻灯片母版

幻灯片母版是最常用的,是一张具有特殊用途的幻灯片,可以控制当前演示文稿中除标题幻灯片之外的所有幻灯片上输入的标题和文本的格式与类型,使它们具有相同的外观。如果要统一修改多张幻灯片的外观,没有必要一张张幻灯片进行修改,只需要在幻灯片母版上作一次修改即可。如果用户希望某张幻灯片与幻灯片母版效果不同,可以直接修改该幻灯片。

单击"视图"选项的"母版视图"组中的"幻灯片母版"就进入了"幻灯片母版"视图,如图 5-13 所示。

它有 5 个占位符,分别是标题、文本、日期、幻灯片编号和页脚。通常使用幻灯片母版可以进行下列操作:

(1) 更改文本样式。在幻灯片母版中选择对应的占位符,如标题样式或文本样式、更改其字符和段落格式等。修改母版中某一对象样式,即同时修改除标题幻灯片外的所有幻灯片对应对象的格式。

(2) 设置日期、页脚和幻灯片编号。如果需要设置日期和页脚,可以在幻灯片视图状态下,单击"插入"选项的"文本"组中的"页眉页脚"选项或"幻灯片编号"选项完成。选中对应的域(日期区、页脚区和数字区)进行字体的设置,还可以将域的位置移动到幻灯片的任意位置。

(3) 向母版插入对象。要使每一张幻灯片都出现相同的文字、图片或其他对象,可以通过在母版中插入该对象完成。

在幻灯片母版中操作完毕后,单击"幻灯片母版"选项的"关闭"组中的"关闭母版视图"选项返回到普通视图。讲义母版用于控制幻灯片以讲义形式打印的格式,备注母版主要提供演讲者备注使用的空间以及设置备注幻灯片的格式,它们的操作可以通过单击对应的选项来进行。

【例 5.3】　在【例 5.2】中演示文稿的每张幻灯片中加入幻灯片编号和页脚"美丽

中国欢迎你",并设置页脚字号为 24。

操作步骤如下:

(1) 打开对应的幻灯片,单击"视图"选项的"母版视图"组中的"幻灯片母版"进入"幻灯片母版"视图。

(2) 在"幻灯片母版"视图中单击"插入"选项的"文本"组中的"页眉页脚"选项或"幻灯片编号"选项,弹出"页眉页脚"对话框,如图 5-14 所示。

(3) 在"页眉页脚"对话框中选择"幻灯片编号"和"页脚",然后输入页脚的文本"美丽中国欢迎你"。

(4) 在"幻灯片母版"视图中,选择页脚对应的文本,设置其字体大小为"24",最后关闭灯片母版视图,返回到普通视图。

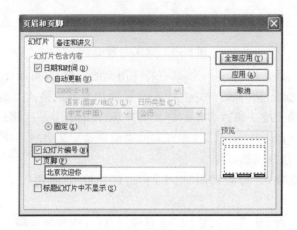

图 5-14　设置幻灯片编号和页脚

5.4.4　主　题

PowerPoint 提供了多种设计主题,包含协调配色方案、背景、字体样式和占位符位置。使用预先设计的主题,可以轻松快捷地更改演示文稿的整体外观。默认情况下,PowerPoint 会将普通 Office 主题应用于新的空演示文稿。但是,也可以通过应用不同的主题来轻松地更改演示文稿的外观。这可以通过单击"设计"选项的"主题"组的选项来完成。

【例 5.4】　将【例 5.3】中演示文稿的第 1 张幻灯片的主题设置为"龙腾四海",效果如图 5-15 所示。

操作步骤如下:

(1) 在普通视图中,单击选中第 1 张幻灯片。

(2) 单击"设计"选项,在"主题"组找到"龙腾四海"的主题,右击,在弹出的快捷菜单中选择"应用于选定幻灯片"命令,如图 5-16 所示。对应的主题就应用到了第 1 张幻灯片中。

如果对设置的主题不满意,还可以通过"主题"选项组中的颜色、字体和效果进行进一步的设计。

图 5-15　同一演示文稿中使用不同模板

图 5-16　快捷菜单

5.5　设置演示文稿的动画效果

演示文稿最终的目的是在观众面前展现。制作过程中,除了精心组织内容、合理安排布局,还需要应用动画效果控制幻灯片中的声文图像等各种对象的进入方式和顺序,以突出重点、控制信息的流程、提高演示的趣味性。

设计动画效果包括两部分:一是设计幻灯片中对象的动画效果;二是设计幻灯片间切换的动画效果。

5.5.1　设计幻灯片中对象的动画效果

即为幻灯片上添加的各个对象设置动画效果。这样,随着演示的进展可以逐步显示一张幻灯片内不同层次、对象的内容。设置幻灯片中对象的动画效果主要有两个操作:添加动画和编辑动画。

(1) 添加动画。在幻灯片普通视图中,首先选择对应幻灯片中的对象,然后单击"动画"选项的"动画"组中的各种动画选项,或者通过"动画"选项的"高级动画"组中的"添加动画"选项进行添加动画。如果需要使用更多的动画选项,可以在"动画"库下面选择"更多进入效果"、"更多强调效果"、"更多退出效果"和"其他动作路径",如图 5-17 所示。

如果要取消动画效果,先选择幻灯片中对应的对象,然后在动画组中选择"无"即可。

(2) 编辑动画。演示文稿的动画效果设置完成后,还可以对设置动画的动画方向、运行方式、动画顺序、播放声音、动画长度等进行进一步的设置。动画方向可以通过"动画"选项的"动画"组中的"效果选项"进行设置。动画的运行方式可以通过"动画"选项的"计时"组中的进行设置,可以选择"单击时"、"与上一动画同时"和"上一动画之后"3 种方式。还可以单击"动画"选项的"高级动画"组中的"动画窗格"选项,打开"动画窗格"进行设置,如图 5-18 所示。

第5章 PowerPoint 2010 演示文稿制作

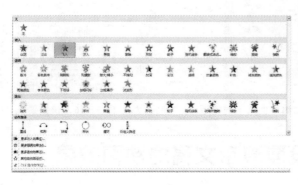

图 5-17 动画库　　　　　　　　图 5-18 动画窗格

5.5.2 设计幻灯片间切换的动画效果

　　幻灯片间的切换效果是指移走屏幕上已有的幻灯片,并以某种效果开始新幻灯片的显示。设置幻灯片的切换效果,首先选定演示文稿中的幻灯片,然后单击"切换"选项中的"切换到此幻灯片"组,最后选择对应的切换效果,如图 5-19 所示。大部分切换效果设置完成后还可以通过"效果选项"进行进一步的设置。另外也可以单击"切换"选项的"计时"组中的选项对幻灯片的换片方式、持续时间和声音进行设置。

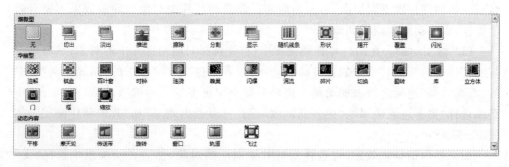

图 5-19 切换效果

【例 5.5】 将【例 5.4】中演示文稿的第 1 张幻灯片的文字"美丽中国"的动画效果为自顶部飞入,第 3 张幻灯片的切换效果为"闪光",并将第 3 张幻灯片的换片时间设置为 5 秒。

　　操作步骤如下:
　　(1) 打开演示文稿,在普通视图中单击选中第 1 张幻灯片。

(2)选定第1张幻灯片中"美丽中国"所在的文本框,单击"动画"选项的"动画"组的"飞入"动画,在"效果选项"下拉列表中选择"自顶部"选项。

(3)选定第3张幻灯片,单击"切换"选项的"切换到此幻灯片"组的"闪光"切换效果。

(4)选择"切换"选项的"计时"组的"设置自动换片时间",并将其设置为:00:05.00。

5.6 设置演示文稿的播放效果

5.6.1 设置放映方式

在播放演示文稿前可以根据使用者的不同需要设置不同的放映方式,可以通过单击"幻灯片放映"选项的"设置"组中的"设置幻灯片放映"选项来完成。在"设置放映方式"对话框中操作实现,如图 5-20 所示。

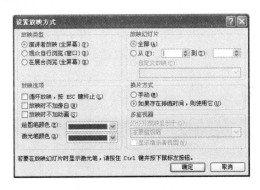

图 5-20 设置放映方式

(1)演讲者放映(全屏幕)。以全屏幕形式显示,演讲者可以控制放映的进程,可用绘图笔勾画,适于大屏幕投影的会议、讲课。

(2)观众自行浏览(窗口)。以窗口形式显示,可编辑浏览幻灯片,适于人数少的场合。

(3)在展台浏览(全屏幕)。以全屏幕形式在展台上做演示用,按事先预定的或通过执行"幻灯片放映|排练计时"菜单命令设置的时间和次序放映,不允许现场控制放映的进程。

要播放演示文稿有多种方式:按 F5 快捷键;执行"幻灯片放映|观看放映"或"视图|幻灯片放映"菜单命令;单击"幻灯片放映"按钮豆等。其中,除了最后一种方法是从当前幻灯片开始放映外,其他方法都是从第1张幻灯片放映到最后一张幻灯片。

【例 5.6】 设置【例 5.5】中演示文稿的放映方式。放映类型设置为"演讲者放映;放映选项设置为:"循环放映,按 Esc 键终止";放映幻灯片从第1张到第3张;换

第 5 章　PowerPoint 2010 演示文稿制作

片方式为手动换片。

操作步骤如下：

（1）打开对应的演示文稿，单击"幻灯片放映"选项的"设置"组中的"设置幻灯片放映"选项，弹出"设置放映方式"对话框。如图 5-20 所示。

（2）在"设置放映方式"对话框中，放映类型选择"演讲者放映（全屏幕）"，放映选项选择"循环放映，按 Esc 键终止"，放映幻灯片从 1 到 3，换片方式设置为手动。

（3）按 F5 键观看放映，查看幻灯片播放效果。

5.6.2　演示文稿的打包

在我们播放演示文稿的时候经常遇到这样的情况，做好的演示文稿在其他地方播放时，因所使用计算机上未安装 PowerPoint 软件或缺少幻灯片中使用的字体等等一些原因，而无法放映幻灯片或放映效果不佳。其实 PowerPoint 早已为我们准备好了一个播放器，只要把制作完成的演示文稿打包，使用时利用 PowerPoint 播放器来播放就可以了。

如果要在另一台计算机上运行幻灯片放映，可以单击"文件"选项，选择左边的"保存并发送"，在弹出的"保存并发送"中选择"将演示文稿打包成 CD"，接着再选择右边的"打包成 CD"按钮，弹出"打包成 CD"对话框，如图 5-21 所示。通过设置可以将演示文稿所需的文件和字体打包到一起，在没有安装 PowerPoint 的计算机上观看演示文稿，"打包"命令还可以将 PowerPoint 播放器一同打包。

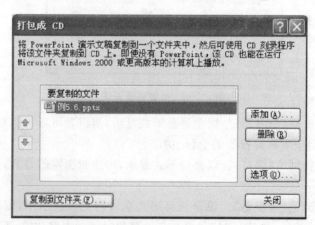

图 5-21　"打包成 CD"对话框

5.6.3　排练计时

在放映每张幻灯片时，必须要有适当的时间供演示者充分表达自己的思想，以供观众领会该幻灯片所要表达的内容。制作演示文稿时可指定以人工单击鼠标或键盘的方式来放映下一张幻灯片，如果在幻灯片放映时不想人工控制幻灯片的切换，可指定幻灯片在屏幕上显示时间的长短,过了指定的时间间隔后会自动放映下一张幻灯片。此时,可使用两种方式来指定幻灯片的放映时间:第一种方法是人工为每张幻灯片设置放映时间,然后放映幻灯片并查看所设置的时间;另一种方法是使用排练功能,在排练时由 PowerPoint 自动记录其时间。

利用 PowerPoint 的排练计时功能,演讲者可在准备演示文稿的同时,通过排练计时功能为每张幻灯片确定适当的放映时间,这也是自动放映幻灯片的要求。

操作步骤如下:

(1) 打开要创建自动放映的演示文稿。

(2) 选择"幻灯片放映"选项的"设置"组中的"排练计时"选项,激活排练方式,演示文稿自动进入放映方式。

(3) 使用鼠标单击"下一项"来控制速度,放映到最后一张时,系统会显示这次放映的时间,若单击"确定"按钮,则接受此时间,若单击"取消"按钮,则需要重新设置时间。

这样设置以后,我们可以在放映演示文稿时,可以单击状态栏上的"幻灯片放映"按钮,即可按设定时间自动放映。

5.6.4 隐藏幻灯片

在播放演示文稿时,根据不同的场合和不同的观众,可能不需要播放演示文中所有的幻灯片,这时候可将演示文稿中的某几张幻灯片隐藏起来,而不必将这些幻灯片删除。被隐藏的幻灯片在放映时不播放,并且以后设置为隐藏的幻灯片可以重新设置为不隐藏。

操作步骤如下:

(1) 在普通视图或幻灯片浏览视图界面下,选中需要被隐藏的幻灯片。

(2) 单击"幻灯片放映"选项的"设置"组中的"隐藏幻灯片"选项即可。设置了隐藏幻灯片的编号上添加了"\"标记。

如果要取消隐藏,只要在普通视图或幻灯片浏览视图界面下选择被隐藏的幻灯片,再次单击"幻灯片放映"选项的"设置"组中的"隐藏幻灯片"选项,或单击鼠标右键,在快捷菜单中单击"隐藏幻灯片"选项即也可取消隐藏。被隐藏幻灯片编号上的"\"标记也将消失。

5.7 演示文稿的其他有关功能

5.7.1 演示文稿的压缩

在编辑演示文稿的过程中,如果用户在演示文稿中插入大量的图片、音频和视频,演示文稿的文件就会变得很大,不方便进行传输和分享。在 PowerPoint 2010 中可以通过压缩媒体文件提高播放性能并节省存储空间。

音频和视频的压缩步骤：

(1) 打开包含音频文件或视频文件的演示文稿。

(2) 在"文件"选项卡上，单击"信息"选项，然后在"媒体大小和性能"部分，单击"压缩媒体"，弹出压缩媒体的列表框，如图 5-22 所示。

(3) 若要指定视频的质量(视频质量决定视频的大小)，请选择下列选项之一：

演示文稿质量：节省磁盘空间，同时保持音频和视频的整体质量。

互联网质量：质量可通过 Internet 传输的媒体。

低质量：在空间有限的情况下(例如，通过电子邮件发送演示文稿时)使用。

撤销：如果对压缩的效果不满意，可以撤销压缩。

图片的压缩步骤如下：

(1) 打开对应的演示文稿，单击选定幻灯片中需要进行压缩的图片。

(2) 在"图片工具"下的"格式"选项卡上，单击"调整"组中的"压缩图片"选项，弹出"压缩图片"对话框，如图 5-23 所示。如果看不到"图片工具"和"格式"选项卡，请确认选择了图片。

图 5-22　压缩媒体

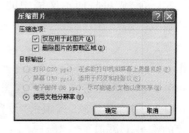

图 5-23　压缩图片

(3) 若仅更改选定的图片(而非所有图片)的分辨率，请选中"仅应用于此图片"复选框。在"目标输出"下单击所需的分辨率。(注释："使用文档分辨率"选项将使用"文件"选项卡上设置的分辨率。默认情况下，此值设置为 220ppi，但您可以更改此默认图片分辨率。)

5.7.2　演示文稿的打印

演示文稿可以打印，这通过执行"文件|打印"菜单命令实现。

【例 5.7】　将【例 5.6】中的演示文稿以讲义的形式打印出来，每张纸打印 3 张幻灯片。

操作步骤如下：

(1) 打开【例 5.5】生成的演示文稿。

(2) 单击"文件"选项,在左边选择"打印",在中间的设置下拉列表中选择"打印全部幻灯片"和"讲义(3 张幻灯片)",在右边预览打印效果,满意后单击中间的"打印"按钮。

习题五

一、填空题

1. PowerPoint 2010 演示文稿的扩展名是_____。

2. 在 PowerPoint 2010 的"视图"选项中,提供了_____、_____、_____和_____,共四种演示文稿视图。

3. 在 PowerPoint 2010 中,可以对幻灯片进行移动、删除、复制、设置切换效果,但不能对单独的幻灯片的内容进行编辑的视图是_____。

4. 在演示文稿的播放过程中,如果要终止幻灯片的放映,可以按_____键。

5. 在"设置放映方式"对话框中,选择_____放映类型,演示文稿将以窗口形式播放。

6. 如果想对幻灯片中的文本框内的文本内容进行编辑,应该在_____视图方式下进行。

二、单选题

1. PowerPoint 是一个( )软件。
   A. 字处理   B. 字表处理   C. 演示文稿制作   D. 绘图

2. 为了使幻灯片有统一的、特有的外观风格,可以通过设置( )操作实现。
   A. 幻灯片版式   B. 幻灯片动画   C. 幻灯片切换   D. 母版

3. 在需要整体观察演示文稿中某张幻灯片的播放效果,一般应该选择( )。
   A. 大纲视图   B. 普通视图
   C. 幻灯片放映   D. 幻灯片浏览视图

4. 在需要调整演示文稿中的幻灯片的顺序是,一般应该选择( )。
   A. 大纲视图   B. 普通视图
   C. 幻灯片放映   D. 幻灯片浏览视图

5. 当在幻灯片中插入了声音以后,幻灯片中将会出现( )。
   A. 喇叭标记   B. 一段文字说明
   C. 链接说明   D. 链接按钮

6. 要使所设置的背景对所有幻灯片生效,应在设置背景格式对话框中选择( )。
   A. 应用   B. 取消   C. 全部应用   D. 确定

7. PowerPoint 2010 中的动画刷的作用是( )。

A. 复制母版　　　　　　　　　B. 复制切换效果
C. 复制字符　　　　　　　　　D. 复制幻灯片中对象的动画效果

8. 制作演示文稿时，如果要设置每张幻灯片的播放时间，那么需要通过执行（　　）操作来实现。

A. 幻灯片切换　　　　　　　　B. 幻灯片版式
C. 幻灯片放映　　　　　　　　D. 幻灯片母版

9. 当演示文稿需要在交易会进行广告片的放映时，应选择（　　）放映方式。

A. 演讲者放映　　　　　　　　B. 观众自行放映
C. 在展台浏览　　　　　　　　D. 需要时按下某键

10. 当需要将演示转移至其他地方，以便可以在大多数计算机观看此演示文稿，可以执行（　　）操作。

A. 将演示文稿压缩
B. 将演示文稿打包成 CD
C. 设置幻灯片的放映效果
D. 将幻灯片分成多个子幻灯片，以存入磁盘

第6章 多媒体技术基础知识

多媒体技术是20世纪末开始兴起并得到迅速发展的一门技术,把文字、数字、图形、图像、动画、音频和视频等集成到计算机系统中,使人们能够更加自然、更加"人性化"地使用信息。经过几十年的发展,多媒体技术已成为科技界、产业界普遍关注的热点之一,并已渗透到不同行业的很多应用领域,使我们的社会发生日新月异的变化。多媒体技术已经影响到人们工作、学习和生活的各个方面,并将给人类带来巨大的影响。

6.1 多媒体技术的基本概念

6.1.1 什么是多媒体

所谓媒体(medium)是指承载信息的载体。按照ITU-T(CCITT)建议的定义,媒体有以下5种:感觉媒体、表示媒体、显示媒体、存储媒体和传输媒体,如表6-1所列。感觉媒体指的是用户接触媒体的总的感觉形式,如视觉、听觉、触觉等。表示媒体则指的是信息的表示形式,如图像、声音、视频、运动模式等。显示媒体(又称表现媒体)是表现和获取信息的物理设备,如显示器、打印机、扬声器、键盘、摄像机、运动平台等。存储媒体是存储数据的物理设备,如磁盘、光盘等。传输媒体是传输数据的物理设备,如光缆、电缆、电磁波、交换设备等。这些媒体形式在多媒体领域中都是密切相关的。

"多媒体"(multimedia),从字面上理解就是"多种媒体的综合",相关的技术也就是"怎样进行多种媒体综合的技术"。多媒体技术概括起来说,就是一种能够对多种媒体信息进行综合处理的技术。多媒体技术可以定义为:以数字化为基础,能够对多种媒体信息进行采集、编码、存储、传输、处理和表现,综合处理多种媒体信息并使之建立起有机的逻辑联系,集成为一个系统并能具有良好交互性的技术。

值得特别指出的是,很多人将"多媒体"看作是计算机技术的一个分支,这是不太合适的。多媒体技术以数字化为基础,注定其与计算机要密切结合,甚至可以说要以计算机为基础。但还有许多东西原先并不属于计算机技术的范畴,例如电视技术、广播通信技术、印刷出版技术等。当然可以有多媒体计算机技术,但也可以有多媒体电视技术、多媒体通信技术等。一般说来,"多媒体"指的是一个很大的领域,指的是和信息有关的所有技术与方法进步发展的领域。所以说,要对多媒体有更准确的理解,更多的是要从它的关键特性去考虑。

表6-1 媒体的表现形式

媒体类型	媒体特点	媒体形式	媒体实现方式
感觉媒体	人类感知环境的信息	视觉、听觉、触觉	文字、图形、声音、图像、视频等
表示媒体	信息的处理方式	计算机数据格式	图像编码、音频编码、视频编码
显示媒体	信息的表达方式	输入、输出信息	数码照相机、显示器、打印机等
存储媒体	信息的存储方式	存取信息	内存、硬盘、光盘、U盘、纸张等
传输媒体	信息的传输方式	网络传输介质	电缆、光缆、电磁波等

人类利用视觉、听觉、触觉、味觉和嗅觉感受各种信息。其中通过视觉得到的信息最多,其次是听觉和触觉,三者一起得到的信息,达到了人类感受到信息的95%。因此感觉媒体是人们接收信息的主要来源,而多媒体技术则充分利用了这种优势。

6.1.2 多媒体技术的主要特征

多媒体的主要特征主要包括信息载体的多样性、交互性和集成性这3个方面。这3个特性是多媒体的主要特征,也是在多媒体研究中必须解决的主要问题。

1. 信息载体多样性

信息载体的多样性是相对于计算机而言的,指的就是信息媒体的多样化,有人称之为信息多维化。把计算机所能处理的信息空间范围扩展和放大,而不再局限于数值、文本或是被特别对待的图形或图像,这是计算机变得更加人性化所必须具备的条件。多媒体的多样性也不仅仅局限在对信息数据方面,也包括对设备、系统、网络等多种要素的重组和综合,目的都是能够更好地组织信息、处理信息和表现信息,从而使用得更全面、更准确地接受信息。

2. 信息载体交互性

多媒体的第一个关键特性是交互性。交互性是指人和计算机能够"对话",人借助交互活动可控制信息的传播,甚至参与信息的组织过程,使之能够对感兴趣的画面或内容进行记录或者专门地研究。可以选择控制应用过程。当交互性引入时,"活动"本身作为一种媒体便介入到了数据转变为信息、信息转变为知识的过程之中。因为数据能否转变为信息取决于数据的接收者是否需要这些数据,而信息能否转变为知识则取决于信息的接收者能否理解。借助于交互活动,我们可以获得我们所关心的内容、获取更多的信息。

3. 信息载体集成性

集成性有两层含义:第一层含义指将多种媒体信息(如文本、图形、图像、音频、动画和视频)有机地进行同步,综合完成一个完整的多媒体信息;第二层含义是把输入显示媒体(如键盘、鼠标、摄像机等)和输出显示媒体(如显示器、打印机、扬声器等)集成为一个整体,因此多媒体系统充分体现了集成性的巨大作用。事实上,多媒体中的许多技术在早期都可以单独使用,但作用十分有限。这是因为它们是单一的、零散的,如单一的图像处理技术、声音处理技术、交互技术、电视技术、通信技术等。但当它们在多媒体的旗帜下集合时,意味着技术已经发展到了相当成熟的程度。多媒体的集成性应该说是系统级的一次飞跃,无论信息、数据,还是系统、网络、软硬件设施,通过多媒体的集成性构造出支持广泛信息应用的信息系统,1+1>2 的系统特性将在多媒体信息系统中得到充分的体现。

6.1.3 多媒体技术的发展趋势

任何技术都有其发生、发展的过程,多媒体技术也不例外。多媒体的发展过程经历了自由发展阶段(1968—1989 年)、标准化阶段(1990 年至今),现在继续向着更高的方向发展。

从国内外的主要研究工作来看,多媒体的研究趋势主要有以下几个方面:

(1) 多媒体通信网络环境的研究和建立,将使得多媒体从单机、单点,向分布、合作多媒体应用环境发展。对这种网络及其设备的研究,以及建立在这种网络之上的分布应用和信息服务的研究是当前一个非常明显的热点。

(2) 对多媒体信息的处理已经深入到了媒体内部,利用已经基本成熟的图像理解、语言识别、全文检索等技术研究多媒体基于内容的处理,开发能够进行基于内容处理的系统。

(3) 多媒体的各类标准是研究的重点。成熟的标准在不断修订、颁布,新的方法和技术的出现又带来了新的标准体制。各类标准的研究将有利于产品规范化,使得用户的使用更加方便。

(4) 应用及市场研究中面向大规模用户和高档次应用的趋势十分明显。包括家用多媒体终端、点播电视服务(VOD)、教育/娱乐用多媒体软件、多媒体会议系统、家用视听等。

6.1.4 多媒体的应用领域

多媒体技术的应用领域十分广泛,不仅覆盖了计算机的应用领域,而且开拓了计算机的新的应用领域。下面介绍几种最常见的应用:

(1) 教育(形象教学、模拟展示):电子教案、形象教学、模拟交互过程、网络多媒体教学、仿真工艺过程。

(2) 商业广告(特技合成、大型演示):影视商业广告、公共招贴广告、大型显示屏广告、平面印刷广告。

(3) 影视娱乐业(电影特技、变形效果):电视/电影/卡通混编特技、演艺界 MTV 特技制作、三维成像模拟特技、仿真游戏等。

(4) 医疗(远程诊断、远程手术):网络多媒体技术、网络远程诊断、网络远程操作

第6章 多媒体技术基础知识

(手术)。

(5) 旅游(景点介绍):风光重现、风土人情介绍、服务项目。

(6) 人工智能模拟(生物、人类智能模拟):生物形态模拟、生物智能模拟、人类行为智能模拟。

多媒体的未来是激动人心的,我们生活中数字信息的数量在今后几十年中将急剧增加,质量上也将大大地改善。多媒体正在以一种迅速的、意想不到的方式进入人们生活的多个方面,大的趋势是各个方面都将朝着当今新技术综合的方向发展。多媒体技术集声音、图像、文字于一体,集电视录像、光盘存储、电子印刷和计算机通信技术之大成,将把人类引入更加直观、更加自然、更加广阔的信息领域。

6.1.5 常见的多媒体元素

多媒体元素是指多媒体应用中可显示给用户的媒体形式。目前我们常见的媒体元素主要有文本、声音、图形、图像、动画和视频图像等。

1. 文本(Text)

"文本"一词来自英文 text,一般地说,文本是语言的实际运用形态。而在具体场合中,文本是根据一定的语言衔接和语义连贯规则而组成的整体语句或语句系统,有待于读者阅读。文本是计算机文字处理程序的基础,也是多媒体应用程序的基础。通过对文本显示方式的组织,多媒体应用系统可以使显示的信息更易于理解。

文本文件中,如果只有文本信息,没有其他任何有关格式的信息,则称为非格式化文本文件或纯文本文件;而带有各种文本排版信息等格式信息的文本文件,称格式化文本文件,该文件中带有段落格式、字体格式、文章的编号、分栏、边框等格式信息。文本的多样化是由文字的变化,即字的格式(style)、字的定位(align)、字体(font)、字的大小(size)以及由这四种变化的各种组合形成的。

2. 图形(Graphic)

图形一般指用计算机绘制的画面,如直线、圆、圆弧、矩形、任意曲线和图表等。图形的格式是一组描述点、线、面等几何图形的大小、形状及其位置、维数的指令集合。在图形文件中只记录生成图的算法和图上的某些特征点,因此也称矢量图。通过读取这些指令并将其转换为屏幕上所显示的形状和颜色而生成图形的软件通常称为绘图程序。在计算机还原输出时,相邻的特征点之间用特定的诸多段小直线连接就形成曲线,若曲线是一条封闭的图形,也可靠着色算法来填充颜色。图形的最大优点在于可以分别控制处理图中的各个部分,如在屏幕上移动、旋转、放大、缩小、扭曲而不失真,不同的物体还可在屏幕上重叠并保持各自的特性,必要时仍可分开。因此,图形主要用于表示线框型的图画、工程制图、美术字等。绝大多数 CAD 和 3D 造型软件使用矢量图形来作为基本图形存储格式。

第6章 多媒体技术基础知识

3. 图像(image)

图像是指由输入设备捕捉的实际场景画面,或以数字化形式存储的任意画面,是客观对象的一种相似性的、生动性的描述或写真,是人类社会活动中最常用的信息载体,或者说图像是客观对象的一种表示,包含了被描述对象的有关信息,是人们最主要的信息源。随着数字技术的不断发展和应用,现实生活中的许多信息都可以用数字形式的数据进行处理和存储,数字图像就是这种以数字形式进行存储和处理的图像。利用计算机可以对它进行常规图像处理技术所不能实现的加工处理,还可以将它在网上传输,可以多次拷贝而不失真。据统计,一个人获取的信息大约有75%来自视觉。古人说"百闻不如一见"、"一目了然"便是非常形象的例子,都反映了图像在信息传递中的独特效果。在计算机中,图像是以数字方式记录、处理和保存的,所以图像也可以说是数字化图像。图像类型大致可以分为以下两种:矢量图形(向量式图形)与位图图像(点阵式图像)。这两种图像各有特色,也各有其优缺点。因此在图像处理过程中,往往需要将这两种类型的图像交叉运用,才能取长补短,使用户的作品更为完善。

4. 视频(Video)

若干有联系的图像数据连续播放便形成了视频。计算机视频是数字的,视频图像可来自录像带、摄像机等视频信号源的影像,这些视频图像使多媒体应用系统功能更强、更精彩。在视频中有如下几个重要的技术参数。

(1)帧速。视频是利用快速变换帧的内容而达到运动的效果。视频根据制式的不同有30帧/秒(NTSC)、25帧/秒(PAL)等。有时为了减少数据量而减慢了帧速,例如只有16帧/秒,也可以达到满意程度,但效果略差。

(2)数据量。如不计压缩,数据量应是帧速乘以每幅图像的数据量。假设一幅图像为1 MB,则每秒将达到30 MB(NTSC)。但经过压缩后可减少几十倍甚至更多。尽管如此,图像的数据量仍然很大,以至于计算机显示可能跟不上速度,导致图像失真。此时就只有在减少数据量上下功夫,除降低帧速外,也可以缩小画面尺寸,例如只有1/4屏等,都可以大大降低数据量。

(3)图像质量。图像质量除了原始数据质量外,还与视频数据压缩的倍数有关。一般说来,压缩比较小的时候对图像质量不会有太大影响,而超过一定倍数后,将会明显看出图像质量的下降。所以数据量与数据质量是一对矛盾,需要合适的折衷。

5. 音频

数字音频可分为波形声音、语音和音乐。波形声音实际上已经包含了所有的声音形式,它可以把任何声音都进行采样和量化,并恰当地恢复出来。人的说话声虽是一种特殊的媒体,但也是一种波形,所以和波形声音的文件格式相同。影响数字声音波形质量的主要因素有3个:

(1)采样频率。采样频率等于波形被等分的份数,份数越多(即频率越高),声音的质量越好。

(2) 采样精度。即每次采样信息量。采样通过模/数转换器(A/D 转换器)将每个波形垂直等分,若用 8 位 A/D 转换器,可把采样信号分为 256 等份;若用 16 位 A/D 转换器,则可将其分为 65 536 等份。显然后者比前者音质好,因为有更高的精度。

(3) 通道数。声音通道的个数表明声音产生的波形数,一般分单声道和立体声道。单声道产生一个波形,立体声道则产生两个波形;采用立体声道声音丰富,但存储空间要占用很多。声音的保真与节约存储空间是有矛盾的,因此需要选择一个平衡点。

6. 动画(Animation)

动画是基于人的视觉原理创建运动图像,在一定时间内连续快速观看一系列相关的静止画面时,会感觉成连续动作,每个单幅画面被称为帧。动画是运动的图像,实质是一幅幅静态图像的连续播放。人类在看一个运动物体时,物体的影像会短暂地停留在大脑视觉神经中,这段时间大约是 1/24 s。在医学上称为"视觉滞留效应"。当画面的更换速度为 1/24 s;或更快时,人们大脑在前一个影像还没有消失前,又接受了新的影像,使物体影像连续不断地出现在大脑视觉神经中,这样看到的是连续活动的图像。动画的连续播放既指时间上的连续,也指图像内容上的连续,即播放的相邻两幅图像之间内容相差不大。

近年来,计算机介入传统的动画制作工艺,使得动画制作工艺发生了革命性的变化。譬如有些人在完成动画画面的绘制工作以后,采用数字图像扫描仪,把画稿直接转换成数字图像,然后在计算机中上色和进行其他处理。由计算机完成的动画数字图像经过转换,制成录像带,供电视播放用。动画也有和视频类似的技术参数。

6.2 多媒体计算机平台标准

所谓多媒体个人计算机就是具有多媒体功能的个人计算机。从硬件设备来看,在 PC 上增加声卡和光盘驱动器,这就是人们一般所指的早期的多媒体个人计算机(MPC)。多媒体技术的发展,不断赋予 MPC 新的内容,另外对 MPC 也有不同的理解。对广大用户而言,就是把具有上述功能的 PC 或把现有增加多媒体升级套件的 PC 机叫 MPC。目前缩写 MPC 特指符合 MPC 联盟标准的多媒体个人计算机。

6.2.1 什么是多媒体计算机

在多媒体计算机出现之前,传统的微机或个人机处理的信息往往仅限于文字和数字,只能算是计算机应用的初级阶段,同时,由于人机之间的交互只能通过键盘和显示器,故交流信息的途径缺乏多样性。为了使计算机能够集声、文、图、像处理于一体,人类发明了具有多媒体处理能力的计算机。所谓多媒体个人计算机就是具有多媒体功能的个人计算机,它的硬件结构与一般所用的 PC 并无太大的差别,只不过是

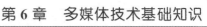

多了一些软硬件配置而已。一般用户如果要拥有 MPC 大概有两种途径：一是直接购买具有多媒体功能的 PC；二是在基本的 PC 上增加多媒体套件而构成 MPC。现在一般标准配置的计算机大多具有多媒体处理功能。

从硬件设备来看，在 PC 上增加声卡和光盘驱动器，这就是人们一般所指的早期的多媒体个人计算机(MPC)。多媒体技术的发展，不断赋予 MPC 新的内容，另外对 MPC 也有不同的理解。对广大用户而言，就是把具有上述功能的 PC 或把现有增加多媒体升级套件的 PC 叫 MPC。目前缩写 MPC 特指符合 MPC 联盟标准的多媒体个人计算机。

6.2.2 多媒体计算机的硬件设备

在多媒体硬件系统中计算机主机是基础性部件，是硬件系统中的核心。由于多媒体系统是多种设备、是多种媒体信息的综合，因此计算机主机是决定多媒体性能的重要因素，这就要求其具有高速的 CPU、大容量的内外存储器、高分辨率的显示设备及宽带传输总线等。多媒体个人计算机系统在硬件方面，根据应用不同，构成配置可多可少，亦可高可低。MPC 基本硬件构成包括计算机传统硬件、CD-ROM 或 DVD 驱动器和声卡等。

1. 光存储设备

光存储技术发展很快，特别是近十年来，近代光学、微电子技术、光电子技术及材料科学的发展为光学存储技术的成熟及工业化生产创造了条件。光存储以其存储容量大、工作稳定、密度高、寿命长、介质可换、便于携带、价格低廉等优点，已成为多媒体系统普遍使用的设备。光存储系统由光盘驱动器和光盘盘片组成。DVD 驱动器如图 6-1 所示。

光存储的基本特点是用激光引导测距系统的精密光学结构取代硬盘驱动器的精密机械结构。光盘驱动器的读写头是用半导体激光器和光路系统组成的光学头，记录介质采用磁光材料。驱动器采用一系列透镜和反射镜，将微细的激光束引导至一个旋转光盘上的微小区域。由于激光的对准精度高，所以写入数据的密度要比硬磁盘高得多。

常用的光存储系统有只读型、一次写入型和可重写型光存储系统 3 大类。

2. 音频接口

处理音频信号的 PC 插卡是声卡(Audio Card)，又称音频卡，如图 6-2 所示。声卡处理的音频媒体有数字化声音(Wave)、合成音乐(MIDI)及 CD 音频，如图 6-2 所示。声卡是处理和播放多媒体声音的关键部件，它通过插入主板扩展槽中的方式与主机相连，或集成在主板上。卡上的输入/输出接口可以与相应的输入/输出设备相连。常见的输入设备包括传声器、收录机和电子乐器等，常见的输出设备包括扬声器和音响设备等。

第 6 章　多媒体技术基础知识

图 6-1　DVD 驱动器　　　　　　图 6-2　声　卡

(1) 声卡的工作原理。声卡的工作原理其实很简单，我们知道，麦克风和喇叭所用的都是模拟信号，而计算机所能处理的都是数字信号，声卡的作用就是实现两者的转换。从结构上分，声卡可分为模/数转换电路和数/模转换电路两部分，模/数转换电路负责将麦克风等声音输入设备采到的模拟声音信号转换为计算机能处理的数字信号；而数/模转换电路负责将计算机使用的数字声音信号转换为喇叭等设备能使用的模拟信号。

(2) 声卡的体系结构。声卡主要由下列部件组成。

① MIDI 输入/输出电路。

② MIDI 合成器芯片。

③ 用来把 CD 音频输入与线输入相混合的电路。

④ 带有脉冲编码调制电路的模/数转换器，用于把模拟信号转换为数字信号以生成波形文件。

⑤ 用来压缩和解压音频文件的压缩芯片。

⑥ 用来合成语音输出的语音合成器。

⑦ 用来识别语音输入的语音识别电路。

⑧ 输出立体声的音频输出或线输出的输出电路等。

3. 视频采集卡

为了显示原始图像(这里使用的"图像"是泛指，包括全运动视频)的可接受的复制图，需要使用各种显示系统技术来解码信号和压缩数据。

(1) 视频采集卡的工作原理。视频信号源、摄像机、录像机或激光视盘的信号首先经过 A/D 变换，送到多制式数字解码器进行解码得到 YUV 数据，然后由视频窗口控制器对其进行剪裁，改变比例后存入帧存储器。帧存储器的内容在窗口控制器的控制下，与 VGA 同步信号或视频编码器的同步信号同步，再送到 D/A 变换器变成模拟的 RGB 信号，同时送到数字式视频编辑器进行视频编码，最后输出到 VGA 监视器及电视机或录像机。

(2) 视频采集卡的主要功能如下：

① 全活动数字图像的显示、抓取、录制等。

② 可以从录像机(VCR)、摄像机、ID、IV 等视频源中抓取定格,存储输出图像。
③ 可按比例缩放、剪切、移动、扫描视频图像。
④ 色度、饱和度、亮度、对比度及 R、G、B 三色比例可调。

4. 手写板

常见的的手写板包括电阻式压力板、电磁式感应板和近期发展的电容式触控板等,如图 6-3 所示。

(1) 电阻压力手写板。

组成:由一层可变形的电阻薄膜和一层固定的电阻薄膜构成,中间由空气相隔离。

特点:原理简单,工艺不复杂,成本较低,价格也比较便宜,材料容易疲劳,使用寿命较短。

(2) 电磁式手写板。

工作原理:通过在手写板下的布线电路通电后,在一定时间范围内形成电磁场,来感应带有线圈的笔尖的位置进行工作。

分类:"有压感"和"无压感"两种。

特点:对供电有一定的要求、易受外界环境的电磁干扰、使用寿命短。

(3) 电容式手写板。

工作原理:通过人体的电容来感知手指的位置。

特点:用手指和笔都能操作,使用方便;手指和笔与触控板的接触几乎没有磨损,性能稳定;机械测试使用寿命长达 30 年,元件少,产品一致性好,成品率高,成本较低。

5. 触摸屏

触摸屏(Touch Screen)是一种定位设备,当用户用手指或者其他设备触摸安装在计算机显示器前面的触摸屏时,所摸到的位置(以坐标形式)被触摸屏控制器检测到,并通过串行口或者其他接口(如键盘)送到 CPU,从而确定用户所输入的信息。改善人与计算机的交互方式,如图 6-4 所示。触摸屏主要有红外技术触摸屏、电容技术触摸屏和电阻技术触摸屏三种。

6. 扫描仪

扫描仪(Scanner)是一种图像输入设备,利用光电转换原理,通过扫描仪光电的移动或原稿的移动,把黑白或彩色的原稿信息数字化后输入到计算机中,如图 6-5 所示。衡量扫描仪的主要技术指标包括扫描分辨率、扫描色彩精度、扫描速度等。扫描仪的关键技术不外乎镜头技术和 CCD 技术,这两项技术决定了扫描分辨率的高低。

7. 刻录机

在需要大容量存储的多媒体领域,刻录机基本上已成为多媒体系统的标准配置。根据刻录机是否放到计算机主机箱中,分为内置式刻录机和外置式刻录机,如图 6-6

第 6 章 多媒体技术基础知识

所示。CD 刻录机可以把数据写在 CD-R 或 CD-W 盘片上,通常每张盘可以存储 650 MB~700 MB 数据或数字化的声音和影像。刻录好的光盘可以拿到任何一台有光驱的计算机中使用。近年来,DVD 刻录机逐渐成为主流,相比之下,DVD 的容量更大,读写速度更快,因此,DVD 将逐渐成为市场的事实上标准配置。

图 6-3 手写绘画输入板

图 6-4 触摸屏

手持扫描仪

平板扫描仪

立式扫描仪

图 6-5 各式扫描仪

8. 数码照相机

随着科技的迅速发展,数年光景,数码照相机(图 6-7)便旋即成为生活潮流的指标。它的魅力不单在其外型美观及使用方便,更多在于它所拍摄的相片质量,是传统照相机不能比拟的,这使得非专业用户也能拍摄出专业的效果。与传统相机相比,数码照相机更是只需一张小小的存储卡便可拍摄,没有更换胶卷等

图 6-6 刻录机

麻烦。正因为数码照相机的种种优点,使得它广受摄影爱好者的欢迎。数码照相机的选择应该做到物尽其用,不要盲目投入,高投入并不一定能保证创造出高质量的作品。

9. 彩色投影机

彩色投影机简称"投影机",是一种数字化设备,主要用于计算机信息的显示,如图 6-8 所示。使用彩色投影机时,通常配有大尺寸的幕布,计算机送出的显示信息通过投影机投影到幕布上。作为计算机设备的延伸,投影机在数字化、小型化、高亮度显示等方面具有鲜明的特点,目前正广泛应用于教学、广告展示、会议、旅游等很多领域。

图 6-7 数码照机机

图 6-8 彩色投影机

6.2.3 多媒体计算的软件环境

任何计算机系统都是由硬件和软件构成的,多媒体系统除了具有前述的有关硬件外,还需配备相应的软件。

1. 驱动软件

多媒体驱动软件是多媒体计算机软件中直接和硬件打交道的软件。它完成设备的初始化,完成各种设备操作以及设备的关闭等。驱动软件一般常驻内存,每种多媒体硬件需要一个相应的驱动软件。

2. 多媒体操作系统

多媒体操作系统简言之就是具有多媒体功能的操作系统。多媒体操作系统必须具备对多媒体数据和多媒体设备的管理和控制功能,具有综合使用各种媒体的能力,能灵活地调度多种媒体数据并能进行相应的传输和处理,且使各种硬件和谐地工作。

随着多媒体技术的发展,通用操作系统逐步增加了管理多媒体设备和数据的内容,为多媒体技术提供支持,成为多媒体操作系统。目前流行的 Windows 2000、Windows XP 等均适用于多媒体个人计算机。

3. 多媒体数据处理软件

多媒体数据处理软件是专业人员在多媒体操作系统之上开发的。在多媒体应用软件制作过程中,对多媒体信息进行编辑和处理是十分重要的,多媒体素材制作的好坏,直接影响到整个多媒体应用系统的质量。常见的声音编辑软件有 Cool Edit、Gold Wave、Sound Edit 等,图形编辑软件有 Illustrator、CorelDraw、Freehand 等,图像编辑软件有 Photoshop,视频编辑软件有 Premiere、Combustion 等,动画编辑软件有 GIF Animator、3DS MAX 和 MAYA 等。

4. 多媒体创作软件

多媒体创作软件是帮助开发者制作多媒体应用系统软件的工具,如 Authorware、Director 等。多媒体创作软件能够对文本、声音、图像、视频等多种媒体信息进行控制和管理,并按要求连接成一个完整的多媒体应用系统。

5. 多媒体应用系统

多媒体应用系统又称多媒体应用软件,由各种应用领域的专家或开发人员利用多媒体开发工具软件或计算机语言,组织编排大量的多媒体数据而成为最终的多媒体产品,多媒体的硬件是直接面向用户的。多媒体应用系统所涉及的应用领域主要有文化教育教学软件、信息系统、电子出版物、音像、影视特技、动画等。

6.3 多媒体文件存储格式

计算机对文本、图形、图像、声音、动画、视频等信息进行处理时,首先需要将这些信息来源不同、信号形式不一、编码规格不同的外部信息,改造成计算机能够处理的信号,然后按规定格式对这些信息进行编码,这个过程称为多媒体信息的数字化。

6.3.1 信息的编码

编码是多媒体技术的重要组成部分,因为多媒体系统传送和处理的信息不但包括各个媒体的内容信息,而且还应包括表示各媒体信息时间和空间关系的信息,要使相应的技术系统能有效地处理多媒体信息,就必须对原始信息进行编码。信息编码(Information Coding)是为了方便信息的存储、检索和使用,在进行信息处理时赋予信息元素以代码的过程。即用不同的代码与各种信息中的基本单位建立一一对应的关系。信息编码必须标准、系统化,设计合理的编码系统是关系信息管理系统生命力的重要因素。由于计算机只能识别和处理二进制数据,因此必需对原始信息(如文字、数据、图片、视频等)进行编码,将信息表示为计算机能够识别的二进制数据,这种编码的过程称为"信源编码",解码则是编码的一个逆过程。

信源编码是将信息按一定规则进行数字化的过程,例如,对文字、符号等信息,可以利用 ASCII 标准进行编码,这些编码可以由文本编辑软件(如 Word)进行解码。在网页中,采用了 HTML(超文本标记语言)进行编码,这些具有特殊功能的符号标记语言也是一种信源编码,它由浏览器软件(如 IE)进行解码。对模拟信号进行模数转换后,可以利用 PCM(脉冲编码调制)技术进行编码,利用音频软件进行解码(如

mp3 播放软件)。对音频和视频信号,可以利用 MPEG 等压缩标准进行信源压缩编码,可以利用音频视频播放软件(如暴风影音)进行解码。

6.3.2 字符信息的编码

目前最通用的字符编码是 ASCII(美国信息互换标准代码),它主要用于计算机信息编码。ASCII 共定义了 128 个英文字符,其中 33 个字符为控制字符,它们都是不可显示的字符;另外 95 个字符为可显示字符,可显示字符包含 26 个英文大写字母、26 个英文小写字母、10 个阿拉伯数字,常见的英文标点符号,键盘空格键所产生的空白字符等(注意英文字母的大写字母和小写字母的 ASCII 编码是不一样的)。汉字在计算机内的存储使用的是机内码标准,每一个汉字占 2 字节。

【例 6-1】 利用 ASCII 标准对字符"boy"进行编码。

查 ASCII 表可知,"boy"的 ASCII 为:

| 01100010 | 01101111 | 01111001 |

【例 6-2】 利用 ASCII 标准对字符"GIRL"进行编码。

查 ASCII 表可知,"GIRL"的 ASCII 为:

| 01000111 | 01001001 | 01010010 | 01001100 |

【例 6-3】 利用 ASCII 码标准对字符"9-6"进行编码。

查 ASCII 码表可知,字符"9-6"的 ASCII 码为:

| 00111001 | 00101101 | 00110110 |

6.3.3 多媒体文件的存储格式

声音和图像等多媒体信息以文件(多媒体文件)的形式存放在多媒体系统中,而多媒体系统存储声音和图像,推荐使用的是 IBM/Microsoft 的资源交换文件格式 RIFF。这是一种带标记的文件结构,其本身并不是实际的文件格式,而是一种文件结构的标准。大部分多媒体文件的存储格式是按照特定的算法,对文字、音频或视频信息进行压缩或解压缩形成的一种文件,如表 6-2 所列。

多媒体文件包含文件头和数据两大部分,文件头记录了文件的名称、大小、采用的压缩算法、多媒体文件的类型、文件的存储格式的信息码,它只占文件的一小部分。不同的文件格式,其文件头包含的信息也不完全一致,如 WAV 文件包含了波形编码方式、声道数目、采样频率和播放速率等信息。数据是多媒体文件的主要组成部分,它往往有特定的存储格式。不同的文件格式,必须使用不同的编辑或播放软件,这些软件按照特定的算法还原某种或多种特定格式的文字、音频或视频文件。

表6-2 多媒体文件存储格式

文件头	多媒体数据	文件尾
软件ID 软件版本号 图像分辨率 图像尺寸 色彩深度 色彩类型 编码方式 压缩算法	图像数据 色彩变换表	用户名称 注释 开发日期 工作时间

6.3.4 流媒体文件

多媒体文件可分为静态多媒体文件和流式多媒体文件(简称为流媒体),静态多媒体文件无法提供网络在线播放功能。例如,要观看某个影视节目,必须将这个节目的视频文件下载到本机,然后进行观看。简单地说,就是先下载,后观看。这种方式的缺点是占用了有限的网络带宽,无法实现网络资源的优化利用。

流媒体是指以流的方式在网络中传输音频、视频和多媒体文件的形式。流媒体文件格式是支持采用流式传输及播放的媒体格式。流式传输方式是将视频和音频等多媒体文件经过特殊的压缩方式分成一个个压缩包,由服务器向用户计算机连续、实时传送。在采用流式传输方式的系统中,用户不必像非流式播放那样等到整个文件全部下载完毕后才能看到当中的内容,而是只需要经过几秒钟或几十秒的启动延时即可在用户计算机上利用相应的播放器对压缩的视频或音频等流式媒体文件进行播放,剩余的部分将继续进行下载,直至播放完毕。流媒体视频在播放时并不需要下载整个文件,只需要将文件的部分内容下载到本地计算机,流媒体数据可以随时传送、随时播放,实现流媒体的关键技术是数据的流式传输。

6.3.5 多媒体信息的数据量

数字化的图形、图像、视频、音频等多媒体信息数据量很大,下面分别以文本、图形、图像、声音和视频等数字化信息为例,计算它们的理论数据存储容量。

(1) 文本的数据量。设屏幕的分辨率为1024×768,屏幕显示字符大小为16×16点阵像素,每个字符用2字节存储,则满屏幕字符的存储空间为:

[1024(水平分辨率)/16(点)×768(垂直分辨率)/16(点)]×2(bit)=6 KB

(2) 点阵图像的数据量。如果用扫描仪获取一张11英寸×8.5英寸(相当于A4纸张大小)的彩色照片输入计算机,扫描仪分辨率设为300 dpi(300 点/英寸),扫描色彩为24位RGB彩色图,经扫描仪数字化后,未经压缩的图像存储空间为:

第 6 章 多媒体技术基础知识

11(英寸)×300(dpi)×8.5(英寸)×300(dpi)×[24(位)/8(bit)]=24 MB

(3) 数字化高质量音频的数据量。人们能够听到的最高声音频率为 22 kHz，制作 CD 音乐时，为了达到这个指标，采样频率为 44.1 kHz，量化精度为 32 位。存储一首 1 分钟未经压缩的立体声数字化音乐需要的存储空间为：

[44100(Hz)×32(bit)×2(声道)×60 s]/8(bit)=20.2MB/min

(4) 数字化视频的数据量。如果 NTSC 制式的视频图像分辨率为 640×480，每秒显示 30 幅视频画面(帧频为 30f/s)，色彩采样精度为 24 位，因而存储 1 min 未经压缩的的数字化 NTSC 制式视频图像，需要的存储空间为：

[640×480×24(位)×30(帧)×60 s]/8(bit)=1.5GB/min

由以上分析可知，除文本信息的数据量较小外，其他多媒体信息的数据量都非常之大。因此，多媒体信息的数据编码和压缩技术非常重要。一本书所容纳的信息量只相当于 5 s 的音频信息；而如果拿它来与视频信息相比，那么这只相当于 1 帧图像，即 1/25 s 的信息量。像音频和视频这样庞大的信息量，不进行压缩就难以用现有的计算机和通信手段进行处理和传送。因此已经开发了许多对声音、图像和视频信息进行压缩的编码技术，并且制定了相应的标准(如 JPEG 和 MPEG 等)，从而为多媒体技术的广泛应用铺平了道路。另一方面，随着描述各媒体信息间关系的编码标准的制定，将使集成有各种媒体信息的多媒体系统变得更加灵活、生动和有效。

6.3.6 常见的多媒体数据压缩和编码技术标准

目前，被国际社会广泛认可和应用的通用压缩编码标准大致有如下 4 种：H.261、JPEG、MPEG 和 DVI。

H.261：由 CCITT(国际电报电话咨询委员会)通过的用于视频服务的视频编码解码器(也称 P×64 标准)。H.261 是 1990 年 ITU-T 制定的一个视频编码标准，属于视频编解码器。其设计的目的是能够在带宽为 64kbit/s 的倍数的综合业务数字网上传输质量可接受的视频信号。H.261 使用了混合编码框架，包括了基于运动补偿的帧间预测，基于离散余弦变换的空域变换编码、量化、zig-zag 扫描和熵编码。

JPEG：全称是 Joint Photogragh Coding Experts Group(联合照片专家组)，是一种基于 DCT 的静止图像压缩和解压缩算法，由 ISO(国际标准化组织)和 CCITT(国际电报电话咨询委员会)共同制定，并在 1992 年后被广泛采纳后成为国际标准。它是把冗长的图像信号和其他类型的静止图像去掉，甚至可以减小到原图像的百分之一(压缩比 100∶1)。但是在这个级别上，图像的质量并不好；压缩比为 20∶1 时，能看到图像稍微有点变化；当压缩比大于 20∶1 时，一般来说图像质量开始变坏。

MPEG：是 Moving Pictures Experts Group(动态图像专家组)的英文缩写，实际上是指一组由 ITU 和 ISO 制定发布的视频、音频、数据的压缩标准。它采用的是一种减少图像冗余信息的压缩算法，提供的压缩比可以高达 200∶1，同时图像和音响的质量也非常高。现在通常有三个版本，MPEG-1、MPEG-2、MPEG-4，以适用于不同带宽和数字影像质量的要求。它的三个最显著优点就是兼容性好、压缩比高(最高可达200∶1)、数据失真小。

DVI:其视频图像的压缩算法的性能与MPEG-1相当,即图像质量可达到VHS的水平,压缩后的图像数据率约为1.5Mb/s。为了扩大DVI技术的应用,Intel公司推出了DVI算法的软件解码算法,称为Indeo技术,它能将为压缩的数字视频文件压缩为1/10~1/5。

6.4 音频处理技术

6.4.1 声音的基本特性

1. 声音的物理特性

声音是振动产生的,例如敲一个茶杯,它振动发出声音;拨动吉他的琴弦,吉他就发出声音。但是仅仅振动还产生不了声音,例如把一个闹钟放在一个密封的玻璃罐子里,抽掉罐子里的空气,无论闹钟怎么振动,也没有声音。因为声音要靠介质来传递,例如空气。所以声音是一种波,通常我们叫它声波。声波传进人的耳朵,使人的耳中的鼓膜振动,触动人们的听觉神经,人们才感觉到了声音。

声音不仅可在空气中传递,也可在水、土、金属等物体内传递。声音在空气中的传播速度为340 m/s。

2. 声音的三要素

声音分为乐音和噪音。乐音振动比较有规则,有固定高音;而噪音的振动则毫无规则,无法形成音高。音乐中并不是只有乐音,噪音也是很常用的。决定声音不同有三个因素:音高,音量和音色。

(1) 音高。音高是指各种不同高低的声音,即声音的高度,是声音的基本特征的一种,是人耳对声音调子高低的主观感觉。音的高低是由振动频率决定的,两者成正比关系;频率振动次数多则音"高",反之则"低"。汉语里音高变化的不同引起声调不同,有区别词义的作用,如"妈"(音高不变)、"麻"(音高上升)、"马"(音高先下降后上升)、"骂"(音高下降)。普通话中的音高变化不同,形成了普通话的四个声调。值得注意的是,音高的不同不会引起声调的变化,音高变化的不同才会引起声调的变化。音高主要取决于频率的高低与响度的大小,频率低的调子给人以低沉、厚实、粗犷的感觉;频率高的调子给人以亮丽、明亮、尖刻的感觉。

为什么钢琴上的每个琴键声音都不一样呢?打开钢琴盖可以看到钢琴的弦是由粗到细排列,由于琴弦粗细不同,琴弦的振动频率也不一样,粗的琴弦不如细的琴弦振动得快。不同音高的产生是由于振动频率不同,振动频率越高,音高就越高。

(2) 音量。音量又称响度、音强,是指人耳对所听到的声音大小强弱的主观感受,其客观评价尺度是声音的振幅大小。这种感受源自物体振动时所产生的压力,即声压。物体振动通过不同的介质,将其振动能量传导开去。人们为了对声音的感受量化成可以监测的指标,就把声压分成"级"——声压级,以便能客观的表示声音的强弱,其单位称为"分贝"(dB)。音量就是声音的强弱,音量由声波的振幅决定。例如,轻轻拨动吉他的琴弦,琴弦的振动幅度很小,发出的声音也很小;如果再用力拨动琴弦,琴弦的振动幅度就会很大,发出的声音也就越大。在振动中,振动的物理量偏离中心的最大值成为振幅。

音量还与音高有关,而且影响之大是我们想象不到的。声学博士韩宝强在其新著《音的历程》一书中指出:"频率20赫兹、响度为80分贝的声音(纯音)与频率为1000赫兹、响度为10分贝的声音听起来一样响",也就是说要想使20Hz的声音和1000Hz的声音听起来有一样的响度,需将20Hz声音的声压加大七倍。甚至若某个纯音,如10Hz,其声压大到可能造成灾害的程度,但我们却听不到,而声音的频率在1000~6000Hz时,人类听觉感知的声压的变化就比较敏感。

(3) 音色。音色又名音品,是指声音的感觉特性。音色的不同取决于不同的泛音,每一种乐器、不同的人以及所有能发声的物体发出的声音,除了一个基音外,还有许多不同频率(振动的速度)的泛音伴随。正是这些泛音决定了其不同的音色,使人能辨别出是不同的乐器甚至不同的人发出的声音。每一个人即使说相同的话也有不同的音色,因此可以根据其音色辨别出是不同的人。音调的高低决定于发声体振动的频率,响度的大小决定于发声体振动的振幅,但不同的发声体由于材料、结构不同,发出声音的音色也就不同,这样我们就可以通过音色的不同去分辨不同的发声体。音色是声音的特色,根据不同的音色,即使是在同一音高和同一声音强度的情况下,也能区分出是不同乐器或人发出的,同样的音量和音调上不同的音色就好比同样色度和亮度配上不同的色相的感觉一样。

3. 声音的数字化过程

自然声音是连续变化的模拟量。例如对着话筒讲话时,话筒根据它周围空气压力的不同而变化,输出连续变化的电压值。这种变化的电压值是对讲话声音的模拟,称为模拟音频(图9-3a)。模拟音频电压值输入到录音机时,电信号转变成磁信号记录在录音磁带上,因而记录声音。但这种方式记录的声音不利于计算机存储和处理,要使计算机能存储和处理声音信号,就必须将模拟音频数字化。音频信号地数字化过程如图6-9所示。

(1) 采样。把模拟音频转成数字音频的过程,就称作采样,所用到的主要设备便是模拟/数字转换器(Analog to Digital Converter,ADC,与之对应的是数/模转换器,即DAC)。我们首先要知道:计算机中的声音文件是用数字0和1来表示。所以在计算机上录音的本质就是把模拟声音信号转换成数字信号,反之,在播放时则是把数字信号还原成模拟声音信号输出。采样的过程实际上是将通常的模拟音频信号的电信号转换成二进制码的0和1,这些0和1便构成了数字音频文件。采样的频率

第 6 章 多媒体技术基础知识

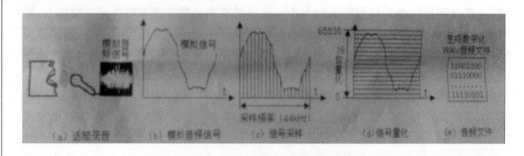

图 6-9 间频信号数字化过程

越大则音质越有保证。由于采样频率一定要高于录制的最高频率的两倍才不会产生失真,而人类的听力范围是 20Hz~20kHz,所以采样频率至少得是 20k×2=40kHz,才能保证不产生低频失真,这也是 CD 音质采用 44.1kHz(稍高于 40kHz 是为了留有余地)的原因。

在当今的主流音频采集卡上,采样频率一般共分为 22.05kHz、44.1kHz、48kHz 三个等级,22.05 kHz 只能达到 FM 广播的声音品质,44.1kHz 则是理论上的 CD 音质界限,48kHz 则更加精确一些。对于高于 48kHz 的采样频率人耳已无法辨别出来了,所以在电脑上没有多少使用价值。

(2) 量化。另一个影响音频数字化的因素是对采样信号进行量化的位数。例如声卡采样位数为 8 位,就有 $2^8=256$ 种采样等级;如果采样位数为 16 位,就有 $2^{16}=65536$ 种采样等级;如果采样位数为 32 位,就有 $2^{32}=3294967296$ 种采样等级。目前大部分声卡为 24 位或 32 为采样量化。量化位是对模拟音频信号的幅度轴进行数字化,它决定了模拟信号数字化以后的动态范围。由于计算机按字节运算,一般的量化位数为 8 位、16 位、24 位和 32 位。量化位数越高,信号的动态范围越大,数字化后的音频信号就越可能接近原始信号,但所需要的存贮空间也越大。

(3) 文件。对模拟音频采样量化完成后,计算机得到了一大批原始音频数据,将这些数据加上特定音频文件格式的头部后,就得到了一个数字音频文件。这项工作由计算机中的声卡和音频处理软件(如 Adobe Audition)共同完成。

4. 声音信号的输入和输出

数字音频信号可以通过光盘、电子琴 MIDI 接口等设备输入计算机。模拟音频信号一般通过话筒和音频输入接口(Line in)输入到计算机,然后由计算机声卡转换成数字音频信号,这一过程称为模/数转换(A/D)。当需要将数字音频文件播放出来时,可以利用音频播放软件将数字音频文件解压缩,然后通过计算机上的声卡或音频处理芯片,将离散的数字量再转换成为连续的模拟量信号(如电压),这一过程称为数/模转换(D/A)。

6.4.2 音频文件格式

音频文件通常分为两类:声音文件和 MIDI 文件,声音文件指的是通过声音录入设备录制的原始声音,直接记录了真实声音的二进制采样数据,通常文件较大;而MIDI文件则是一种音乐演奏指令序列,相当于乐谱,可以利用声音输出设备或与计算机相连的电子乐器进行演奏,由于不包含声音数据,其文件尺寸较小。目前较流行的音频文件有 WAV、MP3、WMA、RM、MID 等。

1. 声音文件

数字音频同 CD 音乐一样,是将真实的数字信号保存起来,播放时通过声卡将信号恢复成悦耳的声音。

(1) Wave 文件(.WAV)。Wave 格式文件是 Microsoft 公司开发的一种声音文件格式,用于保存 Windows 平台的音频信息资源,被 Windows 平台及其应用程序所广泛支持。是 PC 上最为流行的声音文件格式,但其文件尺寸较大,多用于存储简短的声音片段。

(2) MPEG 音频文件(.MP1、.MP2、.MP3)。MPEG 是 Moving Pictures Experts Group 的缩写。这里的 MPEG 音频文件格式是指 MPEG 标准中的音频部分。MPEG 音频文件的压缩是一种有损压缩,根据压缩质量和编码复杂程度的不同可分为三层(MPEG Audio Layer 1/2/3),分别对应 MP1、MP2、MP3 这三种声音文件。MPEG 音频编码具有很高的压缩率,MP1 和 MP2 的压缩率分别为 4∶1 和 6∶1~8∶1,标准的 MP3 的压缩压缩比是 10∶1。一个三分钟长的音乐文件压缩成 MP3 后大约是 4MB,同时其音质基本保持不失真。目前在网络上使用最多的是 MP3 文件格式。

(3) RealAudio 文件(.RA、.RM、RAM)。RealAudio 是 Real Networks 公司开发的一种新型流行音频文件格式,主要用于在低速率的广域网上实时传输音频信息,网络连接速率不同,客户端所获得的声音质量也不尽相同。对于 14.4 kbit/s 的网络连接,可获得调频(AM)质量的音质;对于 28.8 kbit/s 的网络连接,可以达到广播级的声音质量;如果拥有 ISDN 或更快的线路连接,则可获得 CD 音质的声音。

(4) WMA。WMA(Windows Media Audio)是继 MP3 后最受欢迎的音乐格式,在压缩比和音质方面都超过了 MP3,能在较低的采样频率下产生好的音质。WMA 有微软的 Windows Media Player 做强大的后盾,目前网上的许多音乐纷纷转向 WMA。

2. MIDI 文件(.MID)

MIDI 是乐器数字接口(Musical Instrument Digital Interface)的缩写,是数字音乐/电子合成乐器的统一国际标准,它定义了计算机音乐程序、合成器及其他电子设备交换音乐信号的方式,还规定了不同厂家的电子乐器与计算机连接的电缆、硬件及设备间数据传输的协议,可用于为不同乐器创建数字声音,可以模拟大提琴、小提琴、钢琴等常见乐器。在 MIDI 文件中,只包含产生某种声音的指令,计算机将这些指令发送给声卡,声卡按照指令将声音合成出来,相对于声音文件,MIDI 文件显得更加紧凑,其文件尺寸也小得多。

6.5　图像处理技术

6.5.1　图像的基础知识

1. 图像的色彩模式

色彩模式是数字世界中表示颜色的一种算法。在数字世界中,为了表示各种颜色,人们通常将颜色划分为若干分量。由于成色原理的不同,决定了显示器、投影仪、扫描仪这类靠色光直接合成颜色的颜色设备和打印机、印刷机这类靠使用颜料的印刷设备在生成颜色方式上的区别。色彩模式是用来提供一种将颜色翻译成数字数据的方法,从而使颜色能在多种媒体中得到一致的描述。由于任何一种色彩模式都不能将全部颜色表现出来,而仅仅是根据色彩模式的特点表现某一个色域范围内的颜色。因此,不同的色彩模式表现的颜色与颜色种类也是不同的,如果需要表现丰富多彩的图像,应该选用色域范围大的色彩模式,反之应选择色域范围小的颜色模式。图像的色彩模式主要分为 RGB 模式、CMYK 模式、位图模式、灰度模式和 HSB 模式等。

(1) RGB 模式。RGB 模式是图像中最常用的一种色彩模式,不管是扫描输入的图像,还是绘制的图像,几乎都是以 RGB 模式存储的。RGB 模式由红(Red)、绿(Green)和蓝(Blue)三种原色组合而成,然后由这三种原色混合出各种色彩。RGB 图像通过三种颜色或通道,可以在屏幕上重新生成多达 1670 万种颜色,这三个通道转换为每像素 24 位(8×3)的颜色信息。

(2) CMYK 模式。CMYK 模式是一种印刷模式,与 RGB 模式产生色彩的方式不同。RGB 模式产生色彩的方式是加色,而 CMYK 模式产生色彩的方式是减色。CMYK 模式由青色(Cyan)、洋红色(Magenta)、黄色(Yellow)和黑色(Black)四种原色组合而成。

(3) 位图(Bitmap)模式。该模式也称黑白模式,只有黑色和白色两种颜色,它的每个像素都用 1 bit 的位分辨率来记录,因此,在该模式下不能制作出色调丰富的图像,只能制作一些黑白两色的图像。

(4) 灰度模式。灰度模式的图像是灰色图像,它可以表现出丰富的色调、生动的形态和景观。该模式使用多达 256 级灰度。灰度图像中的每个像素都有一个由 0 (黑色)到 255(白色)之间的亮度值。灰度值也可以用黑色油墨覆盖的百分比来度量(0%等于白色,100%等于黑色)。利用 256 种色调可以使黑白图像表现得很完美。

(5) HSB 模式。HSB 颜色模式在色彩汲取窗口中出现。在 HSB 模式中,H 表示色相,S 表示饱和度,B 表示亮度。色相是组成可见光谱的单色,红色在 0°,绿色在 120°,蓝色在 240°;饱和度表示色彩的纯度,值为 0 时为灰色,白、黑和其他灰色色彩都没有饱和度,在最大饱和度时,每一色相具有最纯的色光;亮度是色彩的明亮度,值为 0 时即为黑色,最大亮度是色彩最鲜明的状态。

2. 图像的颜色特性

(1) 亮度。亮度就是图像的明暗度,调整亮度就是调整明暗度。亮度的范围是从 0~255,共包括 256 种色调。图像亮度的调整应该适中,亮度过亮会使图像发白,亮度过暗会使图像变黑。

(2) 对比度。对比度是指不同颜色之间的差异。两种颜色之间的差异越大,对比度就越大;差异越小,对比度就越小。图像对比度的调整也应该适中,对比度过强会使图像各颜色的反差加强,影响图像细部的表现;对比度过弱会使图像变暗,丢失亮度。

(3) 色相。色相(又称为色调)是指色彩的颜色,调整色相就是在多种颜色之间选择某种颜色。在通常情况下,色相是由颜色名称标识的,如红、橙、黄、绿、青、蓝、紫就是具体的色相。

(4) 饱和度。饱和度是指颜色的强度或纯度,调整饱和度就是调整图像色彩的深浅或鲜艳程度。饱和度通常指彩色中白光含量的多少,对同一色调的彩色光,饱和度越深颜色越纯。比如当红色加进白光后,由于饱和度降低,红色被冲淡成粉红色。将一个彩色图像的饱和度调整为 0 时,图像就会变成灰色,增加图像的饱和度会使图像的颜色加深。

3. 图像的关键技术参数

(1) 分辨率。分辨率是数字化图像的重要技术指标,图像分辨率越大,图片文件的尺寸越大,也能表现更丰富的图像细节;如果图像分辨率较低,图片就会显得相当粗糙,图像分辨率有以下几个方面的含义。

① 图像分辨率。数字化图像水平与垂直方向像素的总和。例如,800 万像素的数码相机,图像最高分辨率为 3264×2448 等。一般来说,数码相机的像数越高,则拍出的图像越清晰,质量越好;反之则图像越粗糙,质量越差。

② 屏幕分辨率。指计算机显示器屏幕显示图像的最大显示区,以水平和垂直像素点表示。在像素分辨率不同的机器中传输图像时会产生畸变,因此分辨率影响图像质量。一般用显示器的屏幕分辨率用水平像素×垂直像素表示,如 1024×768 等。

③ 印刷分辨率。图像在打印时,每英寸时像素的个数,一般用 dpi(像素/英寸)表示。例如,普通书籍的印刷分辨率为 300dpi,精致画册印刷分辨率为 1200dpi。

(2) 图像灰度。图像灰度是指每个图像的最大颜色数,屏幕上每个像素都用 1 位或多位描述其颜色信息。如单色图像的灰度为 1 位二进制码,表示亮与暗;每个像素 4 位,则表示支持 16 色;8 位支持 256 色;若灰度为 24 位,则颜色数目达 1677 万多种,通常称为真彩色。

(3) 图像文件大小。用 byte(字节)为单位表示图像文件的大小时,描述方法为:

（高×宽×灰度位数）/8，其中高是指垂直方向的像素值，宽是指水平方向的像素值。例如，一幅 640×480 的 256 色的图像的大小为 640×480×8/8＝307200(B)。图像文件大小影响到图像从硬盘或光盘读入内存的传送时间。为了减少该时间，应缩小图像尺寸或采用图像压缩技术。在多媒体设计中，一定要考虑图像文件的大小，特别是在互联网上使用的图片。

6.5.2 图像的类型

1. 矢量图形

　　矢量图形（Graphic）采用特征点和计算公式对图形进行表示和存储。矢量图形保存的是每一个图形元件的描述信息，例如一个图形元件的起始、终止坐标、半径、弧度等。在显示或打印矢量图形时，要经过一系列的数学运算才能输出图形。矢量图形在理论上可以无限放大，图形轮廓仍然能保持圆滑，如图 6-10 所示。

　　矢量图形用一组指令来描述图形的内容，描述包括图形的形状（如直线，圆，圆弧，矩形，任意曲线等），位置（如 x,y,z 坐标），大小，色彩等属性。例如：Line(x_1,y_1, x_2,y_2)，表示点 1(x_1,y_1) 到点 2(x_2,y_2) 的一条直线。Circle(x,y,r) 表示圆心位置为 (x,y)，半径为 r 的一个圆；也可以用 $y=\sin x$ 来描述一个正弦波的图形等。由于矢量图形只保存算法和特征点参数，因此占用的存储空间较小，可以很容易地进行放大、旋转和缩小，并且不会失真，精确度高（与分辨率无关）并可制作 3D 图像，打印输出和放大时图形质量较高。但是，矢量图形也存在一些缺点，一是显示图形计算时间较多，不易制作色调丰富或色彩变化太多的图像。二是无法使用简单廉价的设备，将图形输入到计算机中并且矢量化。矢量图形基本上需要人工设计制作，这对于设计一个三维的矢量图形，工作量特别大。三是矢量图形目前没有统一的标准和格式，大部分矢量图形格式存在不开放和知识产权问题，这造成了矢量图形在不同软件中进行交换的困难，也给多媒体应用带来了极大的不便。

　　矢量图形主要用于表示线框型图片、工程制图、二维动画设计、三维物体造型、美术字体设计等。大多数计算机绘图软件、计算机辅助设计软件（CAD）、三维造型软件等，都采用矢量图形作为基本图形存储格式。矢量图形可以很好的转换为点阵图像，点阵图像转换为矢量图形时效果很差。

　　制作矢量式图形的软件有 FreeHand、Illustrator、CorelDraw、AutoCAD、Flash 等。

2. 位图图像（点阵式图像）

　　位图图像（点阵式图像）是由许多点组成的，这些点称为像素（pixel），如图 6-11 所示。即由许多不同位置和颜色的像素组成的图像。当许许多多不同颜色的点（即像素）组合在一起便构成了一幅完整的图像。位图的清晰度与像素点的多少有关，单位面积内像素点数目越多则图像越清晰，否则越模糊。点阵式图像保存着像素的位置与色彩数据,图像的像素越多,分辨率越高,文件越大,图像的处理速度也就越慢。位图图像的优点是能出色地表现颜色、明暗的精细变化。色彩与色调丰富,图像逼真。缺点是图像质量与原始的分辨率有关。缩放及旋转时会失真,同时无法制作3D图像,另外,它的文件较大,对内存与硬盘要求也较高。

制作点阵式图像的软件有 Adobe Photoshop、Corel Photopaint、Design Painter 等软件。

图 6-10　矢量图　　　　　　　　　图 6-11　位图

6.5.3　图像的数字化

1. 图像的数字化

数字图像(Image)可以由数码照相机、数码摄像机、扫描仪、手写笔等多媒体设备获取,这些多媒体设备按照计算机能够接受的格式,对自然图像进行数字化处理,然后通过多媒体设备与计算机之间的接口输入到计算机,并且以文本的形式存储在计算机中。多媒体设备或计算机对一幅自然图像进行数字化时,首先必须把连续的自然图像进行离散化处理,离散化的结果就产生了数字图像。当然,数字化图像也可以直接在计算机中进行自动生成或人工设计,或由网络、U盘等设备输入。当计算机将数字化图像输出到显示器、打印机、电视机等模拟信号设备时,必须将离散的数字图像合成为一副多媒体设备能够接受的自然图像。

2. 图形的编码

图形由像素由点阵构成,也称位图。点阵图采用点阵表示和存储。黑白图形只有黑、白两个灰度等级,如果每一个像素用一位二进码(0或1)表示,就可以对黑白图形的信源进行编码了。图形的信源编码与分辨率有关,分辨率愈高,图形细节愈清晰,但是图形的存储容量也就越大。黑白图形的编码方法如图 6-12 所示。

如果图形为灰度图,图形中每个像素点的亮度值用 8 位二进制数表示,亮度表示范围有:$2^8=256$ 个灰度等级(0~256)。如果是彩色图像,则 R(红)、G(绿)、B(蓝)

三基色每种基色用 8 位二进制数表示,如果色彩深度为 24 位,它可以表达:$2^{24}=$ 1670 万种色彩。

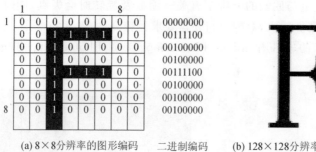

(a) 8×8分辨率的图形编码　　二进制编码　　(b) 128×128分辨率的图形编码

图 6-12　简单黑白图形的信源编码

例如对一个分辨率 1024×768,色彩深度为 24 位的图片进行编码。编码时需要对图片中的每一个像素点进行色彩取值,假如其中某一个像素点的色彩值为:R=202,G=156,B=89,如果不对图片进行压缩,则将以上色彩值进行二进制编码就可以了,即 R(11001010),G(10011100)和 B(01011001),共 24 位。形成图片文件时,还必须根据图片文件的格式,加上文件头部。

位图表达的图像逼真,但是文件较大,处理高质量彩色图像时对硬件平台要求比较高。位图缺乏灵活性,因为像素之间没有内在的联系而且它的分辨率是固定的。将图像缩小后,如果再将他恢复到原始尺寸大小时,图像就会变得模糊不清。

6.5.4　图像和图形文件格式

图像的文件格式是计算机中存储图像文件的方法,它包括图像的各种参数信息。不同的文件格式所包含的诸如分辨率、容量、压缩程度、颜色空间深度等都有很大不同,所以在存储图形及图像文件时,选择何种格式是十分重要的。

1. BMP 格式

BMP 是英文 Bitmap(位图)的简写,它是 Windows 操作系统中的标准图像文件格式,能够被多种 Windows 应用程序所支持。随着 Windows 操作系统的流行与丰富的 Windows 应用程序的开发,BMP 位图格式理所当然地被广泛应用。这种格式的特点是包含的图像信息较丰富,几乎不进行压缩,但由此导致了它与生俱生来的缺点:占用磁盘空间过大。所以,目前 BMP 在单机上比较流行。

2. GIF 格式

GIF 是图形交换格式的意思。GIF 格式的特点是压缩比高,磁盘空间占用较少,所以这种图像格式迅速得到了广泛的应用。最初的 GIF 只是简单地用来存储单幅静止图像(称为 GIF87a),后来随着技术发展,可以同时存储若干幅静止图象进而形成连续的动画,使之成为当时支持 2D 动画为数不多的格式之一(称为 GIF89a)。目前 Internet 上大量采用的彩色动画文件多为这种格式的文件，也称为 GIF89a 格式文件。

但 GIF 有个小小的缺点，即不能存储超过 256 色的图像。尽管如此，这种格式仍在网络上大行其道应用，这和 GIF 图像文件短小、下载速度快、可用许多具有同样大小的图像文件组成动画等优势是分不开的。

3. JPEG 格式

JPEG 也是常见的一种图像格式，它由联合照片专家组开发并以命名为"ISO10918-1"，JPEG 仅仅是一种俗称而已。JPEG 文件的扩展名为.jpg 或.jpeg，其压缩技术十分先进，它用有损压缩方式去除冗余的图像和彩色数据，获取得极高的压缩率的同时能展现十分丰富生动的图像，换句话说，就是可以用最少的磁盘空间得到较好的图像质量。

同时 JPEG 还是一种很灵活的格式，具有调节图像质量的功能，允许你用不同的压缩比例对这种文件压缩，比如我们最高可以把 1.37MB 的 BMP 位图文件压缩至 20.3KB。当然我们完全可以在图像质量和文件尺寸之间找到平衡点。

由于 JPEG 优异的品质和杰出的表现，它的应用也非常广泛，特别是在网络和光盘读物上，肯定都能找到它的影子。目前各类浏览器均支持 JPEG 这种图像格式，因为 JPEG 格式的文件尺寸较小，下载速度快，使得 Web 页有可能以较短的下载时间提供大量美观的图像，JPEG 同时也就顺理成章地成为网络上最受欢迎的图像格式。

4. JPEG2000 格式

JPEG2000 同样是由 JPEG 组织负责制定的，它有一个正式名称叫做"ISO15444"，与 JPEG 相比，它具备更高压缩率以及更多新功能的新一代静态影像压缩技术。

JPEG2000 作为 JPEG 的升级版，其压缩率比 JPEG 高约 30% 左右。与 JPEG 不同的是，JPEG2000 同时支持有损和无损压缩，而 JPEG 只能支持有损压缩。无损压缩对保存一些重要图片是十分有用的。JPEG2000 的一个极其重要的特征在于它能实现渐进传输，这一点与 GIF 的"渐显"有异曲同工之妙，即先传输图像的轮廓，然后逐步传输数据，不断提高图像质量，让图象由朦胧到清晰显示，而不必是像现在的 JPEG 一样，由上到下慢慢显示。

5. TIFF 格式

TIFF(Tag Image File format)是 Mac 中广泛使用的图像格式，它由 Aldus 和微软联合开发，最初是出于跨平台存储扫描图像的需要而设计的。它的特点是图像格式复杂、存储信息多。正因为它存储的图像细微层次的信息非常多，图像的质量也得以提高，故而非常有利于原稿的复制。

该格式有压缩和非压缩二种形式，其中压缩可采用 LZW 无损压缩方案存储。目前在 Mac 和 PC 上移植 TIFF 文件也十分便捷，因而 TIFF 现在也是微机上使用最广泛的图像文件格式之一。

6. PSD 格式

这是著名的 Adobe 公司的图像处理软件 Photoshop 的专用格式 PhotoshopDocument(PSD)。PSD 其实是 Photoshop 进行平面设计的一张"草稿图",它里面包含有各种图层、通道、遮罩等多种设计的样稿,以便于下次打开文件时可以修改上一次的设计。在 Photoshop 所支持的各种图像格式中,PSD 的存取速度比其它格式快很多,功能也很强大。由于 Photoshop 越来越被广泛地应用,所以我们有理由相信,这种格式也会逐步流行起来。

7. PNG 格式

PNG 是一种新兴的网络图像格式,它一开始便结合 GIF 及 JPG 两家之长,打算一举取代这两种格式。1996 年 10 月 1 日由 PNG 向国际网络联盟提出并得到推荐认可标准,并且大部分绘图软件和浏览器开始支持 PNG 图像浏览。

PNG 是目前保证最不失真的格式,它汲取了 GIF 和 JPG 二者的优点,存储形式丰富,兼有 GIF 和 JPG 的色彩模式;它的另一个特点能把图像文件压缩到极限以利于网络传输,但又能保留所有与图像品质有关的信息,因为 PNG 是采用无损压缩方式来减少文件的大小,这一点与牺牲图像品质以换取高压缩率的 JPG 有所不同;它的第三个特点是显示速度很快,只需下载 1/64 的图像信息就可以显示出低分辨率的预览图像。

PNG 的缺点是不支持动画应用效果,如果在这方面能有所加强,简直就可以完全替代 GIF 和 JPEG 了。Macromedia 公司的 Fireworks 软件的默认格式就是 PNG。现在,越来越多的软件开始支持这一格式,而且在网络上也越来越流行。

8. SVG 格式

SVG 可以算是目前最火热的图像文件格式了,意思为可缩放的矢量图形。它是基于 XML,由 W3C 联盟进行开发的。严格来说应该是一种开放标准的矢量图形语言,可让你设计激动人心的、高分辨率的 Web 图形页面。用户可以直接用代码来描绘图像,可以用任何文字处理工具打开 SVG 图像,通过改变部分代码来使图像具有互交功能,并可以随时插入到 HTML 中通过浏览器来观看。

它提供了目前网络流行格式 GIF 和 JPEG 无法具备了优势:可以任意放大图形显示,但绝不会以牺牲图像质量为代价。平均来讲,SVG 文件比 JPEG 和 GIF 格式的文件要小很多,因而下载也很快。可以相信,SVG 的开发将会为 Web 提供新的图像标准。

除了上述比较常用图像格式以外,还有一些其它非主流的图像格式,如 PCX 格式、DXF 格式、WMF 格式、EMF 格式、LIC(FLI/FLC)格式、Flic 格式、EPS 格式和 TGA 格式等,在这里就不再一一介绍了。

6.6 动画制作技术

6.6.1 动画的类型

动画(Animation)是多幅按一定频率连续播放的静态图像。医学研究表明：人眼具有"视觉滞留效应"，即观察物体后，物体的影像将在人眼视网膜上保留一段短暂的时间(约为 1/24 s)。利用这一现象，让一系列逐渐变化的画面以足够的速率连续出现，人眼就可以感觉到画面上的物体在连续运动。

动画正是利用了人类眼睛的"视觉滞留效应"，动画由很多内容连续但各不相同的画面组成。由于每幅画面中的物体位置和形态不同，如果每秒更替 24 个画面或更多的画面，那么，前一个画面在人脑中消失之前，下一个画面就进入人脑，从而形成连续的影像。这就是动画形成原理。动画有帧动画、矢量动画和变形动画几种类型。

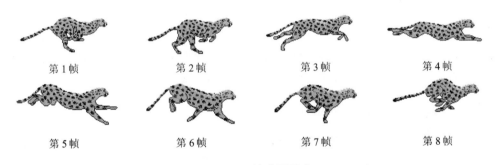

图 6-13　帧动画形式

帧动画是由多帧内容不同而又相互联系的画面，连续播放而形成的视觉效果。如图 6-13 所示，构成这种动画的基本单位是帧。人们在创作帧动画时需要将动画的每一帧描绘下来，然后将所有的帧排列并按相同的时间间隔以很快的速度进行播放，所以帧动画工作量非常大。

矢量动画即是在计算机中使用数学方程来描述屏幕上复杂的曲线，利用图形的抽象运动特征来记录变化的画面信息的动画，它是一种纯粹的计算机动画形式。矢量动画可以对每个运动的物体分别进行设计，对每个对象的属性特征，如大小、开关、颜色等进行设置，然后由这些对象构成完整的帧画面。例如 Flash 创建的 SWF 格式动画即为矢量动画。相比常见的 AVI、RMVB 等等格式采用点阵方式描述画面的方式，矢量动画具有无限放大不失真、占用较少储存空间等等优点，但是同时也造成了它不利于制作复杂逼真的画面效果，我们看到的矢量动画以抽象卡通风格的居多，如图 6-14 所示。

变形是指景物的形体变化，变形动画是使一幅图像在 1-2 秒内逐步变化到另一幅完全不同图像的处理方法。这是一种较复杂的二维图像处理，需要对各像素点的

第6章 多媒体技术基础知识

图 6-14 矢量动画图片

颜色、位置作变换。变形的起始图像和结束图像分别为两幅关键帧,从起始形状变化到结束形状的关键在于自动地生成中间形状,也即自动生成中间帧。在改变过程中,把变形的参考点和颜色有序地重新排列,就形成了变形动画。变形动画的效果有时候是惊人的,适用于场景的转换、特技处理等影视动画制作中。

6.6.2 三维动画基本知识

三维动画是为了表现真实的三维立体效果,物体无论旋转、移动、拉伸、变形等,都能通过计算机动画表现它的空间感。三维动画是一种适量动画形式,它整合了变形动画和帧动画的优点,可以说三维动画才是真正的计算机动画。完成一幅三维动画,最基本的工作流程为:建模、渲染和动画。

(1) 建模。建模是使用计算机创建物体的三维形体框架,使用最广泛和简单的建模方式是多边形建模方式。这种建模方式是利用三角形或四边形的拼接,形成一个立体模型的框架。在创建复杂模型时,有太多的点和面要进行计算,所以处理速度会变得慢。

(2) 渲染。在三维动画中,物体的光照处理、色彩处理和纹理处理过程称为渲染。将不同的材质覆盖在三维模型上,就可以表现物体的真实感。

(3) 动画。动画是三维创作中最难的部分。如果说在建模时需设计素养,渲染时需要美术修养,那么在动画设计时不但需要熟练的技术,还要有导演的能力。

6.6.3 动画文件的文件格式

1. GIF 动画格式

大家都知道,GIF 图像由于采用了无损数据压缩方法中压缩率较高的 LZW 算法，文件尺寸较小，因此被广泛采用。GIF 动画格式可以同时存储若干幅静止图像并进而形成连续的动画。GIF 文件的数据，是一种基于 LZW 算法的连续色调的无损压缩格式。其压缩率一般在 50% 左右，它不属于任何应用程序。目前几乎所有相关软件都支持它，公共领域有大量的软件在使用 GIF 图像文件。GIF 格式的另一个特点是其在一个 GIF 文件中可以存多幅彩色图像，如果把存于一个文件中的多幅图像数据逐幅读出并显示到屏幕上，就可构成一种最简单的动画。目前 Internet 上大量采用的彩色动画文件多为这种格式的 GIF 文件。

2. FLIC FLI/FLC 格式

FLC 是 Autodesk 公司在其出品的 2D/3D 动画制作软件中采用的彩色动画文件格式，FLIC 是 FLC 和 FLI 的统称，其中，FLI 是最初的基于 320×200 像素的动画文件格式，而 FLC 则是 FLI 的扩展格式，采用了更高效的数据压缩技术，其分辨率也不再局限于 320×200 像素。FLIC 文件采用行程编码（RLE）算法和 Delta 算法进行无损数据压缩，首先压缩并保存整个动画序列中的第一幅图像，然后逐帧计算前后两幅相邻图像的差异或改变部分，并对这部分数据进行 RLE 压缩，由于动画序列中前后相邻图像的差别通常不大，因此可以得到相当高的数据压缩率。它被广泛用于动画图形中的动画序列、计算机辅助设计和计算机游戏应用程序。

3. SWF 格式

SWF 是 Micromedia 公司的产品 Flash 的矢量动画格式，它采用曲线方程描述其内容，不是由点阵组成内容，因此这种格式的动画在缩放时不会失真，非常适合描述由几何图形组成的动画，如教学演示等。由于这种格式的动画可以与 HTML 文件充分结合，并能添加 MP3 音乐，因此被广泛地应用于网页上，成为一种"准"流式媒体文件。

4. AVI 格式

AVI 是对视频、音频文件采用的一种有损压缩方式，该方式的压缩率较高，并可将音频和视频混合到一起，因此尽管画面质量不是太好，但其应用范围仍然非常广泛。AVI 文件目前主要应用在多媒体光盘上，用来保存电影、电视等各种影像信息，有时也出现在 Internet 上，供用户下载、欣赏新影片的精彩片段。

5. MOV 格式

MOV 都是 QuickTime 的文件格式。该格式支持 256 位色彩，支持 RLE、JPEG 等领先的集成压缩技术，提供了 150 多种视频效果和 200 多种 MIDI 兼容音响和设备的声音效果，能够通过 Internet 提供实时的数字化信息流、工作流与文件回放。

6.7 视频处理技术

6.7.1 模拟视频标准

视觉是人类感知外部世界的一个最重要途径,有关研究表明,有效信息的55%~60%依赖于面对面的视觉效果。在多媒体技术中,视频已成为多媒体系统的重要组成要素之一,与其相关的多媒体视频处理技术在目前以至将来都是多媒体应用的一个核心技术。

一般说来,视频(Video)是由一幅幅内容连续的图像所组成的,每一幅单独的图像就是视频的一帧。当连续的图像(即视频帧)按照一定的速度快速播放时(25帧/秒或30帧/秒),由于人眼的视觉暂留现象,就会产生连续的动态画面效果,也就是所谓的视频。常见的视频源有电视摄像机、录像机、影碟机、激光视盘LD机、卫星接收机以及可以输出连续图像信号的设备等。国际上流行的视频标准分别为NTSC(美国国家电视标准委员会)制式、PAL(隔行倒相)制式和SECAM制式。

(1) NTSC制式。1952年由美国国家电视标准委员会制定的彩色电视广播标准,美国、加拿大等大部分西半球国家,以及中国的台湾、日本、韩国、菲律宾等均采用这种制式。NTSC彩色电视制式的主要特性是:每秒显示30帧画,每帧水平扫描线为525条;一帧画面分成2场,每场262.5线;电视画面的长宽比4:3,电影为3:2,高清晰度电视为16:9;采用隔行扫描方式,场频(垂直扫描频率)为60Hz,行频(水平扫描频率)为15.75kHz,信号类型为YIQ(亮度、色度分量、色度分量)。

(2) PAL制式。德国在1962年制定的彩色电视广播标准,主要用于西德、英国等一些西欧国家,新加坡、中国、澳大利亚、新西兰等国家。这种制式。PAL制式规定:每秒显示25帧画面,每帧水平扫描线为625条,水平分辨率为240~400个像素点,电视画面的长宽比为4:3,采用隔行扫描方式,场频(垂直扫描频率)为50Hz,行频(水平扫描频率)为15.625kHz,信号类型为YUQ(亮度、色度分量、色度分量)。

(3) SECAM制式。SECAM是法文缩写,意为顺序传送彩色信号与存储恢复彩色信号制。由法国在1956年制定的一种彩色电视制式。使用国家主要集中在法国、东欧和中东一带。

6.7.2 模拟视频信号的数字化

NTSC制式和PAL制式的电视是模拟信号,计算机要处理这些视频图像,必须进行数字化处理。模拟视频的数字化存在以下技术问题:

(1) 电视YUV或YIQ信号方式,而计算机RGB信号;

(2) 电视机是画面是隔行扫描,计算机显示器大多采用逐行扫描;

(3) 电视图像的分辨率与计算机显示器的分辨率不尽相同。

因此,模拟电视信号的数字化工作,主要包括色彩空间转换;光栅扫描的转换以及分辨率的统一等。

模拟视频信号的数字化一般采用以下方法:

(1) 复合数字化。这种方式是先用一个调整的模/数(A/D)转换器对电视信号进行数字化,然后在数字域中分享出亮度和色度信号,以获得 YUV(PAL 制)分量或 YIQ(NTSC 制)分量,最后再将它们转换成计算机能够接受的 RGB 色彩分量。

(2) 分量数字化。先把模拟视频信号中的亮度和色度分离,得到 YUV 或 YIQ 分量,然后用三个模/数转换器对 YUV 或 YIQ 三个分量分别进行数字化,最后再转换成 RGB 色彩分量。将模拟视频信号数字化并转换为计算机图形信号的多媒体接口卡称为视频捕捉卡。

6.8 常用的多媒体软件使用介绍

6.8.1 Photoshop 图像处理

1. Photoshop CS 的简介

Photoshop 是 Adobe 公司开发的一个跨平台的平面图像处理软件,是专业设计人员的首选软件。1990 年 2 月,Adobe 公司推出 Photoshop1.0,2005 年 5 月最新版本为 Photoshop CS2,即 Photoshop 9.0。目前最新的版本是 CS5,CS6 已经在测试中。

Photoshop 是图像处理软件,其优势不是图形创作,而是图像处理。图像处理是对已有的位图图像进行编辑、加工、处理以及运用一些特殊效果;常见的图像处理软件有 Photoshop、Photo Painter、Photo Impact、Paint Shop Pro。图形创作是按照自己的构思创作,常见的图形创作软件有 Illustrator、CorelDraw、Painter。

Photoshop 主要应用于平面设计、网页设计、数码暗房、建筑效果图后期处理以及影像创意等,集图像编辑、设计、合成、网页制作以及高品质图片输出功能为一体,是目前使用最广泛的图像处理软件之一。

2. Photoshop CS 工作界面介绍

Adobe 公司出品的 Photoshop CS 是目前使用最广泛的专业图像处理软件,以前主要用于印刷排版、艺术摄影和美术设计专业人员。随着计算机的普及,越来越多的文档需要对其中的图像进行处理。例如,办公人员需要对报表中的图片进行处理和制作,工程技术人员需要对工程图纸和效果图进行处理,大学生需要对课程论文中的图片进行处理,个人用户需要对数码相片进行处理等。这些市场需求极大地推动了 Photoshop CS 图像处理软件的普及化,使它迅速成为继 Office 软件后的又一大众普及软件。Photoshop CS 的工作界面如图 6-15 所示。

第6章 多媒体技术基础知识

图 6-15 Photoshop CS 的工作界面

Photoshop CS 的工作界面的顶部菜单栏是所有功能的集合，文件、编辑、图像、图层、选择、滤镜、视图、窗口、帮助等命令菜单，从中可以得到几乎所有功能的实现。菜单栏下方默认的是属性设置，可以设置大多数工具箱中工具的属性，工具栏常用工具选区红菊、移动工具、画笔工具、橡皮擦工具、色彩填充工具、图像局部处理工具、文字输入工具、钢笔路径工具、矢量图形工具、选色滴管工具、前景/色背景色选择工具，这些工具功能非常强大。例如文字工具可以调整输入文字字体、大小、颜色、形状等，渐变工具选择渐变类型、渐变方法等，画笔工具可以调整笔尖大小、笔尖形状、流量等。左侧的是工具箱，从中选取工具对画布进行编辑。右侧是图层、通道界面，是 Photoshop CS 中最为精华的功能，也是使用最频繁的一个工具。这里可以控制图层，可以让画布分层绘画，例如画了一个太阳，然后又想画蓝天，这样的话，不必把太阳删除掉，只要在太阳图层之下新建一个图层，就可以任意绘画蓝天而不会遮盖住太阳了。界面的中央，也是最大的区域是编辑区域，白色的是画布，灰色的是幕后。绘画只能在画布上画画，而幕后则不支持绘画，保存图片的时候，只能显示画布区域，幕后也会保存，但不会显示。

3. 图层的操作

图层是 Photosh 最重要的功能之一。如果我们不是直接在一个图层上进行编辑和修改，而是将图像分解成为多个图层，然后分别对每个图层进行处理，最后组成一个整体的效果。图层好比是一张透明的醋酸纸，层与层之间是叠加的。若上层无任何图像，对当前层无影响，若上层有图像，与当前层重叠的部分，会遮住当前层的图像。这样完成之后的成品，在视觉效果上与一个图层编辑是一致的。

图 6-16 Photoshop 图层

  Photoshop CS 允许在一个图像中创建多达 8000 个图层。可以将一个图像利用抠图技术，分解成为多个图像，这样修改一个图层时，就不会对另外的图层造成破坏。如果觉得某个图层的位置不对，可以单独移动这个图层，以达到修改的效果。甚至可以把这个图层丢弃重新再处理，而其余的图层并不会受到影响上。Photoshop CS 中图层的类型有：背景图层、透明图层、不透明图层、效果图层、文字图层、形状图层等。

1) 图层的组成

  每一个图层都是由许多像素组成的，而图层又通过上下叠加的方式来组成整个图像。打个比喻，每一个图层就好似是一个透明的"玻璃"，而图层内容就画在这些"玻璃"上，如果"玻璃"什么都没有，这就是个完全透明的空图层，当各"玻璃"都有图像时，自上而下俯视所有图层，从而形成图像显示效果。举个例子说明：比如我们在纸上画一个人脸，先画脸庞，再画眼睛和鼻子，然后是嘴巴。画完以后发现眼睛的位置歪了一些。那么只能把眼睛擦除掉重新画过，并且还要对脸庞作一些相应的修补。这当然很不方便。在设计的过程中也是这样，很少有一次成型的作品，常常是经历若干次修改以后才得到比较满意的效果。

2) 图层的使用方法

  (1) 新建图层。我们可以在图层菜单选择"新建图层"或者在图层面板下方选择

第6章 多媒体技术基础知识

新建图层/新建图层组。

（2）复制图层。需要制作同样效果的图层，可以选中该图层右击选择"复制图层"选项，需要删除图层就选择"删除图层"选项。双击图层的名称可以重命名图层的名字。

（3）颜色标识。选择"图层属性"选项，可以给当前图层进行颜色标识，有了颜色标识后在图层调板中查找相关图层就会更容易一些。

（4）栅格化图层。一般我们建立的文字图层、形状图层、矢量蒙版和填充图层之类的图层，就不能在它们的图层上再使用绘画工具或滤镜进行处理了。如果需要再这些图层上再继续操作就需要使用到栅格化图层了，它可以将这些图层的内容转换为平面的光栅图像。

删格化图层的办法，一个是可以选中图层点击鼠标右键选择"删格化图层"选项，或者是在"图层"菜单选择"删格化"下各类选项。

（5）合并图层。在设计的时候很多图形都分布在多个图层上，而对这些已经确定的图形不会再修改了，我们就可以将它们合并在一起以便于图像管理。合并后的图层中，所有透明区域的交迭部分都会保持透明。

如果是将全部图层都合并在一起可以选择菜单中的"合并可见图层"和"拼合图层"等选项，如果选择其中几个图层合并，根据图层上内容的不同有的需要先进行删格化之后才能合并。删格化之后菜单中出现"向下合并"选项，我们要合并的这些图层集中在一起这样就可以合并所有图层中的几个图层了。

（6）图层样式。图层样式是一个非常实用的功能，它为我们简化许多操作，利用它可以快速生成阴影、浮雕、发光等效果。这些都是针对单个层而言，如果给某个层加入阴影效果，那么这个层上所有非透明的部分都会投下阴影，甚至你用画笔随便涂了一笔，这一笔的影子也会随之产生。

为一个层增加图层样式，你可以将该层选为当前活动层，然后选择菜单图层/图层样式，然后在子菜单中选择投影等效果。或者你可以在图层命令调板中，单击添加图层样式按钮，在选择各种效果。

6.8.2 Flash 动画制作软件

1. Flash 软件简介

Flash 是美国 Macromedia 公司开发出品的用于矢量图编辑和动画制作的专业软件。它以其全新、方便的操作界面，新增丰富的功能模块，当之无愧地引导 Web 世界中的动画主流。由于 Flash 是完全基于矢量的动画处理技术，可以使用少量的矢量数据来描述复杂的对象，使得存储时仅占用很小的空间，而且矢量的自由缩放特性可以保证 Flash 动画在放大或缩小时能提供稳定的图像质量。由于采用"流式"播放技术，访问者不等到动画完全下载就可以欣赏动画可导入的素材文件格式。

虽然 Flash 是一种矢量动画,但它也能支持并导入其他图像(.bmp、.jpg)、视频(.mov)、动画(.gif、.swf 等)、音频(.wav、.mp3、.au 等)等媒体文件。甚至其他图形图像编辑软件的格式文件如 Photoshop 的.psd 可导出的文件格式。利用 Flash 动画,可以生成 Flash 特有的.swf 格式文件,它也能转换导出其他格式的媒体文件。图像或图像序列格式如.gif、.bmp、.jpg 等文件;视频格式如.avi、.mov 等文件;音频格式如.wav 等文件;以及矢量图形格式如.dxf 等文件,还可以生成可执行的.exe 文件,它不再需要播放器的支持,可以单独运行。Flash 工作界面如图 6-17 所示。

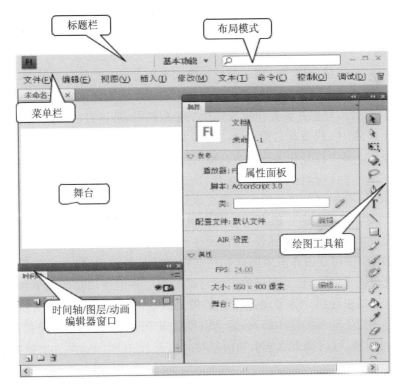

图 6-17　Flash 工作界面

2. Flash CS 的动画制作的基本概念

(1) 舞台:舞台是指绘制和编辑图形的区域,它是用户创作时观看自己作品的场所,也是对动画中的对象进行编辑、修改的唯一场所;那些没有特殊效果的动画可以在这里直接播放。

(2) 场景:场景是动画中的一个片段,整个动画可以由一个场景组成,也可以由多个场景组成。Flash CS 提供了多场景动画的制作功能,多场景的优点是可以反复调用某一个段动画。例如,将人物走路时脚和手的动画做成一个场景,然后在其他需要时进行调用,这减轻了动画设计的工作量。可以通过"场景"图标来切换不同场景。

(3) 矢量图形:使用向量数据(或数学方程式)来记录图像的一种格式,它能以非常小的文件长度来存储复杂的图像。

(4) 元素:使用绘图铅笔、刷子等工具在舞台上创造的单个图形,或从外部导入的图形文件都称为一个元素,它是符号的基本单位。

(5) 帧:帧是动画中的一幅图形。帧具有两个特点,一是帧的长度,即从起始帧到结束帧的时间;二是帧在时间轴中的位置,不同的位置会产生不同的动画效果。帧的长度和在时间轴中的由动画设计员指定。

(6) 关键帧:在 Flash CS 中,只要设置动画的开始帧和结束帧,中间帧的动画效果可以由计算机自动生成,而设定的开始帧和结束帧称为"关键帧",中间生成的帧称为"补间动画"。

(7) 物体:物体是使用"组"将几个单独的元素组合成一个复杂的图形。

(8) 组:就是将不同的几个元素或者物体组成一个新的物体或符号。

(9) 符号:当用户想在影片中重复使用一个东西时,可以自己建立符号。符号包括单个的元素、物体、或者其它的符号,当然,符号也可以是声音、一段循环播放单层或多层的影片。每个符号在影片中具有唯一性,可以重复使用,符号中可以加入动画或交互。

(10) 元件:Flash CS 动画中大量的动画效果是领先一些小物件、小动画组成,这些物体在 Flash 中可以进行独立的编辑和重复使用,这些物体和动画就称为元件。元件分为三种类型:影片剪辑元件、按钮元件和图形元件。

(11) 图层:图层是所有图形图像软件当中必须具备的内容,是我们用来合成和控制元素叠放次序的工具。? 图层的类型与编辑图层根据使用功能的不同分为普通层、遮罩层、运动引导层。为了动画设计的需要,Flash 还添加了遮罩层和运动引导层。遮罩层决定了动画的显示情况,运动引导层用于设置动画的运动路径。

(12) 时间轴:时间轴表示整个动画与时间的关系,在时间轴面板上包含了层、帧和动画等元素。

6.8.3 GoldWave 音频处理软件

1. 多媒体音频处理软件

音频处理软件的主要功能有:音频文件格式转换,通过话筒现场录制声音文件,多音轨(一个音频一个声道)的音频编辑,音频片段的删除、插入、复制等,音频的消噪、音量加大/减小、音频淡入/淡出、音频特效等,对多音轨音频的混响处理等。音频处理软件的音频编辑功能很强大,但是音乐创作功能很弱,它主要用于非音乐专业人员。常用音频处理软件如表 6-3 所列。

第6章 多媒体技术基础知识

表6-3 常用的音频处理软件

类 别	软 件	软件功能
音频处理软件	GoldWave	简单易用的音频处理软件,音频格式转换,现场录音,2音轨音频编辑,混响,特效等功能
	Adobe Audition	功能强大的音频处理软件,音频格式转换,现场录音,多音轨音频编辑,混响,特效等功能
	Accord CD Ripper	CD音轨抓取工具,它可以将CD碟上的音乐抓取出来,并保存为MP3等音频文件格式
	Free Audio Converter	音频格式转换软件,支持MP3、WAV、M4A、AAC、WMA、OGG,等多种格式之间的相互转换

2. GoldWave 软件介绍

1) GoldWave 简介

GoldWave 是一个集声音编辑,播放,录制,和转换的音频工具,体积小巧,功能很强大,可打开的音频文件相当多,包括 WAV、OGG、VOC、IFF、AIFF、AIFC、AU、SND、MP3、MAT、DWD、SMP、VOX、SDS、AVI、MOV 和 APE 等音频文件格式,也可以从 CD、VCD、DVD 或其它视频文件中提取声音,内含丰富的音频处理特效,从一般特效如多普勒、回声、混响、降噪到高级的公式计算都具备,是一款不可多得的间频处理软件。它支持倒转、回音、摇动、边缘、动态、时间限制、增强、扭曲等多种声音效果,具有文件操作、录制声音、声音编辑和增加特殊效果等功能。GoldWave 软件的工作界面如图6-18所示。

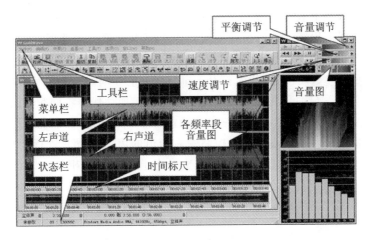

图6-18 GoldWave 软件的工作界面

2) GoldWaver 使用技巧

(1) 选择音频事件。要对文件进行各种音频处理之前,必须先从中选择一段出来(选择的部分称为一段音频事件)。GoldWave 的选择方法很简单,在某一位置上左击鼠标就确定了选择部分的起始点,在另一位置上右击鼠标就确定了选择部分的终止点,这样选择的音频事件就将以高亮度显示,当然如果选择位置有误或者更换选择区域可以使用编辑菜单下的选择查看命令,然后再重新进行音频事件的选择。

(2) 时间标尺和显示缩放。在波形显示区域的下方有一个指示音频文件时间长度的标尺(它以秒为单位,清晰的显示出任何位置的时间情况,这就对制作者了解掌握音频处理时间、音频编辑长短有很大的帮助。

(3) 声道选择。对于立体声音频文件来说,在 GoldWave 中的显示是以平行的水平形式分别进行的。有时在编辑中只想对其中一个声道进行处理,另一个声道要保持原样不变化,可使用编辑菜单的声道命令,直接选择将要进行作用的声道就行了(上方表示左声道,下方表示右声道)。

(4) 插入空白区域。在指定的位置插入一定时间的空白区域也是音频编辑中常用的一项处理方法,只需要选择编辑菜单下的插入静音命令,在弹出的对话窗中输入插入的时间,然后按下 OK 键,这时就可以在指针停留的地方看到这段空白的区域了。

(5) 回声效果。GoldWave 的回声效果制作方法十分简单,选择效果菜单下的回声命令,在弹出的对话框中输入延迟时间、音量大小和打开混响选框就行了。

(6) 改变音高。选择效果菜单中的倾斜度(Pitch)进入改变音高设置对话框。其中比例表示音高变化到现在的 0.5~2.0 倍,是一种倍数的设置方式。而半音就一目了然了,表示音高变化的半音数。音高变化设置音频格式的固有属性告诉我们,一般变调后的音频文件其长度也要相应变化。

(7) 均衡器。均衡调节也是音频编辑中一项十分重要的处理方法,它能够合理改善音频文件的频率结构,达到我们理想的声音效果。选择效果菜单的过滤器(Filter)—变量 EQ(参数均衡器)就能打开 GoldWave 的 10 段参数均衡器对话框 10 段参数均衡器调节。最简单快捷的调节方法就是直接拖动代表不同频段的数字标识到一个指定的大小位置,注意声音每一段的增益(Gain)不能过大,以免造成过载失真。

(8) 声相效果。声相效果是指控制左右声道的声音位置并进行变化,达到声相编辑的目的。GoldWave 的声相效果中,交换声道位置和声相包络线最为有用。交换声道位置就是将左右声道的数据互换,只需要选择效果菜单下的立体—交换就能够完成。而声相包络线跟音量包络线非常类似,能够更灵活的控制不同地方的不同声相变化,非常方便。

习题六

1. 下列属于多媒体技术发展方向的是( )。
   (1) 简单化,便于操作　　　　(2) 高速度化,缩短处理时间
   (3) 高分辨率,提高显示质量　　(4) 智能化,提高信息识别能力
   A. (1)(2)(3)　　　　　　　　B. (1)(2)(4)
   C. (1)(3)(4)　　　　　　　　D. 全部

2. 下列采集的波形声音( )的质量最好。
   A. 单声道、8位量化、22.05kHz采样频率
   B. 双声道、8位量化、44.1kHz采样频率
   C. 单声道、16位量化、22.05kHz采样频率
   D. 双声道、16位量化、44.1kHz采样频率

3. 衡量数据压缩技术性能好坏的重要指标是( )。
   (1) 压缩比　　(2) 标准化　　(3) 恢复效果　　(4) 算法复杂度
   A. (1)(3)　　　　　　　　　B. (1)(2)(3)
   C. (1)(3)(4)　　　　　　　D. 全部

4. 下列关于Premiere软件的描述( )是正确的。
   (1) Premiere是一个专业化的动画与数字视频处理软件。
   (2) Premiere可以将多种媒体数据综合集成为一个视频文件。
   (3) Premiere具有多种活动图像的特技处理功能。
   (4) Premiere软件与Photoshop软件是一家公司的产品。
   A. (1)(2)　　　　　　　　　B. (3)(4)
   C. (2)(3)(4)　　　　　　　D. 全部

5、下列功能( )是多媒体创作工具的标准中应具有的功能和特性。
   (1) 超级连接能力　　　　　(2) 动画制作与演播
   (3) 编程环境　　　　　　　(4) 模块化与面向对象化
   A. (1)(3)　　　　　　　　　B. (2)(4)
   C. (1)(2)(3)　　　　　　　D. 全部

6、音频卡是按( )分类的。
   A. 采样频率　　　　　　　　B. 采样量化位数
   C. 声道数　　　　　　　　　D. 压缩方式

7、即插即用视频卡在Windows 9x环境中安装后仍不能正常使用,假设是因为与其他硬件设备发生冲突,下述解决方法( )是可行的。
   (1) 在系统硬件配置中修改视频卡的系统参数。
   (2) 在系统硬件配置中首先删除视频卡,然后重新启动计算机,让系统再次自动

第6章 多媒体技术基础知识

检测该即插即用视频卡。

(3) 在系统硬件配置中修改与视频卡冲突设备的系统参数。

(4) 多次重新启动计算机,直到冲突不再发生。

A. 仅(1) B. (1)(2)
C. (1)(2)(3) D. 全部

8、CD-ROM 是由( )标准定义的。

A. 黄皮书 B. 白皮书 C. 绿皮书 D. 红皮书

9、下列关于 dpi 的叙述( )是正确的。

(1) 每英寸的 bit 数 (2) 每英寸像素点
(3) dpi 越高图像质量越低 (4) 描述分辨率的单位

A. (1)(3) B. (2)(4)
C. (1)(4) D. 全部

10. 存储一幅由 500 条直线组成的矢量图形,也就是要存储构造图形的线条信息,每条线的信息可由起点 X,起点 Y,终点 X,终点 Y,属性等 5 个项目表示,其中属性一项是指线的颜色和宽度等性质。设屏幕大小为 768×512,属性位用 1 字节表示,则:存储这样一幅图形需要的空间为( )。

A. 0.35KB B. 2.8KB
C. 2.44 KB D. 2.31KB

第 7 章　计算机网络基础和 Internet

计算机网络技术的飞速发展,不仅促使信息领域发生了日新月异的变化,而且日益深入到人们的生产、生活和社会活动等各个方面,给人类带来了巨大的好处。目前计算机网络已经广泛应用于科学研究、军事、商业、教育等领域。通过计算机网络,人们可以随时随地共享信息资源和交换信息。一个国家的计算机网络发展水平直接反映了这个国家高新技术的发展水平,同时也是衡量其综合国力和现代化程度的重要标志。

本章从计算机网络概述入手,主要介绍计算机网络的基础知识和 Internet,通过本章的学习,使读者对计算机网络的基础知识有一个基本的了解,并掌握计算机网络和 Internet 的基本应用。

7.1　计算机网络概述

20 世纪 50 年代,人们将彼此独立的计算机技术与通信技术结合起来,从而诞生了计算机网络技术。它出现的历史虽然不长,发展却非常迅速,特别是最近十几年,随着信息化和全球化步伐的加快,计算机网络目前已成为计算机应用的一个重要领域,推动了信息产业的发展,对当今社会经济和生活的发展起着非常重要的作用。

7.1.1　计算机网络的定义和组成

1. 计算机网络的定义

计算机网络是利用通信线路和设备,将分布在不同地理位置上的具有独立功能的计算机相互连接起来,在网络协议控制下实现数据通信和资源共享的系统。

2. 计算机网络的组成

计算机网络从结构上可以分成两大部分:通信子网和资源子网。通信子网是网络系统的中心,由通信线路和通信设备组成,目的是在主机之间进行数据的传送。资源子网也称为用户子网,由主机、终端和相应的软件组成,为用户提供硬件资源、软件资源和网络服务。图 7-1 是一个典型的计算机网络结构图。

计算机网络是一个非常复杂的系统,一般包括计算机硬件及软件、通信线路、通信设备、网络软件等。

(1) 计算机硬件及软件。主要作用是负责数据的收集、处理、存储、传播和提供资源共享。计算机网络连接的计算机可以是巨型机、大型机、微机以及其他数据终端

第7章 计算机网络基础和 Internet

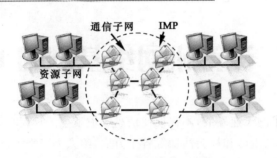

图7-1 计算机网络结构图

设备,根据其承担的任务又可以分为:服务器(为网络上的其他计算机提供服务的计算机)、客户机(使用服务器所提供服务的计算机)、同位体(同时作为服务器和客户机的计算机)。

(2) 通信线路。通信线路指的是传输介质及其连接部件,为数据传输提供传输信道。目前常用的传输介质分为有线和无线两种,其中有线介质包括同轴电缆、双绞线、光纤等,无线介质包括微波、卫星通信、红外线等。

① 同轴电缆。是局域网中最常见的传输介质之一。它用来传递信息的一对导体是按照一层圆筒式的外导体套在内导体(一根细芯)外面,两个导体间用绝缘材料互相隔离,外层导体和中心轴芯线的圆心在同一个轴心上,所以叫做同轴电缆,一般分为粗缆和细缆两种。同轴电缆的优点是可以在相对长的无中继器的线路上支持高带宽通信,数据传输率可达到几 Mbps 到几百 Mbps,抗干扰能力强。缺点是体积大,不能承受缠结、压力和严重的弯曲。

② 双绞线。双绞线是由一对互相绝缘的金属导线互相绞合在一起组成的,实际使用时,双绞线是由多对双绞线一起包在一个绝缘电缆套管里的。双绞线与其他传输介质相比,传输距离较小,限制在几百米之内;数据传输率较低,一般为几 Mbps~100Mbps;抗干扰能力也较差。但其价格较为低廉,且其不良限制在一般快速以太网中影响甚微,所以目前双绞线仍是局域网中首选的传输介质。双绞线可分为非屏蔽双绞线(UTP)和屏蔽双绞线(STP)两种,现在常用的是 5 类 UTP。

③ 光纤。是光导纤维的简写,是一种利用光在玻璃或塑料制成的纤维中的全反射原理而达成的光传导工具,采用特殊的玻璃或塑料来制作。光纤的数据传输率高,可达到几 Gbps,传输损耗低,抗干扰能力强,安全保密好。常用于计算机网络中的主干线。

④ 微波。微波是指频率为 300MHz~300GHz 的电磁波,沿直线传播。主要用途是完成远距离通信服务及短距离的点对点通信,但微波受地球表面、高大建筑物和气候的影响,在地面上传播距离有限,因此,为了实现远距离的传输,需要使用中继站来"接力"。微波的优点是通信容量大,传输质量高,初建费用小,但其保密性较差。

⑤ 卫星通信。卫星通信简单地说就是地球上(包括地面和低层大气中)的无线电通信站间利用卫星作为中继而进行的通信,卫星通信系统由卫星和地球站两部分

第 7 章　计算机网络基础和 Internet

组成。卫星通信的特点是:通信范围大;只要在卫星发射的电波所覆盖的范围内,从任何两点之间都可进行通信;不易受陆地灾害的影响(可靠性高);只要设置地球站电路即可开通(开通电路迅速);同时可在多处接收,能经济地实现广播、多址通信(多址特点);电路设置非常灵活,可随时分散过于集中的话务量;同一信道可用于不同方向或不同区间(多址联接)。经常用于电视传播、长途电话传输、专用的商业网络等。

⑥ 红外线。红外线是太阳光线中众多不可见光线中的一种,波长为 0.75~1 000 μm。利用红外线来传输信号的通信方式,叫红外线通信。红外线通信有两个最突出的优点:不易被人发现和截获,保密性强;几乎不会受到电气、人为干扰,抗干扰性强。此外,红外线通信机体积小,重量轻,结构简单,价格低廉。但是它必须在直视距离内通信,且传播受天气的影响。

(3) 通信设备。计算机网络进行互联都需要通过网络互联设备,常用的网络互联设备有网卡、集线器、交换机、路由器等通信设备。

① 网卡。网卡又叫网络适配器(NIC),是计算机联网必需的硬件设备,工作在数据链路层。每块网卡都有一个唯一的网络节点地址,叫做 MAC 地址(物理地址),用以标识局域网内不同的计算机。网卡主要工作是整理计算机上发往网线上的数据,并将数据分解为适当大小的数据包之后向网络上发送出去;在接收数据时,网卡读入由其他网络设备传输过来的数据帧,通过检查帧中 MAC 地址的方法来确定网络上的帧是不是发给本节点。如果是发往本节点的则收下,将其转换成计算机可以识别的数据,通过主板上的总线将数据传输到所需计算机设备中,否则丢弃此帧。目前网卡按其传输速度来分可分为 10M 网卡、10/100M 自适应网卡、100M 网卡以及千兆(1 000M)网卡。现在计算机主板上经常集成了标准的以太网卡,因此不需要另外安装网卡,但是在服务器主机、防火墙等网络设备内,网卡还有它独特的作用。在组建无线局域网时,计算机也必须另外安装无线网卡。网卡如图 7-2 所示。

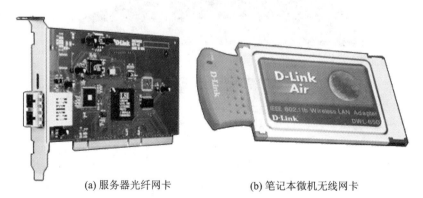

(a) 服务器光纤网卡　　(b) 笔记本微机无线网卡

图 7-2　网络适配器(网卡)

② 集线器。集线器(Hub)属于物理层(第 1 层)网络互联设备,可以说它是一种多端口的中继器。集线器的主要功能是对接收到的信号进行再生整形放大,以扩大

第7章 计算机网络基础和 Internet

网络的传输距离,同时把所有节点集中在以它为中心的节点上。集线器外观与交换机相似,但是它采用共享工作模式,性能大大低于交换机。由于交换机性能高,并且越来越便宜,因此集线器在网络已很少使用,正面临着淘汰。

③ 交换机。交换机属于数据链路层(第2层)互联设备,实际上是支持以太网接口的多端口网桥。交换机是一种基于 MAC 地址识别,对数据的传输进行同步、放大和整形处理,还提供数据完整性和正确性保证的网络设备。交换机可以"学习"MAC 地址,并把其存放在内部地址表中,通过在数据帧的始发者和目标接收者之间建立临时的交换路径,使数据帧直接由源地址到达目的地址。与集线器相比,交换机性能更好。交换机如图7-3所示。

图 7-3 交换机

④ 路由器。路由器一般是一台专用网络设备,路由器也可以由"通用计算机＋路由软件"构成。路由器本身就是一台专用的计算机,也有 CPU、内存、主板、操作系统等,工作在 OSI 参考模型第3层网络层。路由器的第一个主要功能是连接不同类型的网络,对不同网络之间的协议进行转换,具体实现方法是数据包格式转换,也就是网关的功能;第二大功能是网络路由,通过最佳路径选择,将数据包传输到目的主机。路由器如图7-4所示。

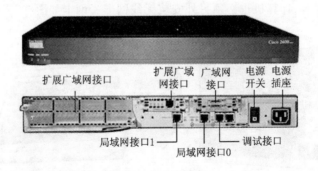

图 7-4 路由器

(4) 网络软件。网络软件是一种在网络环境下运行或管理网络工作的计算机软件,主要包括网络操作系统、网络协议和通信软件、网络应用软件。

网络协议是指通信双方为了实现网络中的数据交换而制订的通信双方必须共同遵守的规则、标准和约定,例如,什么时候通信,数据怎样编码、怎样交换数据等,主要有语法、语义和同步3个要素。

网络操作系统(NOS)是计算机网络软件的核心程序，负责管理和合理分配网络资源，以提高网络运行效率。其主要功能包括：网络管理、网络通信、文件管理、网络安全与容错、设备共享等。常见的网络操作系统有以下4种：

① UNIX：最早最成熟的网络操作系统，由美国贝尔实验室开发，具有良好的安全性、可移植性等，目前广泛应用于高端市场特别是在金融商业领域有着绝对的优势。

② Netware：由美国Novell公司开发，其目录管理技术被公认为业界的典范，主要特点是安全性能好，多用于中低端市场。

③ Windows NT：全球最大的软件开发商——Microsoft（微软）公司开发，采用多任务、多流程操作以及多处理器系统，特别适合于客户机/服务器方式的应用，并且用户界面友好，已逐步成为企业组网的标准平台。目前Windows NT的市场份额独占鳌头。

④ Linux：最早由芬兰大学生Linus在1991年编写，是一套免费使用和自由传播的类UNIX操作系统。目前，Linux以源代码开放、优异的性能，在网络软件市场占据一席之地。

网络应用软件是为某一个应用目的而开发的网络软件，常用的网络应用软件有IE浏览器、即时通信软件、网络下载软件等。

7.1.2 计算机网络的产生与发展

计算机网络诞生于20世纪50年代，其发展从最初的由主机－终端之间的联机系统，到现在全世界无数计算机的互联，大致可以划分为以下4个阶段。

1. 面向终端的计算机通信网络

第一代计算机网络——面向终端的计算机通信网络如图7-5所示，其形式是将一台计算机经过通信线路与若干台终端直接连接。面向终端的计算机通信网是一种主从式结构，主机属于核心，需要完成数据的处理和通信控制，而终端处于从属地位，一般只是显示器和键盘，完成输入输出操作。其典型应用是是由一台计算机和全美范围内2 000多个终端组成的飞机定票系统。

2. 计算机网络阶段

20世纪60年代中期至70年代的第二代计算机网络（图7-6）是通过通信线路将多个主机互联起来，相互交换数据和传递信息，为用户提供服务，典型代表是美国国防部高级研究计划局协助开发的ARPANET。该网络初期只有4台主机，1973年扩展为40台，到70年代末已经有100多台主机连入ARPANET。

3. 计算机网络互联阶段

ARPANET兴起后，计算机网络发展迅猛，各大计算机公司相继推出自己的网

第 7 章 计算机网络基础和 Internet

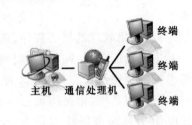

图 7-5 面向终端的计算机通信网

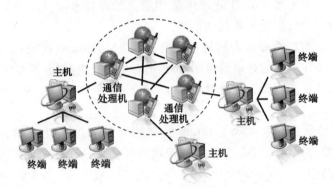

图 7-6 计算机网络阶段

络体系结构及实现这些结构的软硬件产品。比较著名的有 IBM 公司于 1974 年公布的系统网络体系结构 SNA(System Network Architecture)、美国 DEC 公司于 1975 年公布的分布式网络体系结构 DNA(Distributing Network Architecture)。世界范围内不断出现了一些按照不同概念设计的网络,有力地推动了计算机网络的发展和广泛使用。但是由于没有统一的标准,不同厂商的产品之间互联很困难,人们迫切需要一种统一的技术标准,为此,国际标准化组织(ISO)在 1984 年公布了 OSI/RM(开放式系统互联参考模型),使计算机网络体系结构实现了国际标准化。我们把网络体系结构标准化的计算机网络称为第三代计算机网络,即计算机网络互联阶段。

4. 信息高速公路阶段——Internet 时代

1983 年,全球性的互联网——Internet 诞生,并成为计算机网络领域发展最快的网络技术。经过 20 多年的发展,全球以美国为核心的高速计算机互联网络即 Internet 已经形成,Internet 已经成为人类最重要的、最大的知识宝库,对世界经济、社会、科学、文化等多个领域的发展产生了深刻的影响。目前,计算机网络的发展正处于信息高速公路阶段——Internet 时代,该阶段计算机网络发展的特点是高效、互联、高速、智能化应用。

7.1.3 计算机网络系统的功能

计算机网络的功能主要表现在数据通信、资源共享和分布式处理 3 个方面。

1. 数据通信

计算机网络可以实现计算机之间的数据传输，这是计算机网络的最基本功能。计算机网络为信息交换提供了最迅速、最方便的方式。通过计算机网络提供的数据通信功能，用户可以在网上传送电子邮件（E-mail）、发布新闻公告、进行电子商务活动、参加远程教育活动等。

2. 资源共享

依靠功能完善的计算机网络能突破地理位置限制，实现资源共享。资源共享也就是共享网络中所有硬件、软件和数据。共享的硬件资源包括大型机、高分辨率绘图机、快速激光打印机、大容量硬盘等，可节省投资和便于集中管理。而对软件和数据资源的共享，可允许网上用户远程访问各种类型的数据库及得到网络文件传送服务，可以进行远程终端仿真和远程文件传送服务，避免了在软件方面的重复投资。通过资源共享，可使连接到网络中的用户对资源互通有无、分工协作，从而大大提高系统资源的利用率。

3. 分布式处理

通过计算机网络可以把复杂的、大型的任务分散到网络中不同的计算机上进行分布处理、协同工作、并行处理、共同完成。这样，不仅充分利用了网络资源，而且扩大了计算机的处理能力，提高了整个系统的效率。

正是因为计算机网络具有以上强大的功能，所以在最近十几年得到了迅猛的发展和广泛的应用，并且在未来将会起到更重要的作用。目前，计算机网络正在向高速化、多媒体化、多服务化等方向发展，其目标是实现 5W 的个人通信，即：任何人（who），在任何时候（when），在任何地方（where）都可以与任何其他人（whomever）传送任何信息（whatever）。

7.1.4 计算机网络的分类

随着计算机网络的不断发展，已经出现了各种不同形式的计算机网络。计算机网络可以从不同的角度去观察和划分，例如，按网络拓扑结构划分，可以分成总线型、星型、环型、全互联型等；按网络的地理范围进行划分，可以分成广域网、局域网和城域网；按拥有者来分，可以分为专用网和公用网等。

1. 按网络拓扑结构分类

拓扑（topolgy）是从数学中的"图论"演变而来的，是一种研究与大小和形状无关的点、线、面的数学方法。在计算机网络中，如果不考虑网络的地理位置，把网络中的计算机、通信设备等网络单元抽象为"点"，把网络中的通信线路看成是"线"，这样就可以将一个复杂的计算机网络系统，抽象成为由点和线组成的几何图形，这种抽象出来的几何图形即是计算机网络的拓扑结构，如图 7-7 所示。

按拓扑结构进行划分，计算机网络一般可以分成总线型结构、星形结构、环形结

第 7 章 计算机网络基础和 Internet

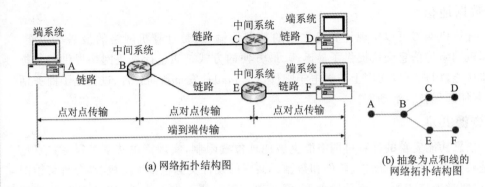

图 7-7 网络拓扑结构图

构、树形结构、网状结构。网络基本拓扑结构如图 7-8 所示。

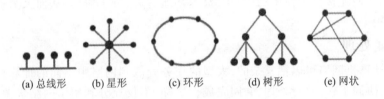

图 7-8 网络基本拓扑结构图

(1) 总线型结构。如图 7-8(a)所示，总线型结构将网络中所有设备连接在一条公共总线上，采用广播方式传输信号(网络上所有节点都可以接收同一信号)。总线型拓扑结构的优点是结构灵活简单，增删节点容易，可扩展性好，当某个节点出现故障时不影响整个网络的工作，性能好。但是网络中主干总线产生故障时会造成全网的瘫痪，且故障诊断困难，同时由于总线的负载能力有限，所以网络中节点的个数是有限制的。最有代表性的总线网是以太网。

(2) 星形拓扑结构。如图 7-8(b)所示，星形拓扑结构是由一个中心节点和若干从节点组成。各节点之间相互通信必须经过中心节点。

星形拓扑结构的优点是建网容易，结构形式和控制方法简单，便于管理和维护。每个节点独占一条传输线路，减少了数据传送冲突现象。一台计算机及其接口产生故障时，不会影响到整个网络。但对中心节点的要求较高，中心节点一旦出现故障，会造成整个网络瘫痪。目前星形网的中央节点多采用交换机、集线器等网络设备。常见的星形拓扑网络有 10BaseT、100BaseT、1000BaseT 等以太网。

(3) 环形拓扑结构。如图 7-8(c)所示，环形拓扑由各结点首尾相连形成一个闭合环形线路。环形网络中的信息传送是单向的，即沿一个方向从一个结点传到另一个结点。

环形拓扑结构每个节点地位平等，传输路径固定，不需要进行路径选择，但是环形网络管理比较复杂，投资费用较高，节点的故障会引起全网故障，且故障检测困难，目前仅用于广域网和城域网。

早期的环形网采用令牌来控制数据的传输,只有获得令牌的计算机才能发送数据,因此避免了冲突现象,这种网络目前已经淘汰。目前最常用的环形网有同步数字系列(SDH)、密集波分复用(DWDM)等。

(4) 树形拓扑结构。如图 7-8(d)所示,树形结构是星形结构的扩充,是一种分层结构,就像一棵倒置的树。树形结构网络控制线路简单,故障隔离容易,管理也易于实现。但树形网各个节点对根的依赖性太大,资源共享能力差。

(5) 网状拓扑结构。网状结构是指将各节点通过传输线路互联起来,并且每一个节点至少与其他两个节点相连,如图 7-8(e)所示。网状拓扑结构由于存在多条链路,因此传输数据时可进行路由选择,提高网络性能,网络可靠较性高,资源共享容易。但其安装复杂,成本高,不易管理和维护,一般用于 Internet 骨干网上。

(6) 混合型拓扑结构。以上介绍了基本的网络拓扑结构,由于各种结构各具优点,也存在一些不足,因此,在实际使用中,经常采用几种结构的组合,我们称为混合型拓扑结构。如总线型与环形的混合连接、总线型与星型的混合连接等,同时兼顾了各种网络的优点,弥补了各种网络的缺点。

2. 按网络地理范围分类

按网络地理范围大小划分为以下几种:

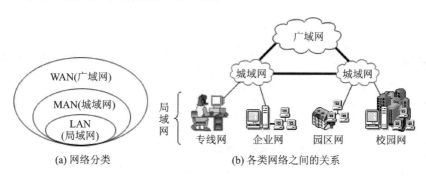

图 7-9 按网络地理范围分类

(1) 局域网(LAN)。局域网通常在一幢建筑物内或相邻几幢建筑物之间,其覆盖范围一般在几公里以内,通常不超过 10 km。局域网组建方便、使用灵活,具有高数据传输速率、低误码率的高质量数据传输能力,是目前应用最广泛的一类网络。

(2) 广域网(WAN)。又称远程网,地理范围通常在几百公里至几千公里,能连接多个城市或国家,甚至是全世界各个国家之间网络的互连(如 Internet,因特网),因此广域网能实现大范围的资源共享。

广域网传输介质较为简单,一般采用光纤或卫星进行信号传输。通常广域网的数据传输速率比局域网低,而信号的传播延迟却比局域网要大得多。

(3) 城域网(MAN)。城域网是一个城市范围内所建立的计算机网络,介于局域网和广域网之间。城域网主要对个人用户、企业局域网用户进行信号接入，并且将用户信号转发到因特网中。例如，一个学校的多个分校分布在城市的几个城区，每个分校的校园网连接起来就是一个城域网。

3. 按网络的通信传播方式

根据网络信号的传输方式，分为点对点和广播式通信方式两种类型。

(1) 点对点通信方式。用点对点的方式将各台计算机或网络设备（如路由器）连接起来的网络。点对点网络的优点是网络性能不会随数据流量加大而降低；但网络中任意两个节点通信时，如果它们之间的中间节点较多，就需要经过多跳后才能到达，这加大了网络传输时延。点对点通信方式的主要拓扑结构有星形、树形、环形等，常用于城域网和广域网中。

(2) 广播式网络。广播式网络是指通过一条传输线路，连接所有主机的网络。在广播式网络中，任意一个节点发出的信号都可以被连接在电缆上的所有计算机接收。广播式网络的最大优点是在一个网段内，任何两个节点之间的通信，最多只需要"两跳"(主机A—交换机—主机B)的距离；缺点是网络流量很大时，容易导致网络性能急剧下降。广播式网络主要用于局域网中，广播式网络有三种信号传输方式：单播、多播和组播，如图7-10所示。单播即两台主机之间的点对点传输，如网段内两台主机之间的文件传输；多播是一台主机与整个网段内的主机进行通信，如常见的地址广播；组播是一台主机与网段内的多台主机进行通信，如网络视频会议。

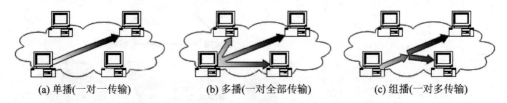

(a) 单播(一对一传输)　　(b) 多播(一对全部传输)　　(c) 组播(一对多传输)

图7-10　广播通信方式中信号的3种传输方式

4. 按拥有者分类

按拥有者可以分为公用网和专用网两种：

(1) 公用网：即公众网，一般由国家的电信公司出资建造的网络，所有愿意按电信公司的规定交纳费用的人都可以使用它，因此，公用网是为全社会的人提供服务的网络。

(2) 专用网：一个或几个部门为特殊业务工作而建立的网络，只为拥有者服务，不向其他人提供服务。例如：军队、银行等建立的专用网。

5. 按传输介质分类

传输介质分成有线和无线两种，因此，根据传输介质的不同，网络可以分成以下两种：

(1) 有线网：采用有线介质（如双绞线、光纤、同轴电缆等）传输数据的网络。
(2) 无线网：采用无线介质（如微波、卫星等）传输数据的网络。

除了以上介绍的几种分类方法外，计算机网络还有很多的分类方法，如按网络环境分类可以分为校园网、企业网、政府网等；按传输速率可以分为高速网、中速网、低速网等。

7.1.5 计算机网络体系结构

计算机网络系统中，两台计算机之间要实现通信是非常复杂的。虽然表面上看起来，数据发送方只需要通过键盘输入数据并通过相应的网络应用软件发送出去，接收方就可以在显示器上看到这些数据。但实际上，计算机网络为了完成这项任务做了很多具体的工作，如：传输线路在物理上是怎么样建立的？在介质上怎样传输数据？如何发给特定的接收者？计算机网络体系结构正是解决这些问题的钥匙。所谓网络体系就是为了完成计算机之间的通信合作，把每台计算机互联的功能划分成有明确定义的层次，并固定了同层次的进程通信的协议及相邻之间的接口及服务，将这些层次进程通信的协议及相邻层的接口统称为网络体系结构。

网络体系结构出现后，使得一个公司生产的各种设备能方便地组网，但是对于不同公司之间的设备，由于各个公司有自己的网络体系结构，所以很难进行互联。为了能使不同网络体系结构的计算机网络都能互联起来，达到相互交换信息、资源共享、分布应用，国际标准化组织(ISO)于1981年提出了著名的开放式系统互联参考模型OSI/RM，该参考模型将计算机网络体系结构划分为7个层次，从下到上依此为：物理层、数据链路层、网络层、传输层、会话层、表示层和应用层，如图7-11所示。

OSI/RM参考模型不仅定义了各层的名称，同时规定了每层所实现的具体功能和通信协议。在OSI/RM模型中，每一层协议都建立在下层之上，使用下层提供的服务，同时为上一层提供服务。第1～3层属于通信子网层，提供通信功能，第5～7层属于资源子网层，提供资源共享功能，第4层起着衔接上下三层的作用。

(1) 物理层。物理层是OSI/RM的最低层，主要任务是实现通信双方的物理连接，以比特流(bits)的形式传送数据信息，并向数据链路层提供透明的传输服务。

物理层是构成计算机网络的基础，所有的通信设备、主机都需要通过物理线路互联。物理层建立在传输介质的基础上，包括了网络、传输介质、网络设备的物理接口，网络设备接口具有4个重要特性，即机械、电气、功能和过程特性。

(2) 数据链路层。数据链路层的主要功能是利用物理层提供的比特流传输功能，控制相邻节点之间的物理链路，保证两个相邻节点间以"帧"为单位进行透明、无差错的数据传输。数据链路层接收来自上层的数据，给它加上某种差错校验位、数据链路协议控制信息和头、尾分界标志等信息就变成帧。然后把帧从物理信道上发送出去，同时处理接收端的应答，重传出错和丢失的帧。保证按发送次序把帧正确地传送给对方。

第 7 章 计算机网络基础和 Internet

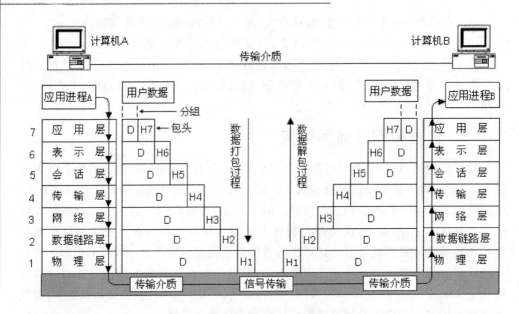

图 7-11 OSI/RM 网络体系结构模型

数据链路层为上层提供的主要服务是差错检测和控制。典型的数据链路层协议有 HDLC(高级数据链路控制)、PPP(点对点协议)等。

(3) 网络层。网络层是 OSI 参考模型中的第 3 层,是通信子网的最高层。网络层的主要功能是在数据链路层的透明、可靠传输的基础上,进一步管理网络中的数据通信,将数据设法从源端经过若干个中间节点传送到目的端,从而向传输层提供最基本的端到端的数据传送服务。网络层的目的是实现两个端系统之间的数据透明传送,具体功能包括路由选择、拥塞控制和网际互连等。该层传输的信息以报文分组或包为单位。所谓报文分组是将较长的报文按固定长度分成若干段,且每个段按规定格式加上相关信息,如呼叫控制信息和差错控制信息等,就形成了一个数据单位,通常称为报文分组或简称分组,有时也称为包。网络层接收来自源主机的报文,把它转换为报文分组,然后根据一定的原则和路由选择算法在多结点的通信子网中选择一条最佳路径送到指定目标主机,当它到达目标主机之后再还原成报文。

(4) 传输层。传输层也称为运输层或传送层,是整个网络的关键部分,实现两个用户进程间端到端的可靠通信,向下提供通信服务的最高层,弥补通信子网的差异和不足,向上是用户功能的最低层。传输层的主要功能如下:提供建立、维护和拆除传输层连接,选择网络层提供合适的服务,提供端到端的错误恢复和流量控制,向会话层提供独立于网络层的传送服务和可靠的透明数据传输。

(5) 会话层。该层又称为对话层,它是用户到网络的接口。会话层是用于建立、管理以及终止两个应用系统之间的会话,使它们之间按顺序正确地完成数据交换。会话层要为用户提供可靠的会话连接,不能因传输层的崩溃而影响会话。

(6) 表示层。表示层主要提供交换数据的语法,把结构化的数据从源主机的内部格式表示为适于网络传输的比特流,然后在目的主机端将它们译码为所需要的表示内容,还可以压缩或扩展并加密或解密数据。表示层主要解决的问题是:翻译和加密。

(7) 应用层。应用层是 OSI/RM 模型的最高层,是直接为应用进程提供服务的。其任务是负责两个应用进程之间的通信,即为网络用户之间的通信提供专用的应用程序,如电子邮件、文件传输、数据库存取等。

虽然 OSI/RM 模型层次结构清晰,理论完整,但是,由于制定它的周期过于漫长,层次划分不太合理,实现起来过分复杂,运行效率太低,因此,OSI 七层模型并没有得到最广泛的应用,反而是非国际标准的、Internet 上使用的 TCP/IP 网络体系结构很快地占领了计算机网络市场,成为了事实上的国际标准。

TCP/IP 是随着 Internet 的成长而获得广大用户认可、性能卓越的协议族,由一系列的协议组成,其核心协议是 TCP(传输控制协议)和 IP(网际协议),是因特网协议的代名词。

TCP/IP 协议采用了 4 层的层次结构,如图 7-12 所示。这 4 层分别是网络接口层、网络层、传输层和应用层。

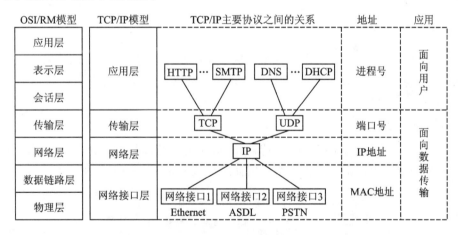

图 7-12 TCP/IP 协议层次模型

(1) 网络接口层。网络接口层是 TCP/IP 协议实现的物理基础,定义如何使用实际网络(如 Ethernet、Serial Line 等)来传送数据。

(2) 网络层。网络层把传输层的报文段或用户数据报封装成 IP 数据报,选择合适的路由,进行传送;同时接收网络接口送来的数据,去掉 IP 报头,重新组合,然后发送到目的主机上。主要采用 IP(网际协议),其他协议有 ICMP(网际报文控制协议)、ARP(地址解析协议)、RARP(反向地址解析协议)。

IP 是其中最重要的一个协议,支持如下功能:维护一个 IP 路由表;基于此路由表发送数据;从上层协议接收数据并创建数据表;接收到达的数据,然后把它们送入

第 7 章　计算机网络基础和 Internet

网络或本地主机;支持 IP 到物理层的映射;报告网络中的路由错误。但是 IP 提供的是一种不可靠的报文传送服务,分组接收主机利用 ICMP 协议通知 IP 发送主机在哪些方面需要修改,接收主机的 IP 还必须将所接收的各个数据包重新组合,保证不丢失数据段,并确保它们的顺序正确。ARP 协议的作用是将 IP 地址转换为相应的网卡物理地址,无 IP 地址的站点可以通过 RARP 协议获得自己的 IP 地址。

(3) 传输层。传输层负责主机中两个进程之间的通信,提供了面向连接的 TCP 和无连接的用户数据报协议 UDP,面向连接的 TCP 提供可靠的交付,从高层接收到任意长度的报文,把它们分成不超过 64 KB 的报文段进行传输,TCP 协议还负责报文的顺序重组,以及失败报文的重发。UDP 提供了无连接通信,不保证提供可靠的交付,只是尽最大能力交付,这种服务不用确认,不对报文排序,UDP 报文可能会出现丢失、重复、失序等现象。

(4) 应用层。应用层是给不同主机之间的应用程序进行通信和协同工作的层,直接为应用程序提供服务。应用层的网络协议很多,常用的应用层协议有支持万维网应用的 HTTP(超文本传送协议);支持文件传送的 FTP(文件传送协议);用于电子邮件传输 SMTP(简单邮件传送协议);用于 IP 地址与网络域名的相互解析 DNS(域名服务)协议;网络远程管理 Telnet(远程登录)协议等。

7.1.6　局域网

局域网是在一个较小范围内利用通信线路将众多计算机及外设连接起来,达到数据通信和资源共享的计算机网络。局域网具有较高的数据传输率和较低的误码率,是计算机网络的重要组成部分。

1. 局域网的组成

局域网由网络服务器、工作站、传输介质、连接设备(网卡、交换机、路由器等)和网络软件组成。由以上网络设备组成的简单局域网如图 7-13 所示。

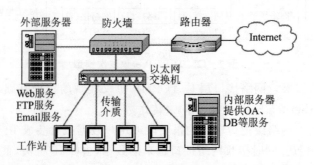

图 7-13　局域网模型

2. 局域网的类型

早期的局域网有多种类型,如 Ethernet(以太网)、Token Ring(令牌环)网、FDDI

(光纤分布式数据接口)网、ATM(异步传输模式)网等,以太网与其他局域网类型相比,具有性能高、成本低、易于维护管理等诸多优点,因此,目前世界上90%以上的局域网都采用以太网技术,而其他局域网技术大部分已经被市场淘汰。

局域网一般为一个单位所建,在单位或部门内部控制管理和使用,而广域网往往是面向一个行业或全社会服务。局域网一般是采用双绞线、光纤等传输介质;而广域网则较多采用光纤和微波进行信号传输。局域网与广域网的侧重点也不完全一样,局域网侧重于为企业内部提供信息共享服务;而广域网侧重于准确无误的传输用户传输的信息,并为全社会提供网络服务。

3. CSMA/CD 协议的基本思想

以太网技术由美国 Xerox(施乐)公司和 Stanford(斯坦福)大学联合开发,并于1975年推出,早期的网络拓扑结构为总线型,现已扩展到星型、树型等拓扑结构。1981年 Xerox、DEC、Intel 等公司联合推出了以太网商业产品。

以太网采用 CSMA/CD(载波监听多点访问/冲突检测)协议工作,工作原理如下。

每台主机在发送数据前,先监听信道是否空闲;若是,则发送数据,并继续监听下去,一旦监听到冲突,立即停止发送,并在短时间内连续向信道发出一串阻塞信号强化冲突,如果信道忙,则暂不发送,退避一个随机时间后再尝试,如图7-14所示。

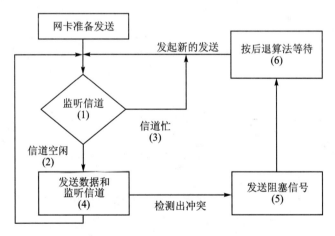

图 7-14　CSMA/CD 工作流程

CSMA/CD 协议可归结为 4 句话:发前先侦听,空闲即发送,边发边检测,冲突时退避。CSMA/CD 协议已被 IEEE 802 委员会采纳,并以此为依据制定了 IEEE 802.3 系列标准。它具有以下特点:

CSMA/CD 算法简单,易于实现。这对降低局域网成本,扩大应用范围非常有利。

CSMA/CD 采用一种用户随机竞争总线的方法,适用于办公自动化等对数据传

第 7 章　计算机网络基础和 Internet

输实时性要求不严格的网络应用环境。

CSMA/CD 在网络通信负载较低时表现出较好的性能。但是,当网络通信负载增大时,由于冲突信号增加,会导致网络吞吐率下降、信号传输延迟增加,因此 CSMA/CD 技术一般用于通信负载较轻的网络应用环境。

7.2　Internet 基本知识和应用

Internet 的中文标准译名为"因特网",是由全世界各国、各地区的成千上万个计算机网互联起来的全球性网络。世界上任何的计算机系统和网络,只要遵守共同的网络通信协议 TCP/IP,都可以连接到 Internet 上。Internet 拥有数亿个用户,而且用户数还在以惊人的速度增长。Internet 实现全球信息资源共享,如信息查询、文件传输、远程登录、电子邮件等,成为推动社会信息化的主要工具,对人类社会产生了深刻的影响。

本章将介绍 Internet 的基本知识、常见的应用及信息安全基本知识。

7.2.1　Internet 的起源和发展

1. Internet 的由来

Internet 的原型是 1969 年美国国防部远景研究规划局为军事实验用而建立的网络,名为 ARPANET(阿帕网)。最初的 ARPANET 只是一个单个的分组交换网(并不是一个互联网),把美国重要的军事基地和研究中心的计算机用通信线路连接起来,初期只有四台主机,其设计目标是当网络中的一部分因战争原因遭到破坏时,其余部分仍能正常运行。在 ARPANET 问世后,其网络规模增长很快,到了 20 世纪 70 年代中期,人们已认识到不可能仅使用一个单独的网络来解决所有的通信问题。于是专家们开始研究多种网络(如分组无线网络)互连的技术,这导致了互联网的出现。1983 年,TCP/IP 协议成为 ARPANET 的标准通信协议。这样,在 1983~1984 年之间,形成了 Internet 的雏型。

ARPANET 的发展使美国国家科学基金会(NSF)认识到计算机网络对科学研究的重要性,1986 年,NSF 建立了国家科学基金网(NSFNET),通过 56kbit/s 的通信线路连接它们的六大超级计算机中心。由于美国国家科学资金的鼓励和资助,许多大学、政府资助的研究机构、甚至私营的研究机构纷纷把自己局域网并入 NSFNET,使 NSFNET 取代 ARPANET 成为 Internet 的主干网,传输速率也提高到 1.544Mbit/s。

Internet 的商业化阶段始于 20 世纪 90 年代初,商业机构开始进入 Internet,使 Internet 开始了商业化的新进程,也成为 Internet 大发展的强大推动力。1991 年美国政府决定将 Internet 的经营权转交给商业公司,商业公司开始对接入 Internet 的企业收费。1992 年,Internet 上的主机超过了 100 万台。从 1993 年开始,由美国政府资助的 NSFNET 网逐渐被若干个商用的 Internet 主干网替代。提供 Internet 接入服务的商业公司也称为 Internet 服务提供商(ISP)。任何个人、企业或组织只要向 ISP 交纳规定的接入费用，就可通过 ISP 接入到 Internet。为了使不同 ISP 经营的网络都能够互连互通，美国政府在 1994 年开始创建了 4 个网络接入点(NAP)，分别由 4 家大型电信公司经营，均安装有性能很好的通信和网络设备，向不同的 ISP 提供信息交换服务，使各家 ISP 之间能够互连互通。目前美国 NAP 的数量已达到数十个，Internet 也逐渐演变成多级结构网络。

现在 Internet 已经成为世界上规模最大和增长速度最快的计算机网络，没有人能够准确说出 Internet 上究竟连接了多少台计算机。由于 Internet 用户数量的猛增，使得现有的 Internet 不堪重负。1996 年美国一些研究机构和 34 所大学提出研制和建造成新一代 Internet 的设想，并计划实施"下一代 Internet 计划"，即"NGI 计划"(Next Generation Internet)。

NGI 计划要实现的第一个目标是开发下一代 Internet 技术，比现有的 Internet 提高 100 倍的传输速率连接至少 100 个研究机构，以比现有 Internet 提高 1000 倍的速率连接 10 个大型网络节点，网络中端到端的传输速率达到 100Mb/s 至 10Gb/s。NGI 计划的第二个目标是使用更加先进的网络服务技术，开发许多革命性的应用，如远程医疗、远程教育、有关能源和地球系统的研究、高性能的全球通信、环境监测和预报、紧急情况处理等。NGI 计划将使用超高速全光网络，实现更快速的信号交换和路由选择。NGI 计划的第三个目标是对整个 Internet 的管理、信息的可靠性和安全性等方面，做出很大的改进。

2. Internet 在中国

我国的 Internet 发展可分为两个阶段。第一个阶段为 1987—1993 年，是国际合作项目的成功典范。1983 年，联邦德国卡尔斯鲁大学(Karlsruhe University)的维纳·措恩(Werner Zorn)教授出席了在北京的一次国际会议，会上认识了中国机械电子部科学研究院副院长王运丰教授，两人就计算机应用和在中国推广计算机网络等问题进行了探讨。1984 年，措恩开始与王运丰教授寻求建立中—德计算机网络连接和电子邮件服务的设想，但是，中德之间还没有网络的物理连接，在北京电话局的帮助下，措恩的小组找到了一条德国—意大利—北京的租用线路。1986 年 8 月 26 日，中方成功地从北京登录到德方的 VAX 计算机上，并可查看电子信箱中的邮件。1987 年 9 月 20 日，北京计算机应用技术研究所向世界发出了我国的第一封电子邮件，1987 年 11 月 8 日，美国科学基金会(NFS)的主任斯特芬·沃尔夫(Stephen Wolff)表达了对中国接入国际计算机网络的欢迎，并将该批文在普林斯顿国际会议上转交给了中方代表杨楚泉先生。这是一份正式的、也被认为是"政治性的"认可，中国加入 CSNET(美国计算机科学网)和 BITNET(美国大学网)。1988 年 3 月底，中国计算机科技网(CANET)在北京建立，1990 年正式在国际互联网信息中心为 CANET 申请了".CN"顶级域名，域名服务器运行在德国卡尔斯鲁大学。从 1990 年开始，科技

第7章 计算机网络基础和 Internet

人员开始通过欧洲节点在互联网上向国外发送电子邮件。1990年4月,世界银行贷款项目——教育和科研示范网(NCFC)工程启动。该项目由中国科学院、清华大学、北京大学共同承担。1993年3月,中国科学院高能物理研究所与美国斯坦福大学建立了64Kb/s的TCP/IP连接,这种新型通信协议不仅可以用于电子邮件,而且支持文件传输(FTP)、远程登录(Telnet)等。随后,几所高等院校也与美国互联网连通。

第二阶段,从1994年至今,实现了与Internet的TCP/IP的连接,逐步开通了Internet的全功能服务。1994年4月,NCFC实现了与互联网的直接连接。同年5月顶级域名(CN)服务器在中国科学院计算机网络中心设置。根据国务院规定,有权直接与国际Internet连接的网络和单位是:中国科学院管理的科学技术网、国家教育部管理的教育科研网、邮电总局管理的公用网和信息产业部管理的金桥信息网。这四大网络构成了我国的Internet主干网。后来,又陆续建成了几大互联网络,它们是中国网通公司网(CNCNET)、中国联通计算机互联网(UNINET)、中国移动互联网(CMNET)、CSNET(中国卫星集团互联网)、CGWNET(中国长城网)、CIETNET(中国国际经济贸易互联网)。

(1) 中国科学技术网(CSTNET)。CSTNET始建于1989年,由中国科学院主持,1994年4月首次实现了我国与国际互联网络的直接连接,1994年5月完成了我国最高域名CN主服务器的设置,实现了与Internet的TCP/IP连接。其目标是将中国科学院在全国各地的分院(所)的局域网连网,同时连接中国科学院以外的中国科技单位,包括农业、林业、医学、地震、气象、铁道、电力、电子、航空航天、环境保护和国家自然科学基金委员会、国家专利局、国家计委信息中心、高新技术企业。它是一个科技界、科技管理部门、政府部门和高新技术企业服务的非盈利、公益性的网络,主要提供科技数据库、成果信息服务、超级计算机服务、域名管理服务等。

(2) 中国教育科研网(CERNET)。CERNET是原国家教委(现教育部)主持建设的中国教育科研计算机网络,于1995年底连入互联网。它是一个面向教育、科研和国际学术交流的网络,其目标是将大部分高校和有条件的中、小学校连接起来。CERNET已建成由全国主干网、地区网和校园网在内的三级层次结构网络。CERNET分四级管理,分别是全国网络中心;地区网络中心和地区主结点;省教育科研网;校园网。CERNET全国网络中心设在清华大学,负责全国主干网的运行管理。地区网络中心和地区主结点分别设在清华大学、北京大学、北京邮电大学、上海交通大学、西安交通大学、华中科技大学、华南理工大学、电子科技大学、东南大学、东北大学等10所高校,负责地区网的运行管理和规划建设。

(3) 中国公用计算机互联网(CHINANET)。CHINANET是原邮电部于1994年投资建设的中国公用Internet网,1995年初与国际Internet连通,1995年5月正式对社会服务,也是目前国内最大的计算机骨干网,由中国电信经营管理。CHINANET在北京、上海、广州开设了3个国际出口局,目前主要国际电路有3条,国际出口总带宽达46Gb/s以上(截至2005年底),连接的国家有:美国、加拿大、澳大利亚、英国、德国、法国、日本、韩国等。

CHINANET骨干网在拓扑结构上分为三层,即核心层、区域层和边缘层。CHINANET骨干网基本拓扑结构如图7-15所示。

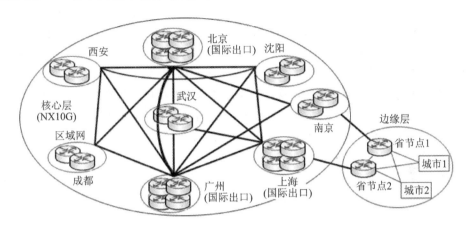

图7-15 CHINANET骨干网结构

CHINANET网络将全国31个省级网络划分为8个区域,核心层由北京、上海、广州、沈阳、南京、武汉、成都、西安8个大区的中心节点构成,主要负责提供国际出入口电路,核心层节点之间的中继电路,以及不同区域网的连接与转接等功能。

(4) 中国金桥信息网(CGBNET)。金桥网是国家公用经济信息网,于1996年9月正式开通并向社会服务。是中国国民经济信息化的基础设施,是建立金桥工程的业务网,支持金关、金税、金卡等"金"字头工程的应用。金桥工程是为国家宏观经济调控和决策服务,同时也为经济和社会信息资源共享和建设电子信息市场创造条件。现在该网已并入CNCNET(中国网通宽带网)。

(5) CNCNET(中国网通宽带网)。CNCNET是中国网通公司管理下的一个全国性互联骨干网,它以原CHINANET北方十省互联网为基础,合并中国金桥信息网(CGBNET),经过大规模的改扩建,形成的一个全新结构的网络,并在CNCNET的基础上组建了China169(宽带中国)网络。

目前,中国网通公司可为政府机关、商业企业、住宅用户提供电话拨号接入、专线接入、ADSL宽带接入、LAN宽带接入、无线接入等基本网络业务,还可以提供虚拟专用网(VPN)、视频、数据中心、信息分发、电子商务等应用服务。

(6) UNINET(中国联通计算机互联网)。UNINET也称为中国联通165网,它主要面向ISP(Internet服务提供商)和ICP(Internet内容提供商),骨干网已覆盖全国各省会城市,网络节点遍布全国230个城市。国际出入口带宽为1645Mbit/s。1995年中国联通组建卫星公司以来,已在全国18个城市建设了20个卫星通信地球站,联通卫星通信干线可为用户提供以2Mbit/s速率为基数的卫星数字长途电路。联通国内VSAT卫星通信网还可提供数据、话音、图象传输等业务。

第 7 章　计算机网络基础和 Internet

(7) CMNET(中国移动互联网)。CMNET 为我国计算机互联网络国际互联单位,主要提供无线上网服务,具有 355Mbit/s 以上带宽的国际出口。CMNET 可提供:IP 电话、GPRS(通用无线分组业务)骨干网传输、手机上网(含 WAP 上网)、固定电话上网、专线上网、无线局域网(WLAN)、虚拟专用网(VPN)、带宽批发等服务。

(8) CSNET(中国卫星集团互联网)。CSNET 隶属于国家信息产业部,主要承担国内各种卫星通信广播业务。拥有中星 6 号、中星 8 号两颗卫星。公司现经营的各种单、双向用户站已达 2000 多个,广泛服务于民航售票、海洋预报、地震监测、金融咨询、期货证券、话音通信以及无线寻呼和高速数据全国联网等业务。

(9) CGWNET(中国长城网)。CGWNET 属于公益性互联网络,成立于 2000 年 1 月,目前正在建设中,已能连通全国几十个城市。

(10) CIETNET(中国国际经济贸易互联网)

CIETNET 为非经营性、面向全国外贸系统企事业单位的专用互联网络。CIETNET 主要向企业用户、特别是中小企业提供网络专线接入和安全的电子商务解决方案,同时提供虚拟专网(VPN)和数据中心业务。

据中国互联网信息中心统计:截止到 2009 年 6 月 30 日,我国网民规模(3.38 亿)、宽带网民数(3.2 亿)、国家顶级域名注册量(1296 万)三项指标仍然稳居世界第一,受 3G 业务开展的影响,使用手机上网的网民也已达到 1.55 亿,增速十分迅猛,互联网普及率稳步提升,并创造了无法估计的市场和价值。

7.2.2　Internet 的接入方式

由于用户类型的不同,如家庭用户、商业办公楼用户、小区用户、小型企业用户、跨地区或跨国大公司用户等,他们有不同的用户需求和资金预算,因此用户连入 Internet 的方式有很多,比较常见的有 PSTN、ADSL、局域网入网、ISDN 等。

(1) PSTN 接入。采用这种方式,用户计算机必须安装调制解调器(Modem),并通过电话线拨号与 ISP 主机连接,数据传输率一般为 33.6kbit/s 或 56kbit/s。其优点是经济方便;缺点是传输速度低、线路可靠性差,适合于对可靠性和速度要求不高的用户使用。

(2) ADSL 接入。非对称数字用户环路,是利用现有的电话线实现高速、宽带上网的方式。非对称是指 Internet 的连接具有不同的上行和下行速度,上行是指用户向网络发送信息,下行是指 Internet 向用户发送信息。它充分利用现在 Internet 应用中下行信息量远远大于上行信息量的特点,提供 1.5~8Mbit/s 的下行和 10kbit/s~1Mbit/s 的上行传输,既可满足单向传送宽带多媒体信号又可进行交互的需要,还可以节省线路的开销,经常应用于视频会议和影视节目传输,非常适合中、小企业。现在的家庭用户只需要安装 ADSL Modem 和网卡,就可以采用 ADSL 方式上网,在上网的同时也可以打电话,它们之间相互没有影响。

(3) 局域网入网。现在大部分政府机关、企业、学校都建立了自己的局域网,计算机可以通过局域网接入到 Internet。采用这种方式入网,计算机通过网卡,利用专门的通信线路(如光纤、双绞线)连入到某个已与 Internet 相连的局域网(如校园网)上,其特点是线路可靠、误码率低、数据传输速度快,适用于大业务量的用户使用。

(4) ISDN 接入。ISDN(综合业务数字网)接入技术俗称"一线通",它采用数字传输和数字交换技术,将电话、传真、数据、图像等多种业务综合在一个统一的数字网络中进行传输和处理。用户利用一条 ISDN 用户线路,可以在上网的同时拨打电话、收发传真,就像两条电话线一样。目前在国内迅速普及,价格大幅度下降。两个信道 128kbit/s 的速率,快速的连接以及比较可靠的线路,可以满足中小型企业浏览以及收发电子邮件的需求。而且可以通过 ISDN 和 Internet 组建企业 VPN。这种方法的性能价格比很高,在国内大多数的城市都有 ISDN 接入服务。

(5) DDN 接入。DDN(数字数据网)是一种利用数字信道提供半永久性连接电路的数字数据传输网络,能够为专线或专网用户提供高速度、高质量的点对点传输服务。这种方式优点很多:有固定的 IP 地址,可靠的线路运行,永久的连接等等,但费用很高,一般应用于集团公司等。

(6) CATV 接入。目前,我国大部分家庭都安装了有线电视(CATV)。计算机可以通过 CATV 网接入接入 Internet 方式,速率可以达到 10Mbit/s 以上。但是 CATV 接入 Internet 的工作方式是共享带宽的,即多个用户共享给定的带宽,所以当用户数增加时,传输速率会下降。

(7) 光纤接入。光纤接入技术是一种点对多点的光纤传输和接入技术,下行采用广播方式,上行采用时分多址方式,可以灵活地组成树型、星型、总线型等拓扑结构,在光分支点不需要节点设备,只需要安装一个简单的光分支器即可,具有节省光缆资源、带宽资源共享、节省机房投资、设备安全性高、建网速度快、综合建网成本低等优点。目前在一些城市开始兴建,主干网速率可达几十 Gbit/s,铺设到用户的路边或者大楼,可以以 100Mbit/s 以上的速率接入。

(8) 无线接入。无线接入是指用户终端到网络交换节点采用或部分采用无线手段的接入技术。无线接入技术分成两类:一类是基于移动通信的无线接入技术,包括 GSM 接入、CDMA 接入、GPRS 接入等;另一类是基于无线局域网的接入技术。目前,随着笔记本电脑的广泛应用,采用这种方式入网的用户也越来越多。

7.2.3 IP 地址与域名系统

1. IP 地址

每台连入 Internet 上的主机都必须有一个唯一的网络地址,称为 IP 地址,相当于我们的家庭地址一样。IP 地址用二进制表示,每个 IP 地址长 32 位,分为 4 段,即 4 个字节,每段 8 位。例如,某个采用二进制表示的 IP 地址是"00000010 00000001 00000001 00000001"。为了方便人们的记忆和使用,IP 地址经常采用点分十进制的方法,即把每 8 位二进制数转换成十进制的形式,共共有 4 个十进制数,每个数取值

第7章 计算机网络基础和Internet

为0~255,中间使用符号"."分开。上面的IP地址采用点分十进制法可以表示为"2.1.1.1"。IP地址分为网络地址和主机地址两部分,网络地址用来区分Internet上互联的网络,主机地址用来区分同一个网络中的不同的主机。IP地址分为A、B、C、D、E五类。其中A、B、C类地址是主类地址,D类地址为组播地址,E类地址保留给将来使用,如图7-16所示。

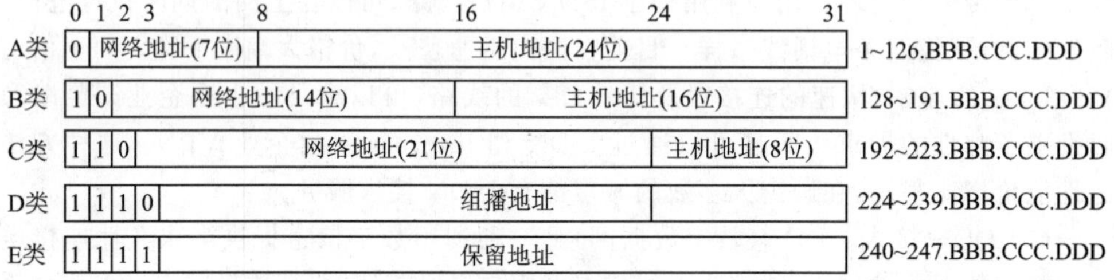

	0 1 2 3	8	16	24	31	
A类	0 网络地址(7位)		主机地址(24位)			1~126.BBB.CCC.DDD
B类	1 0	网络地址(14位)		主机地址(16位)		128~191.BBB.CCC.DDD
C类	1 1 0		网络地址(21位)		主机地址(8位)	192~223.BBB.CCC.DDD
D类	1 1 1 0		组播地址			224~239.BBB.CCC.DDD
E类	1 1 1 1		保留地址			240~247.BBB.CCC.DDD

图7-16 IP地址的分类

一个A类IP地址由1字节的网络地址和3字节主机地址组成,网络地址的最高位必须是"0",地址范围1.0.0.1~126.255.255.254(二进制表示为:00000001 00000000 00000000 00000001~01111110 11111111 11111111 11111110)。可用的A类网络有126个(2^7-2)。减2的原因是:由于网络地址全0的IP地址是保留地址,意思是"本网络";而网络号为127的地址保留作为本机软件回路测试之用。A类地址可提供的主机地址为16777214($2^{24}-2$)个,这里减2的原因是:主机地址全0表示"本主机",而全1用于广播地址,A类地址适用于拥有大量主机的大型网络。

一个B类IP地址由2个字节的网络地址和2个字节的主机地址组成,网络地址的最高位必须是"10",地址范围128.1.0.1—191.255.255.254(二进制表示为:10000000 00000001 00000000 00000001~10111111 11111111 11111111 11111110)。可用的B类网络有16382个,B类地址每一个网络的最大主机数是65534($2^{16}-2$),一般用于中等规模的网络。

一个C类IP地址由3字节的网络地址和1字节的主机地址组成,网络地址的最高位必须是"110"。范围192.0.1.1—223.255.255.254(二进制表示为:11000000 00000000 00000001 00000001~11011111 11111111 11111110 11111110)。C类网络可达2097152(2^{21})个,每个网络能容纳254个主机,用于规模较小的局域网。

例如,某大学中的一台计算机分配到的地址为"222.240.210.100"(如图7-17所示),地址的第一个字节在192~223范围内,因此它是一个C类地址,按照IP地址分类规定,它的网络地址为222.240.210,它的主机地址为100。

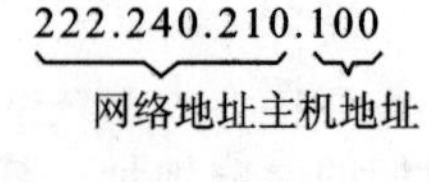

C类地址
222.240.210.100
网络地址 主机地址

图7-17 IP地址实例

随着互联网的迅速发展,我们现在采用IPv4定义的有限地址空间将被耗尽,而地址空间的不足必将妨碍互联网的进一步发展。为了扩大地址空间,拟通过IPv6以重新定义地址空间。IPv4 采用 32 位地址长度,只有大约 43 亿个地址,而 IPv6 采用 128 位地址长度,几乎可以不受限制地提供地址,以后 IPv6 在全球将会越来越受到重视。

2. 子网和子网掩码

子网是指在一个 IP 地址上生成的逻辑网络,它使用源于单个 IP 地址的 IP 寻址方案,把一个网络分成多个子网,要求每个子网使用不同的网络号,通过把主机号分成两个部分,为每个子网生成唯一的网络号。一部分用于标识作为唯一网络的子网,另一部分用于标识子网中的主机,这样原来的 IP 地址结构变成如下三层结构:

| 网络地址 | 子网地址 | 主机地址 |

例如,对某个 C 类网络,最多可容纳 254 台主机,若需要把它划分成 4 个子网,则需要从主机号中借 2 个二进制位,用来标识子网号,剩余的 6 位仍为主机号。

子网掩码是一个 32 位的 IP 地址,它的作用一是用于屏蔽 IP 地址的一部分,以区别网络号和主机号;二是用来将网络分割为多个子网;三是判断目的主机的 IP 地址是在本地局域网还是在远程网络。表 7-1 为各类 IP 地址默认的子网掩码,其中值为 1 的位用来确定网络号,值为 0 的位用来确定主机号。例如对于上述的某个 C 类网络,它另有 2 个二进制位表示子网,其子网掩码为:

11111111.11111111.11111111.11000000

表 7-1 不同地址类型的子网掩码

地址类	子网掩码(十进制表示)	子网掩码(二进制表示)
A	255.0.0.0	11111111 00000000 00000000 00000000
B	255.255.0.0	11111111 11111111 00000000 00000000
C	255.255.255.0	11111111 11111111 11111111 00000000

3. 域名系统

对于众多的以数字表示的一长串 IP 地址,人们记忆起来很困难。为此,引入了方便记忆的域名系统(DNS)。域名采用层次结构,一般含有 3~5 个子段,中间用"."分隔。如"百度"搜索引擎的域名为:www.baidu.com。域名最右边的一段为顶级域名,顶级域名目前分为两类:行业性的和地域性的。行业顶级域名如表 7-2 所列。

此外,还有像 arts(娱乐)、firm(商号)、info(信息)、web 等顶级域名。国际 Internet 组织为各个国家和地区分配了一个国别或地区的顶级域名,通常用两个字母来表示,如表 7-3 所列。

表 7-2 行业领域的顶级域名

顶级域名	行 业
.com	商业企业
.edu	教育机构
.gov	政府机构
.mil	军事部门
.org	民间团体等组织
.net	网络服务机构

表 7-3 部分国家和地区的顶级域名

国家或地区顶级域名	国家或地区名称
Au	澳大利亚
Ca	加拿大
cn	中国
jp	日本
tw	中国台湾
hk	中国香港

Internet 域名系统是逐层、逐级由大到小地划分的(图 7-18),这样既提高了域名解析的效率,同时也保证了主机域名的惟一性。DNS 域名树的最下面的节点为单个的计算机,域名的级数通常不多于 5 个。

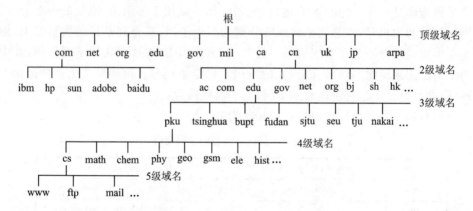

图 7-18 DNS 域名系统

域名是通过域名系统转换成 IP 地址的。域名系统是一个遍布在 Internet 上的分布式主机信息数据库系统,采用客户机/服务器工作模式。域名系统的基本任务是将文字表示的域名,如"www.baidu.com"翻译成 IP 协议能够理解的 IP 地址格式,如 222.181.18.155,这个过程称为域名解析。域名解析的工作通常由域名服务器来完成。域名服务器负责管理存放主机名和 IP 地址的数据库文件,以及域中的主机名和 IP 地址映射。域名服务器分布在不同的地方,它们之间通过特定的方式进行联络,这样可以保证用户可以通过本地的域名服务器查找到 Internet 上所有的域名信息。

7.2.4 Internet 提供的服务

Internet 提供的基本服务有:WWW 服务、电子邮件(E-mail)、远程登录(Telnet)和文件传输(FTP)。

1. WWW 服务

WWW(World Wide Web,万维网)一般简称为 Web 服务。Web 服务以超文本标记语言(HTML)与超文本传输协议(HTTP)为基础,能够以十分友好的接口提供 Internet 信息查询服务的多媒体信息系统。这些信息资源分布在全球数千万个 Web 站点上,并由提供信息的专门机构进行管理和更新。用户通过 Web 浏览器软件(如 Windows 系统中的 IE 浏览器),就可浏览 Web 站点上的信息,并可单击标记为"链接"的文本或图形,随心所欲地转换到世界各地的其他 Web 站点,访问其上丰富的信息资源。

WWW 系统的结构采用客户机/服务器工作模式,用户在客户端运行客户端程序(如 IE 等),提出查询请求,通过相应的网络介质传送给 Web 服务器,服务器"响应"请求,把查询结果(网页信息)通过网络介质传送给客户端。可以形象地将 Web 服务视为 Internet 上一个大型图书馆,Web 上某一特定信息资源的所在地就像图书馆中的一本本书,而 Web 则是书中的某一页,即 Web 节点的信息资源是由一篇篇称为 Web 网页的文档组成的。多个相关 Web 网页合在一起便组成了一个 Web 站点,用户每次访问 Web 网站时,总是从一个特定的 Web 站点开始的。每个 Web 站点的资源都有一个起始点,即处于顶层的 Web 网页,就像一本书的封面或目录,通常称之为主页或首页。如图 7-19 所示。

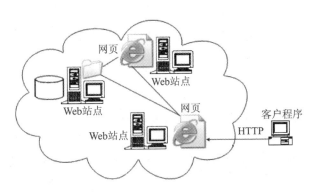

图 7-19 Web 网页的超链接

Web 网页采用超文本格式,即每份 Web 文档除包含其自身信息外,还包含指向其他 Web 页的超级链接,可以将链接理解为指向其他 Web 页的"指针",由链接指向的 Web 页可以是在近处的一台计算机上,也可能是远在万里之外的一台计算机上,但对用户来说,通过单击网页上的超链接,所需的信息立刻就显现在眼前,非常方便。需要说明的是,现在的超级文本已不仅仅只含有文本,还增加了音频、动画、视频等多媒体内容,因此也把这种增强的超级文本称为超媒体。

Internet 中的 Web 服务器上,每一个信息资源,如一个文件等,都有统一的、在网上惟一的地址,该地址称为 URL(全球统一资源定位)地址,俗称为"网址"。URL

第 7 章 计算机网络基础和 Internet

用来确定 Internet 上信息资源的位置,它采用统一的地址格式,以方便用户通过浏览器查阅 Internet 上的信息资源。URL 地址的格式:资源类型://域名:端口号/路径/文件名,下面是一个 URL 示例:http://www.jyu.edu.cn/jyzd,其中,http://是超文本传输协议的英文所写,://表示其后跟的是域名,如:www.jyu.edu.cn,再接下来是文件的路径名和文件名。URL 不仅描述 www 资源地址,也可以描述其他类型的资源地址,如:

  ftp://ftp.pku.edu.cn   FTP 服务器
  file:///D:/myweb/mypage.htm   本地磁盘文件
  telnet://bbs.pku.edu.cn   telnet 服务器
  http://www.gzic.gd.cn:81/mass/sxzn/x44001.htm 某一站点的网页文档,81 为端口号

域名也可以用 IP 地址直接表示,例如:

  http://210.38.164.1:88/408/main.htm 某一站点的网页文档,88 为端口号
  ftp://210.38.164.1:1529/user/lw/doc FTP 服务器,1529 为端口号

2. E-mail 服务

电子邮件(E-mail)是一种利用计算机网络交换电子信件的通信手段。电子邮件将邮件发送到收信人的邮箱中,收信人可随时进行读取。电子邮件不仅能传递文字信息,还可以传递图像、声音、动画等多媒体信息。与传统的邮件相比,电子邮件不仅使用方便,而且还具有传递迅速和费用低廉、容易保存和全球畅通无阻的优点,一天 24 小时可以随时发送电子邮件,在几分钟内便可以将电子邮件发送到全球任何地方。

(1) 电子邮件的收发过程。电子邮件系统采用客户机/服务器工作模式,由邮件服务器端与邮件客户端两部分组成。邮件服务器好像是邮局,包括接收邮件服务器和发送邮件服务器两类。发送邮件服务器采用 SMTP(简单邮件传送协议)通信协议,当用户发出一份电子邮件时,发送方邮件服务器依照邮件地址,将邮件送到收信人的接收邮件服务器中。接收方邮件服务器为每个用户的电子邮箱开辟了一个专用的硬盘空间,用于暂时存放对方发来的邮件。当收件人将自己的计算机连接到接收邮件服务器并发出接收操作后,接收方通过 POP3(邮局协议版本 3)或 IMAP(交互式邮件存取协议)读取电子信箱内的邮件。当用户采用 Web 网页进行电子邮件收发时,必须登录到邮箱后才能收发邮件,如果用户采用邮件收发程序(如 Microsoft 公司的 Outlook Express),则程序会自动登录邮箱,将邮件下载到本机中。图 7-20 显示了电子邮件的收发过程。

(2) 电子邮件地址。每一个电子邮箱都有一个 Email 地址,Email 地址的统一格式如下:

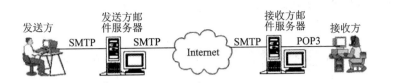

图 7-20 电子邮件的收发过程

收信人邮箱名@邮箱所在主机的域名

其中,符号"@"读作"at",表示"在"的意思。收信人邮箱名是用户在向电子邮件服务机构注册时获得的用户名,它必须是唯一的。例如 aaa@163.com 就是一个用户的 Email 地址。

(3) 电子邮件的使用方式和协议。电子邮件有两种常用的使用方式:Web 方式和邮件客户软件方式。使用 Web 方式,必须通过浏览器(如 IE 等)先登录到电子邮件服务器的站点,再通过站点来收发邮件。

使用邮件客户软件收发电子邮件,必须在客户机安装邮件客户端软件,目前常见的邮件客户端软件有 Microsoft 公司的 Outlook Express,以及国内开发的非商业软件 Foxmail。

图 7-21 所示为进入 Outlook Express 邮件系统的主界面。

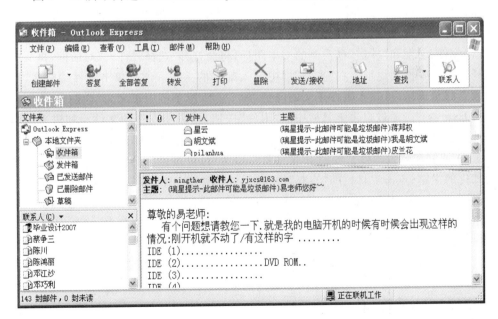

图 7-21 Outlook Express 邮件收发程序主界面

目前,电子邮件客户端软件所提供的功能基本相同,都可以完成以下操作:建立和发送电子邮件;接收、阅读和管理电子邮件;账号、邮箱和通信簿管理。

第7章 计算机网络基础和 Internet

① 创建新邮件的方法:单击工具栏上的"创建邮件"按钮,弹出图7-22所示的窗口。

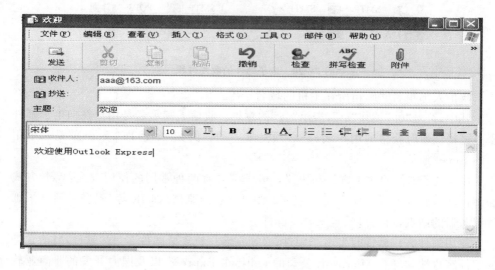

图7-22 邮件撰写界面

在"收件人"框中输入收件人的电子邮件地址。图7-22所示例中,收件人地址为 aaa@163.com,若需要将邮件同时发给多个收件人,则在"抄送"框中输入这些收件人的邮件地址,地址之间用分号";"或","分隔,若要从通信簿中选择收件人,可以单击"收件人"框和"抄送"框左侧的书本图标,将会打开"选择收件人"对话框,再从中选择所需的收件人地址。在"主题"框中键入邮件的主题。通过单击邮件编辑区,把插入点移至该区,可录入邮件正文的内容,图7-22所示例中正文为"欢迎使用 Outlook Express"。通过点击工具栏中的"附件"按钮,把需要发送的文件添加进来。当邮件编辑完成后,单击工具栏的"发送"按钮,就可以发送电子邮件了。

② 回复和转发邮件。收到对方发来的邮件后,可按以下方法回复:单击要回复的邮件的主题;点击工具栏的"答复"按钮,系统将弹出一个"答复"窗口,在该窗口中,"收件人"框中列出了原发件人的地址,"主题"框中列出了原邮件的主题,在编辑区中列出原邮件正文;在编辑区上方输入回复的内容;最后单击"答复"窗口工具栏上的"发送"按钮,把回复邮件发送出去。

若要将原邮件原封不动地转发给其他人阅读,可以通过转发邮件来实现:选中邮件,点击工具栏的"转发"按钮,余下步骤与回复邮件类似。

3. 远程登录(Telnet)

远程登录是指用户使用本地计算机通过 Internet 连接到远程的服务器上,使本地计算机成为远程服务器的终端,并可通过该终端远程控制服务器,使用服务器的各种资源。要开始一个 telnet 会话,一般需输入用户名和密码来登录服务器。

一些 Internet 的数据库,提供了开放式的远程登录方式,即登录这些数据库不需要账号和密码,任何人都可以登录和查询。电子公告栏(BBS)就是通过 Telnet 来实现的,为用户提供发布消息、讨论问题、学习交流的平台。目前很多高校都在网上建立了 BBS 站,如:清华大学 BBS 站(水木清华)的地址是 Telnet://bbs.tsinghua.edu.cn,北京大学 BBS 站(未名)的地址是 Telnet://bbs.pku.edu.cn,中山大学 BBS 站(逸仙时空)的地址是 Telnet://bbs.sysu.edu.cn。

4. FTP 服务

文件传送协议(FTP)是 Internet 上使用广泛的文件传送协议,采用客户机/服务器工作方式,用户计算机称为 FTP 客户端,远程提供 FTP 服务的计算机称为 FTP 服务器。FTP 服务是一种实时联机服务,用户在访问 FTP 服务器之前需要进行注册。不过,Internet 上大多数 FTP 服务器都支持匿名服务,即以 anonymous 作为用户名,以任何字符串或电子邮件的地址作为口令登录。当然匿名 FTP 服务有很大的限制,匿名用户一般只能获取文件,不能在远程计算机上建立文件或修改已存在的文件,对可以复制的文件也有严格的限制。用户输入网站 FTP 地址(见图 7-23)后,就可以登录到远程计算机的公共目录下,搜索需要的文件或程序,然后复制到本地计算机上,也可以将本地计算机上的文件上传到远程 FTP 计算机上。操作过程与在本机上复制文件过程完全一致,但是大部分 FTP 站点不允许用户任意删除文件。

利用 FTP 传输文件的方式主要以下两种:浏览器登录和 FTP 下载工具登录。

(1) 浏览器登录。IE 浏览器和 Navigator 浏览器中都带有 FTP 程序,因此可在浏览器地址栏中直接输入 FTP 服务器的 IP 地址或域名,回车后浏览器将自动调用 FTP 程序完成连接。例如,要访问微软(Microsoft)公司的 FTP 服务器时,可在 IE 浏览器地址栏输入 ftp://ftp.microsoft.com,回车后即可连接成功。浏览器界面显示出该服务器上的文件夹和文件名列表,如图 7-23 所示。由于微软公司的 FTP 服务器支持匿名登录,因此不需要输入任何用户名和口令。

(2) FTP 下载工具登录。使用 FTP 下载工具,如 CuteFTP、LeapFTP、迅雷等,也可以访问 FTP 站点。通常,这类软件打开后,其工作窗口分成左、右窗格,就像资源管理器一样。左右窗格分别是本地计算机系统和远程主机的系统,当用户需要下载时,只需要把右窗格的内容拖动到左窗格的目标位置即可,上传文件则把左窗格中需要上传的文件拖到右窗格的目标位置,但是上传文件时一般必须有写的权限。

随着 Internet 的不断发展,其功能日趋丰富和完善,除了以上四项基本服务外,还提供了很多具有很强实用性的服务,常见的有:即时通信服务、搜索引擎等。

5. 即时通信服务

即时通信(IM)服务有时简单的称为"聊天"软件,它可以在 Internet 上进行即时的文字信息、语音信息、视频信息、电子白板等方式的交流,还可以传输各种文件。在个人和企业即时通信中占据了越来越重要的作用。即时通信软件分为服务器软件和

第 7 章 计算机网络基础和 Internet

图 7-23 利用浏览器登录微软公司的 FTP 服务器

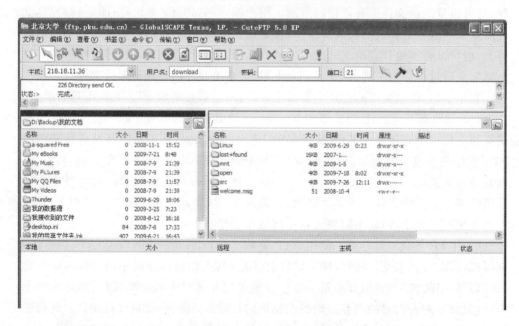

图 7-24 CuteFTP 工作窗口

客户端软件,普通用户只需要安装客户端软件。即时通信软件非常多,常用的主要有我国腾讯公司的 QQ 和美国微软公司的 MSN。QQ 目前主要用于在国内进行即时通信,而 MSN 可以用于国际 Internet 的即时通信,如图 7-25 所示。

  QQ 是深圳腾讯计算机系统有限公司开发的一款即时通信客户端软件,它是基于 Internet 的中文即时寻呼软件。通过使用 QQ 实现与好友进行交流,信息即时发送,即时回复。QQ 还具有网上寻呼、手机短信服务、聊天室、语音邮件、视频电话等

第 7 章　计算机网络基础和 Internet

图 7-25　MSN 即时通信软件主界面

功能。QQ 是目前国内应用最广泛的中文即时通信软件。

6．搜索引擎服务

搜索引擎是某些网站免费提供的用于网上查找信息的程序，是一种专门用于定位和访问 Web 网页信息，获取用户希望得到的资源的导航工具。搜索引擎通过分类查询方式或关键词查询方式获取特定的信息。搜索引擎并不真正搜索 Internet，它搜索的是预先整理好的网页索引数据库，得到相关网页的超链接，用户通过搜索引擎的查询结果，知道了信息所处的站点，再通过超链接即可从该网站获得信息的详细资料。

当用户查某个关键词的时候，所有在页面内容中包含了该关键词的网页都将作为搜索结果被搜出来。在经过复杂的算法进行排序后，这些结果将按照与搜索关键词的相关度高低依次排列。常用的搜索引擎有百度（www.baidu.com）、谷歌（www.google.cn）、雅虎（www.yahoo.com）等。搜索引擎页面如图 7-26 所示。

如何利用搜索引擎全面、准确、快速地从网络上获取所需要的信息，还需要掌握相应的方法。通常情况下，搜索引擎通过搜索关键词来查找包含此关键词的文章或网址。这是使用搜索引擎查询信息的最简单的方法，但返回的结果往往不能令人满意。如果想要得到最佳的搜索效果，就需要使用搜索引擎提供的高级搜索方法，如图 7-27 所示。它可以缩小搜索的范围，提高搜索的效率。

7．中国知网的使用

中国知识基础设施工程简称为 CNKI 工程，是以实现全社会知识信息资源共享为目标的国家信息化重点工程。中国知网（以前称为中国期刊网）作为 CNKI 的一个

第 7 章　计算机网络基础和 Internet

图 7 - 26　谷歌(google)搜索引擎页面

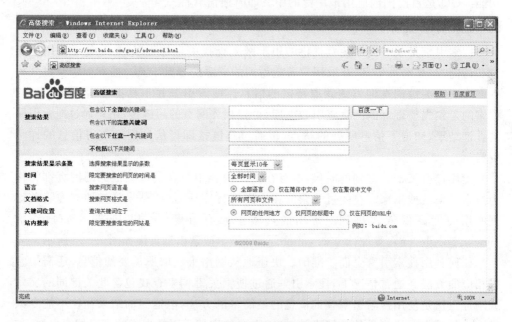

图 7 - 27　百度搜索引擎高级搜索页面

重要组成部分,已建成了中文信息量规模较大的 CNKI 数字图书馆,内容涵盖了自然科学、工程技术、人文与社会科学期刊、博硕士论文、报纸、图书、会议论文等公共知识信息资源。为在互联网条件下共享知识信息资源提供了一个重要的平台。遗憾的是,这是一个收费网站。

打开 IE 浏览器,在地址栏中键入 http://www.cnki.net,即可进入中国知网(CNKI)数字图书馆,如图 7-28 所示。中国期刊全文数据库(CJFD)主要以 CAJ 格式和 PDF 文件格式提供文献,因此,在用户计算机中需要预先安装好 CAJViewer 浏览器或 Adobe Reader(读取 PDF 格式文件)免费软件。

图 7-28 CNKI 中国知网主页

8. 电子商务平台

电子商务是指利用电子网络进行商务活动。它利用一种前所未有的网络方式,将顾客、销售商、供货商和雇员联系在一起,实现网上宣传、网上洽谈、网上订货、网上供货、网上客户服务等,有 B2B(企业对企业)和 B2C(企业对顾客)两种模式。目前,电子商务平台已经成为经济发展的新推动力,未来将成为 Internet 最重要和最广泛的应用。中国现在的电子商务发展迅速,常用的网上购物平台有淘宝、易趣、拍拍等。图 7-29 所示为淘宝购物网。

7.3 信息系统安全

随着计算机网络的飞速发展,计算机和计算机网络安全面临越来越严峻的形势。目前影响计算机安全的主要是计算机病毒和黑客。目前的计算机无法消除病毒的破坏和黑客的攻击,最好的情况是尽量减少这些攻击对系统核心造成地破坏。因此,防止计算机病毒和防止黑客攻击将是一项长期性地工作。

第 7 章　计算机网络基础和 Internet

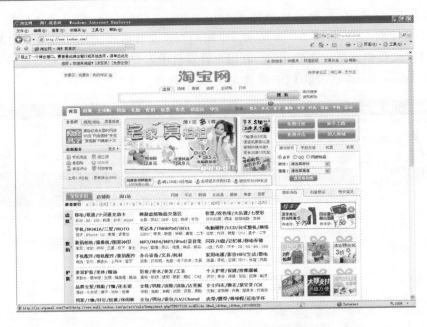

图 7-29　网上交易平台淘宝网

7.3.1　信息系统存在的安全问题

1. 软件设计中存在的安全问题

由于程序的复杂性和编程方法的多样性,加上软件设计还是一门相当年轻和发展中的科学,因此很容易留下一些不容易被发现的安全漏洞。软件漏洞包括如下几个方面:操作系统、数据库、应用软件、TCP/IP 协议、网络软件和服务、密码设置等的安全漏洞。这些漏洞平时可能看不出问题,但一旦遭受病毒和黑客攻击就会带来灾难性的后果。随着软件系统越做越大,越来越复杂,系统中的安全漏洞或"后门"不可避免地存在,而且有越来越大的趋势。

操作系统设计中的漏洞:Windows 操作系统一惯强调的是易用性、集成性、兼容性,没有把系统的安全性作为重要的设计目标。虽然 Windows 2000/XP/2003 操作系统比 Windows 9X 的安全性好了很多,但是,由于整体设计思想的限制,造成了微软操作系统的漏洞不断。在一个安全的操作系统(例如 FreeBSD)里,最重要的安全概念就是权限。每个用户有一定的权限,一个文件有一定的权限,而一段代码也有一定的权限,特别是对于可执行的代码,权限控制更为严格。只有系统管理员才能执行某些特定程序,包括生成一个可以执行程序等。

程序设计违背最小授权原则:最小授权原则认为,要在最少的时间内授予代码所需的最低权限。除非必要,否则不要允许使用管理员权限运行应用程序。部分程序开发人员在编制程序时,没有注意到代码运行的权限,较长时间的打开系统核心资源,这样会导致用户有意或无意的操作对系统造成的严重破坏。

网页中易被攻击的 CGI 程序:大多数 Web 服务器都支持 CGI 程序,以实现一些页面的交互功能。事实上,大多数 Web 服务器都安装了简单的 CGI 程序。黑客们可以利用 CGI 程序来修改 Web 页面,窃取信用卡帐号,为未来的攻击设置后门等。

RPC 服务缓冲区溢出:RPC(远程请求)允许一台机器上的程序执行另一台机器上的程序。它被广泛用来提供网络服务(如文件共享),由于 RPC 缺陷导致的弱点正被黑客和病毒(如冲击波病毒)广泛利用。有证据显示,大部分拒绝服务型攻击都是通过有 RPC 漏洞的机器上执行。

信任用户的任何输入:如果程序设计人员总是假设用户输入的数据是有效的,并且没有恶意,那么就会造成很大的安全问题。大多数攻击者向服务器提供恶意编写的数据,信任输入的正确性可能会导致缓冲区溢出、跨站点脚本攻击等。

缓冲区溢出:当攻击者提供的数据长度大于应用程序的预期时,就会发生缓冲区溢出,这时数据会溢出到内存空间。程序开发人员没有预料到外部提供的数据会比内部缓冲区大。溢出导致了内存中其他数据结构的破坏,这种破坏通常会被攻击者利用,以运行恶意软件。

2. 用户使用中存在的安全问题

操作系统的默认安装:大多数操作系统、应用程序、安装程序等,为了简化系统安装过程,激活了尽可能多的功能,通常安装了大多数用户所不需要的组件。软件开发商的设计思想是最好先激活所有软件功能,而不是让用户在需要时再去安装额外组件。这种方法虽然方便了用户,但却产生了很多危险的安全漏洞。因为用户不会主动给他们不使用的软件打补丁程序,很多系统安全漏洞就是因为用户根本不知道安装了这些程序。

没有口令或使用弱口令的帐号:大多数系统都把口令作为第一层和唯一的防御线。易猜的口令或默认口令是一个很严重的问题,但更严重的问题是有些帐号根本没有口令。实际上,所有使用弱口令、默认口令和没有口令的帐号都应从系统中清除。选择口令最常见的建议是选取一首歌中的一个短语或一句话,将这些短语的非数字单词的第一或第二个字母,加上一些数字来组成口令,在口令中加入一些标点符号将使口令更难破解。

没有备份或者备份不完整:一些用户虽然经常做备份,但不去确认备份是否有效。

7.3.2 计算机病毒及防治

1. 计算机病毒的定义

20 世纪 80 年代早期出现了第一批病毒。这些早期的病毒大部分是试验性的,并且是相对简单的自行复制的文件,它们仅是简单的恶作剧而已。1994 年 2 月 18

第7章 计算机网络基础和 Internet

日,我国正式颁布实施的《中华人民共和国计算机信息系统安全保护条例》第二十八条中明确指出:"计算机病毒是指编制或者在计算机程序中插入的破坏计算机功能或者破坏数据,影响计算机使用并且能够自我复制的一组计算机指令或者程序代码"。

计算机病毒通常具有以下特征:

(1)传染性:指计算机病毒能够自我复制,将病毒程序附到其他无病毒的程序体内,而使之成为新的病毒源,从而快速传播。传染性是计算机病毒最根本的特征,也是病毒与正常程序的本质区别。

(2)隐蔽性:病毒程序一般都隐蔽在正常程序中,同时在进行传播时也无外部表现,因而用户难以察觉它的存在。计算机病毒潜入系统后,一般并不立即发作,而是在一定条件,激活其传染机制,才进行传染,激活其破坏机制,才进行破坏。

(3)多样性:不同病毒在发作时引起的症状是不一样的,有时同一病毒在不同的发作条件下也呈现出不同的症状。这些症状有的可直接观察,有的难以察觉。

(4)破坏性:病毒的破坏情况表现不一,良性病毒破坏小,恶性病毒破坏大。它可占用计算机系统资源,干扰系统正常运行,破坏数据,严重的可使计算机软、硬件系统崩溃。

2. 计算机病毒的分类

计算机病毒的分类方法很多,可以根据破坏的大小、攻击的机种和传染的方式等来分类。按传染的方式分有有如下几类:

(1)引导型病毒:其特点是当系统引导时,病毒程序被运行,并获得系统控制权,从而伺机发作。由于磁盘的引导区是磁盘正常工作的先决条件,所以这种病毒的传染性和危害性都较大。

(2)文件型病毒:它感染文件扩展名为 COM、EXE、OVL 等可执行文件,这种文件与可执行文件进行链接,一旦感染的可执行文件运行,计算机病毒即获得控制权。宏病毒攻击 Microsoft Office 文档文件。当运行带病毒的程序时,病毒程序被运行,从而伺机发作。

(3)复合型病毒:它既感染磁盘引导区,又感染文件。

3. 计算机病毒的传染媒介

(1)软盘和 U 盘。通过软盘和 U 盘这种方式传染。使用带病毒的软盘和 U 盘,使计算机(硬盘、内存)感染病毒,并传染给未被感染的软盘,这些带病毒的软盘和 U 盘在其他计算机上使用,从而造成进一步的扩散。随着网络技术特别是 Internet 技术的发展,软盘正逐渐成为历史,取而代之的是 U 盘,因此 U 盘已经成为病毒传播的重要途径。

(2)硬盘。由于用户大量的文件、系统文件、应用文件一般都在硬盘,使得硬盘成为病毒的一个重要载体,从而成为重要的传染媒介。

(3)光盘。现在盗版光盘的情况十分严重,尤其在香港。这些盗版光盘很多时都会带有病毒,但由于光盘只能读不能写,所以光盘中的病毒也不能被清除。另外,一些软件制造商为了教训这些用盗版软件的人,他们故意设计一种病毒放在他们的软件中。如果用户用的是正版软件,病毒就不会发作;相反如果用的是盗版软件,病毒程序就会执行。

(4) 网络传染。利用网络的各种数据传输(如文件传输、邮件发送)进行传染。由于网络传染扩散速度极快,Internet 的广泛使用使得这种传染方式成为计算机病毒传染的一种重要方式。

4. 病毒的表现形式

病毒潜伏在系统内,一旦激发条件满足,病毒就会发作。由于病毒程序设计的不同,病毒的表现形式往往是千奇百怪,没有一定的规律,令用户很难判断。但是,病毒总的原则是破坏系统文件或用户数据文件,干扰用户正常操作。以下不正常的现象往往是病毒的表现形式。

不正常的信息:系统文件的时间、日期、大小发生变化。病毒感染文件后,会将自身隐藏在原文件后面,文件大小大多会有所增加,文件的修改日期和时间也会被改成感染时的时间。

系统不能正常操作:硬盘灯不断闪烁。硬盘灯闪烁说明有磁盘读写操作,如果用户当前没有对硬盘进行读写操作,而硬盘灯不断闪烁,这有可能是病毒在对硬盘写入许多垃圾文件,或反复读取某个文件。

Windows 桌面图标发生变化:把 Windows 缺省的图标改成其他样式的图标,或将应用程序的图标改成 Windows 缺省图标样式,起到迷惑用户的作用。

文件目录发生混乱:例如破坏系统目录结构,将系统目录扇区作为普通扇区,填写一些无意义的数据。

用户不能正常操作:经常发生内存不足的错误。某个以前能够正常运行的程序,在程序启动时报告系统内存不足,或使用程序中某个功能时报告内存不足。这是病毒驻留后占用了系统中大量的内存空间,使得可用内存空间减小。

数据文件破坏:有些病毒在发作时会删除或破坏硬盘上的文档,造成数据丢失。有些病毒利用加密算法,将加密密钥保存在病毒程序体内或其他隐蔽的地方,而被感染的文件被加密。

无故死机或重启:微机经常性无缘无故地死机。病毒感染了微机系统后,将自身驻留在系统内并修改了中断处理程序等,引起系统工作不稳定。

操作系统无法启动:有些病毒修改了硬盘引导扇区的关键内容(如主引导记录、文件分配表等),使得硬盘无法启动。某些毒发作时删除了系统文件,或者破坏了系统文件,使得无法法正常启动微机系统。

运行速度变慢:在硬件设备没有损坏或更换的情况下,本来运行速度很快的计算机,运行同样应用程序,速度明显变慢,而且重启后依然很慢。这可能是病毒占用了大量的系统资源,并且自身的运行占用了大量的处理器时间,造成系统资源不足,正常程序载入时间比平常久,运行变慢。

磁盘可利用空间突然减少:在用户没有增加文件的正常情况下,硬盘空间应维持一个固定的大小。但有些病毒会疯狂的进行传染繁殖,造成硬盘可用空间减小。

网络服务不正常:自动发送电子函件。大多数电子邮件病毒都采用自动发送的方法作为病毒传播手段,也有些病毒在某一特定时刻向同一个邮件服务器发送大量无用的电子邮件,以达到阻塞该邮件服务器的正常服务功能。造成网络瘫痪,无法提供正常的服务。

5. 计算机病毒检测技术

杀毒软件本质上是一种亡羊补牢的软件,也就是说,只有某一段病毒代码被编制出来之后,才能断定这段代码是不是病毒,才能谈到去检测或者清除这种病毒。从理论上考察,杀毒软件要做到预防全部未知病毒是不可能的。因为,目前微机和软件的智能水平还远远不能达到图灵测验的程度。但是从局部意义上探讨,利用人工智能防范部分未知病毒是可能的,这种可能性是建立在很多先决条件之下的。

所有杀毒软件要解决的第一个任务是如何发现一个文件是否被病毒感染。因此杀毒软件必须对常用的文件类型进行扫描,检查是否含有特定的病毒字符串。这种病毒扫描软件由两部分组成:一部分是病毒代码库,含有经过特别筛选的各种微机病毒的特定字符串;另一部分是扫描程序,扫描程序能识别的病毒数目完全取决于病毒代码库内所含病毒种类的多少。这种技术的缺点是,随着硬盘中文件数量的剧增,扫描的工作量巨大,而且容易造成硬盘的损坏。目前的杀病毒技术有特征码技术、覆盖法技术、驻留式软件技术、特征码过滤技术、自身加密的开放式反病毒数据库技术、智能和广谱技术、虚拟机技术、启发扫描技术、病毒疫苗等。

(1) 瑞星杀毒软件。瑞星公司是国内最早的专业杀毒软件生产厂商之一,拥有自有知识产权的杀毒核心技术:病毒行为分析判断技术、文件增量分析技术、自动高效数据拯救技术、共享冲突文件杀毒技术、实时内存监控技术、NTFS 格式 DOS 支持技术等。瑞星杀毒软件主界面如图 7-30 所示。

瑞星杀毒软件有如下技术特点:

① 智能解包还原技术,可以有效的对各种自解压程序进行病毒检测。

② 行为判断查杀未知病毒技术,可查杀 DOS、邮件、脚本以及宏病毒等未知病毒。

③ 通过对实时监控系统的全面优化集成,使文件系统、内存系统、协议层邮件系统、Internet 监控系统等,有机的融合成单一系统,有效的降低了系统资源消耗,提升了监控效率。

④ 瑞星杀毒软件在传统的特征码扫描技术基础上,又增加了行为模式分析和脚本判定两项查杀病毒技术。3 个杀毒引擎相互配合,保证了系统的安全。

⑤ 软件采用了结构化多层可扩展技术,使软件具有较好的可扩展性。

⑥ 采用压缩技术,无须用户干预,定时自动保护微机系统中的核心数据,即使在

第 7 章 计算机网络基础和 Internet

图 7-30 瑞星杀毒软件主界面

硬盘数据遭到病毒破坏,甚至格式化硬盘后,都可以迅速恢复硬盘中的数据。

⑦ 计算机在运行屏幕保护程序的同时,杀毒软件进行后台杀毒,充分利用计算机空闲时间。

⑧ 在安装瑞星杀毒软件时,程序会自动扫描内存中是否存在病毒,以确保其安装在完全无毒的环境中。而且,用户还可选择需要嵌入的程序,如"FlashGet"等,以实时杀毒。

(2) Norton Anti Virus 杀毒软件。Norton AntiVirus(诺顿杀毒软件)是 Symantec(赛门铁克)公司推出的杀毒软件,它可以检测上万种已知和未知的病毒,并且每当开机时,自动防护便会常驻在 System Tray,当从磁盘、网络上、Email 目录中打开文件时,就会自动检测文件的安全性,若文件内含病毒,会立即警告,并作适当的处理。另外它还附有在线升级功能,可帮助用户自动连上赛门铁克公司的 FTP 服务器,下载最新的病毒特征码库,下载完成后,自动完成安装更新。诺顿的杀毒软件简洁易用,比较注重实效,虽然系统资源占用较多,但发现的病毒基本上可以安全的进行处理。

(3) Kaspersky 杀毒软件。Kaspersky(卡巴斯基)杀毒软件来源于俄罗斯,它是一个与诺顿齐名的世界优秀的三大网络杀毒软件之一。卡巴斯基查杀病毒的性能卓越,支持反病毒扫描、驻留后台监视、脚本检测以及邮件检测等,而且能够真正实现带毒杀毒。卡巴斯基在病毒查杀技术上的领先地位非常稳固,不足的方面就是杀毒方面,但由于保障了病毒查杀的高度准确,在性能方面需要占用太多的系统资源,杀毒的牺牲也就变得可以理解了。

7.3.3 黑客攻击的防治

1. 黑客攻击的类型

网络安全威胁可以分为无意失误和恶意攻击,恶意攻击是网络面临的最大威胁,如图7-31所示。

图 7-31 黑客对网络安全的攻击

(1) 报文窃听。报文窃听指攻击者使用报文获取软件或设备,从传输的数据流中获取数据,并进行分析,以获取用户名、口令等敏感信息。在 Internet 数据传输过程中,存在时间上的延迟,更存在地理位置上的跨越,要避免数据不受窃听,基本是不可能的。在共享式的以太网环境中,所有的用户都能获取其他用户所传输的报文。对付报文窃听主要采用加密技术。

(2) 用户名/口令失密。在行业网络中经常使用拨号线路进行连网,拨号线路一般采用 PPP 协议,PPP 需要用户名、口令认证。如果用户名、口令丢失,其他用户就可以伪装成这个用户登录内部网络。对于口令失密的情况,可以采用 CallBack(回呼)技术解决。通过 CallBack,可以保证是与设定的对方进行通信。

(3) 流量攻击。流量攻击是指攻击者发送大量无用报文占用带宽,使得网络业务不能正常开展。例如接入到城域网中的链路是 10Mbit/s 带宽,而上行到网络中心是采用 DDN(如 2M 的线路),则有可能接收到来自城域网的大量无用报文,正常业务报文发送受到阻碍,因此必须采用访问控制技术来限制非法报文。

(4) 拒绝服务攻击。拒绝服务(DOS)攻击是指攻击者为达到阻止合法用户对网络资源访问的目的,而采取地一种攻击手段。流量攻击也属于拒绝服务攻击的一种。如 SYN Flooding(同步洪水)攻击,该攻击以多个随机的源主机地址,向目的主机发送大量的请求连接报文(SYN 包),但是收到目的主机的同步确认(SYN ACK)信号后并不回应,使目的主机长期处于一种链接等待状态,不能响应其他用户的服务。对于 SYN Flooding 攻击,可以通过应用层报文过滤技术进行防御。

(5) IP 地址欺骗。IP 地址欺骗指攻击者通过改变自己的 IP 地址,伪装成内部网用户或可信任的外部网用户,发送特定的报文,以扰乱正常的网络数据传输;或者是伪造一些可接受的路由报文来更改路由,以窃取信息。

对于伪装成内部网用户的情况,可采用访问控制技术进行限制。对于外部网络用户,可以通过应用层的身份认证方式进行限制。

2. 防止黑客攻击的策略

(1) 数据加密。加密的目的是保护信息系统的数据、文件、口令和控制信息等,同时也可以提高网上传输数据的可靠性,这样即使黑客截获了网上传输的信息包,一般也无法得到正确的信息。

(2) 身份认证。通过密码或特征信息等来确认用户身份的真实性,只对确认了的用户给予相应的访问权限。

(3) 访问控制。系统应当设置入网访问权限、网络共享资源的访问权限、目录安全等级控制、网络端口和结点的安全控制、防火墙的安全控制等,通过各种安全控制机制的相互配合,才能最大限度地保护系统免受黑客的攻击。

(4) 审计。把系统中和安全有关的事件记录下来,保存在相应的日志文件中,例如记录网络上用户的注册信息,如注册来源、注册失败的次数等;记录用户访问的网络资源等各种相关信息,当遭到黑客攻击时,这些数据可以用来帮助调查黑客的来源,并作为证据来追踪黑客;也可以通过对这些数据的分析来了解黑客攻击的手段以找出应对的策略。

(5) 入侵检测。入侵检测技术是近年出现的新型网络安全技术,目的是提供实时的入侵检测及采取相应的防护手段,如记录证据用于跟踪和恢复、断开网络连接等。

其他安全防护措施:不运行来历不明的软件,不随便打开陌生人发来的邮件中的附件。要经常运行专门的反黑客软件,可以在系统中安装具有实时检测、拦截和查找黑客攻击程序用的工具软件,经常检查用户的系统注册表和系统启动文件中的自启动程序项是否有异常,做好系统的数据备份工作,及时安装系统的补丁程序等。

7.3.4 防火墙技术

防火墙是防止火灾蔓延而设置的防火障碍。网络系统中的防火墙的功能与此类似,它是用于防止网络外部的恶意攻击对网络内部造成不良影响而设置的安全防护设施。在企业网络安全中,防火墙技术得到了广泛应用。

1. 防火墙的功能

防火墙是由软件或硬件设备构成的网络安全系统,用来在两个网络之间实施访问控制策略。

防火墙内部的网络称为"可信任网络",而防火墙外部的网络称为"不可信任网络"。防火墙可用来解决内网和外网之间的安全问题。一个好的防火墙系统应具备

第 7 章 计算机网络基础和 Internet

以下几个方面的特性和功能。

所有内部网络和外部网络之间交换的数据都可以而且必须经过该防火墙。

只有防火墙系统中安全策略允许的数据,才可以自由出入防火墙,其他不合格的数据一律被禁止通过。

防火墙本身受到攻击后,应当能够稳定有效的工作。

防火墙应当可以有效的记录和统计网络的使用情况。

防火墙应当有效地过滤、筛选和屏蔽一切有害的服务和信息。

防火墙应当能隔离网络中的某些网段,防止一个网段的故障传播到整个网络。

2. 防火墙的类型

硬件防火墙可以是一台独立的硬件设备;也可以在一台路由器上,经过软件配置成为一台具有安全功能的防火墙;防火墙还可以是一个纯软件,如瑞星杀毒软件附带的个人防火墙软件、Windows XP 自带的防火墙软件等。一般来说,软件防火墙功能强于硬件防火墙,硬件防火墙性能高于软件防火墙。

防火墙可分为包过滤型防火墙、代理型防火墙或混合型防火墙。企业级的包过滤防火墙典型产品有以以色列的 Checkpoint 防火墙、美国 Cisco 公司的 PIX 防火墙;企业级代理型防火墙的典型产品有美国 NAI 公司的 Gauntlet 防火墙。

目前市场上大多数企业级防火墙都是硬件产品,他们基于 PC(个人计算机)架构,就是说它们和普通的 PC 没有太大区别。在这些 PC 架构的计算机上运行一些经过裁剪和简化的操作系统,最常用的操作系统有 UNIX、Linux 和 FreeBSD。值得注意的是,由于这类防火墙采用的是别人的操作系统内核,因此依然会受到操作系统本身的安全性影响。硬件防火墙主要产品有 Cisco PIX 防火墙、美国杰科公司的 Net-Screen 系列防火墙、中国天融信公司的网络卫士防火墙等。

3. 包过滤防火墙

包过滤防火墙工作在 OSI/RM 的网络层和传输层,它根据数据包头源地址、目的地址、端口号和协议类型等标志确定是否允许通过。只有满足过滤条件的数据包才被转发到相应的目的地,其余数据包则被从数据流中丢弃,如图 7-32 所示。

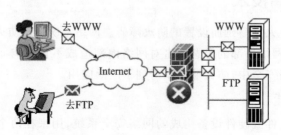

图 7-32 包过滤防火墙

包过滤是一种通用、廉价和有效的安全手段。它不针对各个具体的网络服务采取特殊的处理方式,因此适用于所有网络服务。包过滤防火墙之所以廉价,是因为大多数路由器都提供数据包过滤功能,所以这类防火墙多数是由路由器集成的。

4. 代理型防火墙

代理型防火墙是工作在 OSI/RM 的应用层。特点是完全阻隔了网络通信流,通过对每种应用服务编制专门的代理程序,实现监视和控制应用层通信流的作用。其典型网络结构如图 7-33 所示。

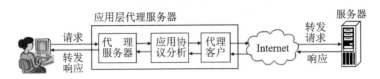

图 7-33 代理型防火墙工作过程

代理类型防火墙最突出优点是安全,由于它工作于最高层,所以它可以对网络中任何一层的数据通信进行筛选保护,而不是像包过滤那样,只是对网络层的数据进行过滤。

代理防火墙的最大缺点是速度相对比较慢,当用户网关吞吐量要求比较高时,代理防火墙就会成为内部网络与外部网络之间的瓶颈。因为防火墙需要为不同的网络服务建立专门的代理服务,所以给系统性能带来了一些负面影响。

5. 利用防火墙建立 DMZ 网络结构

DMZ 这一术语来自于军事领域,原意为禁止任何军事行为的区域,即非军事区(也翻译为隔离区、屏蔽子网)。在计算机网络领域,DMZ 的目的是把敏感的内部网络和其它提供服务的网络分离开,为网络层提供深度防御。防火墙设置的安全策略和访问控制系统,定义和限制了通过 DMZ 的全部通信数据。相反,在 Internet 和企业内部网络之间的通信数据通常是不受限制的。由防火墙构成的 DMZ 网络结构如图 7-34 所示。

DMZ 内通常放置一些不含机密信息的公用服务器,如 Web、Email、FTP 等服务器。这样来自外网的访问者可以访问 DMZ 中的服务,但不可能接触到存放在内网中的公司机密或私人信息等,即使 DMZ 中服务器受到破坏,也不会对内网中的机密信息造成影响。但是,DMZ 并不是网络组成的必要部分。

6. 防火墙的不足

防火墙技术不能解决所有的安全问题,它存在以下不足之处。

防火墙不能防范不经过防火墙的攻击。例如,内部网络用户如果采用拨号上网的接入方式(如 PSTN、ADSL),则绕过了防火墙系统所提供的安全保护,从而造成了一个潜在的后门攻击渠道。

防火墙不能防范恶意的知情者或内部用户误操作造成的威胁,以及由于口令泄

第 7 章 计算机网络基础和 Internet

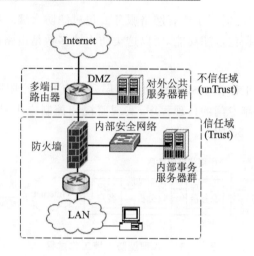

图 7-34 DMZ 网络安全结构

露而受到的攻击。

　　防火墙不能防止受病毒感染的软件或木马文件的传输。由于病毒、木马、文件加密、文件压缩的种类太多,而且更新很快,所以防火墙无法逐个扫描每个文件以查找病毒。

　　由于防火墙不检测数据的内容,因此防火墙不能防止数据驱动式的攻击。有些表面看来无害的数据或邮件在内部网络主机上被执行时,可能会发生数据驱动式攻击。例如,一种数据驱动式攻击可以修改主机系统与安全有关的配置文件,从而使入侵者下一次更容易攻击这个系统。

　　另外,物理上不安全的防火墙设备、配置不合理的防火墙、防火墙在网络中国的位置不当等,都会使防火墙形同虚设。

习题七

一、填空题

1. 所有信息在计算机中都必须转换为_____的形式进行处理。
2. 网络协议组成的三个要素是语法、语义和_____。
3. 网络设备接口具有 4 个重要特性,即机械、电气、_____和过程特性。
4. 数据链路层的主要功能是保证两个相邻节点间数据以_____为单位的无差错传输。
5. CSMA/CD 协议可归结为:_____,空闲即发送,边发边检测,冲突时退避。
6. 若你的计算机已经接入 Internet,用户名为 user,连接的服务器主机名为 163.com,则你的 Email 地址是_____。
7. 发送邮件服务器采用为_____通信协议,接收邮件服务器采用_____或

IMAP 协议。

8. 计算机病毒是指编制或者在计算机程序中插入的破坏计算机功能或者破坏数据，影响计算机使用并且能够自我复制的一组计算机指令或者_____。

9. 计算机病毒具有：_____、隐蔽性、破坏性、未经授权性等特点。

10. 防火墙是由软件或硬件构成的网络安全系统，用来在两个网络之间实施_____。

二、选择题

1. 计算机网络是计算机技术与(　　)技术紧密结合的产物。
(A)通信　　　　(B)电话　　　　(C)Internet　　　　(D)卫星

2. 通信线路的主要传输介质有双绞线、(　　)、微波等。
(A)电话线　　　(B)光纤　　　　(C)1 类线　　　　(D)3 类线

3. 局域网的主要特点是(　　)。
(A)体系结构为 TCP/IP 参考模型　　(B)需要使用网关
(C)需要使用调制解调器连接　　　　(D)地理范围在几公里的有限范围

4. 网络软件包括(　　)、网络服务器软件、客户端软件。
(A)Windows　　(B)UNIX　　　(C)网络操作系统　　(D)通信控制软件

5. 计算机网络的目的在于实现(　　)和信息交流。
(A)资源共享　　(B)远程通信　　(C)网页浏览　　　(D)文件传输

6. 在 IE 浏览器中，如果要浏览刚刚看过的那一个 Web 页面，应该单击一下_____按钮。
(A)历史　　　　(B)前进　　　　(C)刷新　　　　　(D)后退

7. Internet 实现了分布在世界各地的各类网络的互联，其最基础和核心的协议(　　)。
(A)FIP　　　　(B)HTTP　　　(C)TCP/IP　　　　(D)HTML

8. 通信双方必须共同遵守的规则和约定称为网络(　　)。
(A)合同　　　　(B)协议　　　　(C)规范　　　　　(D)文本

9. 关于电子邮件，下列说法中错误的是(　　)。
(A)发送电子邮件需要 E_mail 软件支持
(B)发件人必须有自己的 E_mail 账号
(C)收件人必须有自己的邮政编码
(D)必须知道收件人的 E_mail 地址

10. 就计算机网络按规模分类而言，下列说法中规范的是(　　)。
(A)网络可分为局域网、广域网、城域网
(B)网络可分为光缆网、无线网、局域网
(C)网络可分为公用网、专用网、远程网
(D)网络可分为数字网、模拟网、通用网

第7章 计算机网络基础和Internet

11. 匿名FTP服务的含义是（　　）。
(A)有账户的用户才能登录服务器
(B)只能上传,不能下载
(C)允许没有账户的用户登录服务器,并下载文件
(D)免费提供Internet服务

12. 使用匿名FTP服务,用户登录时常常使用（　　）作为用户名。
(A)anonymous　　　　　　(B)主机的IP地址
(C)自己的E-mail地址　　　(D)节点的IP地址

13. 用IE浏览器浏览网页时,当鼠标移动到某一位置时,鼠标指针变成"小手",说明该位置有（　　）。
(A)超链接　　(B)病毒　　(C)黑客侵入　　(D)错误

14. 电子邮件地址的一般格式为（　　）。
(A)域名@IP地址　　　　(B)域名@用户名
(C)用户名@域名　　　　(D)IP地址@域名

15. 要将一个play.exe文件发送给远方的朋友,可以把该文件放在电子邮件的（　　）中。
(A)附件　　(B)主题　　(C)正文　　(D)地址

16. （　　）类IP地址的前24位表示的是网络号,后8位表示的是主机号。
(A)A　　(B)D　　(C)C　　(D)B

17. 在给别人发送邮件时,（　　）不能为空。
(A)抄送人地址　(B)附件　(C)收件人地址　(D)主题

18. OSI/RM的中文含义是（　　）。
(A)网络通信协议　　　　　(B)国家信息基础设施
(C)开放系统互联参考模型　(D)公共数据通信网

19. 在TCP/IP网络环境下,每台主机都分配了一个（　　）位的IP地址。
(A)4　　(B)16　　(C)32　　(D)64

20. 局域网中每一台计算机的网卡上都有一个全球唯一的（　　）地址。
(A)MAC　　(B)IP　　(C)计算机　　(D)网络

21. 集线器属于（　　）层网络互联设备,它是一种多端口的中继器。
(A)物理　　(B)链路　　(C)网络　　(D)会话

22. 交换机属于（　　）层互联设备,它是一种多端口的网桥设备。
(A)物理　　(B)链路　　(C)网络　　(D)会话

23. 衡量网络上数据传输速率的单位是每秒传送多少个二进制位,记为（　　）。
(A)b/s　　(B)OSI　　(C)Modem　　(D)TCP/IP

24. 把同种或异种类型的网络相互连接起来,称为（　　）。
(A)广域网　　(B)万维网　　(C)城域网　　(D)互联网

25. 以太网 100BASE-T 代表的含义是( )。
(A) 100Mbit/s 基带传输的粗缆以太网
(B) 100Mbit/s 基带传输的双绞线以太网
(C) 100Mbit/s 基带传输的细缆以太网
(D) 100Mbit/s 频带传输的双绞线以太网

26. 一座办公大楼内各个办公室中的微机进行联网,这个网络属于( )。
(A) WAN　　　(B) LAN　　　(C) MAN　　　(D) PAN

27. 开放系统互联参考模型的基本结构分为( )层。
(A) 4　　　(B) 5　　　(C) 6　　　(D) 7

28. 组建以太网时,通常都是用双绞线把若干台计算机连到一个"中心"的设备上,这个设备叫做( )。
(A) 网络适配器　(B) 服务器　　(C) 交换机　　　(D) 总线

29. 路由选择是 OSI 模型中( )层的主要功能。
(A) 物理　　　(B) 数据链路　(C) 网络　　　(D) 传输

30. TCP/IP 协议的传输层主要由 TCP 和( )两个协议组成。
(A) UDP　　　(B) Ethernet　(C) IEEE 802.3　(D) DNS

下篇 实验篇

- 实验 1　PC 认识及上机基本操作
- 实验 2　Windows 的基本操作
- 实验 3　Word 基本操作(一)
- 实验 4　Word 基本操作(二)
- 实验 5　表格与图文混排
- 实验 6　Word 的高级操作
- 实验 7　Excel 操作基础
- 实验 8　公式、序列及函数的使用
- 实验 9　图表的制作
- 实验 10　数据库操作
- 实验 11　简单演示文稿的制作
- 实验 12　制作一个自我介绍的演示文稿
- 实验 13　浏览器的使用
- 实验 14　收发电子邮件

实验 1　PC 认识及上机基本操作

一、实验目的

1. 掌握键盘和鼠标的使用方法。
2. 掌握附件中"记事本"、"写字板"、"计算器"等应用程序的基本操作。
3. 了解主要的汉字输入法,并掌握一种汉字输入法。
4. 掌握桌面、显示器及任务栏的设置方法。

二、实验内容与操作步骤

1. 键盘的使用

(1) 运行"记事本"程序:

执行"开始"→"所有程序"→"附件"→"记事本"命令。稍候,记事本启动成功,可供使用。以下的键盘练习都在"记事本"窗口中操作。

(2) 练习输入小写字母(注意:CapsLock 键为大小写字母转换键):

键入:abcdefghijklmnopqrstuvwxyz　　＜Enter＞(＜Enter＞为回车)

键入:zyxwvutsrqponmlkjihgfedcba　　＜Enter＞

(3) 练习输入大写字母:

键入:ABCDEFGHIJKLMNOPQRSTUVWXYZ　　＜Enter＞

键入:ZYXWVUTSRQPONMLKJIHGFEDCBA　　＜Enter＞

(4) 练习输入数字:

键入:1234567890,0987654321　＜Enter＞　　(随机输入 10 遍)

(5) 练习输入上档字符:

输入上档字符要借助＜SHIFT＞键,该键的按法是"先按后放"

键入:!@#$%^&*()_+|　＜Enter＞　　(随机输入 10 遍)

2. 鼠标的使用

(1) 单击操作

单击一般指单击左键。依次单击"记事本"窗口中的"文件"菜单名、最小化按钮、任务栏上的"记事本"应用程序按钮,观察其中的变化。

(2) 双击操作

双击是指快速连续按两次左键。在"记事本"窗口中练习以下操作:

① 双击"记事本"窗口的标题栏,观察窗口的变化。

实验 1　PC 认识及上机基本操作

② 再次双击"记事本"窗口标题栏，观察两次双击后窗口的变化有何不同。

③ 双击"记事本"窗口左上角的小图标，系统弹出一个对话框。

④ 单击对话框中的"否"按钮，结束"记事本"应用程序。

（3）右击操作

右击指单击右键。在 WINDOWS 桌面上，依次右击桌面上的某一图标或空白处，观察弹出的菜单是否相同。

（4）拖放操作

拖放操作是把鼠标指向某一对象后按下左键不放，并移动鼠标，当把对象移到目标位置后再松开左键。

把桌面"回收站"图标拖放到另一位置，并尝试调整其他图标位置。

使用拖放操作，把"任务栏"拖放到桌面的顶端、左端或右端。

3．掌握"计算器"、"写字板"的使用

（1）执行"开始"→"所有程序"→"附件"→"计算器"命令，即可启动"计算器"程序，进入"计算器"主窗口。

（2）从计算器窗口"查看"菜单中单击"程序员"，将十进制数 168 和 32767 分别转为二进制_____、_____和十六进制数_____、_____；将十六进制数 8F8F 分别转为二进制和十进制数_____、_____。

（3）仿照(1)操作，启动"附件"中"写字板"程序，在"写字板"窗口中录入以下文本，最后以 Myfile.DOC 为文件名存入 D:\中。

客户机/服务器结构

客户机/服务器(Client/Server)网络是一种基于服务器的网络。基于微机的这一类网络操作系统有：Novell、Netware、UNIX、Windows NT Server 等。

Windows NT Server 具有良好的性能，它支持多种硬件平台。DBMS 的三大生产商 Oracle、Sybase、Informix 在它们的产品中均提供了对 Windows NT 的支持。

（4）关闭所有打开的应用程序。

4．外观和个性化及任务栏的设置

（1）重新排列桌面上的图标

操作方法：在桌面空白处右击，系统弹出桌面的快捷菜单，在快捷菜单上选择"排序方式"命令，再在其级联菜单中选择"名称"、"大小"、"项目类型"和"修改日期"之一种命令，对桌面上的图标进行重新排列。

在不选"自动排列"的情况下，通过鼠标拖放可以移动桌面上图标的位置。

在桌面的快捷菜单中，选择"查看"→"自动排列图标"命令，则可由系统自动排列图标的位置。

（2）主题设置

① 将主题设置为"风景"。

实验 1　PC 认识及上机基本操作

操作方法：在桌面空白处右击，在出来的菜单里选"个性化"命令，出来一个对话框面板；在出来的对话框中间，有许多主题，选择"风景"后自动切换到该主题样式。

② 桌面背景设置由多个图片构成的幻灯片。

操作方法：在桌面空白处右击，在出来的菜单里选"个性化"命令，出来一个对话框面板；在主题框下边有一排图标，单击第一个"桌面背景"；出来一个背景对话框面板，在中间可以选择各种背景图片，然后单击下边的"保存修改"按钮，如果选择了多个图片，选好以后还可以以幻灯片形式自动变换桌面。

③ 屏幕保护程序为三维文字"Windows 7 操作系统"，等待时间为 2 分钟。

操作方法：在桌面空白处右击，选择"个性化"菜单；在出来的对话框中，找到"屏幕保护程序"图标，单击进入；单击中间的下拉按钮，选择一个屏幕保护程序"三维文字"，在下边的"等待"中，设定空闲的时间为 2 分钟，单击旁边的"设置"按钮，可以进行一些细节方面的设定（自定义文字为：Windows 7 操作系统）；上边的屏幕中显示预览图像。

（3）任务栏的设置

① 先设置任务栏为自动隐藏，看到效果后，再恢复原来的设置状态（即设置任务栏为正常显示）。

操作方法：在任务栏的快捷菜单中选择"属性"命令，弹出"任务栏和'开始'菜单属性"对话框，从中进行设置。

② 修改系统日期与时间。

操作方法：双击任务栏右下角的时钟，在弹出的面板中，选择"更改日期和时间设置"链接，弹出"日期和时间"对话框，选择"日期和时间"选项卡中的"更改日期和时间"按钮，弹出"日期和时间设置"对话框，设置要修改的日期和时间（如日期、时间修改为 2013 年 6 月 2 日上午 11 时）。修改后单击"确定"按钮。

③ 添加或删除任务栏图标。

操作方法：选择"开始"→"所有程序"，在要添加的程序上右击，选择"锁定到任务栏"；这时候在任务栏上就会出现一个新的图标，单击就可以打开相应的程序；拖动图标可以移动位置；要删除一个图标，瞄准它右击，选择"将此程序从任务栏解锁"命令。

三、思考与练习

1. 利用计算器求出如下各数中最大的数：
   A. $(217)_{10}$　　B. $(332)_8$　　C. $(DB)_{16}$　　D. $(110011100)_2$

2. 利用"记事本"录入如下算式，再用"计算器"完成计算，最后以自己学号为文件名存入 D:\ 中。
   (1) $12345 \div 9876 + \text{SIN}(\pi/4) \times 456 = 323.6906922210567112678502911981$
   (2) $987654321 \times 0.12345 \div \text{COS}(\pi/4) = 172429298.05149717736099304227246$

3. 如何改变任务栏的位置？如何用任务栏重新排列窗口？

实验 2 Windows 的基本操作

一、实验目的

1. 掌握"计算机"和"资源管理器"的基本操作。
2. 掌握建立快捷方式的方法。
3. 掌握回收站的使用。
4. 掌握 WINRAR 应用软件和 Windows 7 系统自带的压缩程序操作。
5. 掌握搜索框的使用。

二、实验内容与操作步骤

在 Windows 环境下完成以下各操作。

1. 用"资源管理器"或"计算机",在 D:\建立实验图 2-1 的文件夹结构:

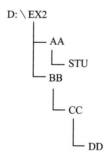

实验图 2-1 文件夹结构

2. 试用"记事本"创建文件 MYFILE.TXT,存放于 D:\EX2\AA\STU 文件夹中,文件内容如下:

1234567890
ABCDEFGHIJKLMNOPQRSTUVWXYZ
~！@#$%·&*()_+|{}:"<>?
①②③④⑤⑥ⅠⅡⅢⅣⅤⅥ 1.2.3.
4. 5. 6.㈠㈡㈢㈣㈤㈥⑴⑵⑶⑷⑸⑹
αβγδενξοπρυφχψω
。、,；：？！…—·～″'""
‖"《》「」『』.【】〖〗()｛｝[]
≈≡≤≥±×÷≌∑≠∫∞∏∈∵

实验 2　Windows 的基本操作

壹贰叁肆伍陆柒捌玖零拾佰仟万亿
☆★○●◎◇◆□℃‰■△▲※→↑¤♂

3. 将上述建立的 MYFILE.TXT 文件在 STU 文件夹中创建一个副本(操作提示：编辑/复制(粘贴)，文件名取为"YOURFILE.TXT"。

4. 将文件 MYFILE.TXT 在桌面上创建一个快捷图标，图标名称为"FLAG"。

5. 将文件 MYFILE.TXT 增加"只读"的属性。

6. 请将文件 D:\EX2\AA\STU\MYFILE.TXT 移动到 D:\EX2\BB 文件夹中，并把目标位置的文件改名为 OURFILE.BAK。

7. 请删除位于"D:\EX2\AA\STU"中的文件"YOURFILE.TXT"，然后再将其从回收站中恢复。

8. 请将"D:\EX2\AA"下的文件夹 STU 用 WinRAR 压缩软件压缩为"ST.RAR"，并保存到"D:\EX2\BB"目录下。

9. 请将"D:\EX2\AA"下的文件夹 STU 用 Windows 7 系统自带的压缩程序进行压缩为"ST.ZIP"，并保存到"D:\EX2\BB"目录下。

10. 请在"D:\EX2\AA"下的文件夹 STU 下执行以下操作，将文件"YOURFILE.TXT"用 Windows 7 系统自带的压缩程序进行压缩为"YOUR.ZIP"。

11. 请在"D:\EX2\AA"下的文件夹 STU 下执行以下操作，将文件"YOURFILE.TXT"用 WinRAR 压缩软件压缩为"YOUR.RAR"后彻底删除文件"YOURFILE.TXT"。

12. 请查找位于 C 盘中的 notepad.exe 文件，并将该文件复制到该 D:\EX2\BB\CC 文件夹中。

13. 请查找位于 C 盘 WINDOWS 系统文件夹(Windows 7 为 C:\WINDOWS)中文件名以 WIN 开头且字节数少于 10 KB 的文本文件，并将找到的文件复制到 D:\EX2\BB\CC\DD 文件夹中。

三、思考与练习

1. 如何选定一批连续或不连续的文件？选定所有文件呢？

2. 掌握通配符的使用：

(1) 主文件名以 WIN 开头扩展名为 .EXE 的所有文件可表示为＿＿＿＿＿；

(2) 主文件名第三个字符为"A"的所有文本文件可表示为＿＿＿＿＿。

3. 如果想查找一个 Word 文档(扩展名为 .DOC)，只知道其中的内容中包含有"计算机"，那么应该如何设置查找？

4. 如果想查找出 C:\Windows 中所有的可执行文件(扩展名为 .EXE 或 .COM)，那么应该如何设置查找条件？

5. 要在局域网中查找名字为 JIAYING 的计算机，应如何操作？

实验 3　Word 基本操作（一）

一、实验目的

1. 掌握文本的编辑及文档的页面设置方法。
2. 掌握文本的查找、替换等编辑技巧。
3. 掌握文本的批注和修订功能。

二、实验内容和操作步骤

在 Word 2010 环境下依次完成以下各操作。

1. 打开 D:\EX3\W31.docx 文件,依次完成以下各操作后按原文件名保存。

（1）将正文第 1 自然段中的"网络发展面临的挑战"文字复制到文档第一行作为文本的标题。并作如下设置:文字格式设为二号、红色、加粗的黑体字;段落格式设为段前为 3 磅,段后为 4 磅,对齐方式为居中。

（2）请将正文第 1 自然段文字字体设置为仿宋,字号设置为 16,下划线设置为单线,对齐方式设置为居中。

（3）将正文第 2 自然段文本移动到文档最后成为正文的第 4 自然段。

（4）将修改后的文档以原文件名保存在 D:\EX3 中并退出。

2. 打开 D:\EX3\W32.docx 文件,并依次完成以下各操作:

（1）将文档中所有的字形为"倾斜"的字替换其内容为"学校",且字体颜色设置为"红色",字号为"四号"。

（2）选定标题段落并插入批注,批注内容为文本中的不计空格的字符数(例如文本字符数为 1000,批注内只需填 1000,文本字符总数不含批注及文本框)。

（3）打开修订功能,将倒数第 2 段文字"鸟的天堂"中的双删除线去掉,关闭修订功能。

（4）将修改后的文档以 D:\EX3\W33.docx 文件名保存并退出。

3. 打开 D:\EX3\W34.docx 文件,并依次完成以下设置:

（1）纸张大小:自定义 148×210 毫米;上、下、左、右边距分别为 2 cm。

（2）将文档的页眉设为"漫步巴拉湾",页眉的对齐方式为居中。

（3）在文档的页脚处添加页码,页码的对齐方式为居中。

（4）按原文件名保存对本文档的修改并退出。

4. 打开 D:\EX3\W35.docx 文件,操作如下:

（1）请将正文中的"极光"二字全部替换为仿宋四号红色。

实验3 Word 基本操作(一)

(2) 删除文档中的所有空格符。

(3) 按原文件名保存对本文档的修改并退出。

5. 打开 D:\EX3\W36.docx 文件,完成以下操作:

(1) 将文本标题"看海"设置字号为初号。

(2) 设置页眉:奇数页为"名作欣赏",仿宋体五号红色右对齐,偶数页内容为当前文件名。

(3) 按原文件名保存对本文档的修改并退出。

三、思考与练习

1. 再次打开 D:\EX3\W34.docx 文件,删除文档中的页码,修改后以 W37.doc 为文件名将结果保存在 D:\EX3 中并退出。

2. 再次打开 D:\EX3\W35.docx 文件,将文档中的所有红色的字符删除,修改后以 W38.doc 为文件名将结果保存在 D:\EX3 中并退出。

3. 再次打开 D:\EX3\W36.docx 文件,设置页眉"首页不同",修改后以 W39.doc 为文件名将结果保存在 D:\EX3 中并退出。

实验 4　　Word 基本操作(二)

一、实验目的

1. 掌握文档字符与段落排版、格式复制与套用的方法。
2. 掌握文档项目符号和编号、分栏、首字下沉等特殊格式设置方法。
3. 掌握文档的脚注与尾注的使用方法。

二、实验内容和操作步骤

在 Word 环境下依次完成以下各操作。

1. 打开 D:\EX4\W41.docx 文件,将 D:\EX4\W42.docx 文件的内容插入到 W41.doc 文件内容的末尾,并完成以下各操作:

(1) 将文本标题"生命科学的时代"的字符格式(不包括其段落格式)复制到第 1 自然段(20 世纪……奇迹出现。)。

(2) 在文档中建立一个名为"样式 A"的用户样式,其格式组合为:无缩进、段前 7 磅、段后 10 磅、小四号仿宋红色字。

(3) 将上述定义的"样式 A"应用到正文的第 3 自然段至第 6 自然段中。

(4) 将修改后的文档以 W43.docx 为文件名保存 D:\EX4 中并退出。

2. 打开 D:\EX4\W44.docx 文件,请将文档第 2 段设为首字下沉,下沉字体设置为黑体,下沉行数为 2 行。最后保存对本文档的修改并退出。

3. 打开 D:\EX4\W45.docx 文件,并完成以下各操作,最后以原文件名保存并退出。

(1) 请将文档的标题字符间距设置为加宽 7 磅。

(2) 请将文档正文第 2 自然段分成 2 栏,要求为:栏宽相等,栏间距为 1 个字符,栏与栏之间增加分隔线。

(3) 在文档正文的第 4 自然段前插入分页符。

4. 打开 D:\EX4\W46.docx 文件,并完成以下各操作,最后以原文件名保存并退出。

(1) 设置第一段文档的段落格式:把"布达拉宫介绍"设置为右对齐。

(2) 第二段:左、右各缩进 1.5 cm。

(3) 第三段:段前间距:10 磅,段后间距:10 磅。

(4) 第四段:悬挂缩进 1 字符,行距最小值 14 磅,段落的对齐方式为居中。

5. 打开 D:\EX4\W47.docx 文档,按下图设置项目符号和编号,完成以下操作: (注:必须使用项目符号和编号工具设置,没有要求操作的项目请不要更改)

(1) 一级编号(一、二、三等)位置为左对齐,对齐位置为 0 cm,文字缩进位置为

实验 4　Word 基本操作(二)

0.75 cm。

(2) 二级编号(甲、乙、丙等)位置为居中,对齐位置为 1 cm,文字缩进位置为 2 cm。

(3) 以原文件名保存并退出。

```
一　选料
    甲　干莲子 80 克,陈皮 1…
        盐少许。
二　制法
    甲　章鱼用清水泡软,和瘦…
    乙　锅内注入适量清水和肉…
    丙　用适量的盐调味。
三　功效
    甲　章鱼含有丰富的蛋白质…
        长人类寿命等重要保…
    乙　一般人都可食用,尤…
        乳汁不足者食用。
```

三、思考与练习

1. 再次打开 D:\EX4\W43.docx 文件,完成以下操作,最后以 W48.docx 为文件名将修改结果保存在 D:\EX4 中并退出。

(1) 将文档标题"生命科学的时代"的段落格式(不包括其字符格式)复制到第 2 自然段(可以预计……产业支柱。)。

(2) 将文档中已建立"样式 A"的用户样式的格式组合修改为:1.5 倍行距、四号隶书蓝色字。

2. 打开 D:\EX4\W49.docx 文件,完成以下操作,最后以原文件名保存并退出。

(1) "李商隐"后插入尾注,内容为:李商隐(公元约 813—约 858 年),晚唐诗人。

(2) "夜雨寄北"后插入脚注①,内容为:"寄给住在北方的友人。这里指作者的妻子";"君"后插入脚注②,内容为:"指作者的妻子"。

实验 5　表格与图文混排

一、实验目的

1. 掌握文档中插入图片、文本框、艺术字等的基本方法。
2. 掌握图文混排的编辑方法。
3. 掌握表格制作、编辑的方法及其简单计算。

二、实验内容和操作步骤

在 Word 环境下依次完成以下各操作：

1. 打开 D:\EX5\W51.docx 文件，在文档中插入剪贴画的任一科技类图片，并设置以下的格式：图片的高度为 90 磅，宽度为 80 磅；图片与文字的环绕方式为：紧密型。保存对本文档的修改并退出。

2. 打开 D:\EX5\W52.docx 文件，在文档开始处插入艺术字：内容"童话的概念和起源"，插入时采用第 3 行第 1 列的样式，字体：隶书，字号：36，字形：加粗、倾斜；艺术字格式：文字环绕方式：上下型，艺术字对齐方式：居中。保存对本文档的修改并退出。

3. 打开 D:\EX5\W53.docx 文件，完成以下操作：

（1）把文本中文字为"活动时间：2008 年 7 月"转换为横排文本框，字号为二号，字体为仿宋，文本框填充颜色为红色。

（2）把含绿色字体的段落设置项目符号和编号，设置为"项目符号"选项卡中的符号字符"◆"。（注：该小题必须使用项目符号和编号工具设置。）

4. 新建一文档并创建以下表格，其中表格中的粗线为 1.5 磅，细线为 1 磅。最后以 W54.docx 文件名保存在 D:\EX5 中。

课　程　表

时间 \ 星期		一	二	三	四	五
上午	1	班会	数学	作文	数学	数学
	2	语文	语文	作文	语文	语文
	3	数学	语文	数学	美术	体育
	4	说话	音乐	活动	活动	语文
下午	5	美术	卫生	手工劳	语文	音乐
	6	第二课堂	活动	体育	自然	思想品德

实验 5　表格与图文混排

三、思考与练习

1. 打开 D:\EX5\W51.docx 文件,将图片的背景设置成白色大理石底纹,图片效果设置成预设 9,最后以 w57.docx 为文件名存盘。

2. 将文档 W54.docx 课程表中星期三与星期五的具体课程对调,最后以 w55.docx 为文件名存盘。

3. 打开 D:\EX5\W56.docx 文件,按图要求完成以下操作后保存文档:

出差日期		地　点		交通费	膳杂费	住宿费	杂费	合计
月	日	起	迄					
1	10	湘南	湘北	150	200	100	0	450
2	20	湖南	湖南	200	300	200	50	750
费用总计				350	500	300	50	1200

(1) 使用合并和拆分方法修改表格的第一行第二列和最后一行第一列,删除修改后多余的空行。

(2) 在适当的位置使用公式计算"合计"列和"费用总计"行。

(3) 设置表格宽度为 10 cm,单元格内文字水平、垂直方式为居中,整个表格水平居中。

(4) 倒数第二、第三行底纹为蓝色,最后一行中的单元格文字颜色为绿色、加粗。

实验 6 Word 的高级操作

一、实验目的

1. 掌握简单数学公式、组织结构图的录入与编辑方法。
2. 掌握邮件合并的操作方法。
3. 掌握目录的制作方法。

二、实验内容和操作步骤

在 Word 环境下依次完成以下各操作。

1. 新建一文档输入以下数学表达式,并在其后创建如下的组织结构图,最后以 W61.docx 文件名保存在 D:\EX6 中。

$$f(x) = a_0 + a_1 x + a_2 x^2 + \cdots\cdots + a_{n-1} x^{n-1} + a_n x^n$$

$$Y = \begin{cases} -4X^2 + 3X - 3 & X \geqslant 100 \\ 123 & -100 < X < 100 \\ 9X^3 + 5X^2 - 7X - 9 & X \leqslant -100 \end{cases}$$

$$\int_0^1 \frac{1+x^2}{1+x^4} \mathrm{d}x = \frac{\pi}{4}\sqrt{2}$$

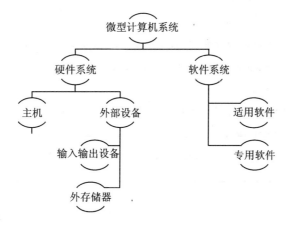

2. 邮件合并

以 D:\EX6\W62.DOCX 为主文档,以 D:\EX6\W63.DOCX 为数据源文档,按下列格式进行邮件合并,将最后生成的合并文档以 W64.DOCX 为文件名存入 D:\EX6 中。

实验 6　　Word 的高级操作

```
                     奖　状

《姓名》同学：
        在第二十二届校运会上取得《项目》项
目第《名次》名的成绩，特此嘉奖。

                                   梅州嘉泰中学
                                   2009 年 10 月 1 日
```

三、思考与练习

1. 在邮件合并操作中，如果要修改数据源的内容，应如何操作？

2. 打开 D:\EX6\W65.DOCX 文档，在文档中制作如下图所示的目录。要求将目录放在英文摘要之后，且另起新页显示。最后以原文件名保存。

目　录

第一部分：概述 4
　　一、WLAN 目前的国内外发展现状 4
　　二、无线宽带接入技术分析 4
　　三、WLAN 行业应用 5
第二部分：无线宽带技术与设备总述 6
　　一、无线局域网技术规范 6
　　二、无线局域网的拓扑结构 7
第三部分：WLAN 应用方案分析 8
第四部分：无线宽带技术解决方案 9
　　一、小型办公场所模型 9
　　二、宾馆、机场、会展中心等模型 9
第五部分：总结与展望 10
第六部分：参考资料 11
致谢 12

实验 7 Excel 操作基础

一、实验目的

1. 掌握工作表的建立、工作簿的保存及打开的操作。
2. 掌握工作表的基本操作及工作表的编辑与设置。
3. 初步掌握公式的复制方法。

二、实验内容与操作步骤

在 Excel 环境下依次完成以下各操作。

1. Excel 的启动与退出。

(1) 启动:单击"开始|所有程序|Microsoft Office|Microsoft Excel 2010"命令。

(2) 退出:单击"文件"按钮,然后在弹出的菜单中选择"关闭"命令,或单击 Excel 窗口右上角的"关闭窗口"按钮 。

2. 新建工作簿并录入数据。

(1) 启动 Excel。

(2) 在工作表 Sheet1! A1:E9 中输入如实验表 7-1 所示的工作表数据。

实验表 7-1 学生成绩表

学生成绩表				
学号	姓名	计算机	外语	平均分
20023001	张珊嘉	89	67	
20023002	李世应	96	87	
20023003	王武学	67	89	
20023004	罗陆院	55	70	
20023005	何海美	89	90	
20023006	陈大丽	98	86	
合计				

(3) 以 E71.XLSX 为文件名存入 D:\EX7 中。

(注:保存后先不要关闭工作簿,继续完成以下各操作。)

3. 工作表字体的设置。

选定区域 A2:E2,右击,从弹出的快捷菜单中选择"设置单元格格式"命令,在弹

实验 7 Excel 操作基础

出的对话框中单击"字体"标签,将字体设置为黑体、倾斜、16 号、蓝色字体。

4．在"平均分"之前插入"总分"列。

单击 E 列的列号,然后单击"开始"选项卡的"单元格"选项组中的"插入"按钮,或右击 E 列的列号,然后在弹出的快捷菜单中选择"插入"命令。

5．列宽的设置。

(1) 选定 A 列、B 列,然后单击"开始"选项卡的"单元格"选项组中的"格式"按钮,在弹出的下拉菜单中的选择"列宽"命令,输入列宽值 12,单击"确定"铵钮。

(2) (选定不连续的列)选定 B 列,按 CTRL+单击 D 列,然后单击"开始"选项卡的"单元格"选项组中的"格式"按钮,在弹出的下拉菜单中的选择"自动调整列宽"(最合适列宽)命令。

(3) 分别双击 C、E、F 各列列号的右边框,设置各列为最合适列宽。

6．工作表标题"学生成绩表"对齐方式的设置。

选定 A1:F1 单元格,然后单击"开始"选项卡的"单元格"选项组中的"格式"按钮,在弹出的下拉菜单中的选择"设置单元格格式"命令,在弹出的对话框中单击"对齐"标签,设置"水平对齐"为:跨列居中,"垂直对齐"为:居中。

7．公式的复制。

(1) 采用公式复制的方法,计算各学生的总分与平均分。

在 E3 单元输入公式：=C3+D3,然后双击 E3 单元格的填充柄。在 F3 单元输入公式：=(C3+D3)/2,然后双击 F3 单元格的填充柄。

(2) 采用"自动求和"的方法,计算各科、总分及平均分的全班合计数。

单击 C9 单元格,然后单击"公式"选项卡的"函数库"选项组中的"自动求和"按钮,在 C9 单元格中显示"=SUM(C3:C8)"后,按回车键。拖曳 C9 单元的填充柄,将公式复制到区域 D9:F9 中。

8．数字格式的设置。

(1) 将区域 Sheet1! C3:E8 中的数据显示格式设置成 2 位小数的数值形式。

选定 C3:E8 单元格区域,然后单击"开始"选项卡的"单元格"选项组中的"格式"按钮,在弹出的下拉菜单中的选择"设置单元格格式"命令,在弹出的对话框中单击"数字"标签,单击"分类"中的"数值"项,将"小数位数"设置成 2 位小数。

(2) 将区域 Sheet1! F3:F8 中的数据显示格式设置成"常规"形式。

与操作(1)类似。

9．表格边框的设置。

给表格添加"内外边框线"：选定 A1:F9 区域,然后单击"开始"选项卡的"单元格"选项组中的"格式"按钮,在弹出的下拉菜单中的选择"设置单元格格式"命令,在弹出的对话框中选择"边框"标签,单击"预置"中的"外边框"和"内部"按钮,最后单击"确定"按钮。

10．将工作表 Sheet1 改名为"成绩表"。

右击工作表标签 Sheet1，在弹出的快捷菜单中选择"重命名"命令，输入新名"成绩表"后按 Enter 键。

11. 复制工作表并完成相关操作。

(1) 将"成绩表"工作表复制一个备份：按住 Ctrl 键，同时单击该工作表标签向左或向右拖曳，依次松开鼠标和 Ctrl 键后，生成一个标签为"成绩表(2)"的备份工作表。

(2) 清除区域内容：选定要清除内容的区域"成绩表(2)！A2:F2"，按"Delete"键（区域的格式仍保留）。

(3) 区域信息的"全部清除"：选定要全部清除信息的区域"成绩表(2)！C3:F8"，单击"开始"选项卡的"编辑"选项组中的"清除"下拉按钮 ，在打开的下拉列表框中选择"全部清除"命令（可清除单元格格式、内容、批注、超链接等）。

(4) 删除"成绩表(2)"工作表：右击"成绩表(2)"工作表的标签，在弹出的快捷菜单中选择"删除"命令，并在对话框中单击"删除"按钮。

12. 把工作簿以 E73.XLSX 为文件名存入 D:\EX7 中。

13. 退出 Excel。

三、思考与练习

1. 在 Excel 环境下打开 D:\EX7\E72.XLSX 文件，并完成以下各操作。

(1) 单击 Sheet1 工作表，在 Sheet1 工作表中完成以下各操作：

① 设置工资表标题：将"职工工资表"文本显示在区域 A1:F1 的中部，并将其字体设置为：黑体、16 号、红色字体。

② 在最后一位职工后插入一位新职工，数据为职工号(1009)、姓名(张嘉应)、基本工资(2300)、补贴(780)、扣款(385.5)。

③ 采用公式复制的方法，计算各职工的"实发工资"及工资表的"合计"项。

④ 设置区域 Sheet1！A2:F2、A12:B12 区域中的数据：对齐方式：水平居中、垂直居中，字体设置为：华文彩云、14 号、蓝色。区域 Sheet1！C12:F12、F3:F11 中的数据显示格式设置成 2 位小数的数值形式，红色字体显示。

⑤ 给 B3 单元增加批注，内容为：他是班长。广东梅州人，男，1985 年生。

⑥ 给区域 Sheet1！A2:F12 区域设置内外边框：外边框为粗线框，内部框为线框。

⑦ 将工作表标签改名为"工资表"。

编辑后的工资表如实验图 7-1 所示。

(2) 在工作表 Sheet2 中用公式求出各货物的金额与库存天数。使用条件格式，将库存天数用不同格式设置：大于 1000 天的用红色、斜体、带单下划线显示；库存天数大于或等于 500 且小于或等于 1000 天的用黄色、粗体显示；库存天数小于 500 天的用绿色显示。

实验 7 Excel 操作基础

	A	B	C	D	E	F
1			职工工资表			
2	职工号	姓名	基本工资	补贴	扣款	实发工资
3	1001	申国栋	800	358	111.35	1046.65
4	1002	肖静	900	400	56.5	1243.50
5	1003	李柱	835	398	55	1178.00
6	1004	李光华	1560	256	32.15	1783.85
7	1005	陈昌兴	650	365	99	916.00
8	1006	吴浩权	800	555	235.4	1119.60
9	1007	蓝静	1800	666	325	2141.00
10	1008	廖剑锋	2500	888	458.8	2929.20
11	1009	张嘉应	2300	780	385.5	2694.50
12	合计		12145.00	4666.00	1758.70	15052.30

实验图 7-1 职工工资表效果图

（3）在工作表 Sheet3 中，用复制公式的方法快速完成下图所示"九九乘法表"的制作。要求给单元格区域 A1:J10：增加外边框为红色双实线，内部框为蓝色单细实线；设置区域数据水平对齐方式、垂直对齐方式均为居中；选择合适的列宽与行高。如实验图 7-2 所示。

	A	B	C	D	E	F	G	H	I	J
1		1	2	3	4	5	6	7	8	9
2	1	1	2	3	4	5	6	7	8	9
3	2	2	4	6	8	10	12	14	16	18
4	3	3	6	9	12	15	18	21	24	27
5	4	4	8	12	16	20	24	28	32	36
6	5	5	10	15	20	25	30	35	40	45
7	6	6	12	18	24	30	36	42	48	54
8	7	7	14	21	28	35	42	49	56	63
9	8	8	16	24	32	40	48	56	64	72
10	9	9	18	27	36	45	54	63	72	81

实验图 7-2 九九乘法表

（4）以原文件名保存结果后退出 Excel。

2. 比较"开始"选项卡的"编辑"选项组中"清除"按钮与在"开始"选项卡的"单元格"选项组中"删除"按钮的功能。

3. 比较公式中的"相对地址"与"绝对地址"在公式复制和移动操作中的变化原则。

实验 8　公式、序列及函数的使用

一、实验目的

1. 熟练掌握序列填充及公式复制的方法。
2. 掌握常用函数的功能及使用方法,并能用它们来解决一些实际问题。

二、实验内容与操作步骤

在 Excel 环境下完成以下各操作:

(一) 序列填充及公式的使用

1. 在 Excel 中创建一个空白工作簿。
2. 利用 Excel 提供的数据填充功能,在 Sheet1 工作表中输入以下数据:

(1) 在区域 A1:A9 中从上到下输入:2,4,6,8,10,12,14,16,18。

(2) 在区域 B1:B9 中从上到下输入:1,2,4,8,16,32,64,128,256。

(3) 在区域 C1:C12 中从上到下输入:JAN,FEB,MAR,APR,MAY,JUN,JUL,AUG,SEP,OCT,NOV,DEC。

(4) 在区域 D1:D7 中从上到下输入:星期日,星期一,星期二,星期三,星期四,星期五,星期六。

(5) 先在 Excel"自定义序列"列表框中增加新序列:数学系、物理系、化学系、中文系、外语系、生物系、政法系、地理系,然后在区域 F1:F8 中从上到下填充:数学系,物理系,化学系,中文系,外语系,生物系,政法系,地理系。

3. 在 Sheet2 工作表中,利用公式计算二次函数 ax^2+bx+c 的值,其中 a=2,b=3,c=5,x 从 $-3\sim4$ 变化,每隔 0.5 取一个函数值。操作步骤写出如下:

4. 把工作簿以 E81.XLSX 为文件名存入 D:\EX8 中。

(二) 函数的使用

在 Excel 环境下打开 D:\EX8\E82.XLSX 文件,依次完成以下各操作后按 E83.XLSX 为文件名存入 D:\EX8 中。

1. 统计函数的使用

(1) 单击"统计函数"工作表。

(2) 在区域 F3:G8 中用"统计函数"计算出各分店的统计值。

实验 8　公式、序列及函数的使用

操作方法是:先在 F3 单元及 G3 单元输入的计算公式,然后选定区域 F3:G3 后双击其填充柄。其中 F3 单元的公式为　　　　,G3 单元的公式为　　　　。

(3) 在区域 B9:E12 用"统计函数"计算出各季度的统计值。

2. 条件函数与频率分布函数的使用

(1) 单击"条件函数"工作表。

(2) 计算出各学生的平均分。

(3) 给定各学生的成绩等级,规则如下:平均分≥90 为"A",80≤平均分<90 为"B",70≤平均分<80 为"C",60≤平均分<70 为"D",平均分<60 为"E"。以此规则在区域 F3:F62 用 IF 函数确定各学生的等级。

(4) 用 FREQUENCY 函数在区域 I2:I5 中统计出平均分 0~59.9,60~79.9,80~99.9,100 各分数段的学生人数。

3. 文本函数的使用

(1) 单击"文本函数"工作表。

(2) 在区域 A2:F32 给出的数据清单中,编号的前 3 位为系别信息,101 为数学系,102 为物理系,103 为化学系,据此在区域 B3:B32 用函数求出每位教师的系别。其中 B3 单元使用的公式为　　　　。

(3) 已知身份证号的第 7 至第 10 位数为出生年份,据此在区域 F3:F32 用函数求出每位教师的出生年份。其中 F3 单元使用的公式为　　　　。

4. 日期函数的使用

(1) 单击"日期函数"工作表。

(2) 在区域 A2:F32 给出的数据清单中,在区域 E3:E32 用日期函数求出每位职工的工龄。其中 E3 单元使用的公式为　　　　。

(3) 在区域 F3:F32 用日期函数求出每位职工的工作天数(即自参加工作以来已经过的总天数。其中 F3 单元使用的公式为　　　　。

5. 财务函数的使用

使用 PMT 函数完成以下有关的操作。

(1) 单击"财务函数"工作表。

(2) 某企业向银行贷款 5 万元,准备 4 年还清,假定当前年利率为 4%,在 B5 单元计算每个月应向银行偿还贷款的数额,根据条件在 B2:B4 补充所需内容。其中单元格 B5 使用的公式为　　　　。

(3) 假定当前年利率为 5%,为使 5 年后得到 10 万元的存款,在 D5 单元计算现在开始每月应存多少钱? 根据条件在 D2:D4 补充所需内容。其中单元格 D5 使用的公式为　　　　。

6. 排位函数的使用

(1) 单击"排位函数"工作表。

(2) 使用函数和公式在 F 列计算参赛者在各个洞口打出的杆数总和(即总杆

数),在 G 列计算总杆数与标准总杆数的差值。

(3) 使用 RANK 函数在 H 列计算名次,名次排名原则为总杆数越少排名越前。其中单元格 H2 使用的公式为_____。

三、思考与练习

在 Excel 环境下打开 D:\EX8\E83.XLSX 文件,依次完成以下各操作后按原文件名保存。

1. 在"频率分布函数"工作表中,用 FREQUENCY 函数统计出学生人数为不足 100 人,100～199 人,200～299 人,300～399 人,400 人及以上的系别个数,并将统计结果放在区域 E2:F6 中。

2. 在"日期函数"工作表中,用日期函数在区域 G3:G32 求出每位职工的年龄(以上机时的实际日期来计算)。

3. 在"综合函数"工作表中,按要求完成以下操作:
(1) 在 I1 单元格中计算出年龄不超过 40 岁的人数。
(2) 在 I2 单元格中求出年龄不超过 40 岁的人数占全体员工的百分比。
(3) 在 I3 单元格中求出平均年龄并使用 ROUND 函数取整数。
(4) 在 I4 单元格中求出最大年龄。

4. 以原文件名保存结果后退出 Excel。

实验 9　图表的制作

一、实验目的

通过作图的实例练习,掌握 Excel 图表制作方法及其编辑技巧。

二、实验内容与操作步骤

在 Excel 环境下打开 D:\EX9\E91.XLSX 文件,依次完成以下各操作后以 E92.XLSX 为文件名存入 D:\EX9 中。

1. 制作内嵌图表。

根据 Sheet1! A2:D6 区域中提供的数据,制作一个按城市分类比较每季度下雨天数的三维簇状柱形图。图表标题设为"三城市比较各季度下雨天数柱形图",主要横坐标轴标题、主要纵坐标轴标题分别设为"城市"和"下雨天数",图表嵌入到 Sheet1 工作表中。操作步骤如下:

(1) 单击 Sheet1 工作表,选定区域 A2:D6。

(2) 在"插入"选项卡中,单击"图表"选项组中的"柱形图"下拉按钮,在弹出的下拉列表中选择"三维柱形图"中的"三维簇状柱形图"按钮,在工作表中显示所创建的"三维簇状柱形图"。

(3) 单击图表,系统显示"图表工具"菜单,选择"图表工具"菜单下的"设计"选项卡,在其中单击"数据"选项组中的"切换行/列"按钮,将图表由"按季度分类"改为"按城市分类"。

(4) 单击"布局"选项卡中的"标签"选项组的"图表标题"按钮,在弹出下拉列表中选择"图表上方"选项,并在图表的"图表标题"框中录入标题文本:三城市比较各季度下雨天数柱形图。

(5) 单击"布局"选项卡中的"标签"选项组的"坐标轴标题"按钮,输入主要横坐标轴、主要纵坐标轴标题分别为"城市"和"下雨天数"。

(6) 适当调整图表的位置及大小。

(7) 单击图表外的区域,图表制作完成。

2. 编辑修改图表。

工作表 Sheet2 中的图表所使用的数据取自 Sheet2! A2:D6,现要求将其进行编辑修改:向图表增加数据系列,将 Sheet2! E2:E6 加入其中;将图表类型修改为表现各城市一年中气温变化的"带数据标记的折线图";增加图表标题,标题文本为"比较四城市一年中气温变化折线图";图表改成独立的图表工作表 Chart1。编辑修改步骤如下：

(1) 单击 Sheet2 工作表。

(2) 向图表增加数据系列：选定图表，这时数据源区域 A2:D6 四周显示蓝色边框。将鼠标指针移到蓝色边框右下角的控点上，当指针变成双箭头形时按下鼠标左键拖动鼠标，使蓝色边框扫过区域 E2:E6 后松开鼠标。

(3) 修改"图表类型"：单击"设计"选项卡"类型"选项组中的"更改图表类型"按钮，在弹出"更改图表类型"对话框中选图表类型为"折线图"，图表子类型为"带数据标记的折线图"，单击"确定"按钮。

(4) 单击"设计"选项卡"数据"选项组中的"切换行/列"按钮，将图表修改为表现各城市一年中的气温变化。

(5) 增加图表标题：单击"布局"选项卡中的"标签"选项组的"图表标题"按钮，在弹出下拉列表中选择"图表上方"选项，并在图表的"图表标题"框中录入标题文本：比较四城市一年中气温变化折线图。单击"确定"按钮。

(6) 修改图表存放位置：单击"设计"选项卡中的"移动图表"按钮，在弹出"移动图表"对话框中单击"新工作表"单选按钮，单击"确定"按钮。

至此，编辑修改完毕。

3. 制作独立图表。

根据 Sheet3! A1:C12 区域中提供的数据制作独立图表，要求表现两个一元函数 f(x) 和 g(x) 图象的 XY 散点图（带平滑线的散点图）。操作步骤如下：

(1) 单击 Sheet3 工作表，选定区域 A1:C12。

(2) 在"插入"选项卡中，单击"图表"选项组中的对话框启动器，打开"插入图表"对话框，在弹出的对话框中选择"XY（散点图）"中的"带平滑线的散点图"。

(3) 单击"设计"选项卡中的"移动图表"按钮，在弹出"移动图表"对话框中单击"新工作表"单选按钮，单击"确定"按钮。

至此，图表制作完毕。

4. 把工作簿以 E92.XLSX 为文件名存入 D:\EX9 中。

5. 关闭工作簿文件。

三、思考与练习

再次打开 D:\EX9\E92.XLSX 工作簿文件，依次完成以下各操作：

1. 修改图表工作表 Chart1 中的图表标题，要求的图表标题为 A1 单元内容，并随 A1 单元内容的变化而变化。

2. 修改图表工作表 Chart1 中的独立图表，要求如下：

(1) 增加图表标题为"函数 f(x) 和 g(x) 图象的 XY 散点图"；

(2) 将图表子类型改为"带平滑线和数据标记的散点图"；

(3) 修改图表标题的格式：字体（隶书）、字号（18）、颜色（深红）；

实验9 图表的制作

(4) 修改 f(x) 曲线颜色为红色, g(x) 曲线颜色为绿色;

(5) 将图表绘图区的背景为白色大理石。

3. 单击 Sheet4 工作表, 根据 Sheet4! A1:E7 区域中提供的数据完成以下操作:

(1) 制作青菜、胡萝卜、毛豆 3 种蔬菜热量、水分比较的三维圆柱图, 要求有图例、有图表标题。适当修改图表大小, 将图表放置在 Sheet4! A9:F23 区域中。如实验图 9-1 所示。

(2) 制作胡萝卜营养含量成分比较的分离型三维饼图, 要求有图例、有图表标题、有数据标签, 标签包括类别名称、百分比及显示引导线等。适当调整图表中各对象的位置, 修改图表大小, 将图表放置在 Sheet4! G9:L23 区域中。如实验图 9-2 所示。

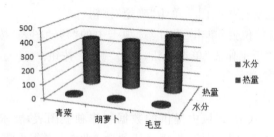

实验图 9-1 3 种蔬菜热量水分比较三维圆柱图

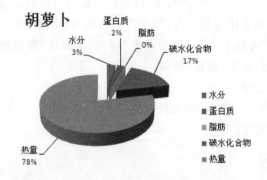

实验图 9-2 胡萝卜营养成分比较分离型三维饼图

4. 单击 Sheet5 工作表, 依次完成以下操作:

(1) 建立"带数据标记的折线图"以显示各个区在各个月份的二手楼成交均价, 数据系列产生在行。

(2) 图表标题为"二手楼价走势图"。

(3) 主要横坐标轴标题为"月份", 主要纵坐标轴标题为"均价"。

(4) 垂直(值)轴刻度的最小值为 2000,最大值为 6000,主要刻度单位为 500。
(5) 建立的图嵌入在原工作表中。
5. 把工作簿以 E93.XLSX 为文件名存入 D:\EX9 中。
6. 关闭工作簿文件并退出 Excel。

实验 10　数据库操作

一、实验目的

1. 掌握数据库的记录筛选、排序、分类汇总及数据透视表等操作。
2. 掌握数据库函数的使用。

二、实验内容与操作步骤

在 Excel 环境下打开 D:\EX10\E101.XLSX 文件,依次完成以下各操作后以 E102.XLSX 为文件名存入 D:\EX10 中。

1. 自动筛选操作

区域 Sheet1！A1:C301 所给的数据清单按班次顺序列出了班车到达和出发的情况,根据此数据清单在区域 Sheet2！B2:C151 中填入相应的数据。操作步骤如下:

(1) 单击 Sheet1 工作表。
(2) 选定数据清单的任一单元。
(3) 在"数据"选项卡的"排序和筛选"选项组中单击"筛选"按钮。
(4) 单击"到/发"字段名右边的下拉箭头,在弹出的下拉列表中选择"到达"(删除"出发"前的复选框的√)。
(5) 把 Sheet1！A2:A300(只有 150 个单元)的数据复制到区域 Sheet2！B2:B151。
(6) 单击"到/发"字段名右边的下拉箭头,在弹出的下拉列表中选择"出发"(删除"到达"前的复选框的√)。
(7) 把 Sheet1！A3:A301(只有 150 个单元)的数据复制到区域 Sheet2！C2:C151。
(8) 单击"数据"选项卡的"排序和筛选"选项组的"筛选"按钮。

2. 高级筛选操作

从区域 Sheet3！A1:D31 所给的数据清单中,筛选出 1979 年底之前参加工作或基本工资不小于 300 元且不超过 400 元的记录,要求将筛选结果放入以单元 A34 为左上角的区域中。操作步骤如下:

(1) 单击 Sheet3 工作表。
(2) 创建条件区,在区域 Sheet3！F1:H3 输入如实验图 10-1 所示的条件区域:
(3) 选定数据清单的任一单元。
(4) 单击"数据"选项卡的"排序和筛选"选项组中"高级"按钮,弹出"高级筛选"对话框。

工作日期	基本工资	基本工资
<=1979-12-31		
	>=300	<=400

实验图 10-1　条件区域①

(5) 在对话框中作以下的设置：
① 在"方式"栏中选定"将筛选结果复制到其他位置"单选框。
② 输入"列表区域"为：＿＿＿＿。
③ 输入"条件区域"为：＿＿＿＿。
④ 在"复制到"文本框中输入"输出区域"的左上角的单元坐标 A34。
(上述区域坐标或单元坐标用鼠标选定更方便。)
(6) 单击"确定"按钮。

3. 数据库记录的排序

将区域 Sheet4！A1:F47 所给的数据清单中的记录排序，要求按发表论文数量降序排列，发表论文数相同时先男后女。操作步骤如下：
(1) 单击 Sheet4 工作表。
(2) 选定数据清单的任一单元。
(3) 单击"数据"选项卡的"排序和筛选"选项组中的"排序"按钮，打开"排序"对话框。
(4) 在弹出的对话框中选择"主要关键字"为"篇数"字段、"排序依据"为"数值"，"次序"为"降序"。
(5) 单击"添加"按钮，选择"次要关键字"为"性别"字段，"排序依据"为"数值"，"次序"为"升序"。
(6) 单击"确定"按钮。

4. 分类汇总操作

对区域 Sheet5！A2:F48 所给的数据清单使用分类汇总操作，按职称分类求发表论文篇数的平均值及不同职称教师的平均年龄。操作步骤如下：
(1) 单击 Sheet5 工作表。
(2) 选定数据清单"职称"字段名所在的单元，即选定 E2 单元。
(3) 单击"数据"选项卡的"排序和筛选"选项组中的"升序"或"降序"按钮（升序或降序均可），使数据清单按"职称"字段"升序"或"降序"排序。
(4) 单击"数据"选项卡的"分组显示"选项组中的"分类汇总"命令，打开"分类汇总"对话框。
(5) 在对话框作如下选择：选定"分类字段"的名字为"职称"、"汇总方式"为"平均值"，"选定汇总项"为"年龄"和"篇数"字段等。
(6) 单击"确定"按钮。

实验10 数据库操作

5. 数据库函数的使用

根据 Sheet6！A2：F48 区域中提供的数据清单，要求使用数据库函数计算：年龄大于 30 岁男讲师人数(放入 I2 单元)，年龄大于 30 岁男讲师发表论文的平均数(放入 I3 单元)，及男教授的平均年龄(放入 I4 单元)。操作步骤如下：

(1) 计算年龄大于 30 岁男讲师人数

① 单击 Sheet6 工作表。

② 在区域 H7：J8 输入如实验图 10－2 所示的条件区域。

性别	年龄	职称
男	>30	讲师

实验图 10－2　条件区域②

③ 在 Sheet6！I2 单元输入公式＝DCOUNTA(A2：F48,1,H7：J8)。

(2) 计算年龄大于 30 岁男讲师发表论文的平均数

在 Sheet6！I3 单元输入公式＝DAVERAGE(A2：F48,F2,H7：J8)。

(3) 计算男教授的平均年龄

① 在区域中输入如下的条件区域：

② 在 Sheet6！I5 单元输入公式。

三、思考与练习

1. 比较自动筛选和高级筛选功能的异同。

2. 在 Excel 环境下打开 D:\EX10\E101.XLSX 文件，依次完成以下各操作后以 E103.XLSX 为文件名存入 D:\EX10 中：

(1) 区域 Sheet1！A1：C301 所给的数据清单按班次顺序列出了班车到达和出发的情况，根据此数据清单在区域 Sheet3！B2：C151 中输入相应的数据。要求使用记录排序的方法完成。

(2) 将区域 Sheet4！A1：F47 所给的数据清单中的记录排序，按教师的职称由高至低进行排列，即按"教授➡副教授➡讲师➡助教"的顺序，职称相同时先男后女。

(3) 对区域 Sheet5！A2：F48 所给的数据清单使用分类汇总操作，按职称分类求发表论文篇数的总和及不同职称教师的最大年龄。

(4) 根据区域 Sheet6！A2：F48 中提供的数据清单，作一个数据透视表：按系别统计各类不同职称中男、女教师的论文总数，要求包含行、列总计项，设置该透视表名称为"教师论文总数统计透视表"，并使其显示在新建工作表 Sheet7 中。

(5) 将文件以 E103.XLSX 为文件名存入 D:\EX10 中。

实验 11　简单演示文稿的制作

一、实验目的

掌握简单演示文稿的制作方法。

二、实验内容和操作步骤

在 PowerPoint 环境下依次完成以下各操作后按指定文件名存盘。

1. 采用"标题和内容"版式制作如下图所示的幻灯片。在标题区中输入"春晓",采用 48 号宋体字,加粗,居中;在文本区中输入该唐诗内容,采用 36 号宋体字,居中。

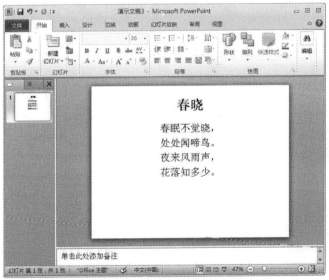

2. 在现有幻灯片之前插入一张"仅标题"版式的幻灯片,其标题为"唐诗选读",采用 60 号,楷体_GB2312,加粗,居中。

3. 将第二张幻灯片(即第 1 步中制作的幻灯片)的版式修改为"垂直排列标题与文本",将文本部分的动画效果设置为"随机线条"。

4. 把第 1 张幻灯片的主题设置成"波形",第 2 张幻灯片的主题设置成"暗香扑面",将演示文稿的幻灯片切换效果全部设置为"覆盖"。

5. 以 P111.pptx 为文件名存盘,文件存放位置为 D:\EX11 中。

三、思考与练习

1. 在 PowerPoint 环境下打开 D:\EX11\P112.pptx 演示文稿,依次完成以下各操作后按原文件名存盘。

(1) 第三张幻灯片的版式修改为"垂直排列标题与文本"。

(2) 幻灯片的切换效果全部设置为"随机线条"。

2. 在 PowerPoint 环境下打开 D:\EX11\P113.pptx 演示文稿,依次完成以下各操作后按原文件名存盘。

(1) 在第一张幻灯片中插入音频,音频为剪贴画音频中的任意一个音频。

(2) 在第二张幻灯片中修改艺术字,艺术字内容为"风景秀丽",字体为黑体,字型为加粗倾斜。

(3) 将第三张幻灯片标题文本框的动画效果设置为:飞入:自右侧,开始:上一动画之后,增强声音:风铃。

(4) 设置演示文稿放映方式,放映类型为"演讲者放映(全屏幕)",放映范围为第一张到第四张。

实验 12　制作一个自我介绍的演示文稿

一、实验目的

掌握 PowerPoint 演示文稿的制作方法,学会设置"切换"和"动画"效果,能使用"动作按钮"实现链接。

二、实验内容和操作步骤

制作一个含有 4 张幻灯片的演示文稿,其中"主页"幻灯片如实验图 12-1 所示(注意:"李嘉应"应改成设计者自己的名字),各幻灯片之间可以通过"动作按钮"实现链接。

实验图 12-1　"主页"幻灯片

1. 制作"主页"幻灯片,其动作按钮组有 4 个按钮,它们都是由单击鼠标触发。"结束"按钮超链接到"结束放映",其他 3 个按钮分别链接到"学业"、"获奖"及"特长"幻灯片。

2. 演示文稿中的第 1 张幻灯片的切换效果为:涟漪(华丽型)。

3. 按下列要求制作其他 3 张幻灯片。

(1) 3 张幻灯片的标题分别为"学业"、"获奖"和"特长",其幻灯片文字内容及格式由设计者自行设定。

(2) 3 张幻灯片中都各自含有"主页"、"下一页"、"结束"的动作按钮组及相应的超链接设置。

实验 12　制作一个自我介绍的演示文稿

(3) 3 张幻灯片都采用下列的切换效果和动画效果。

切换效果：向右翻转。

动画效果：每张幻灯片中的各个对象都要设置一个任意的动画效果。

4. 将演示文稿使用合适的主题，并运用母板功能在所有幻灯片的左上角添加一个特征图片(如所在学校的校徽或个人头像)。

5. 幻灯片制作完毕，通过两种方式来放映：一是顺序方式，按第 1~4 张顺序放映；二是跳转方式，通过"动作按钮"跳转到所需的任一个幻灯片。

三、思考与练习

1. 如果在制作演示文稿过程中要使得同一首歌曲在整个演示文稿的放映过程中不间断地播放直到放映结束，想一想怎么样设置可以实现这样的效果(背景音乐)？

2. 如果在制作演示文稿过程中要实现在播放演示文稿中的每一张幻灯片的时候自动播放不同的背景音乐，想一想怎么设置可以实现这样的效果(解说词)？

实验 13　浏览器的使用

一、实验目的

掌握 IE 浏览器的基本使用方法。

二、实验内容和操作步骤

1. 利用任务栏上的"快速启动栏",启动 IE 浏览器。

2. 在地址栏上输入北京大学网址"www.pku.edu.cn"后,按 Enter 键,即可进入北京大学站点。

3. 利用超链接功能在网上漫游,具体操作是:将鼠标指向超链接所在的区域(如"网络导航"、"北大新闻网"等)时,指针变成手指形,单击时,即可进入该链接所指向的网页。

4. 保存北大主页信息,具体操作是:返回北大主页,使用"文件"菜单中的"另存为"命令,可将当前主页保存在本机中,其文件名采用"北大主页",文件存放位置为"我的文档"文件夹(或用户文件夹)。

上面操作完成后,在"我的文档"文件夹中会新生成一个网页文件"北大主页.htm"和一个文件夹"北大主页.Files"。文件夹"北大主页.Files"中存放该网页用到的图形等文件。

5. 观看已下载的网页信息,具体操作是:在 IE 中,选择"文件"菜单中的"打开"命令,打开已保存在"我的文档"文件夹(或用户文件夹)中的"北大主页.htm"网页。

6. 保存网页中的图片(或动画),具体操作是:把鼠标指针指向北京大学主页的左上方的校徽处,右击鼠标,从弹出的快捷菜单中选择"图片另存为"命令,然后在"保存图片"对话框中指定文件名为"北大校徽"和文件存放位置为"我的文档"文件夹(或用户文件夹),再单击"保存"按钮。

7. 把网页中的图片设置为桌面背景,具体操作是:移动鼠标指针到北京大学主页的左上方的校徽处,右击鼠标,比弹出的快捷菜单中选择"设置为背景"命令即可。

8. 单击"快速启动"栏上的"显示桌面"按钮,可观看桌面显示效果。

9. 右击桌面空白处,从快捷菜单中选择"属性"命令,打开"显示属性"对话框,再选择"背景"选项卡,从"选择 HTML 文档或图片"框中选择合适的图片,以便恢复原来的桌面背景。

10. 在 IE 工具栏上单击"搜索"按钮,打开搜索栏,利用搜索栏分别查找站点名称中包含有"电脑"和"日报"关键字的站点。

实验 13　浏览器的使用

11. 关闭 IE 浏览器。

三、思考与练习

1. 如何进行上传与下载文件？以一个具体的 FTP 工具来说明。
2. 将"北京大学主页地址"添加到收藏夹，请写出具体的操作步骤。
3. 在"http://www.163.com"中申请一个免费邮箱，请写出具体的操作步骤。

实验 14 收发电子邮件

一、实验目的

学会使用收发电子邮件,以及在邮件中附加其他文件的方法。

二、实验内容和操作步骤

利用实验十三申请免费邮箱完成本实验。本实验要求发送两个电子邮件,其中有一个带附件。作为练习,发件人和收件人都是用户自己,即自己发送电子邮件给自己。

1. 邮件的编制和发送

参考操作步骤如下:

① 编制和发送第一个电子邮件。

单击左边工具栏上的"写邮件"命令,然后在"写邮件"窗口中进行操作:

• 在"收件人"框中输入收件人的电子邮件地址(按照实验要求,本框输入用户本人的电子邮件地址)。

• 在"主题"框中输入邮件的标题,例如输入"电子邮件练习1"。

单击工具栏上的"发送"按钮,可把编成的新邮件发送出去。

② 编制和发送第二个电子邮件。

再次单击左边工具栏上的"写邮件"命令,然后在"写邮件"窗口中进行操作:

• 在"收件人"框中输入收件人的电子邮件地址(按照实验要求,本框输入用户本人的电子邮件地址)。

• 在"主题"框中输入邮件的标题,例如输入"电子邮件练习2"。

• 在邮件编辑区中输入电子邮件的具体内容,例如输入"我的第二个电子邮件"。

单击左下角工具栏上的"粘贴附件"按钮,在弹出的"游览"对话框中选择要"粘贴的附件"的文件(由用户自行选定,如某一简短 Word 文档)。

单击工具栏上的"发送"按钮,可把编成的新邮件发送出去。

2. 邮件的接收

要接收上述步骤 2 发送的两个电子邮件,参考操作步骤如下:

① 单击左边工具栏"收件箱",可打开"收件箱"文件夹,其中列出所有已收到的邮件。

实验 14　收发电子邮件

② 在邮件列表中选定上述之一新邮件,则可浏览其中内容。

三、思考与练习

1. 发送"个人简历"给计算机课程科任老师。发送时主题要求为"XX 学院 XX 级 XX 班 XX 号 XXX 的简历"(如:文学院 2009 级 8 班 15 号张珊嘉的简历)。邮件的内容是"我是广东嘉应学院 XX 学院 XX 届的毕业生,我的专业是 XX"。附件为你的个人简历。并将该邮件抄送给:lw@163.net,wen_feng18@sohu.com。

2. 如何回复和转发邮件？请写出具体的操作步骤。